黄河國家治理文獻集成（民國卷）第十九册

《黄河國家治理文獻集成》編委會　編

總第八十三册

黄河志

（第三篇　水文工程）

張含英　編
董杰　編

内蒙古出版集團
内蒙古人民出版社

圖書在版編目（CIP）數據

黄河志．第三篇，水文工程 / 張含英，董杰編．
呼和浩特 ： 内蒙古人民出版社， 2025. 8. --（黄河國家治理文獻集成）. -- ISBN 978-7-204-18463-7

Ⅰ．TV882.1

中國國家版本館 CIP 數據核字第 2025LT1502 號

黄河志（第三篇　水文工程）

張含英　編

編　　者	董　杰
策劃編輯	王　瑶
責任編輯	賈大明
裝幀設計	劉那日蘇　吉　雅　安立新
責任監印	包鐵柱
出版發行	内蒙古出版集團　内蒙古人民出版社
地　　址	呼和浩特市新城區中山東路 8 號波士名人國際 B 座 5 層
網　　址	http：//www.impph.cn
印　　刷	内蒙古愛信達教育印務有限責任公司
開　　本	880mm × 1230mm　1/16
印　　張	37.25
字　　數	440 千
版　　次	2025 年 8 月第 1 版
印　　次	2025 年 8 月第 1 次印刷
印　　數	1—1000 册
書　　號	ISBN 978-7-204-18463-7
定　　價	315.00 元

編纂委員會

引言

千古河流成沃野，幾年沙勢自風湍。

得益于黃河冲積所帶來的疏松土質和有機物，中華先民利用石製工具開始了農業生產，并逐步發展出旱地粟作農業，『能够最大程度保障食物供給的穩定性，奠定了中華文明起源和形成的堅實基礎』〔一〕。而利用河水灌溉，提高區域可預測農業産量，『在産業史上起着最有决定性的作用』〔二〕。隨後，技術進步、經濟發展、人口增加，讓先民的文化生活大爲豐富。嚴文明先生評價道：『這是一場影響深遠的革命。』〔三〕在這場革命中，平衡水、沙、産、人四者之間的關係，始終是黃河治理的核心問題。四者關係一旦失衡，就容易引發諸多灾患。

歷史上，黃河下游因人口稠密、經濟發達，一直是學術界關注的重點。但自河源至今内蒙古托克托縣河口鎮的黃河上、中游區域，雖遠離王畿，人口稀疏，却也一直備受關注，人們逐步認識到黃河全流域治理是國家的重要任務。《漢書》載：『堤防之作，近起戰國，雍防百川，各以自利。』〔四〕没有全流域的協同治理，僅靠各地分段築堤，則黃河河患無法解决。秦建立了中國歷史上第一個中央集權大一統王朝，秦始皇東巡碣石，刻石銘記『决通川防，夷去險阻』〔五〕，開啓中央政府調動各要素治黄之先河，這『在中國，實質上是國家的一種職能』[六]。同時，國家通過對黄河的有效治理，爲沿黄流域人民群衆乃至其他地區人民群衆提供了重要的公共物品和産業支撑，成爲人民群衆眼中中央政府的功過評價指標之一。因此，治黄在增强沿黄各族群國家、政治、文化認同的基礎上，强化了中國大一統國家的合法性，成爲歷代國家治理能力的一個重要測度。

一、黄河治理維護了國家的社會穩定

從秦并六國到漢朝建立大一統國家，中國統一的多民族國家形成并得到初步發展。當時中央政府對所轄疆域有『北邊郡』和『内郡』之稱。内蒙古額濟納旗出土的居延漢簡有載，『豤（墾）田以鐵器爲本北邊郡毋鐵官印器内郡令郡以時博賣予細民毋令豪富吏民得多取販賣細民』，可以看出北邊郡是與内郡相對應的行政管轄區域。《史記》卷二十八『封禪書第六』載：『上乃遂去，並（并）海上，北至碣石，巡自遼西，歷北邊至九原。』[七]。《史記》卷三十『平準書第八』載：『天子北至朔方，東到太山，巡海上，並（并）北邊以歸。』[八]司馬遷多次提及北邊，足見統治者對北邊治理的重視。

漢武帝時，齊人延年提出從今内蒙古引黄河水經今北京一帶，向東注入渤海，以衛北部邊疆。『是時方事匈奴，興功利，言便宜者甚衆。齊人延年上書言：「河出昆侖，經中國，注勃海，是其地勢西北高而東南下也。可案圖書，觀地形，令水工準高下，開大河上領，出之胡中，東注之海。如此，關東長無水災（灾），北邊不憂匈奴，可以省隄（堤）防備塞，士卒轉輸，胡寇侵盜（盗），覆軍殺將，暴骨原野之患。天下常備匈奴而不憂百越者，以其水絶壤斷也。此功壹（一）成，萬世大利。」』[九]《史記》卷二十四『樂書第二』載：『天馬來兮從西極，經萬里兮歸有德。承靈威兮降外國，涉流沙兮四夷服。』[十] 如今，包頭地區出土了『四夷盡服』瓦當，出土文物與傳世文獻的呼應，成爲黄河治理維護祖國北部邊疆穩定的見證。

《史記》卷三十『平準書第八』載：『嚴助、朱買臣等招來東甌，事兩越，江淮之閒（間）蕭然煩費矣。唐蒙、司馬相如開路西南夷，鑿山通道千餘里，以廣巴蜀，巴蜀之民罷焉。彭吳（吴）賈滅朝鮮，置滄海之郡，則燕齊之閒（間）靡然發動。及王恢設謀馬邑，匈奴絶和親，侵擾北邊，兵連而不解，天下苦其勞，而干戈日滋。』[十一] 清代《汾陽縣志》卷十三『藝文』收録曹學閔《開修黄蘆嶺車路紀德政碑記》，上載：『永寧州，界連西陲，北達邊外歸綏諸路，商賈遠貿粟麥，泛皮船隨黄流南下，聚于州西磧口，一府之民仰利賴焉。而東至太原，南抵平陽，州縣凡二十餘，亦視汾爲橐籥，蓋所繫非特一方生計矣。』[十二] 民國時期，東北淪陷後，開發西北刻不容緩，而『黄河中游之水利，自應加以擴充及整理，藉（借）收桑榆之效，以挽狂瀾於（于）萬一』[十三]。

因黄河流域自然條件優越，歷朝歷代都十分重視對此地的開發，通過强有力的國家干預方式推動各類産業的發展，爲中國北部疆域的形成和社會穩定奠定了基礎。

二、民族交往、物資交流、技術轉移促成黄河治理共同體

《史記》卷十五『六國年表第三』載：秦始皇三十三年（前214），『築長城河上，蒙恬將三十萬』[十四]。這數十萬人中，擁有一技之長的人員不在少數。由此，邊地人口不斷增多，而豐富的物産則促進了商品交流與統一市場的形成。西漢《鹽鐵論·力耕第二》記録了『异物内流』的情形：『是以贏（騾）驢馲駞（駝），銜尾入塞，驒騱騵馬，盡爲我畜，鼲鼦狐貉，采旃文罽，充於（于）内府，而璧玉珊瑚瑠（琉）璃，咸爲國之寶。』[十五]此後，黄河北岸的『贏（騾）驢馲駞（駝）』『驒騱騵馬』『鼲鼦狐貉』『采旃文罽』與西南織錦、中原麻織、農作物等物資相互交流，逐步形成統一的國内大市場，加强了邊疆與其他地區的經濟聯繫，促進了邊疆特色産業的發展。

隨着民族交往交流交融的增强，清代以降，黄河流域内蒙古段輸入到内地的也不僅僅是『异寶』了。《綏遠通志稿·水路》載：『自乾隆以還。口外墾殖日廣。民殷物阜。出境之油、糧、鹽、鹼（碱）、甘草各貨。入境之日用雜貨。山西與歸綏往來之商運。凡經河路者皆以托屬河口爲唯一之碼頭。』[十六]從清乾隆年間到民國時期，由内蒙古經黄河運到山西的貨物有糧、油、鹽、碱、藥材、皮毛等，其中以糧油爲最大宗。糧食品種主要有糜黍、穀子、高粱、豆類及玉米、大小麥

等，油料主要是胡麻。内蒙古供貨支綫有從阿拉善盟阿拉善左旗吉蘭泰鹽池到山西吕梁市磧口鎮的運鹽駝路，五原縣、臨河區一帶各大幹渠的運糧水道，杭錦旗、達拉特旗的甘草馱運綫，鄂托克旗的運碱駝路。内蒙古段各條支綫以供貨爲主，山西段若干支綫以運銷爲主。

《臨縣志》載：『清朝乾隆至民國年間，陝、甘、綏、蒙等地的物資，通過此航綫運達磧口，再用牲口馱運到離石、吴城，轉運至東路（汾、平、介、孝等縣）。據民國 20 年（1931）統計，每年從綏遠磴口航至磧口的貨船不下 4000 餘艘』，『是陝、甘、綏、寧與晋西北物資集散之重鎮』。[十七]可見，内蒙古在甘肅、寧夏與陝西、山西等沿黄上下游物資交易中起到了重要的聯結作用；同時也吸引了山西、陝北、河北、山東、甘肅等地的農民遷移至此，并將開渠打壩、引水澆地等農業生産技術、手工技術和商業貿易經營方式帶到這裏。他們在此扎根，除了從事農業生産外，還挖甘草、下窑背炭、在黄河上拉船、在沙漠中拉駱駝、打短工放冬羊、開碾磨油坊，等等。不同地域、不同民族的人們合力修築河渠、引水興業，逐漸形成休戚與共的共同體。其間積纍的産品交易、商業管理、社會治理等方面的經驗，在今天依然有借鑒意義。

清代『首重治河，探河源以窮水患』[十八]，但更深層次的考量是『宣揚大一統及增强國家認同』[十九]。黄河流域人口基數大、分布廣，而全流域治理理念將不同地區、不同民族的人們凝聚成命運共同體，而『大一統』理念正是這一治理實踐的核心主題。

三、黄河流域拓展了中國的發展空間

早期統治者因巡幸及邊防建設所需，統籌管理沿黄河運與秦直道等沿黄馬道，維持着中央政府對北邊的有效治理。河套平原引黄渠道的建設爲秦漢王朝屯田事業提供了基本的水利保證，并將這些區域變成防禦北部邊患的大後方與根據地。于是，沿黄馬道、沿黄河運與萬里茶道、草原絲路等陸路運輸聯通起來，促進了中華文明與其他文明的交流互鑒，拓展了新的發展空間。

新中國成立之後，沿黄各族兒女在中國共産黨的領導下團結合作、艱苦奮鬥，實現了大河安瀾。黄河流域建立起行之有效的防洪抗汛機制，支撑着沿岸的産業發展，改善了周邊生態環境。當代治黄史證明，正是由于中國共産黨的正確領導以及集中力量辦大事的制度優勢，纔從根本上減輕了河患的威脅。進入新時代，黄河流域在築牢安瀾根基的同時，以蓬勃活力拓展着中國的發展空間。沿黄九省區在協同發展中不斷釋放潛力，讓黄河流域成爲國家區域協調發展戰略中不可或缺的重要一極，爲中國的發展源源不斷地注入新動能。

綜上所述，黄河流域的治理不是單純的河道治理、生態環境治理或社會治理，而是一種關涉水、沙、産、人四者關係的系統性、協同性治理，是推動國家可持續發展的動力，也是厘清國家治理與邊疆治理兩者動態交互實際效果的絶佳視角。而黄河工程等『中國本土理論資源、學術積纍』〔二十〕，有助于研究國家治理的演進歷程。進入新時代，黄河治理與國家治理的關係研究不斷開闢新視角、持續涌現新成果，其中鑄牢中華民族共同體意識、邊疆治理與黄河流域生態保護和高質量發展成爲非常重要的研究視角。因此，基于這一角度搜集整理黄河國家治理文獻，意義重大。《黄河國家治理文獻集成》，應運而生。

本叢書系統梳理了黄河治理的歷史脉絡與經驗，既爲新時代黄河流域生態保護和高質量發展提供了歷史鏡鑒，更以文獻爲載體，傳承了治理智慧、凝聚了民族力量，是服務國家發展戰略、鑄牢中華民族共同體意識的重要學術實踐。

《黄河國家治理文獻集成》編委會

二〇二五年一月

〔一〕韓建業：《中華文明的起源和形成》，載《中華民族共同體研究》2022年第4期，第80-91+172頁。

〔二〕中共中央馬克思恩格斯列寧斯大林著作編譯局：《馬克思恩格斯選集》第二卷，人民出版社，2014年，第240頁。

〔三〕嚴文明：《黄河流域文明的發祥與發展》，載《華夏考古》1997年第1期，第49-54+113頁。

〔四〕（漢）班固：《漢書》卷二十九『溝洫志第九』，中華書局，1964年，第1692頁。
〔五〕（漢）司馬遷：《史記》卷六『秦始皇本紀第六』，中華書局，1963年，第252頁。
〔六〕冀朝鼎：《中國歷史上的基本經濟區與水利事業的發展》，朱詩鰲譯，中國社會科學出版社，1981年，第7頁。
〔七〕（漢）司馬遷：《史記》卷二十八『封禪書第六』，中華書局，1963年，第1398–1399頁。
〔八〕（漢）司馬遷：《史記》卷三十『平準書第八』，中華書局，1963年，第1441頁。
〔九〕（漢）班固：《漢書》卷二十九『溝洫志第九』，中華書局，1964年，第1686頁。
〔十〕（漢）司馬遷：《史記》卷二十四『樂書第二』，中華書局，1963年，第1178頁。
〔十一〕（漢）司馬遷：《史記》卷三十『平準書第八』，中華書局，1963年，第1420–1421頁。
〔十二〕（清）方家駒修，（清）王文員纂：《汾陽縣志》卷十三『藝文』，清光緒十年刻本，第57–58頁。
〔十三〕王華棠、劉錫彤、吴樹德：《黄河中游調查報告》，華北水利委員會編印，1934年，第1頁。
〔十四〕（漢）司馬遷：《史記》卷十五『六國年表第三』，中華書局，1963年，第758頁。
〔十五〕王利器：《鹽鐵論校注》，中華書局，1992年，第28頁。
〔十六〕綏遠通志館：《綏遠通志稿》第十册，内蒙古人民出版社，2007年，第176頁。
〔十七〕臨縣志編纂委員會：《臨縣志》，海潮出版社，1994年，第273、321頁。
〔十八〕趙爾巽等：《清史稿》卷一二六『河渠一』，中華書局，1977年，第3715頁。
〔十九〕劉惠：《乾隆朝重構黄河河源的實踐與國家認同》，載《清華大學學報》（哲學社會科學版）2018年2期，第147–154+195頁。
〔二十〕許耀桐：《當代中國『治理』概念的演進探析》，載《國家現代化建設研究》2023年3期，第100–111頁。

出版前言

黄河，中華民族的母親河，她不僅孕育了中華文明，更見證了中華民族數千年的發展歷程。習近平總書記深刻指出：『從某種意義上講，中華民族治理黄河的歷史也是一部治國史。』這一重要論述，爲新時代黄河文化的保護傳承以及流域治理提供了根本遵循，也深刻揭示了黄河治理在國家發展和民族復興進程中的核心地位。在學習貫徹習近平新時代中國特色社會主義思想，積極響應國家黄河流域生態保護和高質量發展重大戰略，大力推進北疆文化建設的背景下，《黄河國家治理文獻集成》的編纂出版，具有重要的歷史意義、學術價值與現實指導意義。

黄河治理，自古以來就是國家的頭等大事。從遠古時期大禹治水，到當代運用科學技術進行系統治理，中華民族在數千年的時間裏，積纍了豐富的治河經驗，留下了浩如烟海的文獻遺産。《黄河國家治理文獻集成》收録了元代至民國時期古籍、朱批奏摺、期刊圖片等多模態文獻資源。這些文獻内容豐富、維度多元，既包含記載河工技術、治理方略等的專書，又有漢文朱批奏摺、工程檔案以及不同區域的調查研究報告等。民國時期的文獻則標志着現代水利科學開始融入黄河治理，展現了我國水利事業在時代變革中的創新與發展。近代照片的收録則以更加直觀的方式將黃河治理、黃河沿岸的風貌呈現給讀者。

該文獻的出版，不僅是對瀕危黃河文化遺產的及時搶救與保護，更是對我國水利史、國家治理史、邊疆治理研究學術鏈條的重要補充，具有較高的文獻價值和學術意義。尤爲重要的是，這一集成工作，深度契合鑄牢中華民族共同體意識這一全黨全國各族人民的共同任務。各民族在治理黃河的歷史進程中，緊密協作、共同探索，這些珍貴文獻便是各民族交往交流交融和中華文明認同的生動見證。對這些文獻進行整理出版，能够讓各族人民更加深刻地認識到，在歷史長河中，各民族共同爲黃河治理貢獻了力量，共同守護了家園，從而進一步增强對中華民族共同體的認同感與歸屬感，夯實鑄牢中華民族共同體意識的歷史根基。

《黃河國家治理文獻集成》以『國家治理』爲核心綫索，構建起一個全面、系統、多維的文獻體系：在時間跨度上，聚焦從元代至民國這一傳統治河向現代水利轉型的歷史時期，爲深入研究我國水利事業的發展脉絡提供了清晰的時間坐標；在内容分類上，細緻劃分爲技術專著、工程檔案、區域研究、朱批奏摺、科學報告、圖片等類别，涵蓋黃河治理的各個方面，從不同角度展現了我國在黃河治理上的探索與實踐；在版本選擇上，秉持嚴謹、科學的態度，確保文獻内容的準確性與代表性，爲學術研究奠定堅實基礎。

在編纂過程中，叢書特别注重『全流域治理』的理念，不僅收録了有關下游防洪治河的重要文獻，還涵蓋了中游地區水土保持以及上游地區灌溉開發等方面的珍貴記載。這種對黄河全流域治理的全方位關注，與當前『共同抓好大保護，協同推進大治理』的要求高度契合，充分體現了叢書在傳承歷史文化遺産的同時，緊密服務于當代國家發展戰略的時代價值。

在出版過程中，嚴格保持原書的版式與行款，最大程度地還原文獻原貌。對于部分出現黴變、殘缺的頁面，運用先進的數字化修復技術進行精心處理，在保留原始批注與印章痕迹的基礎上，兼顧了文物的真實性與文獻的可讀性。

此外，爲了更好地服務讀者，方便學術研究，本叢書新增了目録、提要等内容，這些新增部分由編委會精心撰寫。新增目録一般編製二級，個别圖書編製三級；原書有目録而内文無對應標題的，根據原書目録照録；原書目録爲關鍵詞或者其他情況的不編製目録；原書目録與内文不一致的，以原書内文爲準；原書無目録的，按卷端、版心或其他部分輯録；一册書中收録多種圖書的，以書名爲一級標題，編製二或三級。在文字使用上，統一使用現代漢語規範繁體字，對于原版文獻中的异體字、避諱字也使用現代規範繁體字，無對應規範繁體字的保留原字。

《黄河國家治理文獻集成》的出版，是對黄河文化遺産的一次系統性、搶救性保護，具有重大而深遠的現實意義：從學術價值層面來看，叢書成功構建起一座連接傳統與現代治黄文獻的橋梁，爲黄河流域生態保護、水利工程史、國家治理史、邊疆治理、中華民族共同體學等多個領域的學術研究提供了豐富、翔實的基礎文獻，有力推動了相關學科的發展與創新；從文化價值角度而言，生動展現了北疆文化與黄河文化在歷史長河中的交融共生，爲内蒙古『北疆文化』品牌建設提供了堅實的文獻支撑，進一步豐富了中華文化的内涵與外延；從實踐價值方面考量，書中所藴含的治河理念爲我們在新時代背景下實現人與自然和諧共生、推動黄河流域可持續發展提供了寶貴的歷史經驗與智慧啓示。

在此，我們要衷心感謝各藏書機構的大力支持，正是他們提供了珍貴底本資源，纔使得本叢書的編纂出版成爲可能。同時，我們也要向文化遺産智能應用服務中華民族共同體建設『英才興蒙』團隊致以崇高的敬意，他們歷經五年的辛勤耕耘，以嚴謹的治學態度和專業的學術素養，對文獻進行了系統的整理和輯録，爲叢書的内容質量提供了堅實保障。此外，我們還要特别感謝内蒙古自治區黨委宣傳部、内蒙古出版集團將本叢書納入『北疆文庫』重點項目，并在出版過程中給予全方位支持與幫助。

我們衷心期待，這套凝聚着無數心血與智慧的《黄河國家治理文獻集成》，能够在新時代的『黄河大合唱』中奏響歷史的强音，爲黄河流域生態保護和高質量發展注入强大的歷史動力，讓黄河文化在保護中傳承，在傳承中創新，在創新中不斷發展，綻放出更加絢爛的光彩。同時，希望這套叢書能够成爲促進各民族文化交流、鑄牢中華民族共同體意識的重要載體，助力各民族更加緊密地團結在一起，共同爲實現中華民族偉大復興的中國夢而努力奮鬥，讓中華民族共同體意識在黄河文化的滋養下，扎根于每一位中華兒女的心中，成爲推動中華民族不斷前進的强大精神力量。

提要

《黄河志（第三篇　水文工程）》，張含英（1900—2002）編，鉛印本，一九三六年由黄河水利委員會刊行。張含英，字華甫，山東菏澤人，著名水利學家，一九二一年北洋大學肄業，一九二四年獲美國伊利諾伊大學土木工程碩士，一九二五年獲康奈爾大學水利工程碩士。歷任黄河水利委員會秘書長兼總工程師、委員長，北洋大學校長，水利部副部長等職。一九三五年首創黄河流域水文站網體系，一九四七年提出『全流域規劃、水土保持與綜合利用』治黄方略，并主持三門峽工程前期論證工作。

全書共四卷，設水文、河道、灌溉、墾殖、航運、防溢、護岸、引導、挑浚、分流、蓄水、堵決、官制、修防十四章，首創『水文—工程—管理』三位一體著述體系，并附黄河流域水文記載圖表。該書系統構建水文監測與管理體系，首次整合站網建設、測量技術、洪水預報、水資源調控及灾害應對方案，奠定中國現代水文工程學根基。

目録

黃河志

第三篇 水文工程

黃河志編纂會編輯

國立編譯館出版

黄河志編纂會

會長 戴傳賢

副會長 朱家驊 王應榆

幹事 辛樹幟 李貽燕

陳可忠

編纂 張含英 胡煥庸

侯德封 張其昀

壽振黄 鄭鶴聲

劉士林

自序

中國之河患，歷時悠久，爲害酷烈者，無如黃河。吾先賢，病其爲害，曁及後世，舉其治河方策，行水事略，著之簡編，垂教來茲，意至善也。後之言治河者，悉秉其說。今則時代演變，科學昌明，治河之道，隨之而異，實爲歷史中轉變之大關鍵也。際此之時，不可無專籍以述之。於是戴公傳賢，慨然有倡修黃河志之舉，特設編纂會以董其事，而延聘海內專家分任編輯。全志釐爲七編：曰氣象，曰地質，曰水文與工程，曰人文與地理，曰文獻，曰動物，曰植物。舉凡有關於河者，無不包容而有之。期以總結過去之事實，而瞻望來日之發展，偉哉舉乎！議定之後，以水文與工程一篇命含英，謭陋若余，焉敢承茲？然水利余所習也，治河余所職也。雖懼弗勝，奚以爲辭？故不得不勉焉。

受命之初，對於本編目次，幾經研思，久而未決；既而以治河之道，首貴辨識水性，次當明察河勢，乃於本編之首，先之以水文，次之以河道。又以興利爲治河之目的也，故次之以灌溉，墾殖，航運之利；防患所以達興利之途徑也，故又次之以防溢，護岸，引導，挑浚，分疏，蓄水，堵決之策；然辨水性，察河勢，興利防患，皆有賴乎人事，故以官制，修防，殿焉。此本編撰擬之次第也。至其內容，則以現代事實爲重心，目前問題爲標的，申述不厭其詳；而於已往之歷史與將來之計劃，僅擇其有關者略一涉及而已。此又本編撰擬之原則也。然雖勉成兹編，究未愜於私懷，蓋水文測驗方始，工程日有進步，無數十年之水文記載，不足以供研究而定水性。無數十年之工程實施，不足以辨優劣而資決擇。美利堅之密西西比河、意大利之波河，皆已研究治導有年，猶未能免此缺憾。期以黃河之區區水文記載與工程現狀，編爲完書，不亦難乎？此余所以慊然而未敢自足者也。

溯自任事以來，適值黃河多事，公餘之暇，乃得操觚；搜集資料，探尋左證，皆躬親爲之。編纂會亦曾擬派助理一人，以襄其事。然此等編輯，係乎專門，固非他人所可假手。且本會經費，僅恃捐募，財力不充，用費宜節，故以一身獨任斯役，僅以圖幅抄錄等事委之短期書記及繪圖員而已。本編之作，既以公餘爲之，深爲時刻所限，而脫稿之際，又迭承函催，倉卒蕆事。疏漏之處，在所難免。今與他編合爲一書，得勿有鹽施同席，瑕瑜并列之譏乎！尙望讀者進而教之！

民國二十四年五月菏澤張含英識於開封

目錄

卷三

卷四

附錄

黃河志第三篇水文工程

卷一

第一章 水文

一 總論

一河之中,流量每有大小,水位時見漲落;欲考其究竟,原因綦繁,關係難明。簡言之,其要素有九:

(一)雨量之大小,次數之多寡,及時間之長短;

(二)流域之大小,形狀及其位置;

(三)流域地勢之情形;

(四)地質之狀況;

(五)地文之情形,如溫度、蒸發量、及氣壓之變化;

（六）地面植物之狀況；

（七）地下水之多寡；

（八）湖泊及其他蓄水之情形；

（九）河水之利用及河道治理之情形。

前項之本身既甚複雜，而其影響於流量之準確關係，迄今尚難明瞭。關於黃河流域之各種情況，已詳載於天文地質及地理諸篇，茲不贅述，僅就水文言之。

昔日河防率以水位之漲落，爲工作之標準。故昔有四汛之名，即桃、伏、秋、凌、是也。桃汛自清明日起，至其後二十日止。伏汛自清明後二十一日起，至立秋日止。秋汛自立秋日起，至霜降日止。凌汛乃結解凌時漲水之謂，各書多不載起止日月。所謂四汛者，不過表示該時漲水之名稱而已。對其大小遲速，均難顯示之也。

因漲水之時期不同，各有專名，雖無高深意義之表示，然沿河率多用之，故更釋之如後：

（一）信水　立春後東風解凍，古語水初至長一寸，則夏秋長一丈，歷有信驗，故名。

（二）桃花水　清明節至立夏前後所漲之水。

（三）菜花水　春末所漲之水。

（四）麥黃水　芒種節前後所漲之水。

（五）瓜蔓水　夏至節前後所漲之水。

（六）礬山水　大暑節前後所漲之水，蓋以極西山水結凍，盛暑方消，沃蕩山石，水帶礬腥，故名。

（七）荳花水　處暑節前後所漲之水。

（八）荻苗水　秋分節前後所漲之水。

（九）登高水　霜降節前後所漲之水。

（十）復槽水　立冬節前後所漲之水。

（十一）蹙凌水　結凌時因凌塊擁擠所漲之水。

此等名詞，在水文統計上，殊少實用，惟於科學不甚昌明之時，治河者用以表示水文之景象，傳達漲落之意義。蓋以昔日測量之術不精，流量之記載毫無，率多設立水標以示漲落。然亦只有此等名詞以作參考，而乏記錄也。

近世雖間有作斷面及流量之測量者，然最完美而有永久之設備者，則自民國八年始。其時順直水利委員會（後改稱華北水利委員會）於陝州（即陝縣）及濼口各設水文站，記載水位，並測量流量及含沙量。然其後亦屢有間斷，是故黃河水文之記載，極不完備，殊爲憾事。

民國二十二年黃河水利委員會成立，從事治導工作。於次年沿大河設立水文站十處，計蘭州、包頭、龍門、潼關、陝州、秦廠、高村、陶城埠、濼口及利津是也。支流設水文站五處，計渭河之太寅及咸陽，汾河之河津，沁河之木欒店及洛河之鞏縣。此外更有水標站五處，計孟津、洛河口、黑崗口、東壩頭及濮陽是也。二十四年更擬擴展水文站八處，計金積（寧夏）吳堡（陝西縣名，以上沿大河）華縣（渭水）柳林鎮（三川河）無定河，延水，清澗河及山東之汶河。舉凡水位，流量含沙量皆有觀測。如能持之以年，則其成效必有可觀者。

近世估計流量之公式，多以流域之大小爲函數。茲開列各支流之面積如次（見黃河水利委員會之黃河概況及治本探討）俾資比較：

河流名稱	流域面積	
	方仟米	方英里
黃河	七五六、六八四	二九二、三〇〇
包頭以上之黃河	三九四、七八〇	一五二、五〇〇
包頭至龍門間山陝各支流及渭水	一二〇、五二八	四六、五五〇
汾水	四〇、二四〇	一五、五三〇

涑水	五、三二〇	二、〇五〇
渭水	一四四、七六〇	五五、八七〇
太寅村以上之澗水	（二九、八八〇）	（一一、五四〇）
太寅村至咸陽間各支流及澗水	（一八、一四〇）	（七、〇〇〇）
涇水	（五八、九三〇）	（二二、七五〇）
北洛水	（二七、〇二〇）	（一〇、四二〇）
咸陽至潼關間其他支流及澗水	（一〇、七九〇）	（四、一六〇）
龍門至潼關間其他澗水	六、九六〇	二、七八〇
南洛水	一三、〇二八	五、〇三〇
伊水	四、九六〇	一、九一〇
沁水	一〇、五〇〇	四、〇五〇
汜水	八二〇	三二〇
潼關至鄭州間其他支流及澗水	一四、七八八	五、七一〇

黃河水文之測驗，自民國二十三年，始有完備之設置，以前水文站既爲數太少，且忽作忽輟，殊不

可靠；如欲據此以研究黃河之水文，毋乃太屬幼稚？然今日河患之急，與夫求治之切，爲探討治河之方策起見，儘可就已有之張本，作初步之研究。所得之結論，異日容或視爲錯謬，而所搜集之水位流量及含沙量各張本，仍不失爲有價值之統計也。茲將各站已有之水文記載繪爲曲線圖或記載表，附訂於本册之末，藉供參考。除民國二十三年外，其他各年之記載，率爲每日之平均水位及流量。二十三年者則爲自每時之記載縮繪而成者。茲列目錄於次：

（一）民國九年陝縣水文站水位曲線圖一張
（二）民國十年陝縣水文站水位曲線圖一張
（三）民國十一年陝縣水文站水位曲線圖一張
（四）民國十二年陝縣水文站水位曲線圖一張
（五）民國十三年陝縣水文站水位曲線圖一張
（六）民國十四年陝縣水文站水位曲線圖一張
（七）民國十五年陝縣水文站水位曲線圖一張
（八）民國十六年陝縣水文站水位曲線圖一張
（九）民國十七年陝縣水文站水位曲線圖一張

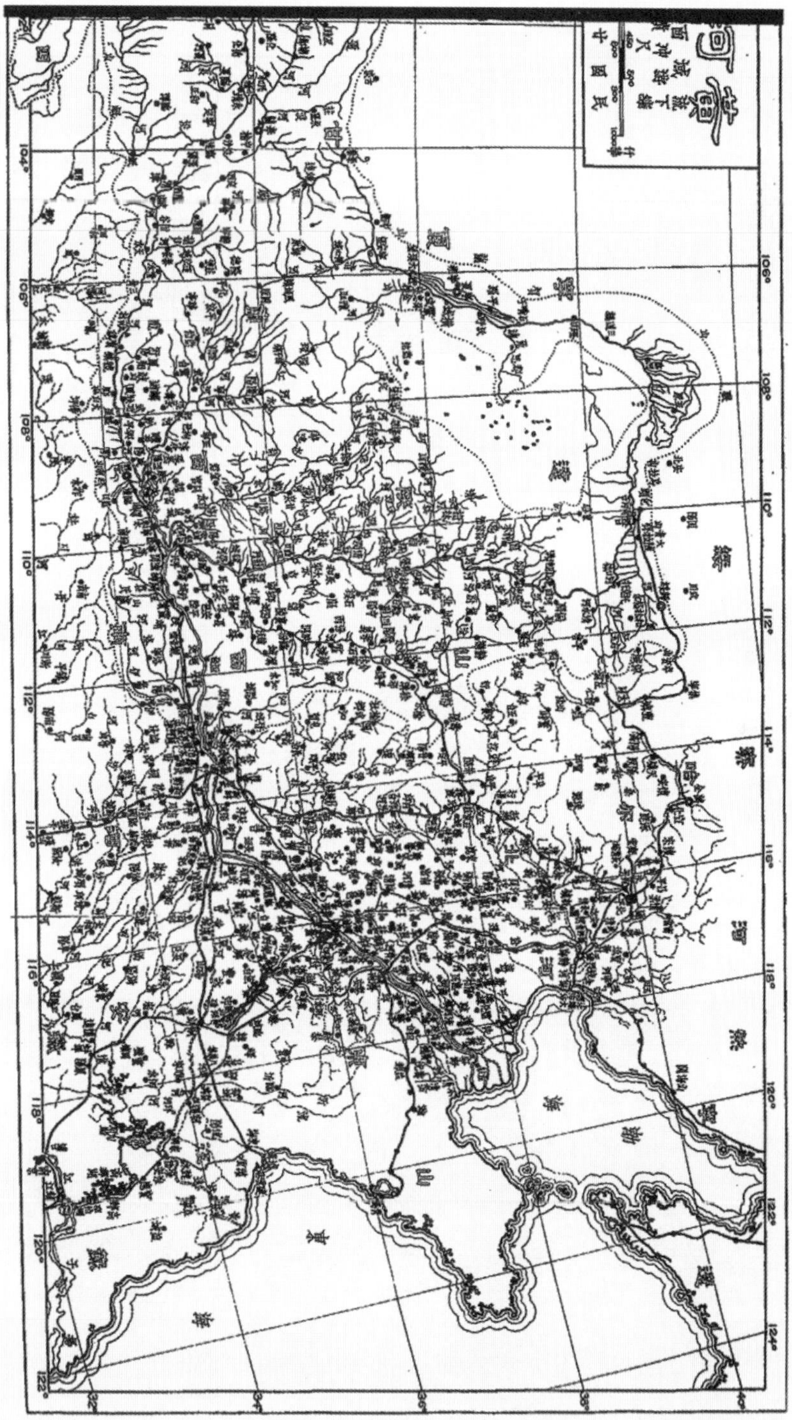

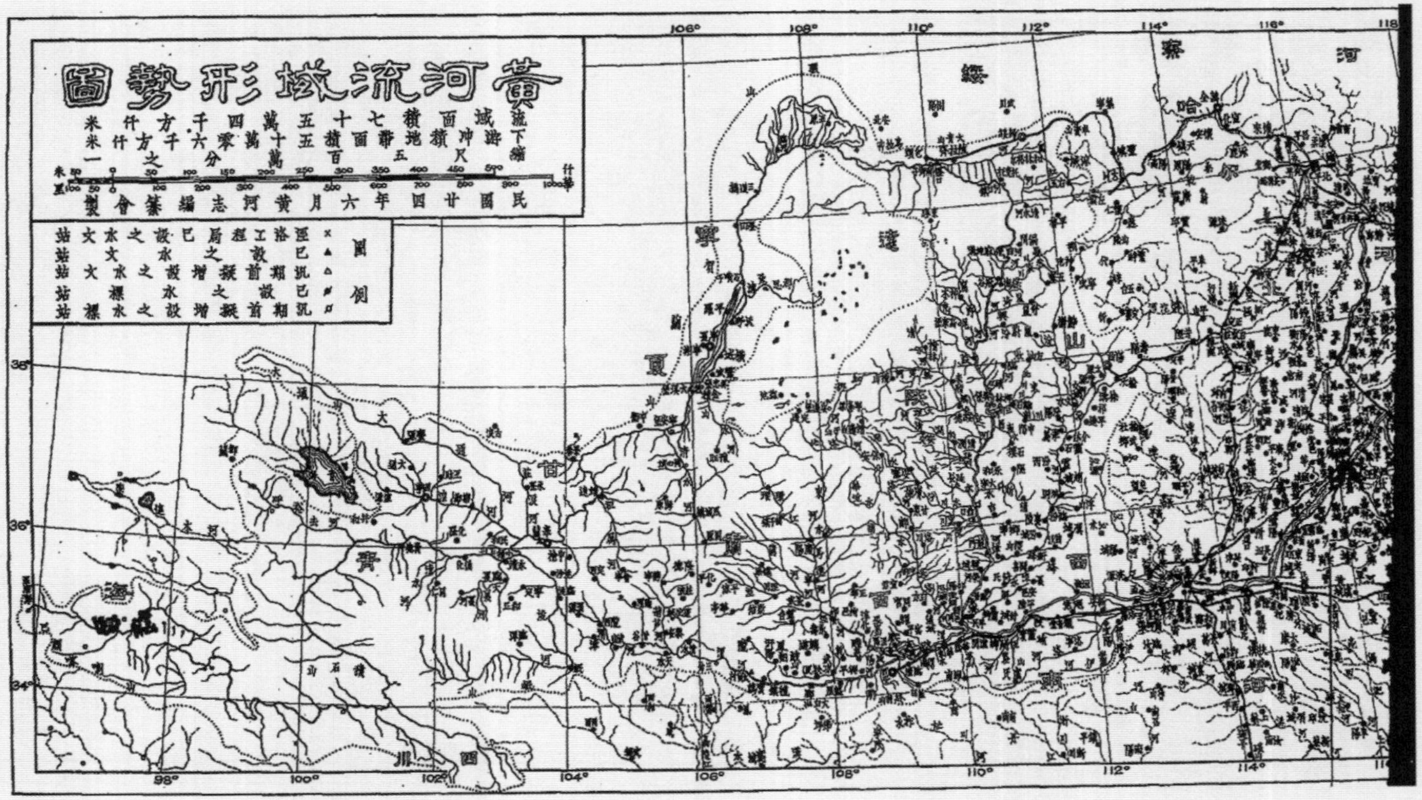
黃河流域形勢圖
流域面積七十五萬四千方什米
下游沖積地帶面積五十萬零六千方什米
縮尺五百萬分之一
什米 50 0 50 100 150 200 250 300 350 400 450 500
華里 100 50 0 100 200 300 400 500 600 700 800 900 1000
民國廿四年六月黃河志編纂會製
圖例
× 涇洛工程局已設之水文站
▲ 已設之水文站
△ 汛期前擬增設之水文站
已設之水標站
汛期前擬增設之水標站
98° 100° 102° 104° 106° 108° 110° 112° 114° 116° 118°
34° 36° 38°

（十）民國十八年陝縣水文站水位曲線圖一張
（十一）民國十九年陝縣水文站水位曲線圖一張
（十二）民國二十年陝縣水文站水位曲線圖一張
（十三）民國二十一年陝縣水文站水位曲線圖一張
（十四）民國二十二年陝縣水文站水位曲線圖一張
（十五）民國八年陝縣測站流量曲線圖一張
（十六）民國九年陝縣測站流量曲線圖一張
（十七）民國十年陝縣測站流量曲線圖一張
（十八）民國十八年陝縣測站流量曲線圖一張
（十九）民國九年陝縣測站含沙量總記載表一張
（二十）民國十年陝縣測站含沙量總記載表一張
（二十一）民國十七年陝縣測站含沙量總記載表一張
（二十二）民國十八年陝縣測站含沙量總記載表一張
（二十三）民國二十三年陝縣水文站水位流量流速含沙量輸沙量及河床斷面積變遷曲線圖

一張

（二十四）民國十八年開封水文站水位曲線圖一張

（二十五）民國十八年開封測站流量曲線圖一張

（二十六）民國十七年開封測站含沙量總記載表一張

（二十七）民國十八年開封測站含沙量總記載表一張

（二十八）民國八年濼口水文站水位曲線圖一張

（二十九）民國十年濼口水文站水位曲線圖一張

（三　十）民國十一年濼口水文站水位曲線圖一張

（三十一）民國十三年濼口水文站水位曲線圖一張

（三十二）民國十四年濼口水文站水位曲線圖一張

（三十三）民國十五年濼口水文站水位曲線圖一張

（三十四）民國十六年濼口水文站水位曲線圖一張

（三十五）民國十七年濼口水文站水位曲線圖一張

（三十六）民國十八年濼口水文站水位曲線圖一張

（三十七）民國八年濼口測站流量曲線圖一張
（三十八）民國九年濼口測站流量曲線圖一張
（三十九）民國十年濼口測站流量曲線圖一張
（四　十）民國十八年濼口測站流量曲線圖一張
（四十一）民國八年濼口測站含沙量總記載表一張
（四十二）民國九年濼口測站含沙量總記載表一張
（四十三）民國十年濼口測站含沙量總記載表一張
（四十四）民國十八年濼口測站含沙量總記載表二張
（四十五）民國二十三年濼口水文站水位流量流速含沙量輸沙量及河床斷面積變遷曲線圖一張
（四十六）民國十八年潼關水標站水位曲線圖一張
（四十七）民國十九年潼關水標站水位曲線圖一張
（四十八）民國二十二年潼關水標站水位曲線圖一張
（四十九）民國十八年鞏縣水標站水位曲線圖一張

（五　十）民國十八年姚期營水標站水位曲線圖一張

（五十一）民國十九年姚期營水標站水位曲線圖一張

（五十二）民國十八年蘭封水標站水位曲線圖一張

（五十三）民國十九年蘭封水標站水位曲線圖一張

（五十四）民國十八年濮縣水標站水位曲線圖一張

（五十五）民國十九年濮縣水標站水位曲線圖一張

（五十六）民國十八年壽張水標站水位曲線圖一張

（五十七）民國十九年壽張水標站水位曲線圖一張

（五十八）民國十八年潼關陝縣鞏縣間水位比較曲線圖一張

（五十九）民國二十三年潼關水文站水位流量流速含沙量輸沙量及河床斷面積變遷曲線圖一張

（六　十）民國二十三年秦廠水文站水位流量流速含沙量輸沙量及河床斷面積變遷曲線圖一張

二 流量概況

水位之高低與流量之大小，其關係常不固定，蓋以河底之沖積無常也。然水位漲，而流量亦洪則大體不逾也。每年於六七月間，流量漸增，倏漲倏落，八月爲最高，九十月之後，流量漸減，迄十一月中始至低水。冬月流量最小，迄冰解之時，微漲即落，三四月又稍漲，後此又落，五六月間低水重現。旱乾之年，五月之水常有低於冬季者。

包頭以上之流域面積，超過總量之半，然其影響於下游之洪流者，則稍輕，蓋以寧夏至包頭千餘里間，無支流之增加，而平緩廣漠，水流得以稍事停蓄，因之以延緩下游之洪流也。况綏寧一帶灌漑之渠甚多，亦減流之又一因也。

山陝之間，兩岸山水灌注，形如排骨，暴雨驟至，其影響較巨。

渭河流域（包括涇水及北洛水）形似蒲葵，各流輻輳，若遇暴洪，則如萬馬齊至，滙於潼關，下游不堪設想矣。民國二十二年之大水，其著例也。

汾水自東來注，夏季時有氾濫之患，旱乾之季，則有枯涸之虞。

沁洛諸水洪流亦大，鄭州以下則無支流矣（惟汶水於大水之時，有一部分注入黃河）。

三　低水時流量

黄河水利委員會編著之黄河概況及治本探討中有云：

「夫按春季各支流乾涸情形，則知黄河於春夏低水之間，流量減至每秒四百立方米，非偶然矣。此低水時之流量，一部來自蘭州以上，經流寧綏，自然減少，至晉陝重復增加。包頭鎮下十五仟米，過去四載間華洋義賑會水文記載，每屆四月間流量，減至每秒二百立方米以下；其最低記載，則爲民國二十年四月之每秒一四五立方米，同時陝州水位記載，推得流量約爲每秒四五〇立方米。故討論低水位時，蘭州以上亦非可忽，要知此處低水，殆爲河源一帶積雪之賜也。

「陝州以下黄河最低流量，每因嚴寒而產生。北風凜烈，六出紛飛，沿河漸被封凍，流量時減至每秒一五〇立方米以下，有時竟減至每秒五〇立方米。三數日後，結冰已厚，水流蘊熱，不復散失，迨結冰停止，流量重復加大。二月中旬，豫冀上游，逐漸解凍，下游未及融化，冰凌壅積，水位抬高，竟至發生潰決慘禍。至若擦傷隄防，擠動埽壩，尤數見不鮮。綏遠冰凌壅阻，亦常爲害，惟時較遲，約當四月之末，則其地位居北使然。然在潼關，四月中旬以降，不再見有凌塊漂浮，則在途中已經銷融故也。有謂龍門附近五月猶見冰凌者，此或當解凍時，被埋於沙後遭冲刷而出耳。

「春日黃河，常有一二日之漲發流量約及每秒二〇〇〇至三〇〇〇立方米之數。苟遇雨量充足，則五月中旬之前流量，不再低減至每秒千立方米以下。五六月間流量，必重下降在陝州間常至每秒二五〇立方米，猶稍高於冬季最高流量。其在濼口，亦曾低至每秒二〇〇立方米」（觀流量記載表及水位曲線圖）。

四　漲水時流量

黃河水利委員會編著之黃河概況及治本探討中載有：

「西北週率性長期旱季，於民國二十年暫告結束以來雨量已漸增多。二十二年洪水，爲黃河北徙以後八十年來所罕見。二十三年漲水流量，祇及上歲之半。而源泉汩汩，各支幹收受四週浸泌甚多，當能維持流量。迨是歲十二月之始，方降至每秒一千立方米之下，則亦雨量充足之功也。

「黃河洪水之奇特，以其性悍，非以其量大，此於平漢路橋之上游可以見之。既入平曠，受寬闊河床平緩作用及滲漏影響，兇猛之勢已殺，抵山東已較過汴時爲馴多矣。泛濫之洪水，必於上游決溢，以肆兇焰，山東實未嘗當其鋒也。故溢出之水，雖仍逐漸匯入正河，如二十二及二十三兩歲之例；駕之馭之，頗易易耳。常就今日之河床隄埝形勢研究之，自每秒一三〇〇〇至一四〇〇〇立方米以上之流量，雖期安全通過豫冀交界之處。欲其安然導過巨量洪水，以抵於海，尤不可能。所幸洪水不常；自過去之記載觀之，平漢橋流量恆不及每秒一萬立方米，抵山東已不及每秒八千立方米，隄埝之所以不至如想像泛溢之屢者殆以此。

「華洋義賑會觀測綏遠黄河春夏秋三季水文，始自民國十九年四月，迄今已四閱年矣。今夏改由本會接測；同時蘭州水文本會亦曾派員施測，後以人事之調動，暫時停頓。今已商請由甘肅氣象測候所接續觀測水位，所可藉以研究上游漲水情形足以影響及於下游者惟此也。

「綏寧長槽，有平緩上游漲水之功，前已言之。參以過去記載，吾人敢謂包頭流量，不能超過每秒四千立方米，非屬武斷。該處夏期流量常高至每秒二千立方米。二十三年夏最大流量，爲每秒二二〇〇立方米。其在蘭州則爲每秒五四〇〇立方米。二十二年蘭州最大流量，爲每秒七〇〇〇立方米。在包頭則爲每秒三六〇〇立方米。是故上游漲水，不能認爲下游泛濫主要原因；必將於包頭之下黄河流域中求之。茲姑分爲兩區以研究：一、自包頭至潼關兩岸各支流域；二、渭河流域。前者約爲一二〇、〇〇〇平方仟米；後者約爲一四五、〇〇〇平方仟米。兩區面積，固無甚出入；即自所得資料觀之，其影響於下游洪水量，實亦相等。由下列各處記載，二十二年八月八日至十二日之洪水，不難驟索之也。

（一）綏遠民生渠口水位及含沙量之記載。自曲線圖推算之流量頗可恃。

（二）陝州水文站水位流量及含沙量之記載。

（三）其他沿河各處之水位本會已抄錄一部分，但多數水尺，咸被大水冲去，記載中斷。其中因位於決口之下正槽不復走溜，記載失效者有之。亦有位在決水復歸正槽之下，可藉以研究決口溢水處與平緩洪水峯之關係者。

（四）洪水時渭河水位記載之一部。咸陽記載站距黃渭交會處約一五〇仟米，水尺被洪水冲去後，未能補立，故記載中斷。然渭河最大洪水，老年人猶能道之。

（五）涇洛二河記載，頗稱精詳。涇河入渭之處在咸陽之東三十仟米；洛河入渭，則在黃渭交會處之上十五仟米。

（六）南洛（即河南之洛河）亦有水位及流量記載。其入黃處，約距平漢鐵橋之上六十仟米。

（七）太原汾河水位流量之記載。太原距汾河口約四〇〇仟米，汾河入黃處距潼關百仟米。

「彙集上舉之記載，吾人勉可分析去年洪水之成因。所惜附近潼關以上，黃河本身記載，終付缺如，否則研究之結果，將不止此。茲特製訂黃河來自各區域之流量表，並由陝州平均流量約數曲線推得其流量，以作一比較。按陝州實測最大流量，係於民國二十二年八月九日以浮子測得之。

入日午夜水位，忽告上漲，水尺卽遭沒頂，至九日觀測時，已保持其不漲不落之狀態，於是臨時施測水準，得水位高出大沽基點上二九七·〇八米，計算流量得每秒一四、三〇〇立方米。是夜水復上漲，翌晨猝然下降，與九日施測者齊平，故當時不察九日午夜有一極高之水位也（觀水位曲線圖亦顯是夜水位漲增之勢）。迨十一月間，本會派遣工程師施測標準斷面上下遺留高水痕跡時，因猶宛然知其高度，較施測流量時之水位，高出一·一五米，卽最高水位爲二九八·二三米，由是推算是夜最大流量爲每秒二三、〇〇〇立方米。本會副工程師劉鍾鑽，曾亦推解該處最大流量並其糙率n之值，亦計算之。該站低水時斷面之寬，約二〇〇米，最高水位時，寬約八〇〇米。河底滿鋪自上游山溪冲來之礫石，狀頗穩固，上被薄沙層。流速迅疾，在流量每秒一千立方米時，猶能超過每秒三·〇米，河底沙浪，時現遊動，常生急流狀。故在先後同一低水位之流量，終不能等，然就大體言之，河底之變化比較猶小，卽漲水前後，及逐年斷面之變遷亦不甚著。至大水時，水位流量關係之不符，則其原因更多，如縱坡因漲落不常而發生變化，及含沙多寡等等，更難一一舉之矣。按十餘年來，陝州流量之記載，未曾超過每秒八千立方米。而二十二年洪水流量，突然推定爲每秒二三、〇〇〇立方米，人或疑之。然一究收集各方之原素，蓋又無足疑者，且陝州耆老，猶能歷數黃河大漲年中，不乏較二十二年之流量猶高者矣；又參以最近所得，關係各支流洪漲報告，則此每秒二三、〇〇〇立方米之數，益不足奇矣。 茲姑以渭河論之；其支流涇河流域面積，僅五九、〇〇〇平方仟米，計算其最大流量，可高至每秒一五、〇〇〇至一六、〇〇〇立方米。 距涇渭交滙四十仟米之處，設有測站，並製有流量曲線圖。 自此曲線估計，二十二年流量爲每秒一二、〇〇〇立方米。 北洛河乃渭河之第二重要支流也，流域面積約二七、〇〇〇平方仟米，洛惠工程局測得最大流量，約每秒二、五〇〇立方米。 洛域長狹，未若涇域之簇聚，兩支合流，其流量蓋將及每秒一五、〇〇〇立方米矣。渭河上游之猛漲，比於涇河；其自南岸秦嶺來歸各支，情形亦相彷彿；所不同者，含沙之量較輕，足與綏遠以上來水，共成稀融作用，俾黃河混流，長能東逝。 否則如二十二年開封以下之沿途沉澱，河槽之淤阻，益不堪問矣。

「數載以來，關於渭河流域水文記載之搜集，約如上述。 至於潼關包頭間，兩岸來歸衆支流之水文情形，尙付闕如。 此衆小支流，類流經峻陡黃土山谷之中。 於繪製夏季等雨量曲線，實不能忽視之。 無定河乃此衆支流之最鉅者也，流經陝西之北部，東流抵清澗入河；流域面積約二三、〇〇〇平方仟米。 其他小支流，雖鉅細懸殊，要其傾洩鉅量流量，飽攜泥沙情形則一。」

「民國二十一年夏季龍門流量，據地質調查所方君俊勘查壺口龍門報告，計約每秒八、〇〇〇至一〇、〇〇〇立方米。 是年八月十二日，陝州流量估計爲每秒一一、〇〇〇立方米，同時涇河流量，爲每秒四、〇〇〇立方米。方君龍門流量之估計，實頗近似。觀察二十二年龍門之流量幾與二十一年相同。該處河面寬約六〇〇米，兩岸壁削，洪漲時水深約十米。據土著稱河底被洪水刷深，自三至四米，則最大流量時，水深爲六或七米。然其過水橫斷面積，至少爲四、〇〇〇平方米左右，或竟增至六、〇〇〇平方米。平均流速以每秒三米計，則最大流量將爲每秒一二、〇〇〇至一八、〇〇〇立方米。根據華洋義賑會綏遠水文記載估計來自綏遠以上之流量約爲每秒二、〇〇〇至二、五〇〇立方米。是故包頭龍門間，衆小支流同時漲發；流量增至每秒一〇、〇〇〇至一五、〇〇〇立方米，非不能也。

「汾河流域帶長面積約四〇、〇〇〇平方仟米，流量不能超出每秒二、五〇〇立方米。含沙亦較他支流爲少。

「潼關以下入黃較大之水，南洛北沁而已。洛較大洪水量均不能超過每秒六、〇〇〇立方米；且以地位關係，漲發或不能與上游支流同時。

「綜合各支河流量情形以觀，黃河能否發生更鉅洪水，當視各支流洪水峯能否同時相遇爲斷。二十二年各峯先後抵潼，相差實均數小時耳。設竟不幸同時互遇於潼，或將發生每秒三〇、〇〇〇立方米之洪漲，機會雖稀，卒非不可能之事也。」

五 最大流量之試估

關於黃河洪水之最高峯，尙少估計。作者曾擬「黃河最大流量之試估」一文（黃河水利月刊一卷五期，）特擇錄如次：

「論者謂黃河自銅瓦廂改道以後，垂八十年，蘭封隄未曾漫決，而二十二年竟分流故道，可知其爲八十年來之最大水矣。是猶有未可信者：不知此八十年中蘭封以上曾決口數次，如同治五年河溢胡家屯，七年又溢滎澤汛，復至光緒十三年河決鄭縣，如無上游數次之漫決，孰敢必蘭封之水位不較今年加高乎？論者又謂溫縣一帶四十年來，未曾上水之老灘，去年竟以漫及，此或可證明爲四十年中之最大水矣，然是又有待於考察者。黃河水溜是否受平漢路橋之影響？殊爲問題。當修橋之時，凡有水流之處，則加大橋孔，有灘之地，則用較小者；今則孔小之處，反爲水流橫經之地，大橋孔間，則變爲灘地矣。再則黃河河底，以夏日大水之冲刷，當較冬日低至二、三米不等，若遇洪水驟至，不及刷深河槽而致抬高水位，亦或情事之可能（二十二年大水甚驟；）如此等情形不能明晰，亦不敢斷其爲四十年來之最大水也。

「是故吾人欲研究黃河最大之流量，似不必討論二十二年大水在洪水記錄中之地位，尤不能依此而推測任何結論。且連年天災人禍，紛至沓來，測量工作，屢事中斷；益以測量設備不完，人事容有未周；又當洪流時期，適值青紗帳起，土匪猖獗，各站標尺，既非自記之儀器，所測最大流量，殊難憑信；且黃河水位曲線之變化，宛如奇峯突峙，其來也爲勢甚突，其去也爲時甚暫，一二日間或數小時之頃，其最大洪流期卽或滑然而過；此又測量中之困難問題也。然二十二年陝州之最大流量，尚可設法估計（每秒二萬三千立方米，較該時之報告每秒一萬四千立方米者增加約十四分之九，）至若過去者，將更於何法而較其精確乎？

「如是則估計之法將何由得？茲擬參照世界各河之流量，及黃河之情形，比擬一數，以供參考。當民國十九年時，中國工程學會在瀋陽舉行十五次年會，作者曾提出「河道橫切面大小之討論」（工程季刊第六卷二號，）搜集流量公式凡三十九，而研究之，並參酌哲費斯（C. S. Jarvis）發表於美國土木工程學會會刊（Proceeding of Am. Soc. of C. E. Dec. 1924）「洪流之特性」（Flood Flow Characteristics）一文中世界九百七十八河洪流之張本，比較而討論之，因以擬定以下三流量公式：

$$q=\frac{30,600}{6.3+M^{\frac{2}{7}}}+6 \cdots\cdots (1)$$

$$q=\frac{5,450}{2.1+M^{\frac{2}{3}}}+2.5 \cdots\cdots (2)$$

$$q=\frac{1,555}{1.6+M^{\frac{2}{3}}}+0.5 \cdots\cdots (3)$$

「其中q爲每平方英里之最大流量，以每秒立方英尺計；M爲流域之面積，以平方英里計；則河流之洪水流量爲以上二數之積。第(一)公式應用於罕有之洪流量；第(二)公式應用最大之洪流量；第(三)公式應用於普通之洪水流量。迄今仍覺此三公式，尚無可變更之處，惟第(一)式只可用於多雨地帶耳。

「今以黃河流域爲二十八萬方英里計（黃河水利委員會估計流域面積約爲七十五萬六千七百方仟米），代入第(三)式，則q爲每秒〇·八六二立方英里，洪流爲每秒二十四萬（二四〇、〇〇〇）立方英尺，亦卽爲每秒六千八百（六、八〇〇）立方米也。若代入第(一)式，則q爲每秒三·七七立方英尺，洪流爲每秒一百零五萬（一、〇五〇、〇〇〇）立方英尺，亦卽每秒三萬立方米（三〇、〇〇〇）也。

「試比較第(三)式之結果，與以前數年之每年洪水記錄頗相近，第(一)式所得之每秒三萬立方米，卽作者所估之最大流量也。今更就黃河及支流之流量與自(一)(三)兩式之計算，表列於後，

即可證明所推論之數相差不遠也。」（表從略）

「由上所述，對於黃河流量之估計，可得結論如次：

（一）最大洪流爲每秒三萬立方米；

（二）每年常有之洪流爲每秒六千八百立方米。」

六　含沙量及輸沙量

黃河水利委員會編著之黃河概況及治本探討中載有：

「黃河洪水量之奇特，不若其漲發兇猛之甚。而其漲水時含沙之多，實爲病患之源，致成世界上最難治導河流之一。每歲十一月中旬之後，五個月內，潼關至河口間，含沙鮮能超過重量千分之五至千分之六。嚴冬期間，曾不及千分之一。於是發生局部冲刷，以增重之。惟刷於上，仍淤於下，循序東進，不致逐步增加。春令漲發，含沙立現增加，數小時內，即能加重數倍。此後含沙雖有增減，總在百分之一以上，不復再減至如冬季含量之輕。然過春令重旱，流量長期在每秒五〇〇立方米以下時，偶亦降至百分之一以下。

「黃河含沙，咸屬細沙與粘土，源於上游黃土及紅壤之冲刷，大半來自晉陝甘三省，少數則由青綏寧豫供給之。洪水期中，河床冲刷亦係泥沙之來源。至於冀魯兩省，實爲淤澱之區。泰岱山區，或亦供給些微之量，與上游無關。

「上游黃河含沙之情形，前此固未常深究也。自有華洋義賑會綏遠水文觀測，始知該處黃河含沙，鮮能超過重量百分之二。該處二十三年本會施測結果，亦復相同。蓋與龍門潼關，含沙增重情形，絕不相類。蘭州含沙施測之結果，亦同於綏遠。故知上游含沙量，大半來自蘭州之上也。

「涇惠渠灌溉工程處，觀測涇河水文之結果，低水時甚清。春令稍漲，沙量可至百分之三十。夏季盛漲，竟重至百分之五十。洛河與渭水情形相似。然自南岸秦嶺發源入渭各河，其含沙實較自北岸入渭各河，減輕甚多。惟大體言之，渭河流域，實爲供給潼關以下黃河含沙主源之一。

「昔嘗以爲潼關包頭間衆小支流，對於黃河含沙，不甚爲患，爲患者或屬來自晉西之汾。細考汾河大部含沙，來自太原以上。太原雖有重量百分二十之記載，太原以下，流經本省四百仟米之河床，始行入黃，沿途攔貯，流量含沙，實不能與涇洛等河同日而語。證以二十三年夏本會龍門水文報告，然後知龍門包頭間各小支流，其流量及含沙，差比於渭河流域。龍門水文之記載，始於二十三年夏六月，八月八日測得洪水流量爲每秒六、〇〇〇立方米，同日最大洪水流量推估約每秒一一、〇〇〇立方米，最高含沙重量可至百分之三十八。此後將於其間，添設一站，並於重要支流，添站以研究沙之所自來。

「潼關以下，兩岸不乏含沙甚多之溪流入黃。沁與洛含沙頗少；洪漲之時間，可增至百分之七或八，平時恒不及百分之一。」

「綜合含沙記載觀之，洪水期中，潼關以下依次減輕，頗形顯著。惟二十三年陝州記載，有重於潼關者數日，是否由陝潼間溪流傾入，抑係記載錯誤，頗難斷定。但是年七八月中，該處降雨甚多（觀等雨線圖），或爲其差異之因，亦未可知。平漢橋東以迄濼口，流量含沙，亦依次遞減。再東含沙量有時顯形增高，但僅憑一歲記載，難下肯斷之詞。姑舉於是，容後日詳行研究可也。」

作者曾擬「黃河之沖積」一文（黃河水利月刊一卷一期）茲節錄一段如次：

「陝縣四年之平均流量之平均數爲每秒一、一三六立方米，濼口三年之平均流量之平均數爲每秒一、四七五立方米。」

「關於含沙量，前表中只有最大與最小者。今自華北水利委員會之測量底稿中摘錄表列之。其中次數一欄，爲於該月中測量之次數。今只將各該次數之平均數列入（含沙量以重量百分數計）：

（一）陝縣

	民國九年		民國十年		民國十八年		每月平均含沙
	含沙	次數	含沙	次數	含沙	次數	
一月					〇·三五	三	〇·三五
二月					〇·三三	五	〇·三三
三月			一·三三	七	一·二〇	一六	一·二六
四月			一·一七	七	〇·八九	一五	一·〇三
五月			一·〇八	七	〇·六四	六	〇·八六
六月	一·九九	四	二·〇八	一〇			二·〇三
七月	二·三九	六	三·四七	一〇			二·九三
八月	四·三六	七	一·三三	六	七·三〇	八	七·六六
九月	三·一七	八			三·〇〇	一三	三·〇八
十月	二·八五	九			二·二〇	七	二·五二
十一月	一·三九	六					一·三九
十二月	〇·七五	五					〇·七五

（二）灤口

	民國八年		民國九年	
	含沙	次數	含沙	次數
一月				
二月				
三月			〇·三五	六
四月	〇·三九	五	〇·六二	七
五月	〇·二九	五	〇·九二	七
六月	〇·四〇	一	一·四五	七
七月	〇·五八	四	一·四九	七
八月	三·九六	四	二·七九	七
九月	一·〇五	三	一·八六	六
十月	〇·五七	五	一·六八	七
十一月	〇·四〇	六	〇·九九	六
十二月	〇·三三	三	〇·三六	四

民國十年	含沙			〇·四四	〇·六二	〇·九七	〇·七五	一·二五	一·五五			
	次數			六	五	六	七	七	一			
民國十八年	含沙							四·二四	四·五五	五·〇四	三·二九	一·二七	〇·三一
	次數							二	二六	二三	二七	二六	一六
每月平均含沙				〇·四九	〇·五四	〇·七三	〇·八七	一·六九	三·〇九	一·九六	一·三二	〇·九二	〇·三五

「由上表亦可見平均含沙量之百分數。於是吾人更可進而求其一年之平均數，以便計算一年中之冲積量。灤口缺少一及二月之統計，若假定一月爲〇·一五，二月爲〇·二〇（可參考前表之一切數目此假設當有相當之根據。）則陝縣之含沙量全年之平均數爲百分之二·〇二，而灤口者爲一·〇六（因參考材料不完善且係概約計算，故平均時未將次數因素加入。）

「於此可知經過陝縣每秒之攜沙量爲：

1236 × 0.0202 × 1000 = 24967.2Kg/Sec. = 27.52T/Sec

「是則每秒爲二四·九七公噸或爲二七·五二噸。則全年爲七八七、三六五、〇〇〇公噸，或八六七、八七一、〇〇〇噸。

「其在灤口者，所得之平均含沙量爲百分之一·〇六；自各表中比較之，較之在流量爲每秒一

黃河各測站流量及輸沙量比較表（民國二十三年）

月份	流量及輸沙量 \ 測站	蘭州	包頭	龍門	河津	太寅	咸陽	潼關	陝州	鞏縣	木欒店	秦廠	高村	陶城埠	濼口	利津
一月	平均流量(立方米/秒)						31.5	293.0	272.9		2.7	331.6			291.3	
	全月流量(立方米)						81,240,000	784,512,000	730,944,000		7,314,000	888,192,000			780,192,000	
	平均輸沙量(立方米/秒)						0.02	1.63	0.84		0.003	0.86			0.42	
	全月輸沙量(立方米)						53,568	4,105,987	2,241,821		8,035	2,303,424			1,133,568	
二月	平均流量(立方米/秒)						35.4	380.3	450.0		4.4	422.1			605.0	
	全月流量(立方米)						85,536,000	921,024,000	1,088,640,000		10,540,800	1,021,248,000			1,463,616,000	
	平均輸沙量(立方米/秒)						0.03	1.79	1.45		0.009	1.58			3.60	
	全月輸沙量(立方米)						72,576	4,330,368	3,512,678		21,773	3,829,594			8,714,304	
三月	平均流量(立方米/秒)						41.0	550.3	626.1		3.9	662.0			573.0	
	全月流量(立方米)						109,728,000	1,473,984,000	1,677,024,000		10,454,400	1,772,2[illegible],800			1,534,464,400	
	平均輸沙量(立方米/秒)						0.07	3.31	3.61		0.015	3.14			1.93	
	全月輸沙量(立方米)						187,488	8,865,504	9,669,024		40,175	8,420,890			5,174,496	
四月	平均流量(立方米/秒)						85.3	669.3	784.0		4.4	934.0			878.0	
	全月流量(立方米)						221,184,000	1,734,912,000	2,032,128,000		11,491,200	2,420,928,000			2,275,776,000	
	平均輸沙量(立方米/秒)						0.15	2.65	6.52		0.011	6.18			7.73	
	全月輸沙量(立方米)						387,072	6,860,160	16,899,840		27,216	16,010,748			20,044,800	
五月	平均流量(立方米/秒)						139.7	810.3	738.7		2.8	900.6	830.0	629.7	637.1	
	全月流量(立方米)						374,544,000	2,170,368,000	1,978,560,000		7,560,000	2,412,288,000	2,222,208,000	1,686,528,000	1,700,400,000	
	平均輸沙量(立方米/秒)						3.12	5.78	5.97		0.001	5.87	4.50	5.57	5.23	
	全月輸沙量(立方米)						8,346,240	15,490,656	15,980,544		2,678	15,713,568	12,052,800	14,901,000	13,996,800	
六月	平均流量(立方米/秒)					39.7	83.3	952.0	930.3			829.3	994.0	875.3	886.3	
	全月流量(立方米)					102,816,000	216,000,000	2,467,584,000	2,411,424,000			2,149,632,000	2,576,448,000	2,268,864,000	2,297,376,000	
	平均輸沙量(立方米/秒)					4.83	1.65	11.32	11.07			9.13	10.30	7.57	12.67	
	全月輸沙量(立方米)					12,528,000	4,268,160	29,328,480	28,684,800			23,664,960	26,784,000	19,612,800	32,832,000	
七月	平均流量(立方米/秒)		642.0	950.0	30.1	57.0	81.4	1,570.0	1,121.0			1,121.0	1,195.0	1,071.0	1,217.0	1,070.0
	全月流量(立方米)		1,719,792,000	2,546,208,000	80,697,000	152,496,000	217,728,000	4,200,768,000	3,001,536,000			3,240,000,000	3,200,256,000	2,868,486,000	3,259,440,000	2,866,752,000
	平均輸沙量(立方米/秒)		3.9	42.3	0.96	6.4	7.6	70.0	51.9			44.3	31.1	34.2	31.6	25.1
	全月輸沙量(立方米)		10,333,440	113,356,800	2,583,360	17,210,880	20,338,560	187,360,000	138,931,200			112,320,000	83,332,800	91,670,400	84,456,000	67,132,800
八月	平均流量(立方米/秒)	3,712.0	1,875.0	3,185.0	66.9	360.0	378.0	3,810.0	3,220.0	203.0	87.0	3,923.0	3,490.0	3,470.0	3,936.0	2,998.0
	全月流量(立方米)	9,942,912,000	5,023,296,000	8,522,496,000	179,280,000	963,360,000	1,011,312,000	10,202,112,000	8,607,986,000	544,536,000	233,193,600	10,507,000,000	9,350,208,000	9,284,544,000	10,542,400,000	8,029,152,000
	平均輸沙量(立方米/秒)		17.5	179.5	1.7	27.0	27.4	170.5	265.2	2.1	2.3	259.0	126.5	153.5	154.5	139.8
	全月輸沙量(立方米)		46,958,400	480,902,400	4,514,400	72,385,920	73,388,160	456,840,000	710,380,160	5,628,960	6,160,320	695,520,000	338,688,000	411,264,000	413,856,000	374,457,600
九月	平均流量(立方米/秒)	3,057.0	2,037.0	2,560.0	47.7	128.0	383.0	3,340.0	2,590.0	147.7	23.7	3,501.0	3,197.0	3,140.0	4,210.0	3,523.0
	全月流量(立方米)	7,923,744,000	5,280,336,000	6,638,976,000	123,552,000	331,776,000	993,168,000	8,767,872,000	6,713,280,000	382,752,000	61,344,000	9,074,000,000	8,287,488,000	8,128,784,000	11,275,200,000	9,132,480,000
	平均輸沙量(立方米/秒)		19.4	44.2	0.74	2.5	2.9	42.9	61.1	1.0	0.18	84.5	70.3	67.6	96.6	75.1
	全月輸沙量(立方米)		50,276,160	114,393,600	1,918,080	6,462,720	7,430,400	111,456,000	163,468,800	2,592,000	470,880	219,024,000	182,174,400	175,132,800	258,768,000	197,337,600
十月	平均流量(立方米/秒)	3,20[illegible].3	1,677.7	2,252.2	132.6	394.9	903.2	2,964.0	3,729.0	96.7	19.4	3,635.0	2,974.2	3,682.0	4,384.5	3,640.6
	全月流量(立方米)	8,575,334,000	4,493,663,000	6,032,448,000	355,104,000	1,057,560,000	2,419,200,000	7,938,432,000	9,987,840,000	258,984,000	51,926,400	9,735,552,000	7,966,080,000	9,861,696,000	11,743,488,000	9,751,104,000
	平均輸沙量(立方米/秒)		16.70	23.80	2.18	8.10	12.33	36.80	103.74		0.13	105.55	64.07	60.94	76.84	69.82
	全月輸沙量(立方米)		44,668,800	63,763,200	5,832,000	21,703,680	33,022,080	98,496,000	277,862,400		348,192	282,700,800	171,590,400	163,209,600	205,804,800	186,912,800
十一月	平均流量(立方米/秒)	1,32[illegible].3	970.2	1,292.7	37.6	62.3	291.2	1,457.3	1,644.3	29.8	13.2	1,978.0	1,414.0	1,644.7	2,430.7	3,310.3
	全月流量(立方米)	3,424,8[illegible],000	2,519,424,000	3,350,502,000	97,545,600	161,568,000	754,704,000	3,777,408,000	4,262,112,000	77,112,000	34,257,600	5,126,976,000	3,665,088,000	4,262,976,000	6,298,560,000	8,580,384,000
	平均輸沙量(立方米/秒)			8.93	0.13	0.11	0.36	7.44	24.93		0.10	24.53	17.80	21.17	21.27	28.55
	全月輸沙量(立方米)			23,155,200	345,600	277,344	921,024	19,274,112	64,627,200		259,200	63,590,400	46,051,200	54,844,000	55,123,200	68,817,600
十二月	平均流量(立方米/秒)	690.0	858.7	326.5	25.0	39.0	215.0	588.5	677.7	20.7	4.8	719.7	418.0	734.2	1,073.0	2,209.7
	全月流量(立方米)	1,848,096,000	2,299,968,000	874,368,000	66,700,800	104,544,000	575,856,000	1,570,752,000	1,815,264,000	55,296,000	12,743,000	1,926,720,000	1,119,744,000	1,966,464,000	2,873,664,000	6,151,680,000
	平均輸沙量(立方米/秒)			0.72	0.05	0.05	0.13	2.66	7.35		0.02	6.55	2.63	2.97	3.86	4.94
	全月輸沙量(立方米)			1,941,400	131,330	129,600	346,464	7,114,176	19,683,648		53,568	17,543,620	7,041,600	7,948,800	10,348,344	13,219,200
	全年流量(立方米)						7,063,200,000	47,009,728,000	44,306,738,000			50,275,464,000			56,050,576,000	
	全年輸沙量(立方米)						148,761,792	949,521,443	1,451,852,115			1,460,641,904			1,110,252,312	

二三六立方米時者爲小，以係自前表得來，不便更改。根據此數計算，携沙之經過灤口者每年爲四九三、〇四五、〇〇〇公噸。如此則與陝縣者之差爲二九四、三二〇、〇〇〇公噸，此必皆沉澱於陝灤之間矣。」

又據民國二十三年陝縣水文站之測驗，於七、八、九及十、四個月中，輸沙之總量爲一、二九〇、六四二、三〇〇立方米（約言之卽十三萬萬立方米。）

茲附黄河水利委員會所計算之各水文站流量及沙泥比較表於後，（見插表，）以資參考。

茲再由內政部所編黄河河務會議彙刊中載華北水利委員會之測量結果，擇列下表：

黄河水位流量含沙量最大最小比較表

站名	日期	水位（以大沽平面上米計）最大	最小	平均	流量（以每秒立方米計）最大	最小	平均	含沙（以重量百分數計）最大	最小
陝縣	民國八年	二九六·〇〇	二八九·〇六	二九〇·七三	六、九四〇	二八〇	一、三八二		
	民國九年	二九四·〇五	二八九·〇五	二九〇·八一	四、三三〇	二四〇	一、一七七	七·〇八	〇·三七
	民國十年	二九四·九五	二八九·二七	二九〇·九三	六、〇八〇	三九〇	一、三三〇	一七·〇五	〇·六六
	民國十一年	二九四·〇四	二八九·三五	二九〇·四〇					

	民國十二年	二九五·一八	二八九·二九	二九〇·五八				
	民國十三年	二九二·七二	二八九·二九	二九〇·四六				
	民國十四年	二九六·〇二	二八九·一五	二九〇·五九				
	民國十五年	二九四·二五	二八九·〇二	二九〇·四五				
	民國十六年	二九三·五四	二八八·九九	二九〇·五八				
	民國十七年	二九二·九五	二八八·八八	二八九·八九				
	民國十八年	二九五·三四	二八九·二五	二九〇·二六	五、九四〇	二一〇	一、一六七	三三·六六	〇·一五
	民國十九年	二九三·九四	二八五·九五	二九〇·四〇				·	
開封	民國十八年	七八·五八	七七·〇四	七七·四二	四、六六〇	一八〇	一、〇〇〇	三·八二	〇·一三
濼口	民國八年	二八·七一	三三·四四	二四·九二	四、五〇〇	二三五	九〇五	三·九四	〇·二一
	民國九年	二七·四四	三三·九六	二五·五八	五、八七五	二四四	一、八八〇	三·〇六	〇·二五
	民國十年	二九·三八	三三·九四	二五·八八	八、〇五〇	二三五	一、六四〇	一·五五	〇·三七
	民國十一年	二七·八一	三三·五七	二五·四五					
	民國十二年	二八·四九	三四·〇三	二五·六一					
	民國十三年	二七·七八	三三·七一	二五·四三					

民國十四年	二八・五〇	二三・九二	二五・七〇					
民國十五年	二八・四七	二三・八六	二五・五〇					
民國十六年	二八・二八	二四・七三	二六・一八					
民國十七年	二八・〇五	二四・六九	二五・七八					
民國十八年	二八・五四	二三・七〇	二五・七三	四、七〇〇	八〇		六・八二	〇・〇五

七 黃河之糙率

作者曾根據已有之張本估計黃河之糙率；文載華北水利月刊第六卷三四期合刊中。所謂一者，卽指葛泰 (Ganguillet and Kutter) 及滿寧 (Manning) 公式中之 n 是也。摘錄其結論如：

「自第三表中吾人益可信第二表結果之無誤。所差者爲低水位時之糙率，或由於第三表最小流量所致。故可得以下之結論。

流量在每秒一、〇〇〇立方米以上之糙率(n)爲〇・〇一三五；

流量在每秒一、〇〇〇立方米以下之糙率(n)爲〇・〇二二〇；

糙率(n)之總平均數爲〇・〇一七五。

「方修斯依據費禮門在姜溝及魏家山民國八年五月至八月測量之結果（姜溝七數，魏家山六數，最小流量爲每秒三七六立方米，最大者爲每秒七、六四四立方米，）以比降〇·〇〇〇一二六，按傅希亥滿（Forchheimer）公式推算之結果如下：

糙率（n）之總平均數　爲：〇·〇一九五；

高水位時（每秒四、〇〇〇立方米以上）之糙率（n）爲〇·〇二一〇；

中水位時（每秒一、〇〇〇立方米以上）之糙率（n）爲〇·〇一六五；

低水位時（每秒一、〇〇〇立方米以下）之糙率（n）爲〇·〇一九三。

費禮門於其淮河報告中求得黃河糙率（n）爲〇·〇一五。

「方氏之總平均數與所推算者頗近。糙率與比降之平方根成比例，若方氏亦用〇·〇〇〇一一之比降，則其總平均數變爲〇·〇一八二，更相近。惟高水位之糙率相差實不若如是之巨。再按濼口與魏家山之切面相差無多，其上口較姜溝者稍狹，而底則稍寬耳。再其計算中高水位者六，中三低四，數目太少，則受特殊現象之影響自大。

「費氏之數與第二表每秒一、〇〇〇立方米以上流量之糙率頗相近。

「由費方二氏之結果益可證以上之推算大概無錯」

第二章 河道

一 河道之比降

黃河尚無精密之測量，故其縱橫斷面以及沿河形勢，亦無完備之記載。現正着手於此項工作；三五年後，必有驚人之進步也。至關於地理部分，已詳地理篇中，茲不贅述。

據民國二十一年英文中國年鑑之記載稱：鄂淩海高出海面四千一百二十米；貴德爲二千四百四十米；蘭州爲一千五百八十米，包頭爲九百一十四米。又據華北水利委員會測量，潼關爲三百二十米；其他若陝縣，鞏縣等亦各有測量。作者並以陸軍測量之圖形爲根據，擬定黃河比降表如下（參考華北水利月刊第六卷三四期合刊拙著黃河之糙率）：

地名	距離（以仟米計）	高度差（以米計）	比降
鄂陵海至貴德		一、六八〇·〇〇	
貴德至蘭州	二四二·〇	八五五·〇〇	〇·〇〇〇三五三
蘭州至包頭	一、三二六·〇	六七〇·〇〇	〇·〇〇〇五〇六

包頭至潼關	六〇〇·〇	五九〇·〇〇	〇·〇〇〇九九〇
潼關至陝縣	七三·八	三〇·七〇	〇·〇〇〇八一〇
陝縣至鞏縣	二三〇·〇	一八三·六〇	〇·〇〇〇八〇〇
鞏縣至姚期營	四二·一	一一·七六	〇·〇〇〇二六五
姚期營至唐屯（濮縣）	二七九·一	四四·六四	〇·〇〇〇一六〇
唐屯至十里堡	八〇·六	一〇·七四	〇·〇〇〇一三五
十里堡至濼口	一三二·八	一四·五六	〇·〇〇〇一一〇
濼口至海口	二三二·四	二四·九〇	〇·〇〇〇一一〇

於精確測量完竣後，此項計算，當更可得切當之數目。黄河下游大隄，曾經測量其高度及灘地之情形，備載防汛章內。

二　河道之横斷面

蘭州以上，率多狹谷，而河道之整齊散漫不一，蘭州河槽僅寬二百米。惟河勢則仍散漫，至桑園子入山峽中。迨至寧夏之靑桐峽，則又不綏，河床最寬處約可二至三仟米。惟至石嘴子河身又束。

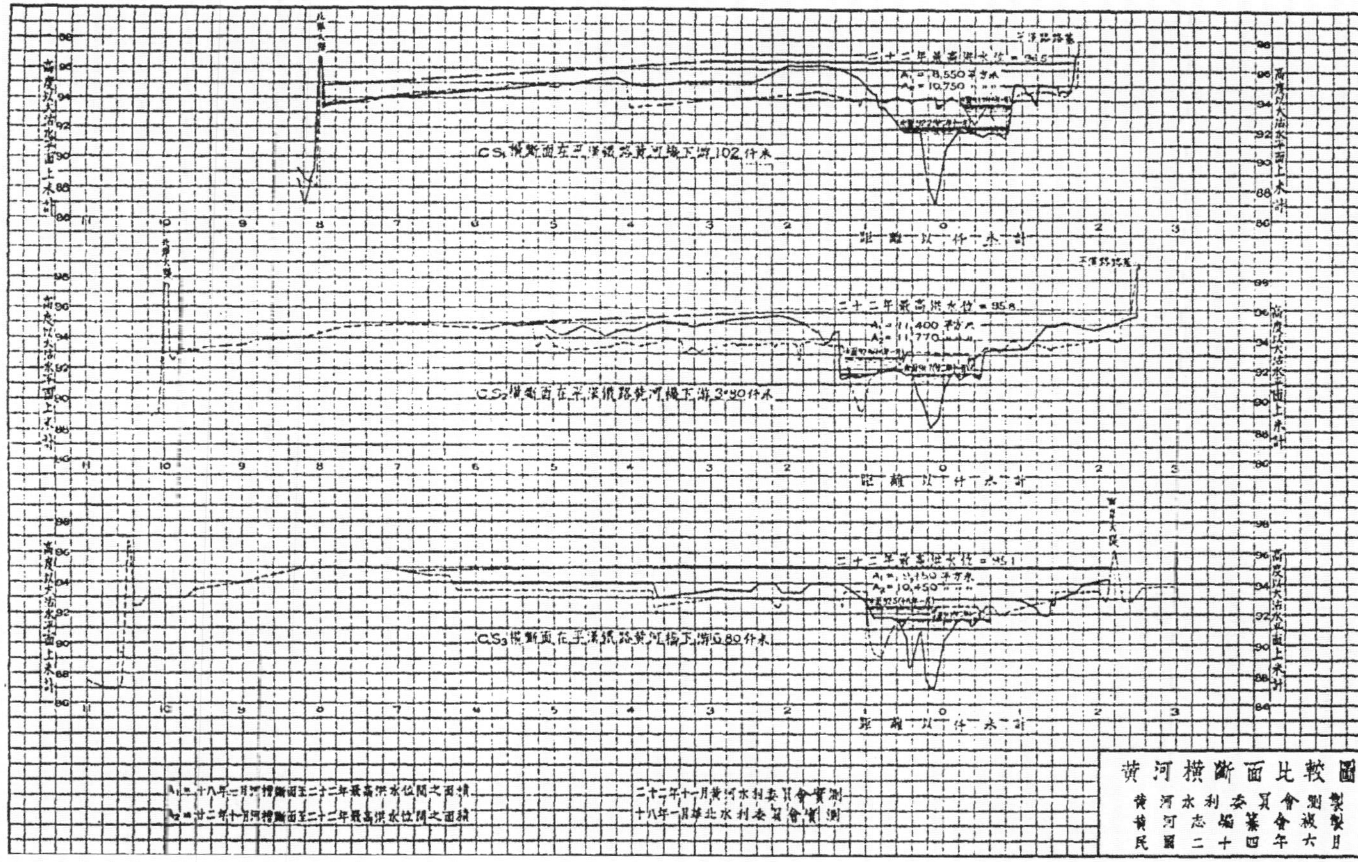
二十二年最高洪水位＝94.5
A_1＝8,550平方米
A_2＝10,750
CS_1横断面在平汉铁路黄河桥下游102仟米
距离以仟米计
二十二年最高洪水位＝95.8
A_1＝11,400平方米
A_2＝11,770
CS_2横断面在平汉铁路黄河桥下游3.90仟米
二十二年最高洪水位＝95.1
A_1＝9,150平方米
A_2＝10,450
CS_3横断面在平汉铁路黄河桥下游0.80仟米
A_1＝十八年一月河槽断面至二十二年最高洪水位间之面积
A_2＝廿二年十月河槽断面至二十二年最高洪水位间之面积
二十二年十一月黄河水利委员会实测
十八年一月华北水利委员会实测
黄河横断面比較圖
黄河水利委员会测製
黄河志编纂会複製
民国二十四年六月

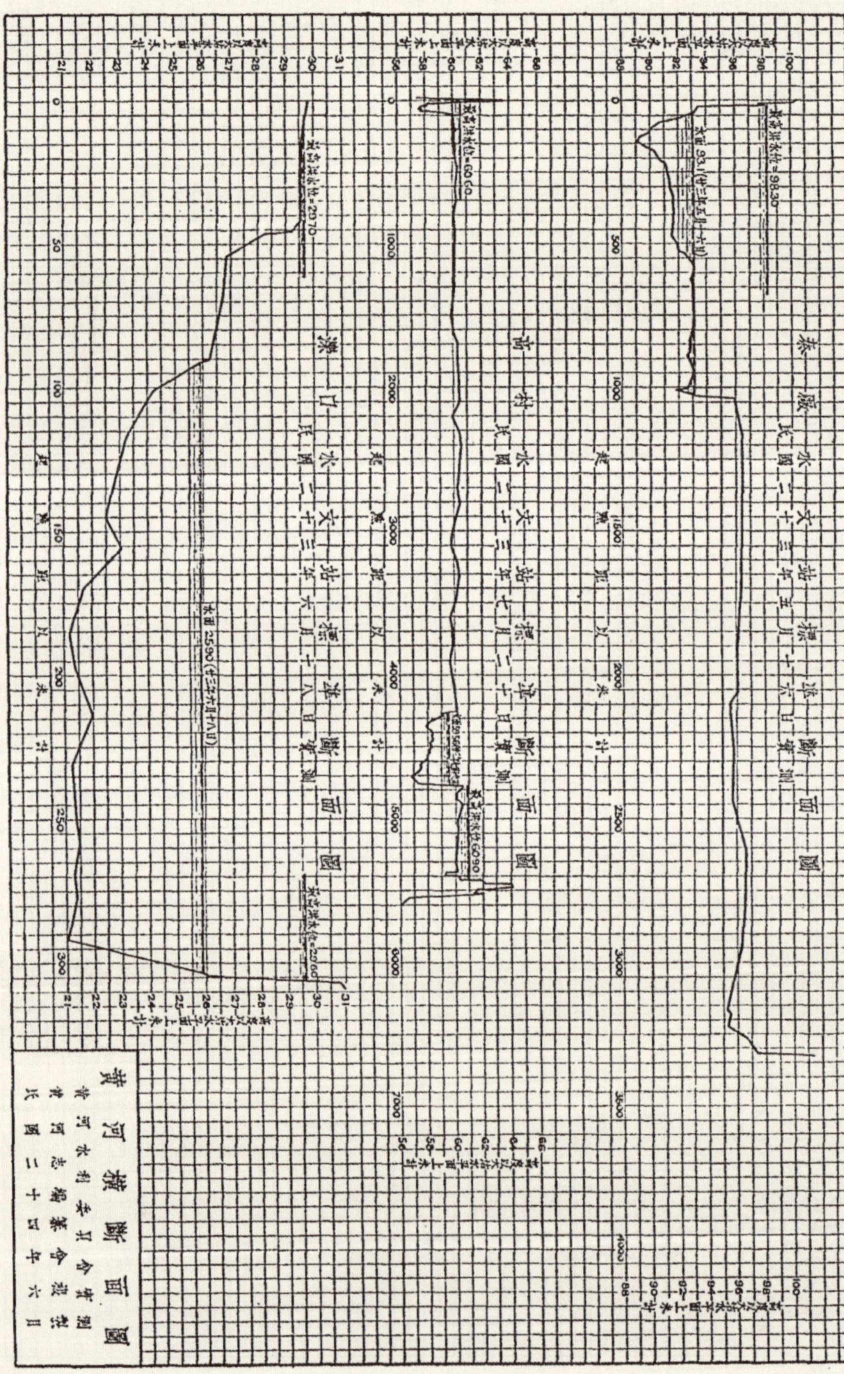

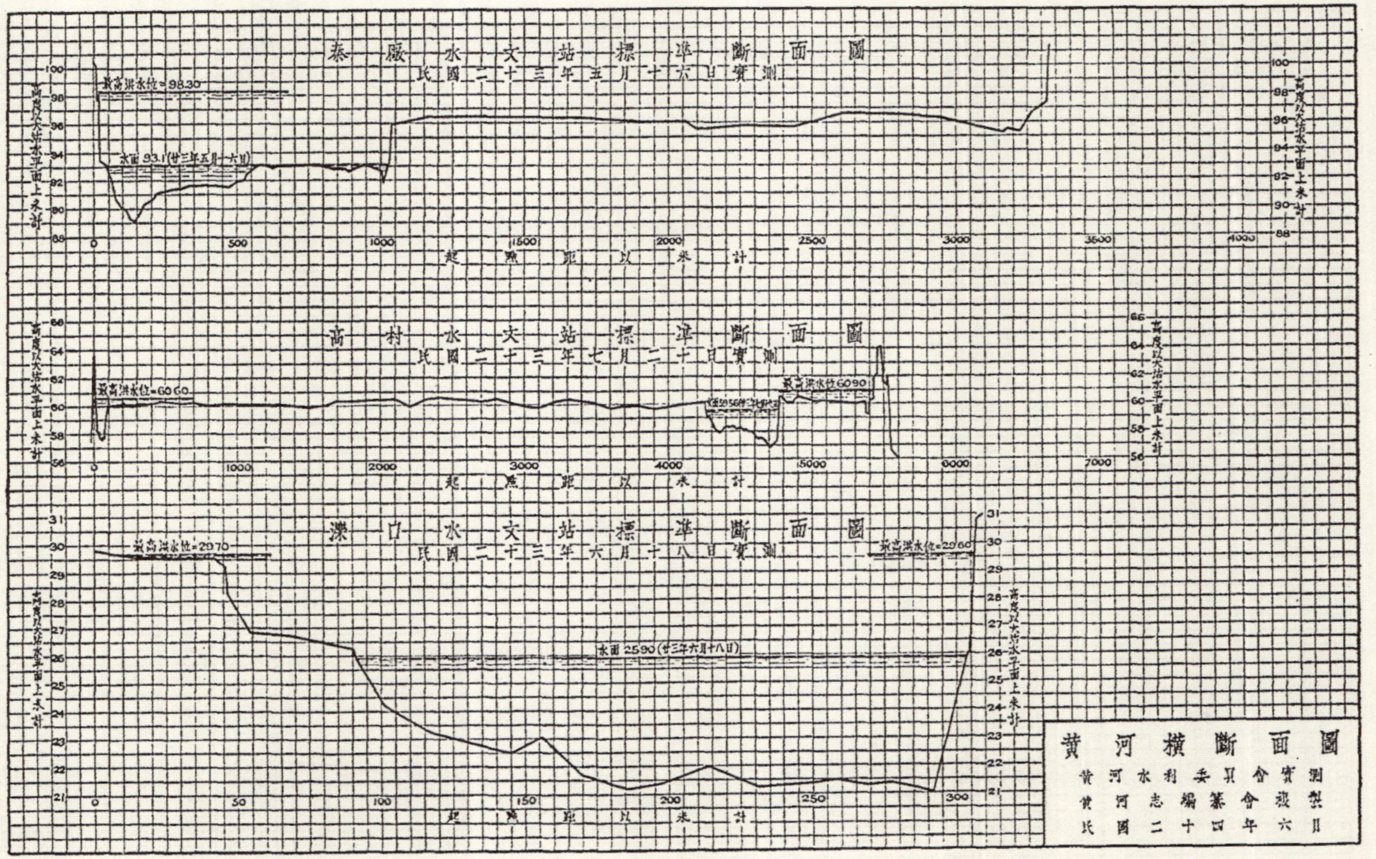

出磴口則又展寬，最寬處可三仟米以上。以下至包頭，河身皆寬衍。自河曲而下入山陝交界，兩岸多山，夾河南行。禹門口附近，河寬僅一百米，龍門以下，則河槽游移無定，以至潼關，河寬約二仟米。東至陝縣，兩岸尚束以山。孟津而下，則河槽遷徙無常，兩岸大隄有窄僅一仟米餘者，有寬及十五六仟米者。大凡在河南省境則隄距寬，及東趨則漸仄，濼口附近，則僅寬一二三〇米耳。附圖示陝縣水文站，平漢鐵橋附近，秦廠，高村水文站，及濼口水文站等地之橫切面，可見一斑矣。

三 河槽之特性

黃河河槽，只可供普通洪水之流瀉，如遇暴漲，水必漫灘；上灘之水，水流必緩，泥沙因而停積，故灘逐漸淤高。其近槽處，因流速急變，故所淤亦特高，俗名「灘脣」。觀所附各橫斷面圖，即可知之。是故就河之橫切面而論，灘之近河槽處爲最高，近隄則反低。如遇漫灘洪水，皆有向隄之流速，則以有比降故也。此實爲黃河河槽之特性。

四 河槽之變化及冲積

河槽之更改，爲在平面上之變遷；河槽之大小，爲在橫斷面上之變遷；河身之冲積，爲在縱斷面上

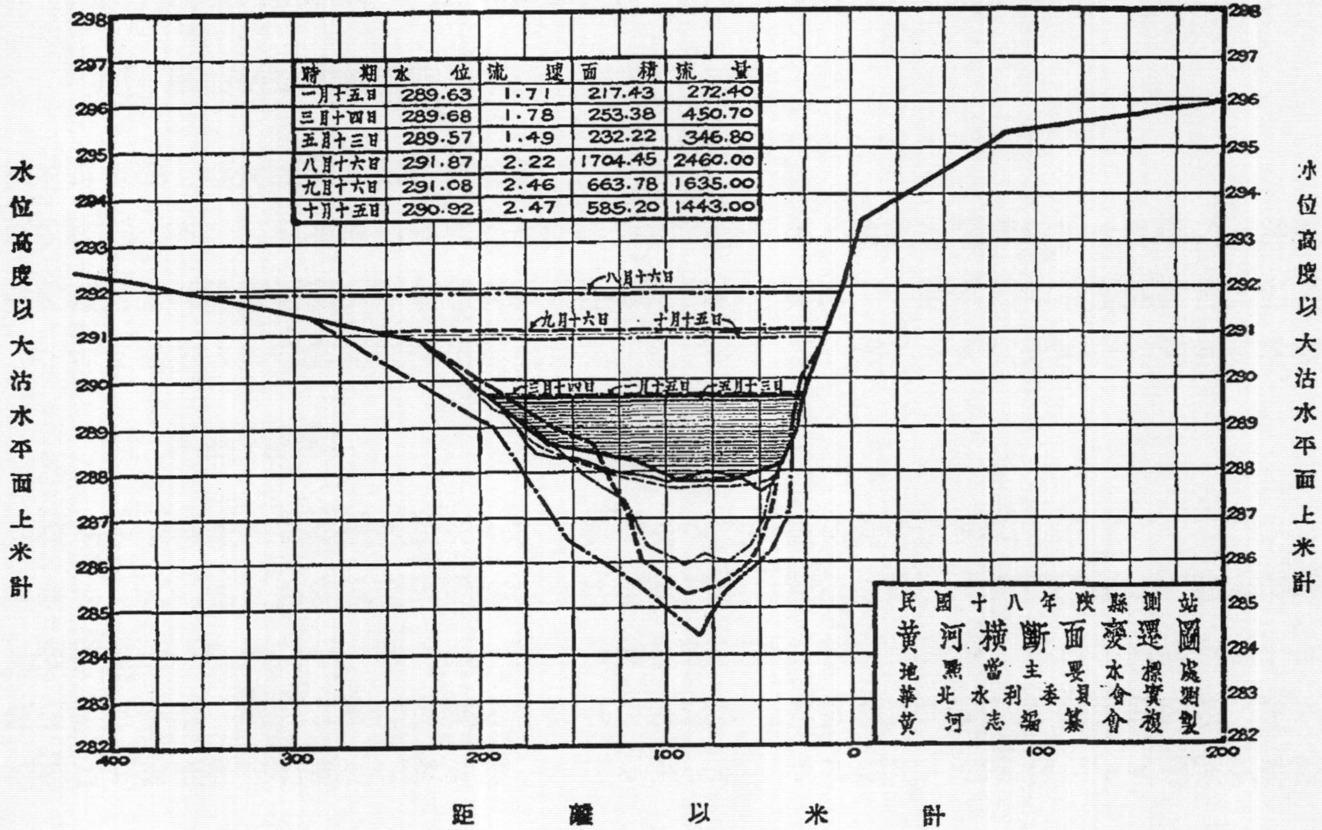

時期	水位	流速	面積	流量
一月十五日	289.63	1.71	217.43	272.40
三月十四日	289.68	1.78	253.38	450.70
五月十三日	289.57	1.49	232.22	346.80
八月十六日	291.87	2.22	1704.45	2460.00
九月十六日	291.08	2.46	663.78	1635.00
十月十五日	290.92	2.47	585.20	1443.00

民国十八年陜縣測站
黃河橫斷面變遷圖
地點當主要水標處
華北水利委員會實測
黃河志編纂會複製

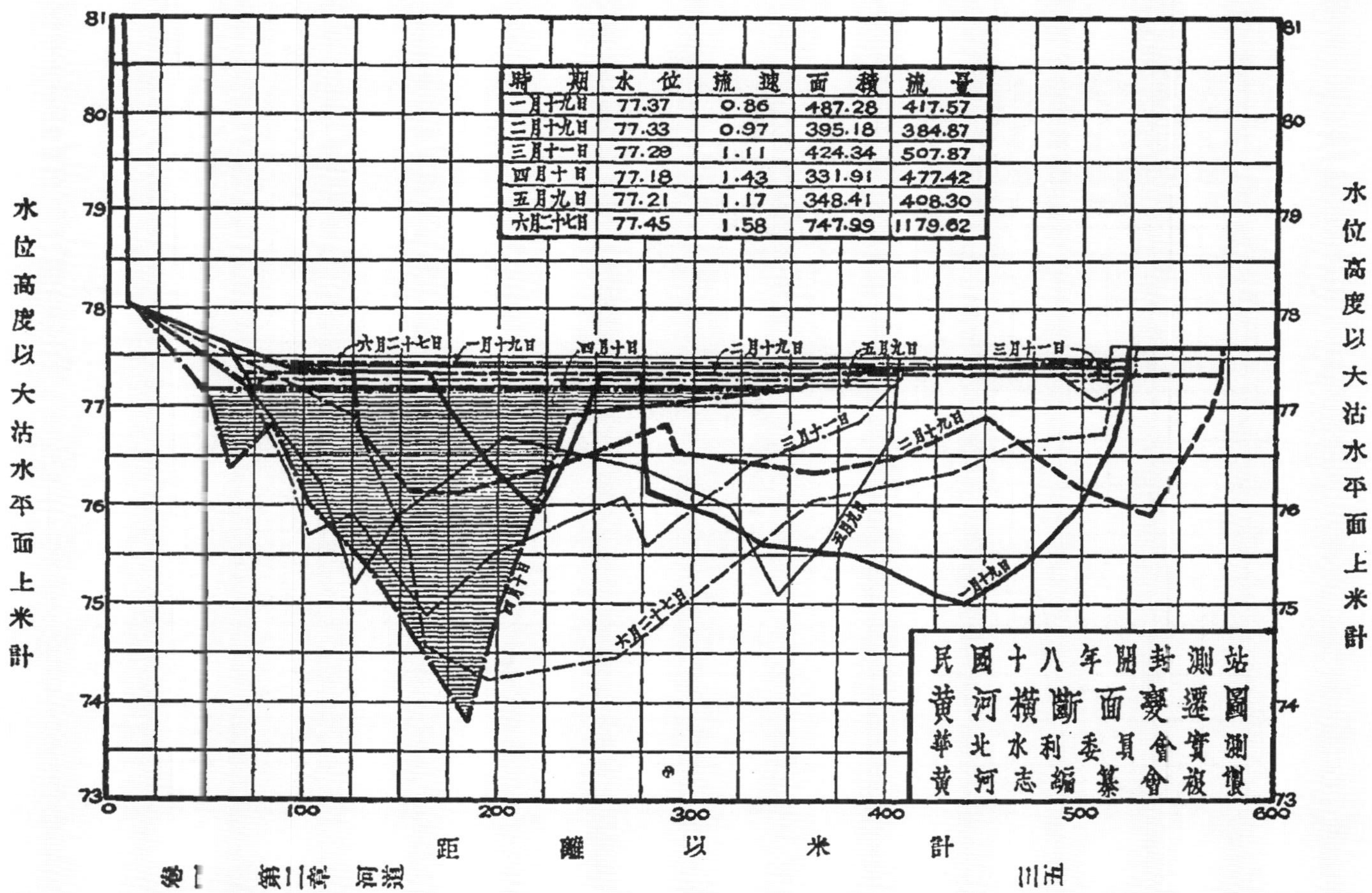

時期	水位	流速	面積	流量
一月十九日	77.37	0.86	487.28	417.57
二月十九日	77.33	0.97	395.18	384.87
三月十一日	77.28	1.11	424.34	507.87
四月十日	77.18	1.43	331.91	477.42
五月九日	77.21	1.17	348.41	408.30
六月二十七日	77.45	1.58	747.99	1179.62

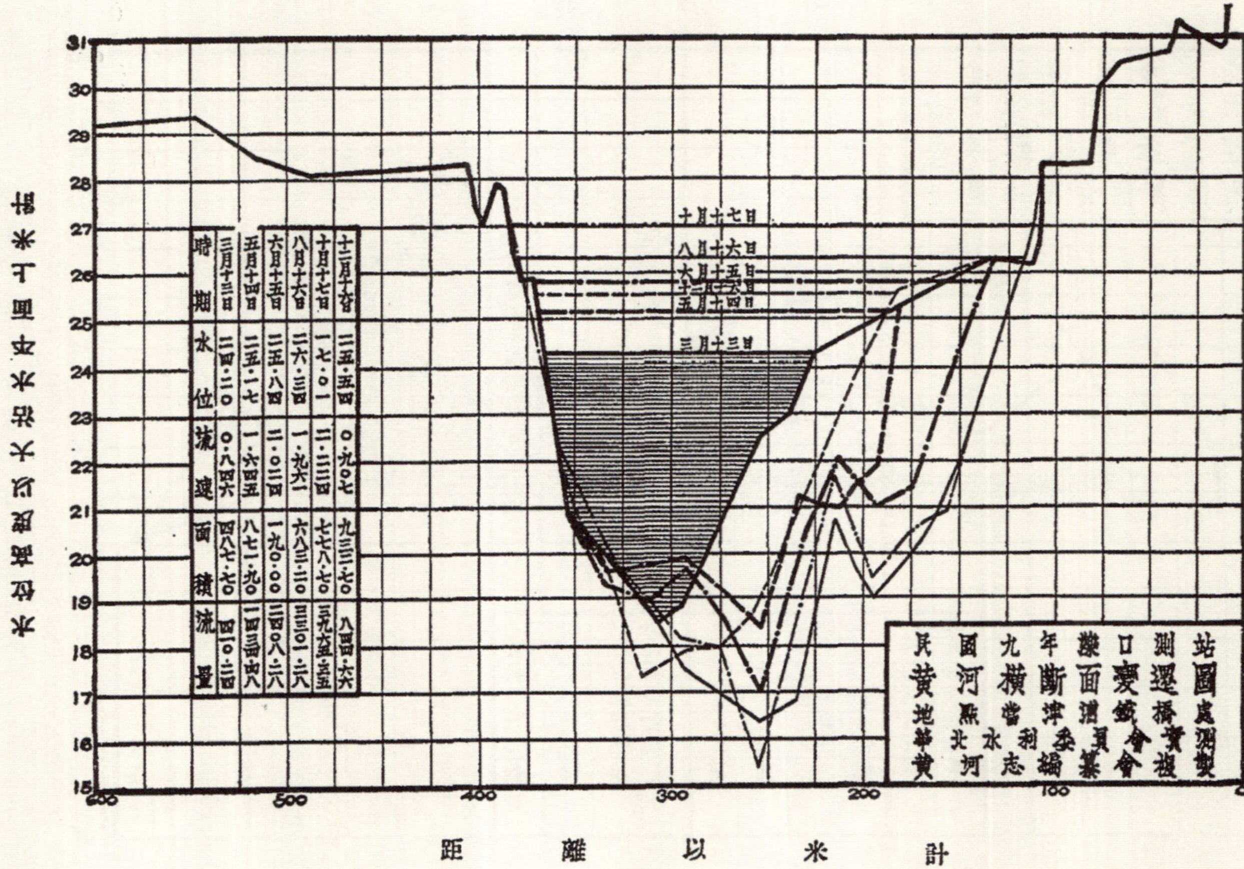

時期	水位	流速	面積	流量
三月十三日	二四·二〇	〇·八四六	四八七·七〇	四一〇·二四
五月十四日	二五·一七	一·六四五	八七一·九〇	一四三四·四八
六月十五日	二五·八四	二·〇二四	一九〇·〇〇	二四〇八·二八
八月十六日	二六·三四	一·九六一	六八三·三〇	一三四〇·二八
十月十七日	二七·〇一	二·二三四	七七八·七〇	一七三九·五五
十二月十八日	二五·五四	〇·九〇七	九三三·七〇	八四六·六六

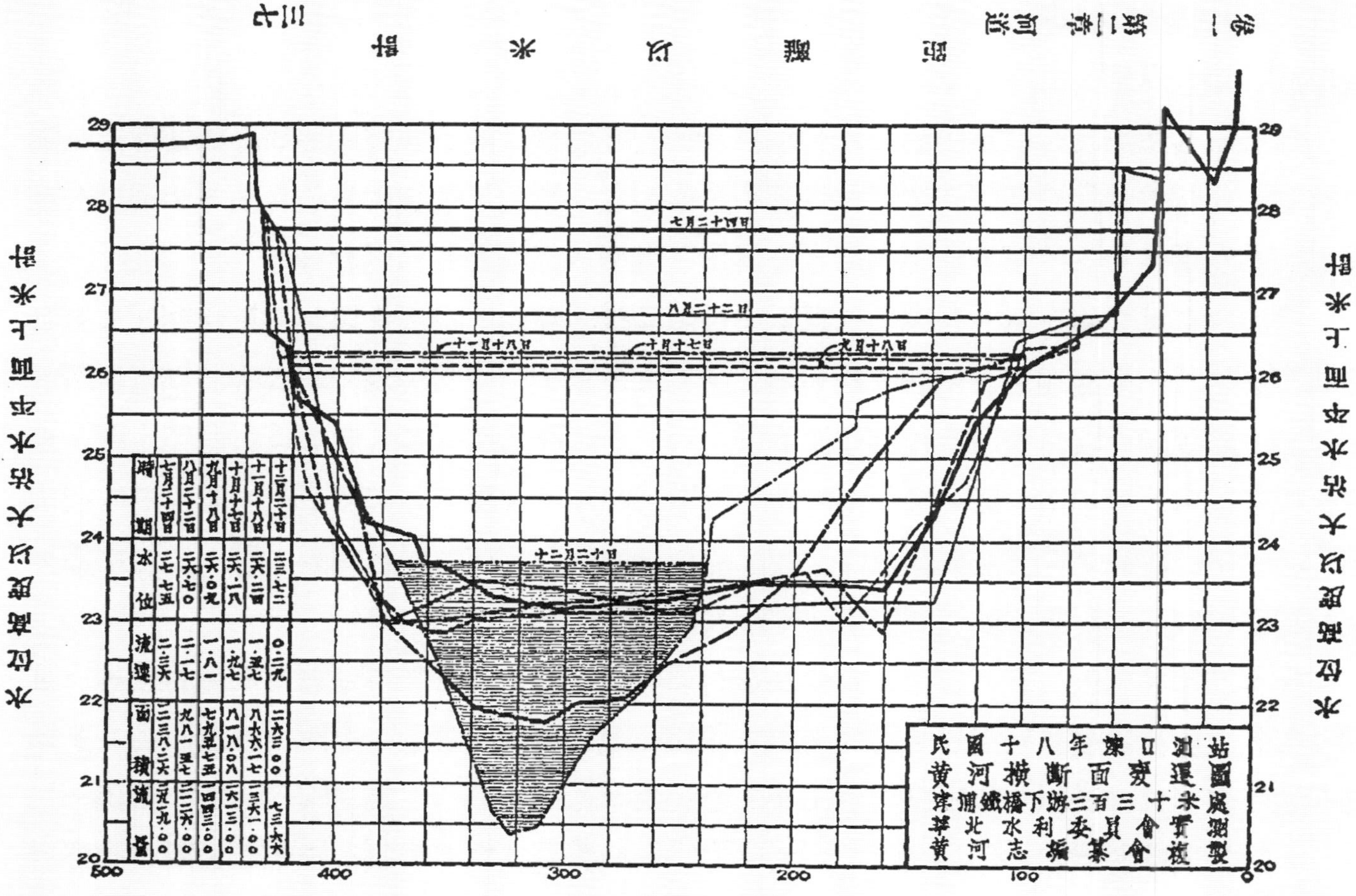

時期	水位	流速	面積	流量
十二月二十日	二三·七二	〇·二九	二六三·〇〇	七三·六六
十一月十八日	二六·二四	一·五七	八六六·一七	一三六一·〇〇
十月十七日	二六·一八	一·九七	八一八·〇八	一六一三·〇〇
九月十八日	二六·〇九	一·八一	七九五·七五	一四四三·〇〇
八月二十二日	二六·七〇	二·一七	九八一·五七	二一二六·〇〇
七月二十四日	二七·七五	二·三六	一二三八·二六	二九一九·〇〇

之變遷。茲分別述之。

因水位之漲落，河之溜勢屢變，河槽之位置，亦因之改移；蓋以灘多黃壤，鬆解崩塌，常朝河而夕灘，今爲繁密之村落，後卽塌而爲河身，故世有河性善變之評。總之河漕位置無定，如洪水在兩隄之間，則任其奔流，遇有沖決則或暫時改道，如久不歸槽，則其道大改，是卽所謂大徙也。

關於各段河槽在平面上之變遷，尙無充足之資料以說明之。蓋以今日所有河槽變化之資料，多爲於水文站上測驗者，而水文站地點之選擇，多就河槽固定之處爲之，故不足以表示黃河普通之變化也。惟開封測站橫斷面變遷圖，尙可略示一二。十八年一月九日之流量爲每秒四一七·五七立方米，二月十九日三八四·八七，三月十一日五〇七·八九，四月十日四七七·四二，五月九日四〇八·三〇每秒立方米，流量雖無若何變化，而深槽則變遷於六百米間，混亂已極。如流量稍有變化，則縱橫於兩隄之間，更將此橫斷面圖紊亂之現象擴大矣。

若在河槽較固定之處，河槽雖無左右遷動之現象，然因水位之漲落，其刷深與沉澱，亦時各不同。甚者於大汛時將河底刷深六米，參看各水文站橫斷面變遷圖，當可瞭然。今更就陝縣，秦廠（平漢橋上游）及濼口各水文站在民國二十三年河槽之變化，列表比較之。陝縣爲以大沽平面線上二九二·〇〇米，秦廠九四·〇〇米，濼口二八·〇〇米爲準則，於該標準線以下，量橫斷面之面積，而表列之。惟所應重複聲明者，即此項面積不表示各該月日之河槽面積，只表明各期在標準線以下之面積而已。蓋以小水之水面必低於該標準線，大汛之期水位又必高於該標準線，故姑定此標準線，以作比較之準繩耳。換言之，該表等所表示者爲於標準線下面積之增減而已。陝縣在標準線下之橫斷面面積在一一三〇與七二七，秦廠者在一七二二與七五六，濼口者在一八〇〇與一〇四三方米之間（二十三年因長垣決口，濼口之大汛，不得與陝縣及秦廠者作一比較。）至於深度之沖積各橫斷面圖所表示者，當更爲明顯也。

（一）陝縣水文站橫斷面面積比較表（民國二十三年）

月日	高度二九二·〇米以下之面積（以方米計）	月日	高度二九二·〇米以下之面積（以方米計）	月日	高度二九二·〇米以下之面積（以方米計）
一月四日	八〇〇·〇	三月三日	八〇〇·〇	三月二十九日	八二六·〇
一月八日	七八〇·〇	三月六日	七八五·〇	四月二日	八〇二·〇
一月二十五日	七九〇·〇	三月十四日	八〇〇·〇	四月六日	八三六·〇
二月四日	七八八·〇	三月十八日	七八九·〇	四月十日	八二一·〇
二月十四日	八〇〇·〇	三月二十二日	八一七·〇	四月十三日	八七五·〇
二月十七日	七五七·〇	三月二十五日	七六五·〇	四月十七日	八五九·〇

四月二十一日	八一四·〇	六月二十八日	八二〇·〇	八月十日	八四八·〇
四月二十九日	八二二·〇	七月二日	八七八·〇	八月十四日	八六二·〇
五月三日	八四四·〇	七月三日	八七二·〇	八月十七日	八九四·〇
五月六日	八三〇·〇	七月七日	七七二·〇	八月二十一日	八五〇·〇
五月十一日	八三〇·〇	七月八日	七七〇·〇	八月二十五日	八五八·〇
五月十五日	八五〇·〇	七月九日	九〇五·〇	八月二十六日	八五五·〇
五月十九日	八〇八·〇	七月十八日	八三六·〇	八月二十九日	八五〇·〇
五月二十四日	八三〇·〇	七月二十日	八九三·〇	九月三日	八六五·〇
五月二十九日	八六三·〇	七月二十四日	七五〇·〇	九月五日	八六六·〇
六月二日	八八八·〇	七月二十六日	七七〇·〇	九月八日	八九四·〇
六月八日	八九六·〇	七月二十九日	七二八·〇	九月十一日	七五三·〇
六月十二日	九五四·〇	八月一日	七九七·〇	九月十四日	七七三·〇
六月十七日	九〇〇·〇	八月二日	八七一·〇	九月十七日	八一一·〇
六月二十一日	九一〇·〇	八月四日	八二〇·〇	九月二十日	八一五·〇
六月二十五日	八二〇·〇	八月八日	八三九·〇	九月二十四日	七五二·〇

九月二十八日	八三〇·〇	十月二十六日	一〇八五·〇	十一月二十五日	九四四·〇
十月三日	八五五·〇	十月三十日	一〇一八·〇	十一月二十九日	八四八·〇
十月四日	八五五·〇	十一月二日	九八九·〇	十二月六日	七八五·〇
十月八日	一一一八·〇	十一月七日	九九二·〇	十二月十二日	七五七·〇
十月十二日	一一一八·〇	十一月十二日	一〇〇〇·〇	十二月二十一日	七九五·〇
十月十六日	一一三〇·〇	十一月十六日	九八〇·〇	十二月二十四日	七七〇·〇
十月二十日	一一二七·〇	十一月二十日	九六〇·〇	十二月二十九日	七二七·〇

(二)秦廠水文站橫斷面面積比較表（民國二十三年）

月日	高度二九二·〇米以下之面積（以方米計）	月日	高度二九二·〇米以下之面積（以方米計）	月日	高度二九二·〇米以下之面積（以方米計）
一月五日	一一〇九·〇	一月二十四日	八五〇·〇	二月二十日	九六〇·〇
一月八日	一〇三五·〇	一月二十六日	八六七·〇	二月二十三日	八七五·〇
一月十二日	一〇一四·〇	二月七日	八五八·〇	二月二十五日	八九六·〇
一月十六日	九五一·〇	二月十一日	八八三·〇	三月三日	九五九·〇
一月二十一日	九四〇·〇	二月十八日	九六五·〇	三月八日	九九四·〇

三月十一日	一〇八八·〇	五月八日	一一三九·〇	七月三十一日	一三〇一·〇
三月十八日	一〇四一·〇	五月十三日	一〇七三·〇	八月四日	一六一九·〇
三月十九日	一〇六〇·〇	五月十九日	九八〇·〇	八月八日	一八三一·〇
三月二十一日	一〇六〇·〇	五月二十八日	一〇二二·〇	八月十日	一八三四·〇
三月二十六日	一〇三五·〇	六月五日	一四九三·〇	八月二十日	一四六一·〇
三月二十九日	一〇四八·〇	六月九日	一一六六·〇	八月二十二日	二一三〇·〇
四月一日	一〇二八·〇	六月二十二日	一二二三·〇	八月二十九日	一八三〇·〇
四月五日	一〇五〇·〇	六月二十六日	一一一七·〇	九月一日	一五一九·〇
四月十二日	一三二八·〇	七月二日	一一九〇·〇	九月九日	一二五〇·〇
四月十四日	一三四三·〇	七月六日	一三三〇·〇	九月十二日	一二六四·〇
四月十七日	一三三九·〇	七月十二日	一二〇二·〇	九月十五日	一二一二·〇
四月二十二日	一一七一·〇	七月十七日	八四八·〇	九月二十二日	一二〇五·〇
四月二十五日	一一三三·〇	七月十九日	一〇八三·〇	九月二十六日	一二一五·〇
五月一日	一〇〇四·〇	七月二十二日	一〇六九·〇	九月二十九日	一三六九·〇
五月四日	九三六·〇	七月二十六日	一二〇九·〇	十月五日	一六一七·〇

十月十日	一二四二·○	十月二十八日	一○六○·○	十一月十六日	八七五·○
十月十五日	一二一○·○	十一月三日	一○○一·○	十一月二十五日	八七一·○
十月二十日	一七二二·○	十一月五日	九二七·○	十二月二十三日	八八○·○
十月二十四日	一四五六·○	十一月九日	九二八·○	十二月二十九日	七五六·○

（三）灤口水文站横斷面面積比較表（民國二十三年）

月日	高度二九二·○米以下之面積（以方米計）	月日	高度二九二·○米以下之面積（以方米計）	月日	高度二九二·○米以下之面積（以方米計）
一月二日	一一八三·○	二月六日	一一六二·○	三月十六日	一二二一·○
一月六日	一二○○·○	二月十五日	一一四二·○	三月二十一日	一一九四·○
一月十一日	一二○二·○	二月十九日	一三三五·○	三月二十五日	一一六二·○
一月十五日	一一九二·○	二月二十三日	一一二五·○	三月三十日	一一五一·○
一月十九日	一二○二·○	二月二十八日	一一一六·○	四月三日	一二四八·○
一月二十三日	一一二六·○	三月三日	一一一一·○	四月七日	一二四九·○
一月二十七日	一一二九·○	三月八日	一一九七·○	四月十一日	一一二六·○
二月二日	一一九二·○	三月十二日	一一七七·○	四月十四日	一三八一·○

卷一　第二章　河道　四三

四月十八日	一二二八・〇	六月十八日	一二九一・〇	八月六日	一六四二・〇
四月二十三日	一一三〇・〇	六月二十二日	一〇九四・〇	八月七日	一六一九・〇
四月二十七日	一〇八四・〇	六月二十六日	一〇九二・〇	八月八日	一七三五・〇
五月一日	一一九七・〇	六月三十日	一〇九一・〇	八月九日	一六七二・〇
五月五日	一一〇四・〇	七月四日	一〇八六・〇	八月十二日	一七三九・〇
五月九日	一一五三・〇	七月七日	一二二五・〇	八月十三日	一七二三・〇
五月十三日	一一九六・〇	七月十一日	一一〇一・〇	八月十四日	一六九四・〇
五月十七日	一二〇二・〇	七月十二日	一四六九・〇	八月十五日	一六三七・〇
五月二十一日	一一七〇・〇	七月十六日	一一七四・〇	八月十六日	一七六七・〇
五月二十五日	一二三〇・〇	七月二十日	一二〇八・〇	八月十九日	一六六〇・〇
五月二十九日	一一二〇・〇	七月二十三日	一一九八・〇	八月二十二日	一五八七・〇
六月四日	一一七八・〇	七月二十七日	一四七〇・〇	八月二十五日	一五五三・〇
六月七日	一二四六・〇	七月三十日	一五九九・〇	八月二十八日	一五七四・〇
六月十日	一二四三・〇	七月三十一日	一五六九・〇	八月二十九日	一五五〇・〇
六月十四日	一一九一・〇	八月三日	一四六九・〇	八月三十日	一六八六・〇

九月一日	一五九五・〇	十月三日	一六八六・〇	十一月十三日	一四三八・〇
九月五日	一七三九・〇	十月六日	一七四九・〇	十一月十七日	一四三二・〇
九月六日	一八一六・〇	十月九日	一八七六・〇	十一月二十一日	一二六六・〇
九月七日	一七九八・〇	十月十二日	一七九二・〇	十一月二十五日	一二一三・〇
九月八日	一八三五・〇	十月十五日	一七七二・〇	十一月二十九日	一二四八・〇
九月十一日	一六九五・〇	十月十八日	一八四六・〇	十二月三日	一二七〇・〇
九月十四日	一七五九・〇	十月二十一日	一八〇〇・〇	十二月七日	一二一四・〇
九月十七日	一六〇五・〇	十月二十四日	一六六一・〇	十二月十一日	一一七一・〇
九月二十日	一六八九・〇	十月二十七日	一七二六・〇	十二月十五日	一一一六・〇
九月二十三日	一六二三・〇	十月三十日	一七三〇・〇	十二月十九日	一〇四三・〇
九月二十六日	一六九七・〇	十一月三日	一五一六・〇	十二月二十四日	一〇八四・〇
九月二十九日	一六九〇・〇	十一月七日	一五一四・〇	十二月二十八日	一一二一・〇

今更研究水漲之時，河流橫斷面積之大小，與水位上昇及河底冲深之關係。今仍以二十三年陝縣、秦廠及濼口各水文站爲例。陝縣八月十七日至九月十四日河流橫斷面減少一〇六・一一

方米，而水位反增高故因之淤澱二二九·三一方米。又至十月二十日面積增加四九七·六七方米，因水位之增高而增者爲一二五·四〇方米，因刷深而增者爲三七二·二七方米，後者約當前者之三倍。秦廠七月十七日至八月十日面積增加一二九〇·二方米，因水位之增高而增者四五二·六〇方米，因刷深而增者八五六·六〇方米。後者約當前者之二倍弱。又至九月九日水位增加而面積反減少二五八·九方米，故因之淤澱五〇一·〇〇方米。又如灤口六月三十日至八月十六日面積增加一三八三·七一方米，因水位而增者七〇二·六五方米，因刷深而增者六八一·〇六方米，約相等。又至九月七日面積增一一三·五一方米，因水位而增者八四·五〇方米，因冲刷而增者二九·二一方米。於此可見河槽橫斷面變化之複雜矣。

（一）陝縣水文站河槽橫斷面面積增減比較表（民國二十三年）

月日	水位（以米計）	流量（以每秒立方米計）	橫斷面面積（以方米計）	面積差（以方米計）	因水位所致面積之增減	因冲積所致面積之增減
五月十五日	二九〇·〇七	八〇五·一二	三九六·三四			
六月十二日	二九〇·三六	一〇六二·九一	五三六·四九	增一四〇·一五	增五二·二〇	冲八七·九〇
七月二十日	二九〇·六二三	一三六八·八四	五五七·三三	增二〇·八四	增四七·三四	積二六·五〇

八月十七日	二九一·八四	二五〇四·三一	九四八·五六	增三九一·二三	增三四六·八五	冲四四·三八
九月十四日	二九二·二五	二三五〇·六三	八四二·四五	減一〇六·一一	增一二三·二〇	積二二九·三一
十月二十日	二九二·五八	三四〇二·三六	一三四〇·一二	增四九七·六七	增一二五·四〇	冲三七二·二七

（二）秦廠水文站河槽横斷面面積增減比較表（民國二十三年）

月日	水位（以米計）	流量（以每秒立方米計）	横斷面面積（以方米計）	面積差（以方米計）	因水位所致面積之增減	因冲積所致面積之增減
六月九日	九二·〇六八	九四八·六	七三八·〇			
七月十七日	九二·八五〇	五一三·四	四八〇·八	減二五七·二	減五七·七七	積一九九·四三
八月十日	九三·八五八	四三一三·四	一七七一·〇	增一二九〇·二	增四五三·六〇	冲八五六·六〇
九月九日	九四·三九六	三五七一·二	一四一二·一	減二五八·九	增二四二·一〇	積五〇一·〇〇

（三）濼口水文站河槽横斷面面積增減比較表（民國二十三年）

月日	水位（以米計）	流量（以每秒立方米計）	横斷面面積（以方米計）	面積差（以方米計）	因水位所致面積之增減	因冲積所致面積之增減
六月十八日	二五·八九七	一二七八·三四	七九一·四八			
六月三十日	二五·四四〇	六五八·〇四	四九四·五八	減二九六·九〇	減九五·九七	積二〇〇·九三
八月十六日	二八·四三〇	五三一七·二六	一八七八·二九	增一三八三·七一	增七〇二·六五	冲六八一·〇六
九月七日	二八·七五五	五五一七·八六	一九九二·〇〇	增一一三·七一	增八四·五〇	冲二九·二一

至於下游河底比降之變化，亦頗難得精確之統計。卽以民國八年陝縣水文站河底之變化論，爲在二八五與二八七米之間，十八年者在二八四與二八八米之間，二十三年亦在二八五與二八七米之間，似無大差別。濼口水文站之地點常有變動，頗難相比。如就民國九年及十八年之濼口測站橫斷面變遷圖（兩站皆在濼口鐵橋下游）前者河底之變化在一五・五與一九・〇米之間，而後者在二一・四與二三・五米之間（參觀附圖）。此等淤澱，又似爲數過高，頗難視爲定評，或由於地點之不同，與水溜之各異，因而有差。民國二十三年黃河水利委員會之濼口水文站在鐵橋之上，河底之變化約在一八・〇與二一・〇米之間。然以河槽之情形不同，又受鐵橋之影響，故亦不足爲憑證。故對於下游河槽淤澱之情形，尙不敢以數目字表示之也。

五　河道之大變遷

黃河潰決泛濫，史不絕書。綜其大者，自有史以來凡改道六次。略述其變遷，以示黃河之無常。

（甲）神禹河道　禹貢載：「導河積石，至於龍門。南至於華陰，東至於底柱，又東至孟津。東過洛汭，至於大伾（浚縣東南二里）。北過洚水（卽漳河），至於大陸（大陸澤在鉅鹿縣北）；又北播爲九河（徒駭、太史、馬頰、覆釜、胡蘇、簡、絜、鉤盤、鬲津）同爲逆河，入於海。」

又禹釃二渠，自黎陽宿胥口始，一北流爲大河，一東流爲漯川。漯自宿胥口受河水而東流。按胡渭禹貢導河圖，自大伾南向，東橫截河北南部，經山東朝城、聊城、高唐、臨邑、高苑而東入渤海。此漯川入海之路也。

考禹治河在帝堯八十載癸亥，即西曆紀元前二二七八年。禹道凡歷一六七七年而初徙。

（乙）河道初徙　周定王五年（西曆紀元前六〇二年）決自滎陽（今濬縣）宿胥口，東行漯川。至長壽津（今滑縣東北）始與漯別行，至大名，約與今衛河平行，至滄縣與漳河合，由天津以入渤海。後凡六一三年而再徙。

（丙）河道再徙　王莽始建國三年（西曆紀元十一年），河決魏郡，經清河以東，平原、濟南數郡東北流至千乘入海。漳至章武達於海；而大伾以東舊跡盡亡矣。又歷一〇三七年而三徙。

（丁）河道三徙　宋仁宗慶歷八年（西曆紀元一〇四八年）河決商胡（今濮陽縣東北），而橫隴（今濮陽東）之京東故道塞。北流合永濟渠（即運河）注乾甯軍（今青縣）又東北經獨流口，又東至甥地口（即天津）入於海。又歷一四六年而四徙。

（戊）河道四徙　金章宗明昌五年（西元一一九四年）河決陽武故隄，灌封邱而東。歷長垣、東明、渮澤、濮縣、鄆城、范縣諸縣境中，東至壽張注梁山濼，分爲二派。北派由北淸河（大淸河即今黃河）入海。南派由南清河入淮，即泗水故道。又歷三〇〇年後五徙。

（己）河道五徙　自金明昌甲寅之徙，河水大半入淮。而北清河之流，猶未絕也。迨元始祖至元間，河之南徙益劇。蓋至元九年，河決新鄉，道猶在新鄉、陽武間。二十九年陽武等縣河決二十二所，水道一變。河益徙而南，又兼二十六年會通河成（會通河即今運河）北派愈微。明孝宗宏治七年（西元一四九四年）築太行隄以禦之，而北流遂絕。即沿淤黄河入海。後又歷三六一年而六徙。

（庚）河道六徙　清文宗咸豐五年（西元一八五五年）河決銅瓦廂，奪大清河，自利津入海，即今道。

卷二

第三章　灌溉

我國灌溉之制，由來久矣；孔子賛大禹卑宮室，而盡力乎溝洫。斯時溝洫之制或不專爲灌漑，然蓄水潤田之功不可蔑也。史記河渠書有云：九川既疏，九澤既灑，諸夏乂安，功施於三代。自是之後，滎陽下引河東南爲鴻溝，以通宋鄭陳蔡曹衞，與濟汝淮泗會於楚；西方則通渠漢水雲夢之野；東方則通鴻溝江淮之間；於吳則通渠三江五湖；於齊則通菑濟之間；於蜀則鑿離碓沫水之害，穿二江成都之中。此渠皆可行舟，有餘則用漑浸，百姓享其利。至其所過，往往引水益田，漑田疇之渠，以萬億計。是則溝洫之制，雖非復用周官之舊，而才智勤幹之士，經營一方水利之說，於以興焉。

鑿渠灌田，歷代皆有成效。若涇水之鄭國白公洪口各渠，遠起秦漢，近及元朝，灌田四千五百頃至七萬頃不等（七萬頃或係史書浮言）。漢鄭當時則言引渭地渠，渠下民田萬餘頃可漑。漢番係請穿渠引汾，惟以河徙而渠不利。洛河則有漢嚴熊羆所穿之龍首渠，垂成而敗；沁河則有隋盧賁之利民溫潤二渠；汶水則有魏賈逵之賈侯渠。至於黃河之本身，若寧夏河套各渠，澤被後世，及今不衰。此不過其犖犖大者，略舉以明梗略而已。

然歷史之榮譽雖可矜，今日之事實亦可悲也。前人之所遺留於吾人者，惟寧夏河套各渠耳，其他殆皆湮沒。然寧夏不過灌田一百萬畝，河套二百萬畝耳。合計之不及一鄭國渠也，思之能無痛心乎？所幸水利事業正在進展，繼鄭白之後者，則有涇惠，新興於綏遠者，則有民生，繼龍首之後而已動工者則有洛惠，籌有的款而即待興修者，則有渭惠。其他正在研究計劃中者，若通惠洮惠之繼起，汾沁之灌溉，伊洛之引水等等。以及對於寧夏河套各渠，或擬改修其進口，或擬變更其幹渠。行見數年之後，石田化爲沃壤，水田之利，將不讓江南獨步也。

一　寧夏之灌溉

寧夏雨水短少，沿河各地多係平原，故灌溉之利，遠自秦漢，已創其端。歷代皆有修建，今則可灌田八十萬畝。若更以新法改良，前途進展，實未可量。寧夏灌溉，可以所在地點之不同而分爲中衛區，河東區及河西區三者，茲採錄寧夏渠務須知如次：

（一）中衛區

（一）美利渠　渠起於中衛縣西沙坡下石龍口尾，繞縣東北至馬槽湖，入塘灣，出油樑溝，勝金關西，入河。長二百里，平均寬三十五尺，深十尺。元時名蜘蛛渠，嗣因岸徙，渠淤口窒，不能受水。明嘉靖壬戌，撫軍毛中丞命道參文武督本衛丁夫，改濬於舊口之西六里，月餘功成，易名美利。清康熙間，又數加修整。前次荒廢田地，墾復五百餘頃，皆成稻田。渠口下至迎水橋十五里，建閉水閘一道，計六孔，旁開減水閘一道，計五孔，其下有趙通閘、頭閘、鶯兒閘、王家閘、汪家閘、李家閘及官閘，以便堵水分入支渠。大小支渠凡二十餘道，灌田四萬五千畝至拾萬畝。

（二）七星渠　渠起中衛縣河南寧安堡泉眼山，引水東南流，止于張恩堡。明撫軍焦馨改修，長一百四十里。去口五里建正閘一道，洩水閘二道，石橋一道。渠流二十里至寧安茶房，建有宜民蕭家閘，再流二十里至恩和堡，有鹽池閘，閘下有蕭家溝陰洞、馮城環洞、紅柳環洞，洞下十里許，舊有乾河溝，架木槽以避山水，後爲瀑布冲廢，每歲山水過，築土埂以障水，接渠而下行，渠梢至張恩堡入河。共灌田七萬八千餘畝至九萬六千畝。

（三）太平渠　元時爲貼渠，渠起中衛西南邊牆抵河處，後廢。清康熙四十五年，西路同知高士鐸復開之，引水東北流，至柔遠堡黎家莊范家莊，下歸油樑溝入河，長六十里。閘七道，退水二處，橋三道，暗洞一道，飛槽九處。溉城南及柔遠堡田二萬三千一百餘畝。近年岸徙口窒，如河水低落，卽不受水，多賴美利渠之洩水灌溉。

（四）北渠　渠在中衛縣南鎮靖堡河沿開口。引水東北流，過報塔寺，繞堡東南，渠身闊二丈五尺，深五尺。自口至身有三百戶閘，北渠閘，高渠閘，杜家樹退水，雍家莊，潘家灣二退水。暗洞有堡門南大橙槽，富家橙槽等處。沿長三十里，溉田一萬一千八百四十畝。清同治五年，河水冲斷，接用太平渠梢之水。

（五）鎮興渠　渠原名新北渠，在中衛縣南鎮羅堡河沿開口，引水東北流，至李家莊，繞堡東南，抵石家渠入河。出水洞一道，暗洞一道，延長四十里，渠身闊二丈五尺，深四尺，灌田一萬九百五十畝。清咸豐六年渠口冲壞，同治五年又冲斷，接敖塔溝水，並美利太平梢水。民國八年，堡民捐貲在原口偏上之陳家閫子南，修築新口，改名鎮興渠，建閘十道。減水閘三道，橋四道，現灌田一萬五百餘畝。北支渠梢由張家閘尾入油樑溝，南支渠梢由孟家河溝尾入永興復盛渠。

（六）勝水渠　渠在中衛縣石空寺堡，自縣城東南得勝墩開口引水，向東流至本堡東北，環過東南倪家營。支渠入道，閘九道，減水五道，橋四道，渠身闊二丈五尺，深三尺，延長七十里，溉田二萬餘畝。

（七）復盛渠　舊名新渠，在中衛縣永興堡。自鎮靖堡東南至馮家大莊子南，高家灘壓垻引水，又在鎮羅堡之西南李家嘴子挾開龍口。寬二丈，深一丈，引水向東北流，分南北二渠。南渠從高莊子經馬家閘，至原垻灘尾梢，入石空勝水渠。北渠從官路繞凱歌墩至雷家沙窩，尾入美利渠梢。先

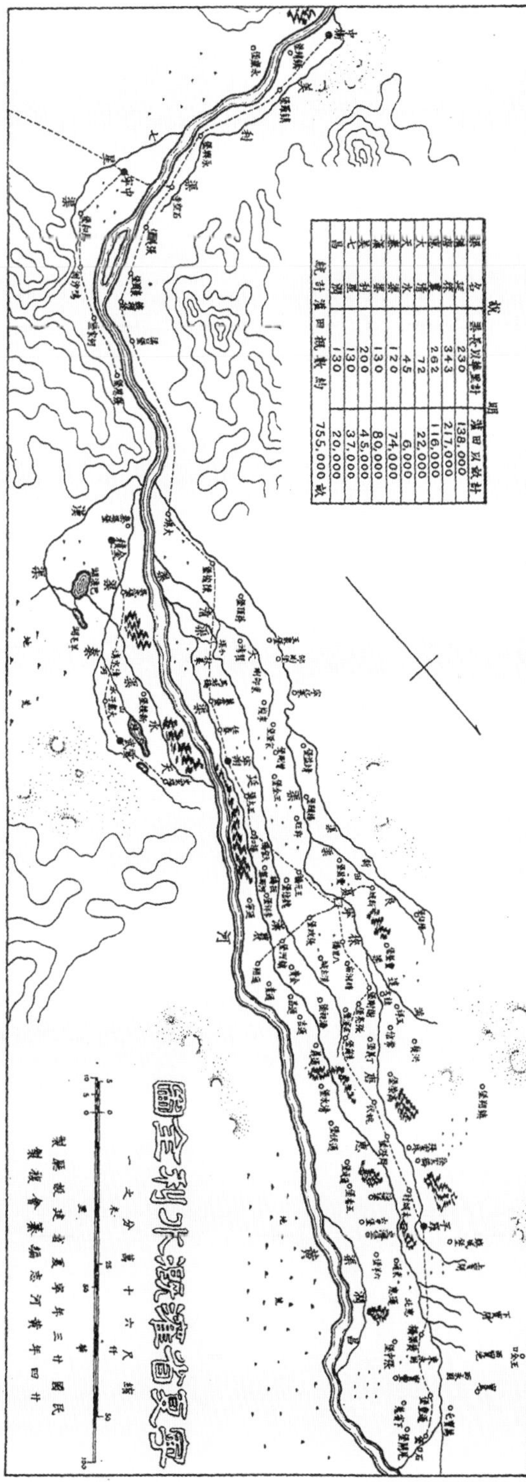

渠名	渠長以華里計	灌田以畝計
漢延	230	138,000
唐徠	343	217,000
惠農	262	116,000
大清	72	22,000
天水	45	6,000
秦渠	120	74,000
漢渠	130	80,000
美利	200	45,000
七星	130	37,000
昌潤	130	20,000
統計灌田概數約		755,000畝

是，清同治時河勢北行，渠身崩塌，將高家莊子田五百餘畝均塌於河。民國六年河漸向南，渠身遂改。有橋四道，南渠橙槽二道，北渠湖嘴閘渠口一道，橙槽一道。現灌田三千六百七十畝，改名曰復盛渠。

（八）順水渠　渠在中衛縣張義堡，自石空寺堡西南河沿開口，引水向東北流，至棗園西北山脚。渠身闊一丈五尺，深三尺，延長十五里，溉田三千三百七十七畝。清同治年間，河勢北行，渠口冲沒，田畝亦陸續崩塌。惟接石空勝水渠梢水灌溉，歲修幫助石空夫料，僅存田七百餘畝，河水仍向北冲，現存田畝亦難足數。

（九）新順水渠　渠在中衛縣棗園堡，舊與石空張義共爲一渠。明天啓五年，堡人郭珠，倡衆自石空寺東南倪家營另開新口，引水向東北流，至炭窯墩，延長七十里，闊一丈八尺，深四尺。又自石空寺趙家灘開口引水至朱家臺，名曰貼渠，延長二十里，闊一丈，深三尺。兩渠共灌田一萬九百餘畝，兩梢均入河。清乾隆十五年，本堡生員陸嵩管渠，續開減水閘五道。渠口屢被冲圮，後又於雍家墩另作新口。光緒三十年，渠堺又被冲塌十餘里，貼渠亦壞。知事張心鏡請帑並變社糧，委員劉學元接引石空梢水。今堡西民聊資溉灌，而堡東受旱，民多流離，而河仍不定，無處開口，未能修復。

（十）長永渠　渠在中衛縣鐵桶堡，舊自俞家營河沿入口，工力浩繁。清乾隆二十三年秋，渠堺岸盡爲河流冲刷，崩壞四里有餘，岸高水下，民不能修。知縣黃恩錫，適代行水利事務，另於舊引水塌堺徼上，小支河北岸棗園堡于家莊下，跟尋舊渠水道於李姓田中，近河買田四畝，因勢作口。時棗園附近渠民，紛衆控阻，縣官手自舉鍤，導以渠路，始得成功，得達舊渠，接流向下。二十五年水勢頗溢於前，乃於堡東越石灰渠，架木槽渡水於新淤灘，懇復舊荒焉。渠身寬一丈六尺，深四尺，大支渠一道，減水兩道，渠梢至炭窰墩下入河，延長二十五里，溉田四十五頃。嗣因石灰渠冲崩，復移上開新口，改新淤灘至渠外。光緒三十年，新淤灘又被水冲崩。

（十一）豐樂渠　渠舊名石灰渠，在中衛縣渠口堡，渠自鐵桶碾盤灘起，至光武五塘溝止，延長六十里，溉田一萬二千三百餘畝。清康熙時，渠壩壅崩，歲修夫少，力不能及。提督俞益謨爲捐千金建閘疏滯，因有千金渠之譽。舊有上水閘四道，曰揹河閘，李祥閘，起行閘，上沙渠閘。退水閘四道，曰永安閘，雙閘，小閘，拖尾閘。後渠口冲塌，灘地多荒，堡東熟田亦不免旱。堡紳魏宗禹等督率本堡及廣武受水之戶，在碾盤灘口下，築石龍口三十餘丈，迎河引水向東北流，至龐家莊入廣武界，延長三十三里。上水閘二道，減水閘五道，大支渠三道，橋二道，現溉田二千六百餘畝，改名曰豐樂渠。

（十二）羚羊角渠　渠在中衛縣常樂堡，清康熙四十四年，西路同知高士鐸創建。自堡西南邊牆石敞溝開口，引水東流至陸家園灣，延長二十八里，溉田二千四百畝。渠身闊一丈五尺，深三尺，梢至棗林莊入河。該渠口受水頗高，工大夫少，修濬不易，近復於堡西建水車十輛。

（十三）羚羊壽渠　渠舊名羚羊殿渠，在中衞縣永康堡。自堡西燕子窩灘開口，引水自楊家灘東流，至宣和堡東嶽廟，延長四十里。多石難濬，梢入宣和堡渠。　渠身闊二丈，深四尺。渠口緊逼燕子窩溝，去口二里許，爲山水口子，兩處山水一發，渠流中斷。　清康熙四十七年，西路同知高士鐸委本堡貢生閻鳳寧於山水口子建暗洞一道，長百餘丈，至今賴之。　暗洞東北爲左張塀，洪流激盪漸廢。　雍正十二年，同知吳廷元倡捐築壩八百餘丈，以堵築之。三年始成，易名甘來塀。　去塀五里許，爲藉家嘴，南逼山北近河，渠埂一線，約長二百餘丈，爲通行往來官路。　其下有艾家山溝、林家石排溝、大山溝、雙山溝、左家山溝、曹家山溝，皆爲渠害。　每歲夏秋挑濬。　楊家灘有退水一道，閘一道，閻家閘一道，劉家灣退水一道，閘一道，宴公廟減水一道，曹家山溝閘一道。　漑田一萬四百餘畝。　道光十五年，知縣馮傳稷濬宴公廟東渠嗣，又因燕子窩口窒，不能得水，於倪家灘上流復開新口。　近因河漲，渠北官路被宣和堡水冲斷七十餘丈，渠埂僅存一線。　光緒三十三年，左張壩又被水冲圮，由襄元砌石牆里餘，大勞心力，渠路得全。

（十四）羚羊峽渠　渠在中衞縣宣和堡，舊與羚羊殿渠一渠使水。　至清康熙十五年，自永康堡東北三里許買田開口，引水東流至泉眼山，延長四十餘里。　共退水八道，閘七道，暗洞四道。渠身闊二丈，深五尺，漑田一萬八千一百六十畝。　後因河勢無定，口不得水。光緒五年，在距舊口十五里二百戶灘東北，復開新口，並修石埂，水乃暢旺。光緒二十二年，河勢又南，重開舊口。近數年，二口均不得水，嗣又在二口之間另開一口，至紅崖子東入河，延長六十餘里。洩水閘十三道，大支渠十三道。現溉田一萬五千三百三十畝，渠梢入河。

（十五）柳清渠　渠在中衛舊寧安堡，自堡西泉眼山下開口，引水東流至堡南，統入恩和堡葫蘆灘，延長四十里，溉田二萬九千八百餘畝，渠身寬一丈五尺，深四尺，渠梢入河。柳清渠開口，莫考其詳，清道光二十三年，河水暴漲，渠口岌岌，堡廪生馬程萬墊貲修築大埂，衛護渠口，至今堅固如故。寧安幅員遼闊，南北兩河，橫亙境內，地土不能接連。柳青渠原十九閘，新南渠開，而梢之五閘廢。又有貼渠一道，有李家灘渠、大灘渠、孔家灘渠、田家灘渠、唐家灘渠。光緒八年，蜀軍統領黃彝封又於渠北創開順水渠。民國六年，堡人王光臨創開新南渠，一堡之田入渠受水，均在泉眼北開口，盤由大埂穿入，現溉田二萬九千六百九十畝，渠梢歸入南北兩河。

（十六）通濟渠　渠在中衛縣張恩堡。明萬曆四十年，傅朝宇自堡之西南三道湖開口，引水繞堡東流至高家嘴子入河，延長四十里，溉田二千四百二十畝。閘四道，退水七道，支渠二十三道。又有硝礦灘渠，於清乾隆年間，自堡西南由灘腦開口，至灘尾入河，延長二十里，灌田一千餘畝。又乏馬灘渠，於清康熙年間，自堡西北由灘腦開口，至灘尾入河，延長十五里，灌田八十餘畝。此二渠均另開口，蓋皆輔通濟之所不及者也。

（二）河東區

（甲）漢渠　渠一曰漢伯渠，相傳創始於漢，在金積縣，渠口在青銅峽，與靈武秦渠口相並，至靈武胡家堡洩入澇河，延長一百里，建正閘一座，一墩二孔，曰漢閘。其後河勢偏西，常苦無水。清康熙四十五年中路同知祖良貞改深閘底，又增長迎水垪，水乃足用。康熙五十二年同知鈕兆鼎重修東岸，以洩山水冲決之害。先是漢渠苦無洩水，田成巨浸。明河東道張九德創開蘆洞（即今清水溝洞），長三十丈五尺，高廣各三尺五寸。自秦渠北岸至窰橋，疏溝三十餘里，洩水入河，復故田數百頃。其秦渠東岸一帶二十餘里，被山水淹沒田房。康熙五十二年同知鈕兆鼎重修東岸以洩其流。乾隆三十八年，靈州知州黎珠創修迎水新口，隨流壘石，築爲長垪，利賴至今。大支渠凡九道，灌溉田一十二萬五千八百餘畝，每歲修濬，俱係民間自備夫料辦理。

（乙）秦渠　渠一曰秦家渠，相傳創始於秦。自靈武屬青銅峽開口，今屬金積，至縣北門外洩入澇河，渠口上下閘二座，上口一墩二孔，下口二墩三孔，延長一百五十里，支渠十二道，灌田一十一萬七百餘畝。渠口原係土底，歲費修築，清康熙時參將李山重修，甃以石底，歲省夫料無算。後又續開支渠十三道，口大一尺二三寸至七八寸不等，俱木口。光緒三十年決口，知州廖葆泰籌修費銀八萬有奇。三十一年知州陳必淮重修費三萬餘金。三十三年復決，知州陳必淮大加修理，共費銀四萬有奇。又新通志載：靈武有漢伯渠，又有光祿七級特進等渠，今並廢。

(丙)天水渠　渠在寧夏縣河忠堡，由靈武秦渠清水溝洞，接引金積漢渠退水。緣順治初，黃河西徙，將河忠堡隔在河東，常苦無水。光緒二十四年，寧夏府知府趙維熙擬修渠灌溉，未得開口地點，因議開清水溝洞漢渠退水，旋開渠沿靈武縣屬之新接堡，以達河忠堡。其新接地之隔在天水渠西者，則架飛槽以渡其水；新接退水之不能歸河者，則修暗洞以淹其水，命名曰天水渠。共長三十餘里，灌田六千畝，每歲修濬，堡民公同合作，自爲經理。又新通志載：河忠堡舊受漢延渠水，有支渠名河忠堡渠。順治初，靈州被水衝齧，因於河忠堡西岸挑溝以分水勢，後河竟西趨，將河忠隔在河東，距靈武城僅五六里許，堡民開有小渠二道。考府志未載，意者爲乾隆四十五年修志後所開歟？

(三)河西區

(甲)唐徠渠　渠又名唐渠。其渠口開寧朔縣大壩堡青銅峽內，經府城西北至平羅縣上寶閘堡，歸入西河，長三百二十里一十三丈，大小陡口共四百四十六道。昔時澆灌寧夏、寧朔、平羅三縣田共五千七百六十三分（每分等於三十畝，下仿此。）自正閘起至站馬橋陡口一百四十五道，灌寧夏、寧朔二縣田三千一百三十五分。自站馬橋起，至梢陡口三百零一道，灌平羅縣田二千五百二十八分，近來全渠共溉田十七萬九千零三畝餘。順治十五年，巡撫黃圖安奏請重修，雍正九年發帑重修，督修官爲侍郎通智，御史史在甲，寧夏道鄂昌，寧夏知府顧爾昌，水利同知石禮圖。乾隆四年發帑重修，承修官寧夏道鈕廷彩。乾隆四十二年，寧夏道王廷贊奏請借帑大修。其大支渠二十一道，小支渠浮水灌洞爲數百有奇。茲將大支渠名稱開列如後：

(一)大新渠　在寧夏城南邊東而北長七十六里；

(二)紅花渠　在寧夏城東南，北流長二十八里；

(三)良田渠　在寧夏城西北，流長九十九里；

(四)滿達剌渠　在寧夏城西北，轉東北流，長六十里；

(五)白塔渠　在桂文堡，長二十九里三分；

(六)新濟渠　在鎮朔堡，長六十五里；

(七)大維渠　在洪廣堡，長二十五里；

(八)滿恩渠　在清益堡，長百餘里；

(九)小羅渠　在長信堡，長二十里；

(十)菓子渠　在高榮堡，長二十三里五分；

（十一）和集渠　在周澄堡，長十七里；

（十二）柳新渠　在平羅縣，長九里；

（十三）黑沿渠　在平羅縣，長十五里；

（十四）亦的小新渠　在張亮堡，長二十里；

（十五）柳郎渠　在平羅縣，長二十里半；

（十六）曹李渠　在平羅縣，長十里；

（十七）楊招渠　在平羅縣，長二里半；

（十八）他他渠　在靖益堡，長十五里；

（十九）掠米渠　在豐登堡，長十八里；

（二十）羅哥渠　在常信堡，長六十里；

（二十一）高榮渠　在高榮堡，長二十里。

寧夏建設廳於民國十九年修興粟渠，接唐徠渠支流南渠梢，延長五十里，經洪廣，鎮朔二村，可灌田六萬畝，尚未竣工。

（乙）大清渠　渠係清代水利同知王全臣所開，其渠口在寧朔縣大壩堡馬關嵯，至宋澄堡歸入唐徠渠，介漢唐二渠之間，以濟二渠高田水不能均灌者，長七十二里，大小陡口一百二十九道。昔時灌漑寧朔縣田一千零九十六分六畝七（每分等三十畝，後仿此，）近來全渠灌田一萬六千二百四十畝餘。康熙四十七年九月初一日興工，十三日告竣。雍正十二年重修。乾隆四年發帑重修，承修官寧夏道鈕廷彩。乾隆四十二年寧夏道王廷贊奏請借帑大修。光緒十三年，寧夏府知府黃自元重修漢埸宋澄各暗洞，並甃石底，歷年淤滯，爲之一空。

（丙）漢延渠　渠口開寧朔縣陳俊堡二道河，經府城東而北至寧夏縣王澄堡歸入西河，長一百九十五里，大小陡口共四百七十一道。昔時灌漑寧夏、寧朔二縣田五千六百九十分。自葉昇堡張天渠起，至澄堡殷家口陡口二百八十七道，灌寧夏縣田四千八百八十七分。自渠口起，至唐鐸堡後渠陡口一百九十四道，灌寧朔田八百零三分。近來全渠共灌田十二萬八千一百五十四畝餘。順治十五年，巡撫黃圖安奏請重修。康熙四十年，河西道鞠宸咨修。康熙五十一年，同知王全臣重修各暗洞，並甃以石。雍正九年發帑重修，承修官寧夏道鈕廷彩，水利同知石禮圖。乾隆四年發帑重修，承修官鈕廷彩。乾隆四十二年寧夏道王廷贊奏請借帑大修。光緒二十五年寧夏道胡景桂委紳士于自樂等重修魏信暗洞。其大支渠二十道，其餘大小支渠共四十餘道。茲將大支渠名稱開列於後：

（一）水磨渠　在桊昇堡，長二十里；
（二）大北渠　在桊昇堡，長十五里；
（三）菓子渠　在任春堡，長四十九里；
（四）鴻渾渠　在王洪堡，長二十三里；
（五）南皋渠　在王泰堡，長十九里；
（六）北皋渠　在王泰堡，長二十五里；
（七）新增撤水渠　在任春堡，長二十里；
（八）丁字渠　在王洪堡，長二十五里；
（九）穆須渠　在王洪堡，長二十里；
（十）楊字渠　在王洪堡，長十五里；
（十一）小新渠　在王泰堡，長六里；
（十二）迎門中渠　在王澄堡，長八里；
（十三）柳虎中渠　在王澄堡，長七里；
（十四）大營後渠　在鎮河堡，長二十五里；

（十五）畢家渠 在金貴堡，長三十里；

（十六）各陡渠 在金貴堡，長三十里；

（十七）小營後渠 在金貴堡，長十六里；

（十八）大高渠 在潘昶堡，長十九里；

（十九）南毛渠 在潘昶堡，長十九里；

（二十）北毛渠 在潘昶堡，長二十九里。

（丁）惠農渠 惠農渠及昌潤渠皆侍郎通智、寧夏道單疇書等奉旨所開。惠農渠口初在寧夏縣葉昇堡俞家嘴，並漢渠而北至平羅縣西河堡，歸入西河，長二百里。乾隆五年，地大震，成劇災，渠工盡壞，奏請復修，自俞家嘴至通潤橋，增長十里有奇。乾隆九年，寧夏府知府楊灝詳請通潤橋以下，接渠尾至市口堡，又增長三十里。乾隆十年，又改口於寧朔縣林皋堡朱家河。乾隆三十九年，因河流東注，又改口於漢壩堡劉家嘴，至平羅縣尾閘堡入黃河，共長二百六十二里。大小陡口一百三十六道。昔時澆灌寧夏平羅兩縣田四千五百二十九分半。自口東岸起至通吉堡寶塔渠陡口一十三道，灌寧夏縣田二百餘分；自通義橋以下至栒陡口一百二十三道，灌平羅縣田四千三百餘分。近來全渠灌田十一萬一千四百七十一畝零。雍正四年七月興工，七月五日告竣，費帑銀十六萬。乾隆五年並昌潤渠重修，承修官員寧夏道鈕廷彩，乾隆四十二年寧夏道王廷贊奏請重修。嘉慶十七年寧夏道蘇成額，道光四年寧夏道瑞慶，先後領帑重修。光緒二十七年，河流西趨，外堤刷沒二十餘里，屢修屢圮，數年受旱。三十一年，寧夏知府高熙喆，改築道於揚和堡之東，渠流復舊。大小支二百七十餘道，其大者二十六道：

（一）六墩渠　在六中堡，長十里；

（二）汫池渠　在通福堡，長十四里；

（三）交濟渠　在交濟堡，長二十五里；

（四）仁義渠　在六羊墩，長十五里；

（五）隆業渠　在沿河堡，長十里；

（六）任吉渠　在沿河堡，長十五里；

（七）惠威渠　在惠威堡，長二十五里；

（八）寶閘渠　在通平堡，長二十里；

（九）小三渠　在長渠堡，長十九里；

（十）滾珠渠　在北長渠堡，長十八里；

（十一）官四渠　在渠中堡，長五十里；
（十二）普潤渠　在西河堡，長十七里；
（十三）北長渠　在北長渠，長二十五里；
（十四）南長渠　在南長渠長二十五里；
（十五）三官渠　在通福堡，長十五里；
（十六）新沖池渠　在通成堡，長五里；
（十七）新渠　在沿河堡，長八里；
（十八）邊渠　在南長渠長十五里；
（十九）老渠　在南長，渠長十七里；
（二十）尖新渠　在南長渠長十九里；
（二十一）二渠　在南長渠長二十里；
（二十二）新仁義渠　在六羊堡，長十里；
（二十三）上新渠　在內西河，長十里；
（二十四）下新渠　在內西河，長十里；

(二十五)元元渠　在河西堡，長十六里；

(二十六)萬濟渠　在萬寶屯堡，長十五里。

民國十九年後，寧夏建設廳又繼續開支渠六道，開列如後：

(一)第一民生渠　由惠農渠永康閘開口經楊和、河西二村。長二十五里，可灌荒地二萬畝，今已領者一千七百五十畝。

(二)第二民生渠　由惠農渠永祥閘開口經李祥、通寧、通朔三村。長三十里，可灌荒地二萬畝，今已領者四千四百畝。

(三)紹昌渠　由惠農渠開口，灌仇家灘地。長七里，可灌田一千畝。

(四)紹興渠　由惠農渠開口經灌包雷二灘地，長七里可灌田一千畝。

(五)龍華渠　由惠農渠通義村開口，於昌潤渠架飛槽經通義、淸水、通伏三村，長十五里，可灌田四千畝。

(六)天字渠　由惠農渠任春村開口，經本村熟地至荒地，長八里，可灌田三千畝。

(戊)昌潤渠　昌潤渠與惠農渠同時開工，原接引惠農渠之水。後因兩渠一口不敷分灌，乾隆三十年，寧夏知府張爲旃詳准受水戶民備夫料，另由寧夏縣通吉堡溜山子開口至永屏堡歸入黃河，長一百三十六里，大小陡口一百一十三道，澆灌平羅縣埂外田一千六百九十七分。

（己）滂渠　渠口開在平羅縣北溫家橋地方。先是清雍正四年，侍郎通智奉旨創修惠農渠，於下段復開昌潤渠，接引惠農支流。後因兩渠不敷分漑，乾隆三年，改由寧夏縣通吉堡溜山子開口，水仍不暢，復又於平羅縣屬通義堡另闢一口，名復興昌潤渠；又於昌潤渠分水閘開口分東西兩岔，西岔昌渠，東岔滂渠，此滂渠之名所自始。道光五年，河崩渠廢，知縣徐保宇豁免災戶錢糧，於距原口下之數里溫家橋地方另闢新口，至渠陽堡歸入黃河。計長六十里，澆灌渠口等堡田四百四十分，支渠七道，與昌潤渠同歸寶豐縣丞管理。民國元年，縣丞裁撤，改由寧夏道尹委員辦理。

按溫家橋地方所開新口歷三十里，至東永潤中閘子，復分兩岔，東岔曰貼滂渠，西岔曰正滂渠。又歷二十里，始至渠陽，合流入河。歲修夫料，與昌潤渠同一辦法，以原係昌潤支流，故列入昌潤支渠，因名實不符，茲特說明，以免混淆。又滂渠有永惠渠、永潤渠、東官渠、西官渠，名曰大河滞，均另由河開口。

（庚）舊貼渠　渠由大壩唐渠正閘旁另開一閘，自南迤北，至漢壩堡梢入漢渠。長二十四里，陡口三十一道，灌大壩、陳俊二堡田一百二十二分。

（辛）新貼渠　渠由舊貼渠分水，自南迤北，至清渠沿梢。長五十六里，陡口二十八道，灌大壩、陳俊、蔣鼎、瞿靖、玉泉等堡田三百九十七分半。

寧夏各渠在引水建築上亦極周詳。　於各渠引河水入口，其旁則有滚水埽，用碎石椿柴鑲砌。水漲任從上溢，以消其勢。　過此有退水閘，或三或二，小水則閉之使盡入渠，水大則酌量啓之使洩入河。　又過此爲正閘，則渠之咽喉也。　正閘有木有石，備極堅固。　唐徠渠建正閘一座，旁閘四，尾閘一，滚水埽一道。　漢延渠建正閘一座，旁閘三，滚水埽一道。　大清渠建正閘一座，旁閘三，滚水埽一道。　惠農渠建正閘一座，旁閘四，尾閘一。　昌潤渠建正閘一座，旁閘四，分水閘一座。

渠道之爲山邱或其他渠道所阻者，則用暗洞以通之。　又往往有此渠之地，因勢乘便，接引彼渠之水，以資接濟者，則用木槽跨渠上通之，名曰飛槽。

渠如迫近河岸，恐河水泛漲，渠被冲決，則沿河築隄以護之。　渠口閘埽恐被河水冲刷，則於險要處築隄以障之，俗名曰塀。

渠道之挖浚及護養工作，概由人民負之。　舊例每田一分（三十畝）出夫一名。　清明日上工，立夏日竣工，共挑一月。田半分者挑十五日，又有零夫挑一二日，皆計畝分挑。　冬月捲埽，亦按田分夫。司各閘啓閉，呈報渠口水勢消長者，則有水手。　每名給額出田一分，不征銀兩草束。

舊例每田一分出柴四十八束，每束重十六斤，沙椿十五根，長三尺。　水利同知於先年十一月征貯各埽，以備來春之用。或須紅柳，白茨，芨芨，則令民完納，抵其應交之草。總名曰顛料。須用石灰，亦於草內折銀燒造，每草一束，折銀一分。閘埽間有沖損，需用石塊亦於先年仲冬估計採辦，運至公所，並在折色內開銷。其後逐減至每田一分收草二十四束。以六本四折征收。

每歲立夏開水，例委管封水，將上遊各支渠陡口閘閉，逼水至梢。取梢民得水總狀以爲驗，名曰封水。到梢後自下而上，以次開放。頭水，二水以至冬水，皆如是。

每歲冬水既畢，河冰凍結，啓閘退水入河。至次歲清明節前，用土柴堵塞河口，名曰捲埽。使春融時，河水不能溢入，渠身乾涸，乃可修浚。至立夏工竣，則決去所捲之埽，開水入渠，各正閘立木一刻，爲候水標準，則五寸爲一分。河水小則閉退水閘，逼水盡入正閘。河水大則開退水閘，洩入河。漢、唐、惠農各長數百里，欲使渠流三時給足，令民間自酌物候，隨宜澆灌，勢必不能。故有頭輪水，二輪水，三輪水之說。皆官爲封俵，上下始給。初開水爲頭輪水，澆大小麥，莞豆，扁豆，名曰夏田。其次胡麻、麻、青豆、高粱、蠶豆及瓜菜，各渠下段又多種早糜穀，亦須灌。立夏後十日內外者爲及時，若遲半月得水，即減收，二十日或一月不得水，則收穫僅二三分矣。小滿後種穀子，芒種前後種稻，夏至種糜子、蕎豆，曰秋田。秋田年前不澆冬水，候新水灌溉，乃可下種，過期便少收穫。故二輪水最要，秋夏田皆須灌至三輪水，亦須添灌夏秋之田。小暑大暑時，稻地尤不可一日絕水。立秋後漚麻，末伏種冬菜，皆須用水。惟白露前後，夏田已收，秋田已熟，此時水可稍退，然亦須配留四五分，澆蕎麥，遲蘼子，及冬菜。冬水霜降後封俵，至立冬須灌遍，此爲來歲夏田根本，須灌足，及春方可下種。然此後水無功用，往往有浸灌道塗者，亦須制止。大抵各色麥豆，得水四次大稜，三次者亦豐收，二次減半，一次或過遲，皆無濟矣。種稻需水最多，然夏朔二縣地多低下，容易生鹼。每種麥三四年，必輪種稻一次，藉水浸以消除鹼分。

二　河套之灌溉

河套灌溉渠大者十一，小者三十，平均可灌田二百萬畝。渠概創於漢唐，盛於清末，多由人民自動辦理，功業至偉。惟困難甚多，進展不易，良可慨也。爰節錄綏遠省立民衆教育館所編之綏遠省河套調查記以作參考，俾有改進，所至禱也。

（一）沿革

河套雨澤甚少，農田所恃，厥爲渠道，澆水則膏腴，不澆則石田坐嘆，故土人有「不靠天吃飯」之謠。考初來套者，僅打漁之漢人，偶於近河處以桔槔取水澆田，試行種植，大適其利，於是來者日衆。道光三十年，河溢北岸，決成一河，名曰塔布河，其水自行地中，所過之地，盡成膏腴，於是墾殖者接踵而至甫來套中，即議開渠，渠各私有，一渠之成，往往需時數十年，耗款數十萬，如甄玉，侯應奎，郭敏修，王同春輩，父子相代，親友共營，持以毅力，卒開成大幹渠九道，（後淤一道）小幹渠二十餘道，又每歲須深浚其身，厚培其岸，始得灌田千百頃，功程偉大，經營實匪易易也。迨光緒二十九年，貽谷奉命督辦墾務，因水利與墾務休戚相關，除將私墾蒙地統歸官放，兼籌渠務之發展，各地戶知地既歸公，渠亦難爲私有，乃先後將自挖各渠呈請報效；貽谷派員勘收後，加寬加深，疏浚暢流，又添挖支渠，於是河套水利，蔚然大觀矣。至民九渠道經營失宜，議者謂爲散戶承保責任不專之咎，於是綏遠都統蔡成勳部第一師長楊以來，假灌田公社名義，統包八渠，永租地畝，至十一年，租款欠至十餘萬元，渠亦將歸湮廢，於是五原紳董呈請整頓，經由綏遠墾務總辦收回，改租與五原人士合組之匯源水利公司及興農社；十二年設水利總局於包頭，然遠地遙轄，終無改進也。十七年裁水利總局，由墾務總局兼理；二月墾務總局召開水利會議，決定所有渠道各歸地方人合組水利公社，自行經理，由墾務總局及地方官督飭辦理，將墾務總局之渠利科長川駐五；十八年改渠利科爲包西各渠水利管理局，直隸綏遠建設廳。同年四月，由建廳向山西省銀行貸晉鈔十四萬，專資修渠之需，各渠始略見起色矣。

（二）渠務管理之組織

渠道之經理，各歸各水利公社，而由水利管理局督飭之。水利管理局設局長一人，文牘會計各一人，管理渠道委員六人技師一人。各渠水利社設經理副經理各一人，文書會計司賬渠頭各一人，經理由民戶票選呈局轉請建廳加委每二年改選一次，其他由經理聘用。此外又票選董事五人至九人組董事會爲諮詢監察機關，此渠務管理之大略也。

（三）渠務管理之經費

各渠經費，可分經常費與工程費二項；各渠經常費用，由各渠所屬糧地，召廟地，戶口地，未墾地，移民地，學田實業基金地，永租地等地戶，按照每年夏秋間勘丈青苗地畝數目平均擔負，每頃年納五元，其半數充水利管理經費，半充該渠水利社經費，有不敷時，呈廳籌措，其有雖曾澆地而無青苗者，亦免交此款。工程費用，分歲修特別兩種；歲修費每頃年納七元，其籌法與上述同，此款有餘則存放，不敷則呈廳核籌。特別修渠之工程，除隨時受水利管理局之監督外，須由管理局轉呈建廳核辦，費用由水利社商同本渠民戶籌墊之，年內由青苗地攤還。上述各項費用，統由水利社征收，而管理局協催之。

（四）灌溉情形與澆水通例

黄河水之漲落，在河套有一定季節，河水高漲，方可入渠澆地，是以水因氣節而分類，地以能否常年澆灌或僅每季能灌溉而異其價值。河水高漲季，普通分六期，列表如下：

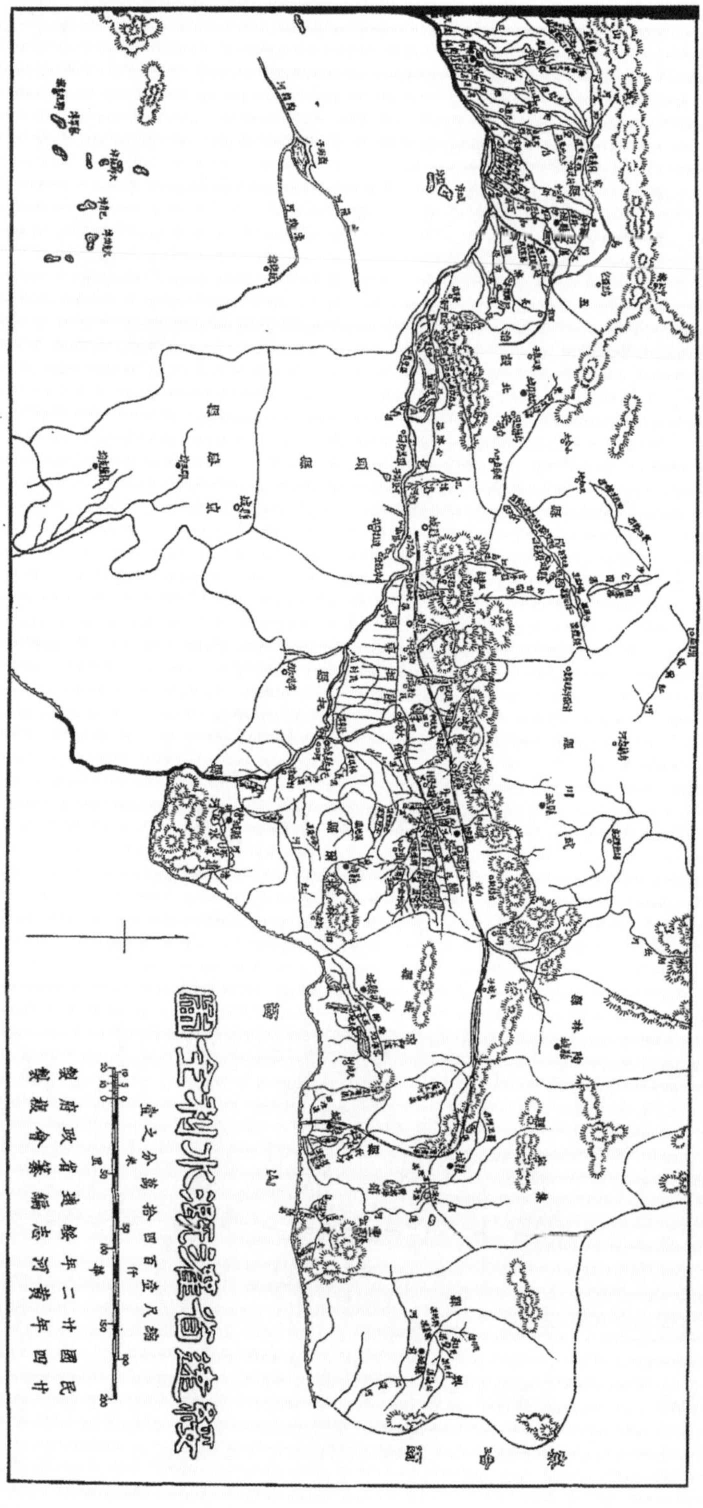
綏遠省灌溉水利全圖
縮尺壹百四拾萬分之壹
民國廿二年綏遠省政府製
廿四年黃河志編纂會複製

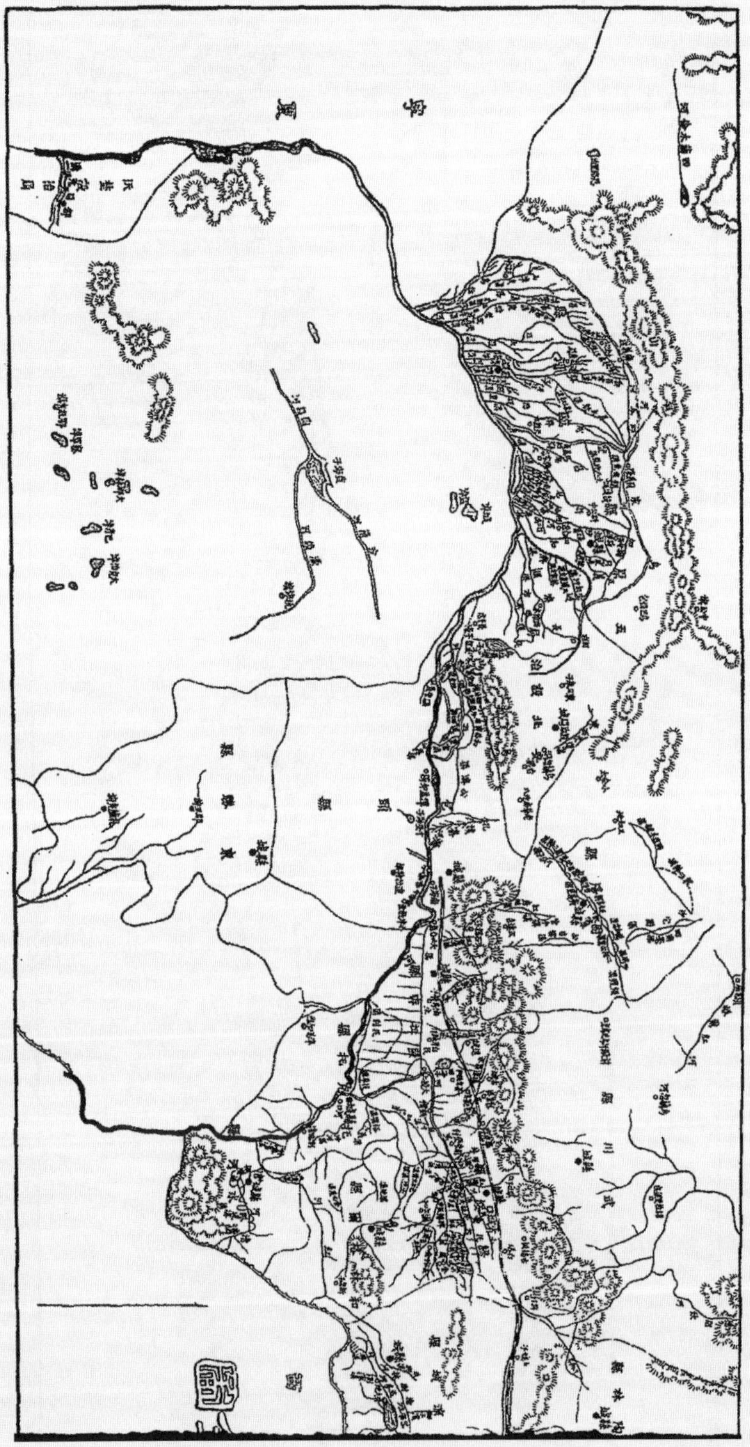

河水類別	高漲季節	高漲天數		
		最長	中常	最短
春水	清明前	十天	七天	三天
桃花水	谷雨前後	十五天	十天	七天
熱水	立夏前後	三十天	十五天	十天
伏水	夏至立秋	四十五天	三十天	二十天
秋水	立秋霜降	六十天	四十天	三十天
冬水	立冬前後	十天	六天	四天

水以伏水爲最佳，今年伏汛澆過，至秋將餘水放出收凍，次年地氣一開，酥如鷄糞，僅耙一次，即可播種撒籽。此種地可種麥、莜麥、豌豆，工力省而收穫多，爲最好。秋水亦可澆地收凍，惟水質較伏水爲次，可種糜子、高粱、胡麻、菜蔬、黍子、莞豆、扁豆等。桃花水可種糜子。熱水可種小麥、糜子、山藥。春水，無人肯用，因水質帶鹹性之故。冬水亦然。惟冬水上結厚冰，用以拉渠，勝於修挖。農事均有定時，青苗缺水則死，故澆水先後，關係收獲甚鉅，狡猾之徒，或則私自放水，或設閘激水，故有澆水定章，章由管理局與各渠水利社以各渠情形而定，其通例有如建廳所頒之管理局包西各渠水利章程第十

條所規定者。各渠灌水章程，由管理局會同各公社分別各渠實地情形及習慣斟酌規定，呈核實行，其大綱如左：

(甲)各渠澆水辦法，以使各渠民戶得享平均的水利爲原則。

(乙)各渠向係平口各民戶不得築閘壩，倘非閘壩不能澆地者，必須事先察看水勢，商允請准，但以不妨他人水利爲限度。

(丙)各渠澆使春熱伏秋冬等水，應分別照向章習慣，口輪梢梢輪口，依次輪流澆水，不得紊亂。

(丁)各渠之水，須先儘青苗地澆灌，俟澆畢方准依次輪澆其他未種各地。

(戊)各渠之水有餘，照曩例彼此代澆，以收互助之益，但絕對的禁止私擅賣放。

(己)各渠使水須限以一定之次序及日期，不得逾越，或私自開放渠口。

(五)排渠工作概況

河套各渠每歲須修挖，蓋河水混濁，而各渠又多不暢，水挾泥沙，淤滯渠道，故必年修而後可也。普通排渠工作，冬季多在壩圪梁上有水區域，則多在陽歷五月左右，排渠時將渠分作若干段，每段長約六七十丈，派工人一班，約六十人，而設工頭、測丈夫、司賬、廚夫等，由水利公社派人監督修理；排掘工程，有土坑土方之別，土坑者係濬深之謂；土方者係築高之謂。又有背坑、半背半丟、全丟之別；背坑者，完全用斗（謂之背斗）背土於渠背；半背半丢者，先用鍬搬土於渠之旱台，再用斗背之；全丢者，僅用鍬撇土於渠外。工價按土方計算，每一百立方尺爲一方（即是方一丈深一尺）需工價大洋約三角；並由社發給每人每日小米一升及皮煙火柴等，俟工竣後，由工價內扣除買價；但通常此等煙茶價洋一角，則扣除工價或將三角，此肥則由水利社經理吞食，而分肥於社內同人及工頭等，積久成習而亦未易改除；倘不由此等位居資產階級之經理經理渠工，則此項煙茶油米之墊發，爲數甚鉅，頗難負擔得起也。

（六）渠道概況

渠道有幹渠，枝渠子渠之別，以幹通枝，以枝通子，勢成一局。幹者，其渠口密接黃河，係全渠之主流；其由主流枝出者爲枝渠；由枝旁出者爲子渠；是以渠道之利，首在幹之暢流，而幹之能否暢流，實關地勢渠工退水等問題甚大。

河套地勢，未經科學勘測，昔人開渠，多靠經驗與估計，以定渠道之走向；且河身在南，勢須就南引水，是以今日各渠皆自南趨北，或自西南趨東北，然此種情形，實未可遽謂地勢必如是也。河套地面斜度，係自西傾東，自北傾南，五原以東，則中低而南北稍高，東南方面亦漸遠漸高，以迄烏拉山山麓；故各渠水流，自口至梢，係逆勢上行，水之入渠，全賴水流擁擠之力，有如海潮擁擠之入於江河，固非順地勢引導也。　各渠之身，因就水性下流灌漑田地之故，必擇地勢較高之地；然全渠經流地域既廣，延長或至百里，則難擇適宜地段；若過於灣曲以就地勢，則引水之勢雖順，而用水一有不愼，則立有決口之患；若渠身中段稍低，亦易泛濫，謂之腰軟，故渠背務須加厚，方克有濟。　渠身之長寬深度因渠而異，惟均須有一定比例；蓋渠長，則澆地用水多，渠身亦當稍寬，使水流可以擁擠通梢。　至於深度，尤須就全渠地勢爲比例測準坡度，方可免淤塞不通或泛濫四溢也。　渠背之闊狹，各渠多無一定，兩岸之建造方法，普通只用泥土堆砌，亦有以荆棘根合土爲之，以防水之衝刷者。　各渠引水之方法，有用「倒漾水」者，卽渠口並不直接河身，而係背流東向，俟河水經過迴流一次，然後入渠是也。　有用「套水」者，卽就水流屈曲之處開口，則河身不至太大，便於引導是也。　亦有用迎水壩迎阻水流使擁擠入渠者。　大都因渠而異，各有利弊，用「倒漾水」者，可免塡塞之弊；若河水暴漲，則不免仍有閉塞。　用「套水」者，原係恐河水太大，不克引導，然黄河水流，常時遷徙，渠口難常適用，且河水低落，則引水亦殊困難。　用壩阻水者，較合科學原理，然築壩於河，殊屬困難，壩後流緩沙沉，易成淤灘；現今永濟渠用倒漾水，長濟設迎水壩，因永濟渠口位於上游，水勢較旺，愈東則水位愈低，如義和通濟諸渠，來源既下，不能挨之使上，再東至於長濟，水位更低，非設迎水壩，不能引水矣。　至於退水問題，各渠自有退水道者甚少，各大渠多靠黄河故道五加河爲尾閭，故五加河不啻各渠之總幹，但五加河多半淤塞，下游並已淤斷，不復與大河通；近來改革包西水利之議，多提及修濬五加河，其目的或係以五加河爲總水渠，而以現在各渠爲支流，使渠水沿今日各渠，注於大河；或則仍以五加河爲退水路，而特注重退水之迅捷，期可以補救今日渠道淤塞之弊歟？

河套幹渠較大者十一：曰永濟、剛濟、豐濟、沙河、義和、通濟、長濟、塔布、黃土拉亥、楊家河、民復。除楊家河之外，十幹渠盡屬公有，各組水利公社。（剛濟無獨立之水利社，由永濟社兼管）其概況如左表：

項別 / 渠別	在某縣境	長度（里）	平均寬度（丈）	平均深度（尺）	灌溉面積（頃） 潦年 總數	潦年 每里灌域	常年 總數	常年 每里灌域	旱年 總數	旱年 每里灌域
永濟	臨河	一五〇	八	六	六、〇〇〇	四〇・〇	三、〇〇〇	二〇・〇	一、〇〇〇	六・六七
剛濟	臨河	一三〇	三	三	五〇〇	三・八五	三〇〇	二・三一	一〇〇	〇・七七
豐濟	臨河五原	七三	四	四	二、〇〇〇	二七・四	一、〇〇〇	一三・七〇	五〇〇	六・八五
沙河	五原	八三	四	四	一、五〇〇	一八・〇七	六〇〇	七・二三	二〇〇	二・四一
義和	五原	九〇	四	四	二、〇〇〇	二二・二二	一、〇〇〇	一一・一一	三〇〇	三・三三

通濟	五原安北	一一四	三	三	一、二〇〇	一〇·五三	五〇〇	四·三八	二〇〇	一·七五
長濟	五原安北	一三〇	三	四	一、五〇〇	一一·五四	八〇〇	六·一五	三五〇	二·六九
塔布	五原安北	一二〇	三	三	一、二〇〇	一〇·〇〇	五〇〇	四·一七	一五〇	一·二五
黃土拉亥	臨河	一四五	四	三	五、〇〇〇	三四·四八	二、五〇〇	一七·二四	一、〇〇〇	六·九〇
楊家河	臨河	一六〇	五	四	四、〇〇〇	二五·〇〇	二、五〇〇	一五·六三	六〇〇	三·七五
民復	安北	五五	二	三	八〇〇	一四·五四	四五〇	八·一八	二五〇	四·五四

十一大渠外所有各小渠，盡屬私有。其概況如左表：

包西各渠水利管理局所轄私有各幹渠情況一覽表

項別／渠別	地點	長度（里）	平均寬度（丈）	平均深度（尺）	灌溉面積（頃）總數	灌溉面積（頃）每里澆城
三大股	臨河千古廟灘	二〇	二〇	三〇	二〇〇	一〇·〇〇
色爾宿亥	臨河永濟渠西	二〇	一〇	二〇	一〇〇	五·〇〇
藍鎖	臨河南鎖地	五〇	二〇	三〇	一、〇〇〇	二〇·〇〇

秀華堂	臨河永濟渠口東	一〇	一〇	二〇	五〇	五·〇〇
魏羊	臨河魏羊地	一〇	一〇	二〇	一〇〇	一〇·〇〇
強家	臨河強油房	二〇	二〇	三〇	一〇〇	五·〇〇
天德源	臨河張家廟灘	三〇	一〇	二〇	一〇〇	三·三三
土昧地	臨河土昧地	三〇	二〇	三〇	五〇〇	一六·六七
馬廠地	臨河土昧地東	八	一〇	二〇	三〇	三·七五
戶口地	臨河土昧地東	八	一〇	二〇	三〇	三·七五
德成	臨河張家廟灘	二〇	一〇	二〇	一〇〇	五·〇〇
春厚生	臨河劉三地	二〇	二〇	三〇	一〇〇	五·〇〇
同興德	臨河麻迷兔東	二〇	一〇	二〇	五〇	二·五〇
長青牛	臨河麻迷兔東	一〇	一〇	二〇	一〇	一·〇〇
廠汗淖	臨河廠汗淖	一〇	一〇	二〇	一〇	一·〇〇
舊皂火	五原常興堂十拉特拉一帶	四〇	二〇	三〇	一〇〇	二·五〇
新皂火	五原常興堂十拉特拉一帶	五〇	二〇	三〇	二〇〇	四·〇〇
熊蔦庫	臨河大喧子一帶	二〇	一〇	二〇	三〇	一·五〇

黃家	五原郞家地一帶	三〇	二〇	三〇	一〇〇	三·三三
存厚堂	五原郞家地	一〇	一〇	二〇	二〇〇	二〇·〇〇
哈拉烏素	五原哈拉烏素	一〇	一〇	二〇	一〇〇	一〇·〇〇
阿善	五原阿善地	二〇	二〇	二〇	一〇〇	五·〇〇
十大股	五原阿善渠東	一〇	一〇	二〇	三〇	三·〇〇
同興堂	五原同興堂地	一〇	一〇	二〇	五〇	五·〇〇
李樹林	五原梅林圪卜	一〇	一〇	二〇	五〇	五·〇〇
合少宮中	安北合少公中逹旗地	四〇	二〇	二〇	一〇〇	二·五〇
杭蓋	安北鹽淖一帶杭蓋地	二〇	一〇	二〇	五〇	二·五〇
與祥	安北七蓋毛幼女子地一帶	二〇	一〇	二〇	五〇	二·五〇
王留子壕	安北西山咀	二〇	六〇	五〇	一〇〇	五〇·〇〇
烏加河各幹渠退水	沿狼山入烏梁素海子	一〇	二〇	四〇	一〇〇	一〇·〇〇

綏遠包西各渠水利管理局歷年文青實地總數比較表

年別	水租地	水租經費地	總數	增	減	備考
民國十四年份	二千頃	三千一百三十四頃二十五畝八分三釐	五千一百三十四頃二十五畝八分三釐			查十四年以前勘丈地畝，墾務總局無案可稽，本年水租仍按以前商包臨定數核收。自十四年秋後經包西水利總局入幹渠收歸官轄，各私渠經費統一準據。
民國十五年份	八百三十五頃一十三畝八分五釐	三千零七頃五十八畝一分五釐	三千八百四十二頃七十二畝		較上年減一千二百九十一頃五十三畝八分三釐	
民國十六年份	六百五十一頃七十四畝三分四釐	五千零五十八頃五十二畝三分二釐	五千七百一十頃零二十六畝六分六釐	較上年增一千八百六十七頃五十四畝六分六釐		查本年增數，因黃土拉亥三湖灣中灘各渠，收歸官有，故多勘丈一千八百餘頃。
民國十七年份	八百零四頃二十一畝九分六釐	四千六百五十八頃五十四畝零八釐	五千四百六十二頃七十六畝零四釐		較上年減二百四十七頃五十畝零六分二釐	由本年份各社設立水利公社，以官督民修，上半年由墾務總局渠利科管轄，下半年改歸墾務五分局兼辦。
民國十八年份	七百零四頃五十三畝二分七釐	六千七百四十五頃七十九畝四分一釐	七千四百五十頃零三十二畝六分八釐	較上年增一千九百八十七頃五十六畝六分四釐		成立水利管理局，各社即歸水利局管理
民國十九年份	八百三十頃零六十二畝四分	七千二百二十七頃六十六畝四分六釐	八千零五十八頃二十八畝八分六釐	較上年增六百零七頃九十六畝一分八釐		
民國二十年份	八百九十四頃六十七畝零五釐	七千五百七十五頃五十七畝六分八釐	八千四百七十頃二十四畝七分三釐	較上年增四百一十一頃九十五畝八分七釐		
民國二十一年份	三百零四頃二十七畝三分五釐	六千五百七十頃零二十七畝四分六釐	六千八百七十四頃五十四畝八分一釐		較上年減一千五百九十五頃六十九畝九分二釐	

(甲)公有各渠概況

(一)永濟渠　永濟原名纏金渠，係地商永盛興、錦和成等號，於道光五年所開。自黃河起，東北行，經五大股、臨河城西、李三渡口、公中廟、存發公等處至五加河止，幹渠長百五十里。共有支渠六道：曰樂善堂渠、西大渠（亦名永字渠，）中支渠（亦名遠字渠，）舊東渠（亦名流字渠，）新東渠、東梢渠。樂善堂渠，長約四千八百餘丈。西大渠，長約三千三百丈。中支渠，長約四千三百餘丈。舊東渠，長八千八百丈。新東渠，長六千二百丈。東梢渠長六千餘丈。幹渠自口至樂善堂渠，長約百里，寬十二三丈，深一丈餘。樂善堂渠以下，寬七八丈，深亦及丈。存發公以下，寬四五丈，深四五尺。渠口在背流東向處，故經迴流一次，水方可入渠，俗稱「倒漾水。」渠身上游坡度適中，故少東塌西陷之患，兩岸隄堰不高，隨處可開支渠。樂善渠口以下，支渠加多，正渠之水量少，故渠身亦略小。至於公中廟，渠腰太軟，時有決口之虞，遍野蘆塘，頗爲渠害，蓋其地爲山東移墾社及實業基金地，無人切實經營故也。過公中廟後，渠身仍屈曲得勢；下至新東渠東分流處，渠水高而地低，水流漫溢，亦多遺患。正梢自高同世橋以達五加河一段，淤塞處頗多，退水困難。按後套各渠中，以永濟爲容量最大，水勢最旺，或謂每歲可灌田二萬頃；但現今灌溉所及者，不過六千頃，供過於需，故氾濫也。近年剛濟上游不暢，因增設支渠與永濟溝通，既可補剛濟之不足，又減永濟之有餘。此項支渠名：（一）永盛利渠，（二）永剛渠，（三）新永剛渠。

（二）剛濟渠　剛濟渠原爲地商賀清開濬，股份衆多，支渠縱橫，渠身長可百三十里。自黃河起，經劉三地、孟玉子橋、三岔口、烏蘭買圪素、復隆昌、色蓋，以達烏𣛮古琴出梢。有新舊二口，均曾由王同春經營。支渠凡十餘道，（一）永盛利、（二）張存梅、（三）高士均、（四）周大存娃、（五）張樞林、（六）陳雙中、(七)永厚成、(八)烏槐補隆、(九)同元成、(十)李萬福、(十一)韓鉞、(十二)呂三、(十三)白言太、(十四)王步來、(十五)康福祥、長者五千餘丈短者千餘丈各有子渠。 然幹渠上游曲折甚多水流經若干沙山，以達平地凡七十里方能灌地；而流量原卽不大行數十里卽難上水；且地高水低，故上游實無存在之價值，自十一二年以來，漸行湮廢，近歸永濟社管理，引永濟餘水，以溝通下游，始略見水利。

(三)豐濟渠 豐濟渠乃清光緒年間地商王同春韓鉞等合資開挖，計費銀七萬餘兩，由黃家灣開口，引黃河水，東北流經劉三地、天吉泰橋、馬廠地、夾拉水道、白來圪卜、五分子橋、協成橋等處入五加河，計長九十里，口寬六丈，深八尺，梢寬二丈七八尺，深四尺餘，大小支渠凡二十三。

綏遠五原縣豐濟渠水利公社所屬兩面各支渠調查表（二十一年七月填）

名稱	修鑿之時間及工款來源額數	長寬深度及其流量之大小	所灌村落	支渠數目	備考
渠東元會辦渠	前清宣統元年自行籌款約計千餘元	長九百丈寬八尺深三尺流量足用	五原二十四村	第一支渠	
渠東交界渠	民國十八年自行籌款約計千餘元	長一千二百丈寬一丈三尺流量足	五原二十三村	第二支渠	
渠東勞桃氣渠	民國十八年自行籌款約計千餘元	長九百丈寬八尺深三尺流量足	五原二十三村	第三支渠	
東渠寮汗淖渠	民國十六年自行籌款約計二千餘元	長一千八百丈寬八尺深二尺流量足	五原十九村	第四支渠	

渠名	墊款	尺寸流量	所在地	支渠	
渠東 楊二禿渠	民國十四年自行墊款約計四千餘元	長三千六百丈寬一丈二尺深三尺流量足	五原十九村	第五支渠	
渠東 刀浪召渠	民國十八年由社墊款約計九百餘元	長二千四百丈寬丈二尺深三尺流量足	五原二十三村	第六支渠	
渠東 改蘭淖渠	民國十五年自行墊款二千餘元	長二千四百丈寬丈二尺深三尺流量足	五原二十三村	第七支渠	
渠東 桃兒虎渠	前清宣統二年自行墊款約計七千餘元	長五千四百丈寬一丈六尺深三尺流量足	五原二十三村	第八支渠	
渠東 五分子渠	民國十九年自行墊款約計千餘元	長九百丈寬六尺深三尺流量足	五原二十三村	第九支渠	
渠東 十八圪兎渠	民國八年自行墊款一萬五千元	長一萬八千丈寬二丈四尺深四尺流量足	五原六十八二十二村	第十支渠	
渠東 鐵馬什拉渠	民國十七年由公私各半墊款七百餘元	長一千八百丈寬一丈深三尺流量足	五原二十三村	第十一支渠	
渠東 公中渠	民國八年自行墊款約計千餘元	長九百丈寬八尺深二尺流量足	五原二十二村	第十二支渠	
渠東 銀定兎渠	前清宣統元年自行墊款約計七千餘元	長五千四百丈寬一丈六尺深四尺流量足	五原二十二村	第十三支渠	
渠東 安師爺渠	民國十七年由公私各半墊款約計一千餘元	長一千二百丈寬一丈深三尺流量足	五原二十二村	第十四支渠	
渠東 秦七圪旦渠	民國十年自行墊款約計千餘元	長九百丈寬八尺深三尺流量足	五原二十二村	第十五支渠	
渠西 寮汗包渠	民國十四年自行墊款約計千餘元	長一千二百丈寬八尺深二尺流量足	臨河洋行地	第十六支渠	
渠西 二合永渠	民國十六年自行墊款約計一千六百餘元	長一千四百丈寬八尺深三尺流量足	五原二十三村	第十七支渠	
渠西 甲浪水道渠	民國十六年自行墊款約計八九百元	長七百丈寬八尺深三尺流量足	五原二十三村	第十八支渠	
渠西 馬廠地渠	民國十六年自行墊款約計二千餘元	長一千八百丈寬八尺深三尺流量足	五原二十三村	第十九支渠	

渠西白來渠	民國十六年自行墊款約計千餘元	長九百丈寬八尺深三尺流量足	五原二十三村	第二十支渠
渠西韓威鳳渠	民國十六年自行墊款約計千餘元	長九百丈寬八尺深三尺流量足	五原二十三村	第二十一支渠
渠西七股地渠	民國二十年自行款墊一千七百餘元	長二千四百丈寬一丈深三尺流量足	臨河第四村	第二十二支渠
渠西補隆渠	民國十六年自行墊款一千餘元	長一千四百丈寬八尺深三尺流量足	五原二十二村	第二十三支渠

統計可灌田七百餘頃，常年均有水可澆。按豐濟渠渠水暢旺，現所灌地僅用流量十分之五六，餘水氾濫爲害；蓋款項支絀，渠梢未能劈寬，致流不能暢故也。支渠中什八圪兔渠，向東行與沙河渠梢交叉，尚可略分水勢，中段夾拉水道五分子橋處，有腰軟之弊；近將渠背加高，已少淹沒之虞矣。

（四）沙河渠　沙河渠係光緒十五年王同春開挖，自五原西南鄉惠德成黃河北岸起，東北行經五原縣中部，過梅令廟入五加河，計長八十三里餘。口寬四丈，深六尺，梢寬三尺，大小支渠凡七十餘道。其概況如下：錦繡堂支渠修竣三十餘年，長十五里，寬一丈二尺，深四尺，灌第二村。王工頭支渠修竣二十餘年，長七里，寬一丈二尺，深四尺，灌第二村。呂二支渠，修竣二十八年，長三里，寬一丈，深三尺，灌第二村。成起堂支渠修竣二十二年，長一里，寬八尺，深三尺，灌第二村。塔備壕支渠，修竣二十五年，長十五里，寬一丈二尺，深四尺，灌第二村。柴生花支渠，修竣二十餘年，長五里，寬八尺，深三尺，灌第二村。龍文堂支渠修竣二十二年，長三里，寬一丈，深三尺，灌第二村。張大櫃支渠修竣二十五年，長十七里，寬一丈，深三尺，灌第三村。李官爾支渠，修竣二十餘年，長六里，寬一丈二尺，深三尺，灌第三村。譚櫃支渠，修竣三十餘年，長二里，寬八尺，深三尺，灌第三村。六合支渠，修竣三十餘年，長二里，寬八尺，深三尺，灌第三村。楊五支渠，修竣三十餘年，長二里，寬八尺，深三尺，灌第三村。黑界支渠，修竣三十餘年，長二里，寬八尺，深三尺，灌第三村。張腮加支渠，修竣十一年，長三里，寬八尺，深三尺，灌第三村。南牛犢支渠，修竣二十三年，長六里，寬八尺，深四尺，灌第三村。五大股支渠，修竣十四年，長十五里，寬一丈，深四尺，灌第三村。長工支渠，修竣二十餘年，長七里，寬八尺，深三尺，灌第四村。鴨子兎支渠，修竣二十八年，長二里，寬八尺，深二尺，灌第四村。警務長支渠，修竣五年，長八里，寬一丈，深三尺，灌第四村。花生支渠，修竣十三年，長四里，寬八尺，深三尺，灌第四村。劉會長支渠，修竣四年，長四里，寬八尺，深三尺，灌第四村。補紅支渠，修竣三十餘年，長十六里，寬八尺，深三尺，灌第四村。劉德奎支渠，修竣四年，長七里，寬六尺，深三尺，灌第四村。三和公支渠，修竣三十年，長二里，寬八尺，深三尺，灌第四村。三櫃圪旦支渠，修竣三十四年，長二里，寬八尺，深三尺，灌第四村。和尚圪堵支渠，修竣三十餘年，長三里，寬八尺，深三尺，灌第四村。趙二鎮支渠，修竣七年，長二里，寬八尺，深三尺，灌第五村。洋人渠支渠，修竣三十餘年，長七里，寬一丈，深四尺，由公家籌款，灌第六村。梅令廟支渠，修竣三十餘年，長三里，寬八尺，深三尺，灌第六村。人字支渠，修竣三十年，長三里，寬一丈，深三尺，灌第六村。和會支渠，修竣二十餘年，長十五里，寬一丈二尺，深二尺，灌第五村。魏九如支渠，修竣十二年，長七里，寬七尺，深四尺，灌第五村。楊潤支渠，修竣十三年，長八里，寬一丈，深三尺，灌第五村。郝羊拴支渠，修竣十年，長二里，寬八尺，深三尺，灌第五村。王擺言支渠，修竣七年，長二里，寬八尺，深三尺，灌第五村。王建寅支渠，修竣五年，長二里，寬八尺，深三尺，灌第五村。電報局支渠，修竣十二年，長五里，寬八尺，深三尺，灌第五村。劉二慶支渠，修竣十二年，長二里，寬八尺，深三尺，灌第五村。劉長支渠，修竣十二年，長十二里，寬八尺，深三尺，灌第五村。同義隆支渠，修竣二十年，長十五里，寬一丈五尺，深三尺，由公家籌款，灌第五村。

統計上述各支渠，可灌田五百頃，（全渠流經地可千五百頃，因渠久失修，現能灌及者僅四五百頃，）僅可於夏秋兩季澆水，即青苗澆一次，秋後莊地再澆一次已耳。蓋大河水落，渠道淤塞，非深加洗挖，難望水暢也。

附記：（一）上文所述支渠，均通幹渠至所屬支渠數目，無詳確調查。（二）沙河渠支渠計共七十餘道，上文共列四十道，係就較大者列之。（三）上文所列各支渠，係就上游依次敍述。（四）上述各支渠，除洋人渠同義隆渠外，均係由所在地花戶自行籌款修整，其工款數目，無確實考查。

（五）通濟渠 通濟渠原名老郭河，係同治初年四川老郭名大義者所開。至光緒二十年，經其子郭敏修承父志糾同史老虎、萬太公、李達元等完成之，故又名四大股渠。係自西土城黃河岸開口，東北行經德原成，迄燕安和橋，長八十里；又東北行經板旦村而入長濟渠，轉五加河，長三十里，係郭敏修獨立所建；故又名五大股渠，計費銀三萬兩。光緒三十年墾務放地，公家備銀七萬兩贖歸公有，始組社經營。全長一百一十里，寬三丈四五尺，深五尺，支渠共計大小一百四十二道，惟黃河南邊，水勢不旺，且經灌田公社包租後，廢壞更甚，灌田無定時，總以河水高漲平口即滿也。

第一支渠，楊鋤勾於民國初年自工修築，長一里，寬三丈，深三尺，流全渠百分之一，灌楊鋤勾圪旦村。

第二支渠，王田亭於民國九年自工修築，長二里，寬六丈，深三尺，流全渠百分之一，灌李小圪卜地。

第三支渠，孔九成於民國九年自工修築，長二里，寬六丈，深三尺，流全渠百分之一，灌大北淖村。

第四支渠，趙喜元於民國二十一年自工修築，長十一里，寬一丈，深五尺，流全渠百分之一，灌人頭樹村。

第五支渠，務殖堂於光緒十九年墾務局出銀六千兩開鑿，長十五里，寬三丈，深五尺，流幹渠全部，灌公義社地，一丈子渠有三道。

第六支渠，韓世旺於民國十五年自工修築，長十里，寬八尺，深三尺，流幹渠百分之二，灌辛二圪堵地，有支渠四道。

第七支渠，陳善忠於民國六年自工修築，長十里，寬八尺，深四尺，流幹渠百分之二，灌四虎娃圪旦地，有支渠二道。

第八支渠，蔡家渠於前清光緒初年由包戶蔡景榮出銀萬兩修鑿，長三十五里，寬一丈四尺，深五尺，流幹渠十分之三，灌蔡家地與白家地，有支渠二十道。

第九支渠，彭化舫於民國初年自工修築，長四里，寬八尺，深四尺，流幹渠百分之二，灌德厚成村，有支渠三道。

第十支渠，彭化舫於民國初年自工修築，長五里，寬一丈，深五尺，流幹渠百分之五，灌德厚成村，有支渠五道。

第十一支渠，彭化舫於民國初年自工修築，長二里，寬六尺，深三尺，流全幹渠百分之一，灌德厚成村，有支渠二道。

第十二支渠，彭化舫於民國初年自工修築，長二里，寬六尺，深三尺，流全幹渠百分之一，灌德厚成村，有支渠三道。

第十三支渠，興盛成於民國初年自工修築，長四里，寬六尺，深三尺，流幹渠百分之一，灌興盛成地，有支渠四道。

第十四支渠，魏三於民國九年自工修築，長四里，寬八尺，深四尺，流幹渠百分之三，灌弓步地，有支渠三道。

第十五支渠，孟王拴於民國九年自工修築，長四里，寬八尺，深四尺，流幹渠百分之三，灌弓步地，有支渠四道。

第十六支渠，白家渠於光緒二十二年自工修築，長五里，寬一丈，深五尺，流幹渠百分之五，灌白家地，有支渠八道。

第十七支渠，趙二於光緒二十三年自工修築，長四里，寬六尺，深三尺，流幹渠百分之一，灌白家地，有支渠三道。

第十八支渠，三成永南渠，於光緒初年包戸三成永出銀三千兩開鑿，長十一里，寬一丈，深五尺，流幹渠十分之一，灌白家地，有支渠十道。

第十九支渠，譚櫃渠，於民國九年自工修築，長五里，寬一丈，深五尺，流幹渠百分之五，灌大盛成村，有支渠三道。

第二十支渠，郭祥民國十七年自工修築，長二里，寬八尺，深四尺，流全渠百分之二，灌三尖村地，有支渠兩道。

第二十一支渠，譚櫃渠，民國九年自工修築，長二里，寬八尺，深四尺，流全渠百分之二，灌大盛成村地，有支渠三道。

第二十二支渠，吳有民，民國初年自工修築，長二里，寬三尺，流幹渠百分之一，灌三尖村地，有支渠兩道。

第二十三支渠，天益成，於光緒三十三年自工修築，長五里，寬八尺，深四尺，流全渠百分之二，灌白家地，有支渠三道。

第二十四支渠，三成永北渠，於光緒二十三年包戶三成永出銀千兩修築，長十一里，寬二丈，深五尺，流全渠十分之一，灌白家地，有支渠兩道。

第二十五支渠，燕聚海，於光緒三十三年自工修築，長二里，寬六尺，深四尺，流全渠百分之一，灌白家地，有支渠兩道。

第二十六支渠，呂二仁，於光緒三十三年自工修築，長二里，寬六尺，深三尺，流全渠百分之一，灌白家地，有支渠兩道。

第二十七支渠，天益成，於光緒三十三年自工修築，長五里，寬八尺，深四尺，流全渠百分之二，灌白家地，有支渠兩道。

第二十八支渠，白怡道於光緒十六年自工修築，長五里，寬一丈，深五尺，流全渠百分之五，灌白家地，有支渠三道。

第二十九支渠，白怡道於光緒三十三年自工修築，長八里，寬八尺，深四尺，流全渠百分之二，灌白家地，有支渠三道。

第三十支渠，白怡道於光緒三十三年自工修築，長八里，寬六尺，深三尺，流全渠百分之一，灌白家地，有支渠兩道。

第三十一支渠，白怡道於光緒三十三年自工修築，長八里，寬六尺，深三尺，流全渠百分之一，灌白家地，有支渠兩道。

第三十二支渠，鴻農永於民國十八年包戶白怡道出銀三千元開鑿，長二十里，寬一丈，深五尺，流全渠百分之八，灌什泥廟地，有支渠十道。

第三十三支渠，郭維權於光緒二十六年自工修築，長三里，寬八尺，深四尺，流全渠百分之一，灌什泥廟地，有支渠一道。

第三十四支渠，郭維權於光緒二十六年自工修築，長四里，寬八尺，深四尺，流全渠百分之二，灌什泥廟地，有支渠兩道。

第三十五支渠，郭維權於光緒二十五年自工修築，長二里，寬六尺，深二尺，流全渠百分之一，灌什泥廟地，有支渠兩道。

第三十六支渠，郭維權，與上同。

第三十七支渠，和小子於民國初年自工修築，長一里，寬六尺，深三尺，流全渠百分之一，灌燕安和橋村，有支渠一道。

第三十八支渠，田板頭於民國九年自工修築，長三里，寬八尺，深四尺，流全幹渠百分之二，灌燕安和橋村，有支渠一道。

第三十九支渠，靳三於民國九年自工修築，長二里，寬五尺，深三尺，流全渠百分之一，灌燕安和橋村，有支渠一道。

第四十支渠，李月明於民國初年自工修築，長二里，寬一丈，深三尺，流全渠百分之一，灌燕安和橋村，有支渠兩道。

第四十一支渠，黃腦楼於民國初年自工修築，長三里，寬一丈，深五尺，流全渠百分之五，灌燕安和橋村，有支渠兩道。

第四十二支渠，張二旦於民國九年自工修築，長二里，寬八尺，深四尺，流全渠百分之二，灌柳匠圪堵村，有支渠一道。

第四十三支渠，薄二保於民國初年自工修築，長一里，寬六尺，深三尺，流全渠百分之一，灌柳匠圪堵村，有支渠一道。

第四十四支渠，三和昌於民國初年自工修築，長三里，寬一丈，深五尺，流全渠百分之五，灌柳匠圪堵村。

第四十五支渠，張二旦於民國初年自工修築，長一里，寬五尺，深三尺，流全渠百分之五，灌柳匠圪堵村，有支渠一道。

第四十六支渠，保爾漢廟於光緒二十年包戶郭敏修出銀萬兩開鑿，長二十五里，寬三丈，深五尺，流幹渠全部，灌惠平長村與保爾漢廟村，有支渠十五道。

第四十七支渠，張六撓於民國九年自工修築，長二里，寬五尺，深二尺，流幹渠百分之一，灌惠平長村與保爾漢廟村，有支渠一道。

第四十八支渠，張四喇嘛於民國二年自工修築，長三里，寬五尺，深三尺，流幹渠百分之一，灌惠平長村與保爾漢廟村，有支渠一道。

第四十九支渠，柳匠圪堵於民國初年自工修築，長三里，寬八尺，深四尺，流幹渠百分之一，灌惠平長村與保爾漢廟村，有支渠兩道。

第五十支渠，大頭爾圪卜於民國九年自工修築，長四里，寬八尺，深四尺，流幹渠百分之二，灌大頭爾圪卜村，有支渠四道。

第五十一支渠，大頭爾圪卜於民國九年自工修築，長四里，寬四尺，深三尺，流全渠百分之一，灌大頭爾圪卜村，有支渠兩道。

第五十二支渠，大檻渠於光緒二十三年，李四祥出銀一千五百兩開鑿，長十里，寬一丈，深五尺，流全渠百分之五，灌王光照壕，有支渠十道。

第五十三支渠，袁成香於民國初年自工修築，長二里，寬六尺，深三尺，流全幹渠百分之一，灌王光照壕，有支渠兩道。

第五十四支渠，劉克治於民國初年自工修築，長三里，寬六尺，深三尺，流全幹渠百分之一，灌王光照壕，有支渠兩道。

第五十五支渠，大頭爾圪卜於民國初年自工修築，長三里，寬八尺，深四尺，流全幹渠百分之二，灌大頭爾圪卜村，有支渠三道。

第五十六支渠，大頭爾圪卜於民國初年自工修築，長三里，寬八尺，深三尺，流全幹渠百分之三，灌大頭爾圪卜村，有支渠三道。

第五十七支渠，霍報帶於民國十四年包戶白惟義出洋一千五百元修鑿，長五里，寬一丈，深五尺，流全幹渠百分之五，灌板旦村，有支渠五道。

第五十八支渠，楊三於民國九年自工修築，長三里，寬六尺，深三尺，流全幹渠百分之一，灌板旦村，有支渠兩道。

第五十九支渠，老和娃於民國初年自工修築，長一里，寬六尺，深三尺，流全渠百分之一，灌板旦村，有支渠一道。

第六十支渠，趙華林於民國初年自工修築，長一里，寬六尺，深三尺，流全渠百分之一，灌板旦村，有支渠兩道。

第六十一支渠，趙華林於民國初年自工修築，長一里，寬八尺，深四尺，流全渠百分之二，灌板旦村，有支渠三道。

第六十二支渠，惠豐長於光緒三十三年自工修築，長五里，寬一丈，深五尺，流全渠百分之一，灌板旦村，有支渠五道。

第六十三支渠，立耕堂於光緒二十三年自工修築，長四里，寬一丈，深五尺，灌板旦村，有支渠四道。

第六十四支渠，公積堂於光緒三十二年自工修築，長五里，寬一丈，深五尺，流全渠百分之五，灌板旦村，有支渠四道。

第六十五支渠，張進才於民國九年自工修築，長三里，寬六尺，深五尺，流全渠百分之一，灌張進才圪旦村，有支渠兩道。

第六十六支渠，王疤子於民國九年自工修築，長二里，寬六尺，深三尺，流全渠百分之一，灌張進才圪旦村，有支渠兩道。

第六十七支渠，王疤子於民國九年自工修築，長二里，寬六尺，深三尺，流全渠百分之一，灌張進才圪旦村，有支渠兩道。

第六十八支渠，公積堂於光緒二十八年自工修築，長四里，寬八尺，深四尺，流全渠百分之二，灌劉蛇圪旦村，有支渠兩道。

第六十九支渠，農業堂於光緒二十八年自工修築，長五里，寬一丈，深五尺，流全幹渠百分之五，灌劉蛇圪旦村，有支渠五道。

第七十支渠，農業堂於光緒二十八年自工修築，長五里，寬八尺，深四尺，流全渠百分之二，灌劉蛇圪旦村，有支渠兩道。

第七十一支渠，霍報帶係天然渠壕未加工修，長三里，寬三尺，深三尺，流全幹渠一部，灌楊三橋村，有支渠五道。

第七十二支渠，甘永泉於民國初年自工修築，長三里，寬八尺，深四尺，流全幹渠百分之二，灌板旦村，有支渠兩道。

第七十三支渠，樊亮於民國初年自工修築，長三里，寬八尺，深四尺，流全幹渠百分之二，灌板旦村，有支渠兩道。

第七十四支渠，樊外撓於民國初年自工修築，長三里，寬六尺，深三尺，流全幹渠百分之一，灌板旦村，有支渠一道。

第七十五支渠，寧遠堂於光緒二十八年自工修築，長二里，寬八尺，深四尺，流全幹渠百分之二，灌板旦村，有支渠兩道。

第七十六支渠，六分子於光緒二十五年郭敏修出銀三千兩開鑿，長十五里，寬一丈二尺，深五尺，流全幹渠十分之三。灌六分子村，有支渠二十五道。

第七十七支渠，郭維權於光緒二十五年自工修築，長三里，寬六尺，深三尺，流全幹渠百分之一，灌六分子村，有支渠兩道。

第七十八支渠，郭維權於光緒二十五年自工修築，長二里，寬八尺，深四尺，流全幹渠百分之二，灌六分子村，有支渠一道。

第七十九支渠，郭維權於光緒二十五年自工修築，長二里，寬六尺，深三尺，流全幹渠百分之一，灌六分子村，有支渠一道。

第八十支渠，郭維權於光緒二十五年自工修築，長二里，寬八尺，深四尺，流全幹渠百分之一，灌六分子村，有支渠一道。

第八十一支渠，郭維權於光緒二十五年自工修築，長二里，寬八尺，深四尺，流全幹渠百分之一，灌六分子村，有支渠兩道。

第八十二支渠，郭維權於光緒二十五年自工修築，長二里，寬八尺，深四尺，流全幹渠百分之一，灌六分子村，有支渠兩道。

第八十三支渠，郭維權於光緒二十五年自工修築，長二里，寬六尺，深三尺，流全幹渠百分之一，灌六分子村，有支渠一道。

第八十四支渠，郭維權於光緒二十五年自工修築，長二里，寬八尺，深四尺，流全幹渠百分之一，灌六分子村，有支渠一道。
第八十五支渠，德厚堂於光緒二十五年自工修築，長五里，寬一丈，深五尺，流全幹渠百分之五，灌
六分子村，有支渠兩道。
第八十六支渠，德厚堂於光緒二十五年自工修築，長五里，寬八尺，深四尺，流全幹渠百分之二，灌
六分子村，有支渠三道。
第八十七支渠，天聚公於光緒二十五年自工修築，長三里，寬八尺，深四尺，流全幹渠百分之二，灌
六分子村，有支渠兩道。
第八十八支渠，薄鍾祿於光緒二十五年自工修鑿，長三里，寬八尺，深四尺，流全幹渠百分之二，灌
六分子村，有支渠三道。
第八十九支渠，薄鍾祿於光緒二十五年自工修築，長二里，寬六尺，深三尺，流全幹渠百分之一，灌
六分子村，有支渠一道。
第九十支渠，薄鍾祿於光緒二十五年自工修築，長二里，寬六尺，深四尺，流全幹渠百分之一，灌六
分子村，有支渠一道。
第九十一支渠，郭滿勳於光緒三十三年自工修築，長二里，寬六尺，深二尺，流全幹渠百分之一，灌

六分子村，有支渠一道。

第九十二支渠，杜富成於光緒三十三年自工修築，長三里，寬六尺，深三尺，流全渠百分之一，灌六分子村，有支渠一道。

第九十三支渠，致中和於光緒三十三年自工修築，長三里，寬一丈，深五尺，流全幹渠百分之五，灌六分子村，有支渠一道。

第九十四支渠，張海堂於光緒三十三年自工修築，長一里，寬六尺，深三尺，流全幹渠百分之一，灌六分子村，無支渠。

第九十五支渠，致中和於光緒三十三年自工修築，長三里，寬一丈，深五尺，流全幹渠百分之五，灌六分子村，有支渠四道。

第九十六支渠，致中和於光緒三十三年自工修築，長三里，寬八尺，深四尺，流全渠百分之二，灌五道口子，有支渠兩道。

第九十七支渠，致中和於光緒三十三年自工修築，長三里，寬八尺，深四尺，流全渠百分之二，灌五道口子，有支渠兩道。

第九十八支渠，致中和於光緒三十三年自工修築，長三里，寬八尺，深四尺，流全渠百分之二，灌五道口子，有支渠兩道。

第九十九支渠，致中和於光緒三十三年自工修築，長三里，寬一丈，深五尺，流全幹渠百分之五，灌五道口子，有支渠三道。

第一百支渠，致中和於光緒三十三年自工修築長三里，寬八尺，深四尺，流全幹渠百分之二，灌五道口子，有支渠兩道。

第一百零一支渠，致中和於光緒三十三年自工修築，長三里，寬一丈，深五尺，流全幹渠百分之五，灌五道口子，有支渠兩道。

第一百零二支渠，致中和於光緒三十三年自工修築，長三里，寬八尺，深四尺，流全幹渠百分之二，灌五道口子，有支渠兩道。

第一百零三支渠，致中和於光緒三十三年自工修築，長二里，寬一丈，深五尺，流全幹渠百分之五，灌五道口子，有支渠三道。

第一百零四支渠，致中和於光緒三十三年自工修築，長二里，寬一丈，深五尺，流全幹渠百分之五。灌五道口子，有支渠三道。

第一百零五支渠，哈拉卜爾洞，於民國初年自工修築，長一里，寬一丈，深五尺，流全幹渠百分之五，灌哈拉卜爾洞村，有支渠一道。

第一百零六支渠，哈拉卜爾洞於民國初年自工修築，長一里，寬一丈，深五尺，流全幹渠百分之五，灌哈拉卜爾洞村。

第一百零七支渠，哈拉卜爾洞於民國初年自工修築，長一里，寬一丈，深五尺，流全幹渠百分之五，灌哈拉卜爾洞村。

第一百零八支渠，張進才於民國初年自工修築，長二里，寬六尺，深三尺，流全渠百分之一，灌哈拉卜爾洞村，有支渠一道。

第一百零九支渠，李三旦於民國初年自工修築，長一里，寬六尺，深三尺，流全幹渠百分之一，灌哈拉卜爾洞村。

第一百一十支渠，高八斤於民國初年自工修築，長一里，寬六尺，深三尺，流全幹渠百分之一，灌哈拉卜爾洞村，有支渠一道。

第一百一十一支渠，樊根枝於民國初年自工修築，長二里，寬八尺，深四尺，流全幹渠百分之二，灌哈拉卜爾洞村，有支渠一道。

第一百一十二支渠，楊滿倉於民國初年自工修築，長二里，寬一丈，深五尺，流全幹渠百分之五，灌哈拉卜爾洞村，有支渠兩道。

第一百一十三支渠，三黄保於民國初年自工修築，長一里，寬六尺，深五尺，流全幹渠百分之一，灌三黄保圪堵村，有支渠一道。

第一百一十四支渠，劉板四，於民國初年自工修築，長二里，寬六尺，深三尺，流全幹渠百分之一，灌三黄保圪堵村，有支渠一道。

第一百一十五支渠，灌田社，於民國十三年自工修築，長二里，寬八尺，深四尺，流全幹渠百分之二，灌王光正壕，有支渠兩道。

第一百一十六支渠，陳三和於民國十三年自工修築，長一里，寬六尺，深三尺，流全幹渠百分之二，灌王光正壕，有支渠二道。

第一百一十七支渠，霍報帶於民國初年自工修築，長二里，寬一丈，深五尺，流全幹渠百分之五，灌王光正壕，有支渠一道。

第一百一十八支渠，灌田社於民國十二年出洋一千五百元所建，長十里，寬一丈，深五尺，流全幹渠百分之五，灌王光正壕，有支渠三道。

第一百一十九支渠，王外長於民國初年自工修築，長二里，寬一丈，深五尺，流全幹渠百分之五，灌王光正壕，有支渠三道。

第一百二十支渠，宋無士於民國初年自工修築，長二里，寬一丈，深五尺，流全幹渠百分之五，灌王光正壕，有支渠三道。

第一百二十一支渠，宋無士於民國初年自工修築，長二里，寬一丈，深五尺，流全幹渠百分之五，灌王光正壕，有支渠一道。

第一百二十二支渠，甘泗泉於民國初年自工修築，長三里，寬八丈，深四尺，流全幹渠百分之二，灌板旦村，有支渠一道。

第一百二十三支渠，樊亮於民國初年自工修築，長三里，寬八尺，深四尺，流全幹渠百分之二，灌板旦村，有支渠一道。

第一百二十四支渠，樊外撓於民國初年自工修築，長一里，寬六尺，深三尺，流全幹渠百分之一，灌板旦村，有支渠一道。

第一百二十五支渠，郭維檣於民國初年自工修築，長二里，寬八尺，深四尺，流全幹渠百分之一，灌板旦村，有支渠兩道。

第一百二十六支渠，萬義德於民國十年白怡道出洋五百元所建，長三里，寬一丈，深五尺，流全幹渠百分之五，灌董全圪堵。

第一百二十七支渠，劉安祿於民國初年自工修築，長一里，寬六尺，深三尺，流全幹渠百分之一，灌董全圪堵。

第一百二十八支渠，郭維權於民國初年自工修築，長二里，寬八尺，深四尺，流全幹渠百分之一，灌板旦村，有支渠一道。

第一百二十九支渠，德厚堂於民國初年自工修築，長三里，寬一丈，深五尺，流全幹渠百分之五，灌板旦村，有支渠一道。

第一百三十支渠，德厚堂於民國初年自工修築，長二里，寬八尺，深四尺，流全幹渠百分之二，灌板旦村，有支渠一道。

第一百三十一支渠，德厚堂於民國初年自工修築，長二里，寬一丈，深五尺，流全幹渠百分之五，灌板旦村，有支渠一道。

第一百三十二支渠，黨義德於民國十年白怡道出洋一千二百元，長七里，寬一丈，深五尺，流全幹渠百分之五，灌董全圪堵，有支渠四道。

第一百三十三支渠，邢林刀爾計於民國初年自工修築，長三里，寬一丈，深五尺，流全幹渠百分之二，灌板旦村，有支渠一道。

第一百三十四支渠，那林刀爾計於民國初年自工修築，長一里，寬八尺，深四尺，流全幹渠百分之二，灌板旦村，有支渠一道。

第一百三十五支渠，天聚公於民國初年自工修築，長一里，寬八尺，深四尺，流全幹渠百分之二，灌板旦村，有支渠一道。

第一百三十六支渠，薄鍾祿於民國初年自工修築，長三里，寬八尺，深四尺，流全幹渠百分之二，灌板旦村。

第一百三十七支渠，薄鍾祿於民國初年自工修築，長二里，寬六尺，深三尺，流全幹渠百分之一，灌板旦村，有支渠一道。

第一百三十八支渠，趙琪於民國初年自工修築，長二里，寬八尺，深四尺，流全幹渠百分之二，灌板旦村，有支渠一道。

第一百三十九支渠，郭滿勳於民國初年自工修築，長二里，寬八尺，深四尺，流全幹渠百分之二，灌板旦村。

第一百四十支渠，杜富成於民國初年自工修築，長二里，寬六尺，深三尺，流全幹渠百分之二，灌板旦村，有支渠一道。

第一百四十一支渠，張海堂於民國初年自工修築，長二里，寬六尺，深三尺，流仝幹渠百分之二，灌板旦村。

第一百四十二支渠，致中和於民國初年自工修築，長二里，寬一丈，深五尺，流仝幹渠百分之五，灌板旦村，有支渠兩道。

（六）長濟渠　長濟渠係地商侯應奎於咸豐七年開挖，由黃河起，經東土城、徐海灘、吉爾曼太、萬太公、東槐木、大有公、小廠汗淖、至伊肯補隆之東南，入五加河，計長百三十里。口寬四丈，深七尺。梢寬三丈。渠口築埽，長約五丈，寬五尺，以紅柳芨芨根黃土砌成。上游二十里無灣曲，兩岸多築丁字埽，以防水之沖刷也。自西槐木以下，渠身因地勢之高下而曲折，支渠亦借弓背開口，然曲折太甚，時有決口之虞。

（七）塔布渠　「塔布」，蒙語五數也。因渠係地商樊三喜、吉爾古慶、夏明堂、成順長、高和娃合股開挖，故名。原係道光三十年河水沖決，略加挑挖而成，爲套渠之祖。渠口在長濟渠口下四里。身寬三丈餘，深三尺。梢寬三丈，深二尺。自渠口經馬廠地、同心堂、合少公中、打拉兔、西河畔，入烏梁素海子，長百二十里。支渠凡十餘道，稱樊根來渠者五，稱陳駝羔渠者四，稱張照渠者七，稱李安邦渠者三，各以所有人名渠也。　渠身良好，旱台整齊，惟因不加修濬，前曾淤塞多年，民十七重修，略復舊觀。

（八）黄土拉亥渠　黄土拉亥渠，創始於河曲人楊氏。楊氏中落，渠湮不治。光緒庚子年間，教案發生，以全部渠地賠償，抵銀十四萬兩，渠地全權，操之外人。十六年，始無條件收回公有。　渠長一百四十七里半，上游寬五丈五尺，深七尺；下游寬四丈五尺，深四尺；下梢寬三丈五尺，深三尺。　渠口在黄羊木頭南保豐免灣，向東北流，經黄羊木頭、陝壩、蠻會、大發公、聖家營，分二支入五加河。　水勢暢旺，可灌田千五百頃，全年可灌溉六次。　惜上游第知闊寬，下游未知開濬，時患沖決。　支渠凡四十道。

附黄土拉亥渠所屬支渠調查表

名稱	修鑿之時間及工款來源額數	長寬深淺及其流量之大小	所屬村落名稱	所屬子渠數目	備考
第一支渠 張全慤	民國十六年張自出洋一千六百元	長十二里寬八尺深三尺	烏藍淖	無	
第二支渠 賈六元	民國十四年自出洋四千三百元	長十六里寬一丈深五尺	烏藍淖	五	
第三支渠 皮鶴年	民國十年段富治出洋五千餘元	長二十三里寬一丈深四尺	烏藍淖	四	
第四支渠 王章定	民國十二年自出洋四千三百餘元	長十八里寬一丈深四尺	陝壩	三	
第五支渠 王章定	民國十三年自出洋二百餘元	長二里寬六尺深三尺三寸	陝壩	無	
第六支渠 三大股	民國十二年本渠地戶夥出洋二萬七千元	長三十八里寬二丈二尺深六尺	陝壩	四五	

第七支渠 甞三渠	民國十三年甞三出洋三百元	長三里寬六尺深三尺	陝壩	無	
第八支渠 郭連生	民國十四年郭連生出洋六百四十元	長五里寬六尺深四尺	陝壩	無	
第九支渠 小南渠	民國十五年衆地戶出洋五千四百元	長二十里寬一丈深五尺	陝壩	一五	
第十支渠 胡忠	民國十五年胡忠出洋八百元	長六里寬五尺深五尺	陝壩	無	
第十一支渠 園子	民國十五年天主堂出洋二萬八千元	長三十九里寬二丈二尺深六尺	陝壩	五一	
第十二支渠 沙河	民國七年天主堂出洋八千二百一十元	長三十二里寬一丈二尺深四尺	陝壩	三二	
第十三支渠 王良	民國七年王良出洋六千三百元	長二十九里寬一丈深四尺	陝壩	三一	
第十四支渠 劉長	民國六年劉長出洋二百二十元	長六里寬五尺深四尺	陝壩	無	
第十五支渠 魏二	民國十五年魏二出洋二千元	長十四里寬五尺深四尺	陝壩	三	
第十六支渠 王三人	民國十五年王三人出洋二百三十元	長三里寬五尺深三尺	陝壩	無	
第十七支渠 許存保	民國十三年許存保出洋四百五十元	長三里寬七尺深四尺	上蠻會	二	
第十八支渠 太和堂	民國十二年太和堂出洋二千零八十元	長十三里寬一丈深四尺	上蠻會	三	
第十九支渠 段江世	民國十六年段江世出洋一百五十元	長四里寬三尺深三尺	上蠻會	無	
第二十支渠 段江世	民國十六年段江世出洋五百元	長四里寬八尺深三尺	上蠻會	二	
第二十一支渠 下蠻會西	民國三年天主堂出洋二萬三千元	長三十三里寬二丈五尺深五尺	下蠻會	六	

第二十二支渠豐茂盛	民國十三年豐茂盛出洋七百七十元	長八里寬六尺深三尺	上豐會	四	
第二十三支渠豐茂盛	民國十三年豐茂盛出洋八百元	長八里寬五尺深四尺	上豐會	無	
第二十四支渠陳大	民國十二年陳大出洋八百五十元	長九里寬五尺深三尺五寸	上豐會	二	
第二十五支渠武三	民國八年武三出洋二千五百元	長十二里寬一丈深四尺	上豐會	七	
第二十六支渠藺如林	民國十六年藺如林出洋六百元	長八里寬五尺深三尺	上豐會	無	
第二十七支渠義成全	民國七年義成全出洋二千八百元	長十三里寬一丈深四尺	上豐會	六	
第二十八支渠廣義永	民國五年廣義永出洋三百六十元	長十四里寬一丈二尺深四尺	上豐會	八	
第二十九支渠上豐會	光緒三十二年上豐會出洋四千八百元	長十五里寬一丈五尺深四尺	上豐會	八	
第三十支渠德和泉	民國十六年德和泉出洋一千七百元	長八里寬一丈深四尺	上豐會	四	
第三十一支渠戶口地	民國七年李萬撓出洋二千八百元	長十五里寬一丈深三尺五寸	上豐會	六	
第三十二支渠柴油房	民國七年柴油房出洋二千七百元	長九里寬一丈深四尺五寸	上豐會	四	
第三十三支渠七大股	民國十七年衆出洋三千二百元	長十五里寬一丈深四尺	大發公	七	
第三十四支渠王亮亮	民國十九年王亮亮出洋一千元	長七里寬八尺深三尺五寸	大發公	無	
第三十五支渠大發公	民國四年天主堂出洋一萬四千元	長二十五里寬一丈八尺深六尺	大發公	七	
第三十六支渠三光	民國六年李鳳成出洋一千元	長七里寬八尺深三尺五寸	大發公	三	

第三十七支渠 吳海虎	民國十四年吳海虎出洋五百一十元	長四里寬八尺深三尺	大發公	三
第三十八支渠 玉隆永	民國三年天主堂出洋一千三百元	長八里寬八尺深四尺	大發公	四
第三十九支渠 昌盛連	民國十二年昌盛連出洋一千五百元	長八里寬一丈深三尺五寸	大發公	四
第四十支渠 盛家營	民國十三年地戶夥出洋一千五百元	長七里寬一丈深四尺	大發公	五
說明	查渠水分春水熱水秋水冬水，其流量之大小，隨黃河之漲落爲轉移，伏水最大，熱水秋水次之，春水冬水又次之。再渠之高低，亦關係流量之大小，故本表無法填入，特此聲明。			

（九）義利渠　義利渠係光緒十八年王同春所開，渠口在土城子，初挖至三岔口。二十六年，由岔口過隆興長接挖至巴總地。二十八年，始出梢通五加河。款由王同春獨籌計費銀八千六百餘兩。計長一百一十五里，寬四丈，深平均五尺。灌域遼廣，計澆西牛壩、同興德、田大人地、南牛壩、保德素、四大股、北牛壩、新舊巴總地等數十村，地約兩千頃。惟水不敷用，平均年可澆五百頃。如遇水小時，須在舊巴總地築壩數月，始能灌溉。支渠計四十五，惟均不長，最長者三十里，次二十里、十五里，餘僅五七里者。

（十）民復渠　原名扒子補隆教堂渠，民國十九年，向教堂收歸公有，始改今名。渠長五十五里，寬二丈，深四尺。渠之所經爲西河畔、義利魁等處；均爲塔布渠灌溉所及，故渠務之利不大，將來可灌地四百餘頃。

（乙）私有各渠概况

（一）楊家河渠　楊家河係道光間楊姓開，嗣湮廢。民六經楊義林復濬，仍其舊名，但不仍其舊址。十六年底工始竣，費時十一年，糜款七十四萬四千餘兩。渠口在臨河縣境之義祥永，向西北行，經頭道橋、中官堂、納子亥、二道橋、三道橋、板旦加浪，入五加河，計長二百里，爲套渠中最長者。渠口寬七丈，深七尺，幹平均寬五丈七八尺，深六尺餘。每年可澆水七次，開河水、桃花水、熱水、伏水、秋水、凍水、冬水，計灌平政、平化、平城、平定、平治、平順、太和、太昭、太熙、九村地千餘頃。按楊家河渠係私有性質，工程管理局歸私人自行負責，責專利均，成績甚好。惟近年五加河淤塞，渠梢不暢，影響灌田不少。本渠亦照章組水利社，其澆灌地，每年丈青須納費十二元，七元充修築費，二元五角充社經費，二元五角充包西渠利管理局經費。支渠繁多，列表如左：

後套臨河縣楊家河自修渠所屬支渠調查表（二十一年七月三十日查填）

名稱	修濬之時間及工款來源額數	長寬深淺及其流量之大小	所灌村落名稱	所屬支渠數目	備考
（渠東）第一支渠黃羊木頭渠	民國七年楊春林私款一萬六千二百餘兩	長三千四百丈寬二丈深五尺水大而暢	黃羊木頭及召灘一帶	十六道	
第二支渠于生留	民國十五年楊春林私款二萬二千四百餘兩	長一千八百餘丈寬一丈六尺深四尺水勢中	腦高特拉及召灘一帶	九道	

第三支渠 中谷兒	民國六年楊春林私款三萬二千四百餘兩	長九千丈寬二丈深五尺水大而暢	烏蘭淖兒紅柳等處	三十八道	
第四支渠 劉高保	民國十一年劉高保私款三千餘兩	長七百二十餘丈寬一丈深四尺水勢中	中谷兒堂一帶	無	
第五支渠 傅鑑羅	民國七年傅鑑羅私款四百餘兩	長三百六十餘丈寬六尺深四尺水勢不佳	中谷兒堂門前一帶	無	
第六支渠 老謝渠	民國九年楊春林私款三萬二千四百餘兩	長一萬零八百餘丈寬二丈深五尺水勢中	速台廟老謝圪卜一帶	四十一道	
第七支渠 東邊	民國九年衆花戶集款五千餘兩	長一千四百四十餘丈寬一丈深四尺水勢中	捉髓壕楊二圪旦一帶	七道	
第八支渠 王根根	民國八年王根根劉給哈合款二千餘兩	長七百二十餘丈寬一丈深四尺水勢中	哈喇溝一小部	無	
第九支渠 亦名東邊	民國十七年楊春林私款六千四百八十餘兩	長二千七百餘丈寬一丈六尺深五尺水大而暢	哈喇溝沙溝堰一帶	十一道	
第十支渠 小東邊	民國八年衆花戶集款一千五百餘兩	長七千二十餘丈寬一丈深三尺水勢中	哈喇溝一小部	四道	
第十一支渠 呂平治	民國八年呂平治私款三百餘兩	長三百六十餘丈寬一丈六尺深三尺水大而暢	哈喇溝一小部	無	
第十二支渠 郝二老漢	民國八年郝二私款八百餘兩	長五百四十餘丈寬一丈深四尺水大而暢	二道橋西	無	
第十三支渠 劉高保	民國八年劉高保私款八百餘兩	長五百四十餘丈寬一丈深四尺水大而暢	二道橋南	無	
第十四支渠 王四渠	民國八年王四私款六百餘兩	長五百四十餘丈寬六尺深四尺水大而暢	二道橋南	無	
第十五支渠 王銀坑	民國八年王銀坑私款六百餘兩	長二百四十餘丈寬六尺深四尺水大而暢	二道橋南	無	
第十六支渠 朱二其	民國八年朱二其私款三百餘兩	長三百六十餘丈寬四尺深三尺水大而暢	二道橋南	無	
第十七支渠 高長林	民國八年高長林私款一千五百餘兩	長九百丈寬一丈深三尺水大而暢	二道橋	無	

第十八支渠 劉啓世	民國八年劉啓世與張温于三家集款八千兩	長一千六百二十餘丈寬一丈深五尺水大而暢	二道橋城東至沙溝堰畔	五	
第十九支渠 陝壩渠	民國八年十年楊春林私款二萬二千六百八十兩	長六千二百丈寬二丈深五尺水大而暢	二道橋東速台廟王仲喜圪旦千家圪旦關二安圪旦	二十三	
第二十支渠 楊毛匠	民國七年楊毛匠私款一千餘兩	長七百二十餘丈寬一丈深四尺水大而暢	楊毛匠圪旦	無	
第二十一支渠 田縣鈞	民國九年田縣鈞私款二百餘兩	長三百六十餘丈寬四丈深三尺水大而暢	田縣鈞圪旦	無	
第二十二支渠 郭啓世	民國九年郭啓世私款三百餘兩	長五百四十餘丈寬四尺深三尺水大而暢	郭家台子附近	無	
第二十三支渠 沈存子	民國九年沈存子私款一百餘兩	長三百六十丈寬四尺六深三尺水大而暢	沙羅圐西沈存子圪旦	無	
第二十四支渠 趙拴馬	民國十年趙拴馬私款五百餘兩	長五百四十餘丈寬四尺六深三尺水大而暢	三道橋南至沙羅圐北	無	
第二十五支渠 天主堂	民國十年天主堂私款二千餘兩	長九百餘丈寬一丈深四尺水大而暢	三道橋堂東堂西	無	
第二十六支渠 天主堂	民國十年天主堂私款三百餘兩	長三百六十餘丈寬六尺八深三尺水大而暢	三道橋堂北	無	
第二十七支渠 王外生	民國十年王外生私款一百七十餘兩	長三百六十餘丈寬四尺六深三尺水大而暢	王外生圪卜高三小子圪旦	無	
第二十八支渠 塔侯仁	民國十年塔侯仁私款五千餘兩	長一千六百一十餘丈寬一丈深三尺水大而暢	塔侯仁圪旦三大股	三	
第二十九支渠 熱水圪卜	民國十年李留所私款一百餘兩	長三百六十餘丈寬四尺六深三尺水大而暢	熱水圪卜	無	
第三十支渠 蠻會文渠	民國十一年至十四年楊春林私款八萬一千六百四十八兩	長一萬二千六百丈寬三丈六尺深六尺水大而暢	圪旦蠻會堂西勾星廟圪卜天義生圪卜溝義後速一壩	七十三	

第三十一支渠胡達賴	民國十二年胡達賴私款五千餘兩	長一千四百四十餘丈寬一丈六尺深四尺水大而暢	沙溝堰胡達賴附近	三	
第三十二支渠白喬保	民國十二年白喬保私款二千餘兩	長九百餘丈寬一丈深四尺水大而暢	白喬保圪旦一帶	二	
第三十三支渠李三河	民國十五年李三河私款二千六百餘兩	長一千零八十丈寬一丈六尺深三尺水大而暢	李三河圪卜附近	三	
第三十四支渠王拴如	民國十四年王拴如私款一百兩	長四百丈寬四尺六深三尺水大而暢	楊櫃北牛壩後烏加河畔	無	
第三十五支渠「渠渠西」西邊	民國十一年衆花戶集款三千五百餘兩	長一千二百六十餘丈寬一丈深四尺水勢不佳	西那只亥一帶	四	
第三十六支渠大臣	民國七年杭旗西卜圪大臣私款二千餘兩	長九百丈寬一丈深四尺水勢中	那只亥城附近	無	
第三十七支渠趙連奎	民國十年趙連奎私款一千餘兩	長五百四十丈寬一丈深四尺水勢中	趙連奎圪旦附近	無	
第三十八支渠三淖支渠	民國九年至十三年楊春林私款二萬八千零四十兩	長一萬二千六百丈寬三丈深六尺水大而暢	哈拉溝甲登墳廟自白腦包圪卜三治一苗樹土召子圪卜合燕腦包永興隆馬三海趙二祿	七十	
第三十九支渠呂四旦	民國八年呂四旦私款三百餘兩	長二百八十餘丈寬四尺六深三尺水勢中	呂四旦圪旦附近	無	
第四十支渠尹喜	民國八年尹喜私款三百餘兩	長三百六十丈寬四尺六深三尺水大而暢	尹喜圪旦附近	無	
第四十一支渠白官保	民國八年白官保私款三百餘兩	長三百七十丈寬四尺六深三尺水大而暢	白官保圪旦附近	無	
第四十二支渠張大喜	民國八年張大喜私款三百餘兩	長三百七十餘丈寬四尺六深三尺水大而暢	張大喜王雙喜附近	無	
第四十三支渠寇貴榮	民國八年寇貴榮私款八百餘兩	長七百二十餘丈寬四尺六深三尺水大而暢	二道橋西附近		

第四十四支渠西邊	民國十年至十一年楊春林私款五千一百八十四兩	長二千七百丈寬一丈六尺深四尺水大而暢	粉房圪旦及王天成圪旦等處	五	
第四十五支渠劉祿	民國十年劉祿私款五百餘兩	長七百二十餘丈寬四尺六深三尺水大而暢	劉祿圪旦附近	無	
第四十六支渠吳金桂	民國十年吳金桂私款五百餘兩	長七百二十餘丈寬四尺六深三尺水大而暢	吳金桂圪旦附近澄泥圪旦城以東	無	
第四十七支渠賈八寶	民國八年賈八寶私款二千餘兩	長一千二百六十餘丈寬六尺八深三尺水大而暢	澄泥圪卜附近	三	
第四十八支渠馬仁	民國八年馬仁私款三百餘兩	長三百六十餘丈寬四尺六深三尺水大而暢	馬仁圪旦附近	無	
第四十九支渠福茂西	民國十年福茂西私款二千餘兩	長九百餘丈寬一丈深三尺水大而暢	福茂西圪旦及高德元圪旦	三	
第五十支渠趙五祿	民國十九年楊春林私款一萬餘兩	長二千四百餘丈寬一丈六尺深五尺水大而暢	梅令廟灘至河角子畔一苗樹	十	
第五十一支渠楊胡拴	民國十一年楊胡拴私款三百餘兩	長五百四十餘丈寬四尺六深三尺水大而暢	楊胡拴圪旦	無	
第五十二支渠馮官貴	民國十七年馮官貴私款五千餘兩	長九百餘丈寬一丈深四尺水大而暢	梅令廟灘	無	
第五十三支渠劉四明眼	民國十年劉四明眼私款三百餘兩	長五百餘丈寬四尺六深三尺水大而暢	三道橋南	無	
第五十四支渠同義長	民國十年同義長私款二千餘兩	長九百餘丈寬一丈深四尺水大而暢	三道橋背後	二	
第五十五支渠西[illegible]渠	民國十年楊春林私款六千餘兩	長二千一百六十餘丈寬一丈六尺深四尺水大而暢	李大善圪旦及瞎梅令灣	十	
第五十六支渠樊四毛	民國十年樊四毛私款三百餘兩	長五百四十餘丈寬四尺六深三尺水大而暢	樊四毛附近	無	
第五十七支渠蘇黑郎	民國十年蘇黑郎私款四百餘兩	長九百餘丈寬四尺六深三尺水大而暢	堂圪卜至柴家圪旦	二	

第五十八支渠魏桂元	民國十一年魏桂元私款一百五十餘兩	長一百八十餘丈寬四尺六深三尺水大而暢	魏桂元附近	無	
第五十九支渠朱銅	民國十一年朱銅私款六百餘兩	長二百二十餘丈寬四尺六深三尺水大而暢	西沙灣一帶	無	
第六十支渠缸房	民國十九年譚德西私款四千餘兩	長一千二百六十餘丈寬一丈二尺深五尺水大而暢	缸房門前至梅令灣	三	
第六十一支渠張三毛	民國十九年張三毛私款一千餘兩	長九百餘丈寬一丈深五尺水大而暢	鎮番圪旦附近	無	
第六十二支渠六八	民國十一年翟二私款一千餘兩	長九百餘丈寬一丈深四尺水大而暢	翟二圪旦及劉長在附近	三	
第六十三支渠魏鳳岐	民國十二年魏鳳岐私款九百餘兩	長九百餘丈寬六尺八深三尺水大而暢	圪什圪灣一帶附近	無	
第六十四支渠康善人	民國十二年康善人私款三百餘兩	長五百四十餘丈寬四尺六深三尺水大而暢	康善人圪旦及劉紅喜圪旦	一	
第六十五支渠王善人	民國十三年王善人私款八百餘兩	長一千零八十餘丈寬六尺八深三尺水大而暢	王善人圪旦及呂二圪旦附近	一	
第六十六支渠劉喜紅	民國十三年劉喜紅私款五百兩	長三百六十丈寬一丈深四尺水大而暢	劉喜紅圪旦楊櫃北牛壩附近	無	
第六十七支渠無名小支渠	民國十五年譚德西私款一百兩	長二百丈寬六尺八深四尺水大而暢	楊櫃北牛壩背後烏加河畔	無	
附記	一、查各支渠因數目繁多，向無確實調查，此次所得，係由多年渠頭記憶及調查而成，所列之處，難免不無什一之錯，合併聲明。				

（二）戶口地渠（即馬廠地）　長三十餘里，寬一丈二尺，深三尺五寸，於光緒三十二年由公款開挖，所屬支渠共七道，可澆永豐村之地約三十餘頃。包西水利管理局每頃徵收洋二元五角，充該渠開支之用。該渠並無形式組織，祇由水利社民戶共雇一人管理。光緒三十二年由西盟墾務局開

放地時，歸爲私管，若渠有工程，由民戶按地攤款，自行修治。馬廠地爲蒙民之牧場，引戶口地渠之水澆地。

（三）吳祥渠　長二十餘里，寬一丈，深三尺，於光緒三十二年五月私款開挖，（卽吳祥所開。）所屬支渠共七道，澆永昌村之地約二十餘頃。包西水利管理局每頃徵收洋二元五角，充該渠開支之用，該渠由民戶共雇一人管理之。墾局放地以後，仍歸私有管理，若渠有工程，由民戶按地攤款修治。

（四）德成渠　長三十餘里，寬一丈五尺，深四尺，光緒二十五年五月由私款開挖，所屬大小支渠共十道，澆永昌村之地約四十餘頃。包西水利管理局每頃徵收洋二元五角，充該局開支之用，亦無形式組織，由民戶共雇一人管理。該渠原爲私款所開，於光緒三十年經西盟墾務局收歸公有，償還私款，墾局放地之時，仍歸私管，若渠有工程，由民戶按地攤款自行修治。

（五）幽鎭渠　長七十里，寬三尺，深五尺，光緒三十二年公款開挖，大小支渠共有五十餘道，澆永嘉永康兩村之地約六百餘頃。包西水利管理局每頃徵收洋二元五角，充該局開支之用，該渠由民戶共雇一人或二人管理之。該渠爲公款所開，因墾務局放地歸爲私管，若渠有工程，由民戶按地攤款，自行修築。

（六）天德源渠　長四十餘里，寬一丈五尺，深四尺，光緒元年五月爲私款所開，大小支渠共有十餘道，澆永昌村之地約五十餘頃。包西水利管理局每頃徵收洋二元五角充該渠開支之用，該渠仍由民戶共雇二人管理之。原爲天德源獨資開挖，於光緒三十年經西盟墾務局償還私款，收歸公有，墾局放地時仍歸私管，若渠有工程，由民戶按地攤款，自行修治。

（七）魏羊渠　長四十餘里，寬二丈，深五尺，光緒四年五月私款開挖，大小支渠共二十餘道，澆永興村之地約七十餘頃。包西水利管理局每頃徵收洋二元五角，充該渠開支之用，亦無組織，由民戶共雇一人管理之。該渠原爲魏商人所開，於光緒三十年經西盟墾務局價銀三千兩，收歸公有，墾局放地時，仍歸私管，若渠有工程，由民戶按地攤款，自行修治。

（八）合少公中渠　長四十餘里，寬二丈，深五尺，於咸豐元年由地起款，共有枝渠十五道，灌合少公中地三百餘頃。每年每青苗地一頃，水利局收洋二元五角，其餘修渠等費，按地起征，全渠修挖由包地戶負責，未設水利社，現該渠因淤廢多年，無力修挖，以致沃壤變爲石田，殊爲可惜。

（九）綏遠省立第一中學學田渠（俗稱王搖頭渠）　長六十四里，均寬二丈五六尺，深五六尺，澆同心堂、小召子、魏官地、羊墩子、盧官壕西大淖爾等地約一百餘頃。民十九年五月開工，由地起款開挖，共有支渠十五道，每年每青苗地一頃，水利局徵收經費洋二元五角，其餘修渠辦公等費，按地起征水租。全渠修挖工程，由地戶共同負責，組織學田渠辦公處於盧官壕，未設水利社。該渠原由中學校事務主任溫玉如鑒於學田無專渠，每感困難，故邀同包戶王昇祥等發起開渠，於二十一年春季始開通，水流尚通暢，由黃河東岸開口直至西大淖爾止。

（十）永成渠　長二十餘里，寬二丈，深五尺，同治元年由地起款開挖，共有支渠十二道，澆永成地約四十餘頃。每年每青苗地一頃，水利局徵收洋二元五角，其餘修渠等費按地起征，全渠修挖工程，由地戶負責，未設水利社。現該渠由口至梢淤塞，應從速修挖，以利灌溉。

（十一）宿亥灘渠　長二十餘里，寬一丈，深五尺，光緒二年由地起款開挖，共支渠九道，澆宿亥灘地約五十餘頃。每年每青苗地一頃，水利局收洋二元五角，其餘修渠等費，按地起徵，全渠修挖工程由地戶負責，未設水利社，現渠口淤澱，宜速修理。

（十二）李仲寶渠　長二十餘里，寬二丈，深五尺，民三年由地起款開挖，共有支渠十一道，澆鰲池地約八頃。每年每青苗地一頃，水利局收洋二元五角，其餘修渠等費，按地起征，全渠修挖工程，由民戶共同負責，未設水利社，該渠淤澱，應從速修挖，以利澆灌。

（十三）興盛成渠　長四十里，寬三丈，深四尺，民十三并犟東由本渠籌款三萬四千九百餘元開挖，共計土方十一萬二千四百餘方。所屬支渠有九道，共澆賈方店、二元子灣、爛大店、四大人地、喜娃子圪卜、德厚成之地百餘頃。該渠按年澆地多少或租或分，概由興盛成自由分配，按頃徵收，無水租之分别，所收地款，除與經理外，即爲修理之用。由興盛成自行經理，未設水利社。

（十四）致遠堂渠　長二十四里，寬四丈，深一尺，光緒十八年致遠堂開，後淤廢，民二十年復開，共用洋五千八百餘元，共有支渠三道，共澆東營子、西營子、錦秀堂之地四十餘頃。按年澆地多少，或租或分，由致遠堂自由分配，按頃收租價，無水租之分别，所收租款，除與經理外，即充修渠道地堰之用，由致遠堂自行經理，無水利社。

（十五）長清牛渠　長五十里，寬一丈四尺，深四尺，於宣統二年由地商私人籌款開挖，有支渠一道，澆麻迷兔村地約十頃。每年每青苗一頃，收二元五角，充水利管理局經費，未設水利社，一切修渠澆水等事，由地商長清牛經理之。

（十六）同興德渠　長二十六里，寬一丈三尺，深三尺五寸，於民七由地商自行籌款開挖，有支渠二道，澆麻迷兔村地約十餘頃。逐年丈青，每頃收水利洋二元五角，充水利管理局經費，未設水利社，一切修渠澆水等事，完全由地商同興德經理。

（十七）廠汗淖渠　長二十里，寬一丈，深三尺，於光緒二十八年，由蒙古人自行備款開挖，灌廠汗淖地約五六頃。按逐年丈青，每頃收水利費洋二元五角，充水利管理局經費，未設水利社，一切修渠澆水等事，由地商忠義全經理之。

（十八）十大股渠　長三十里，寬一丈二尺，深四尺，於同治五年由地商張姓備款修挖，灌十大股地約三十頃。水利管理局按丈青數每頃收洋二元五角充該局經費修渠及水利社費用按地均攤無定額，水利社組織簡單設經理兼司賬一人，渠頭一人，渠夫若干名。

（十九）哈拉烏素渠　長六十里，寬一丈八尺，深四尺，於同治五年，由地商公惠成備款開挖，有支渠二道，灌阿善村地約五十頃。逐年丈青每頃收洋二元五角充水利管理局經費，修渠及水利社費用按地均攤無定額，水利社設經理司賬各一人，渠頭一人，渠夫若干人。

（二十）熊萬庫渠　長二十五里，寬一丈六尺，深三尺五寸，於光緒三十二年，由地商常興堂開挖，澆熊萬庫村地約三十餘頃。逐年丈青每頃收洋二元五角，充水利管理局經費，修渠及水利社費用，按地均攤，無定額，水利社設經理司賬渠頭各一人，渠夫若干人。

（二十一）新皂火渠　長九十二里，寬三丈二尺，深四尺，於民七三月，由各地商集貲開挖，經辦人爲王同春樊三喜等，有支渠十一道，澆第八第九第十等村地約一百八十頃。逐年丈青，每頃收洋二元五角充水利管理局經費，修渠及水利社等費由各地戶均攤，無定額。水利社設經理副經理各一人，會計司賬各一人，正副渠頭各一人，渠夫若干人。

（二十二）舊皂火渠　長九十二里，寬二丈五尺，深四尺五寸，在康熙四十二年，由各地商集貲開挖，有支渠十六道，澆第九村地約一百餘頃。逐年丈青每頃收洋二元五角，充水利局經費修築等費，則由民戶均攤。一切事項並無組織，由地戶商同辦理。

（二十三）劉三地渠　長五十餘里，寬二丈，深五尺，於光緒四年五月私人開挖，有支渠二十道，澆永豐村之地約一百餘頃。包西水利管理局，每頃徵收洋二元五角，充該局開支之用，未設水利社，由民戶共雇一人或二人管理之。該渠原爲私開，於光緒三十年經西盟墾務局償還私款，收歸公有，墾務總局放地之時，仍歸私管，若渠有工程，由民戶按地攤款，自行修治。

（二十四）三大股渠　長七十餘里，寬三丈，深五尺，於民七五月私款開挖，有支渠五十道，澆永嘉永康兩村之地約五百餘頃。包西水利管理局，每頃收洋二元五角，充該渠開支之用，亦未設水利社，由地戶互推一人管理之，該渠係三家（卽世成西、德和泉、海盛魁）地戶合開，用款十萬元，若渠有工程，由民戶按地攤款，自行修挖。

（二十五）秀華堂渠（卽五大股渠）　長三十里，寬一丈五尺，深三尺五寸，於光緒四年五月，私款開挖（原爲甄商人獨資開挖，）有支渠十道，灌永興村之地約五十餘頃。包西水利管理局，每頃收洋二元五角，充該局開支之用，亦未設水利社，由民戶共雇一人管理之。該渠原爲甄商人獨資開挖，於光緒三十年由西盟墾務局償還銀兩，收歸公有，墾務局放地時，仍歸私管，若渠有工程，由民戶按地攤款，自行修治。

（二十六）色爾宿亥渠　長二十餘里，寬一丈二尺，深四尺，於光緒三十二年五月公款開挖，有支渠十道，澆永興村之地約四十餘頃。包西水利管理局每頃收洋二元五角，充該局開支之用，未設水利社，由民戶公僱一人管理之。該渠原爲公款所開，經墾務局放地，歸爲私營，若渠有工程，由民戶按地攤款，自行修治。

（二十七）强家渠　長三十餘里，寬一丈二尺，深四尺，灌永興村之地約四十餘頃。於光緒四年五月私款開挖，（即强商人）有支渠十道，包西水利管理局，每頃收洋二元五角，充該局開支之用，該渠亦未設水利社，由民戶共雇一人管理之。原爲强商人所開，於光緒三十年，經西盟墾務局償還私款，收歸公有，墾務局放地之時，仍歸私管，若渠有工程，由民戶按地攤款，自行修治。

（二十八）土默地渠　長五十里，寬二丈，深五尺，光緒元年五月私款開挖，有支渠二十道，澆永昌村之地約一百餘頃。包西水利管理局每頃收洋二元五角充該局開支之用，亦未設水利社，由民戶公雇一人管理之。該渠原爲私款所開，於光緒三十年經西盟墾務局償還私款，收歸公有，墾務局放地時，仍歸私管，若渠有工程，由民戶按地攤款，自行修治。

（二十九）東西水道渠　東西水道渠在安北境，係引安北城北之山溪水，土名武孫禿綠河者，渠長五十里經佘太召、二合公、三分子、八分子、及西水道，約灌田二百餘頃，係佘太召及各地戶所開。其水可分爲二：一洪水，秋夏二季可澆；二清水，全年可澆。

(七)墾務困難

河套渠務困難之點，其因有八：河水降落，達於一丈五尺，水進渠不易，一也。各渠渠口多就高處修築，昔年進水易，今因河水降落，進水殊難，流既不暢，乃多淤塞，故河套各渠年年均須修挖一次，需款浩繁，二也。河身在南，渠流多自南而北，而地則北高南低，渠水上流，悉賴水力擁擠，流緩沙沉，易爲淤塞，三也。渠水多沉淤，渠口年高五寸，中腰三寸，梢寸許，地愈高愈難上水，四也。水難進地，因而築壩阻水，致泥沙下澱淤塞，五也。各渠多賴五加河退水，乃五加河下流淤塞，水爲烏拉山所阻，匯爲烏梁素梅子，不復與大河通，退水無路，水難達梢，六也。大河河床，遷徙無定，年修渠口，費工費款，而無入水把握，七也。水中間有含鹽鹼性過大者，八也。總之河低渠高，地則更高於渠，而河套渠務，發生諸多困難也。

三 民生渠

(一)民生渠史略

綏遠省深在腹地，黃河與平綏鐵路，沿陰山（卽大青山）之陽，直貫其中部；陰山之北，爲烏蘭察布盟旗地；黃河之南，爲伊克昭盟旗地；故直隸於省政府者僅爲綏省腰部之十餘縣耳。然青山之南，黃河之北，固爲綏省之最高區域也。第因天時地利之限制，苦不得一展富源，爲可惜也。此無他，氣候使然耳。按綏遠腰部，位在北緯四十度左右；最要區域約自三十九度至四十二度；以若斯之地點，試考查其氣候之記錄，根據地質調查所之記載，得左列四點：

（一）氣候多乾燥，屬口外草原區，夏涼爽而冬則嚴寒。

（二）每月平均氣溫，在二十五度，與零下十二度之間。

（三）全年平均氣溫在四度左右。

（四）全年雨量爲三四三毫米（此數恐不確，與以下之記載稍有出入，四字之下或漏小數點，編者註。）

比較以上記載，則知綏遠尙在瀋陽海參威之南，而溫度及雨量，反見低減；氣候乾燥，雨量自少；夏季涼爽，而冬則極寒。黃河十二月封凍，四月始開，故農產物年有一熟；而雨量之稀少，則爲其影響之最著者。

據近幾年來之記載，雨量較充足者爲民國八年、十年、十四年及十五年；其全年總量亦不過在五十毫米左右；民國九年最多，亦不過八八毫米。民十六年大旱，全年雨量僅得三・五毫米，十七年又旱，全年總量僅五毫米；此兩年之大旱，乃釀成綏省空前之災象，赤地千里，道殣相望；於是工賑之議，甚囂塵上，或謂修道路，或謂宜治溝渠。時李培基權都統篆，以寓建設於慈善，洵屬盡美而法良，顧二者之間，修路僅以救災，未若治渠之兼可防歉也。建設廳長馮曦循薩縣紳商各界之建議，於災民最多之薩托兩縣境内開一長渠，招集流亡，以工代賑。地方人士，詢謀僉同，謀晝遂定。惟時屆冬令，始行開工，嗣以款項不裕，由省政府及各團體推舉代表往北平華洋義賑救災總會接洽，請其充分接洽援助，該會亦即派工程師測估，十八年繼續工作，六月間與華洋義賑總會商定合同，其概要如下：

(一)目的　爲在綏省之包頭薩縣托縣境内開鑿渠道，引黃河水灌溉農田，所有工程上設置，包括幹渠、支渠、幹支渠閘門以及必須之橋樑、梯槽、水壩、抽水機器等項。

(二)款項

(甲)省府指撥之數，爲中華國幣二十萬元，本合同成立時，由省府先撥半數，計洋十萬元，交由總會接受以備支付，其餘半數計洋十萬元，儘本合同成立後兩個月内照撥之。

(乙)總會墊借之數，爲中華國幣二十四萬元，内計現款十七萬元，及在綏省平糶糧價至少七萬元。

(丙)上列兩項外，工程所需款項不敷之數，應由省府及總會雙方竭力籌措之。

（三）墊款　所有現時以及日後總會加入之款項悉係借墊性質；本渠一切收入，除去經常費必需之修繕費，總會墊款之息金，以及業經總會承認之其他合理費用之後，悉數撥回總會，以維賑款。以總會墊款及息金完全歸淸爲止，其利率在首先之五年內爲年息八釐，以後每二年遞加半釐，最高一分一釐爲度。此項債務，卽以本渠全部爲抵押品。

其他六條公會免稅、地價、保護、附件合同從略。

截至十八年七月底，省府共支六萬四千二百八十五元七角九分七釐。

工作皆由招集各縣災民作之；二十年夏，更由第七第十兩師工兵四千人協助工作。乃得於民國二十年六月二十二日完成，並舉行放水典禮。

省府前後共接濟總會三十二萬元，總會前後共墊款五十四萬元，共用款八十六萬元。

該渠之管理機關，係於民國二十一年十二月間，由華洋義賑會及綏遠省政府共同組織而成，名爲民生渠水利公會，內設理事會主持一切。理事共九人，除由地方推選三人外，餘爲華洋義賑會及綏遠省政府各委派三人，並推執行主任一人，承理事會之意旨，辦理全會事宜。至民國二十三年五月，全國經濟委員會加入，理事會改組，擴充至十二人，故經委會又派三理事，並由經委會設立工務所，辦理民生渠未完工程焉。

（二）民生渠之現狀

總論　民生渠全區原計劃共修十四支渠，然第一道支渠祇有閘門，未修渠道；第二至第八各支渠及閘門則完成之；第九支渠則只完成約三仟米；其餘各支渠，則未修造。惟因修掘未能按地勢，水位與地面高低相差懸殊，故不適於用；是以舉行放水典禮後未曾一用；故雖渠道掘成，而不能引水灌溉，在技術上，實爲失敗也。據當時參與其事之技術人員稱，以政府急欲建渠成功，雖有測量地形之議，則以其繁難，時久而罷；故有今日之失敗，「欲速則不達，」此之謂也。茲分述其現狀如次：

幹渠之位置　民生渠位在綏遠省薩拉齊及托克縣境，幷佔有伊盟準噶旗（卽左翼前旗）地之一部。其所包括之範圍，以黃河爲弦，黑河爲股，以其幹渠爲勾，幾成一正三角形。自平綏鐵路鐙口車站（在包頭東三十里）東南行二里爲王八窰子村；又三里，至一磚瓦窰，其畔爲一山水溝，此溝恰爲包頭薩縣之交界。由窰口南至溝之盡頭，不過半里，卽爲民生渠之口門矣，一般稱之曰渠口，濱黃河左岸轉彎處而居，是爲幹渠之起點。由此而東，經上下官地、上下圪合氣（距渠口八里、）大把拉蓋（三十里、）五福村、郭二營子、苗六營子（四十五里、）范虎營子、王先亮營子、公盖營子、王慶營子、王大發營子、丹進營子（九十里，民生渠水利公會在焉、）搗拉板申、四座茅庵、打色令、缸房營子（百二十里，天主教勢力甚大、）薩縣營子、北官地、龐家營子，迄于紅沙口，後野場之渠尾而入黑河，長

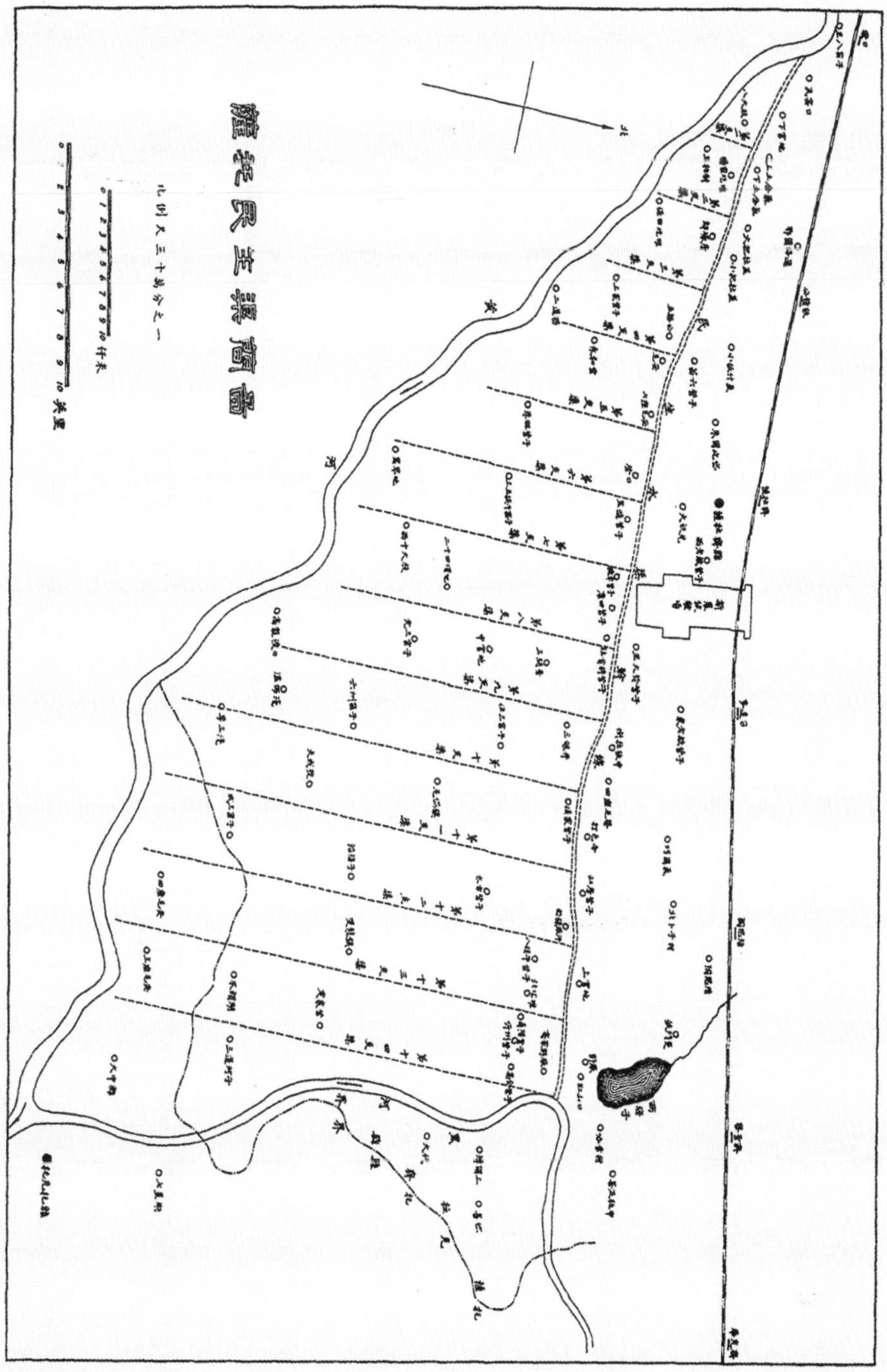
薩托民生渠簡圖
比例尺三十萬分之一
0 1 2 3 4 5 6 7 8 9 10 仟米
0 1 2 3 4 5 6 7 8 9 10 英里

凡一百四十里（或曰一百二十五里），是爲幹渠之終點。

黑河槽之位置　幹渠之水流入大黑河後，循黑河舊槽東南行，經淖上、蘇家營子、大岱、獨立壩、一間房、路三圪坦、出薩縣，入圪縣境，經南窰子、剌麻營子、板頭營子、七星湖、小井壕、哈拉板申、托克托縣城西門外，在城南三里之河口鎭而入黃河；此段長共六十里；若以此段亦併爲民生渠之幹渠，則其長爲二百里。

幹渠之現狀　茲分述之：

（甲）渠口　渠口瀕黃河左岸而居，閘門在焉；用鋼筋混凝土築成，鐵門四孔，啓閉用滑車。惟建築地點，離黃河正槽幾一百米，兩岸均用塊石砌成，閘門則雖設而常關；渠槽內之一段黃水流動停止，於是含沙沉落而漸漸淤高矣。在行放水典禮以後，卽淤高有一米許，今黃河正槽之畔，築一小隄，以防黃水之侵入，否則以二十二及二十三兩年水位之高度，則閘門外部勢非淤沒不可。

黃河左岸於渠口左右兩方，均築有石隄，長約四五百米；右岸者則當左岸之半，且偏於下游，因左岸上游，恰在黃河轉彎大溜頂衝之處，故築壩以護之。

渠口全部石壩，建築不堅，經二十二年大水後，已大半毁壞。

（乙）渠尾　渠尾在大黑河之右岸，閘門亦係鋼筋混凝土築成，木門六孔，啓閉利用螺旋及齒輪。

渠尾以外，一片汪洋，蓋黑河汎濫之水也。

（丙）渠隄　在渠口處者高可三四米，頂寬約爲七至十米，坡度甚陡，底寬不足二十米，建築頗草率，隄頂不平，隄坡亦不整齊。在巴拉蓋附近之隄甚薄，在渠內行路，可看見渠外一切景物。自巴拉蓋以東，隄身較好，然不如渠口附近之雄厚；至若渠尾一帶二三十里，則又薄弱不堪矣！

（丁）渠隄之冲口　兩年來山洪瀑發，渠隄適當其衝；僅以泥土堆成之隄，曷能持久？是以多處冲破，最巨者厥爲渠口附近之土合氣村渠隄，與夫渠尾之隄，皆爲五當溝及麥達溝山水所冲毀也。山洪之來也，勢如奔馬，冲破隄防，洩其水於溝內；渠道不敷宣洩，更破其對面之隄，而漫溢於岸上，此渠內亦被水災之由也。

（戊）渠身　據民生渠水利公會年報載：築成之初，渠口寬九十五尺，深十六尺，底寬五十六尺，渠尾寬五十尺，深一尺，底寬四十七尺。而目今情形，寬度雖一仍其舊，而深度因兩年來受山洪之影響，日形淤淺，渠口最深處亦不過三米，大半則爲一至二米也。其底寬因兩岸之倒塌及淤淺，必然較小；但其數未詳。

（己）閘門與橋樑　閘門共有五座，除渠口渠尾各有一座外，薩縣正南第五第六兩支渠之間，有一座；民生渠水利公會西十里第七支渠附近有一座，又水利公會東七八里第九支渠附近亦有一座，概用鋼筋混凝土造成，其式樣與渠口者相同。

幹渠東西綿亙百四十里，然南北之交通，則端賴橋樑，大約每隔七八里或十里左右，卽有一木橋，共有十二座。

（庚）大黑河舊槽　大黑河河槽本不甚寬，不過十餘米，然自二十二年大水之後，因其所在低窪，以致四處漫溢且將兩岸河隄侵圮，截至現在，由渠尾至河口一帶浸斷凡六十里，黑水漫溢不洩已二年於茲矣。　觀其水流速度殊小，此固由於黃河水位增高，受倒漾影響，以致宣洩不暢，而民生渠亦蒙其害矣。

支渠之位置與現狀　支渠原擬開挖二十六道，南北各十道，東西各三道；嗣又改擬先開幹渠南支渠十四道；唯修成者僅有九道之數，實際上尙不足八道，只不過七道有半也。　茲分述之：

第一支渠在八大股之東，楊家圪坦，三把樹之西，此段實際上並未開挖。

第二支渠在仁義社、忠信堂之東，鄔碾房、油房營、殷長營之西，共長三・六仟米。

第三支渠在杜三營子、杜四營子、及德隆西之東，大老虎營子、上家營子、康換營子之西，共長四・七五仟米。

第四支渠在五盛公、虎羔營子、并后稷社、二道拐子之東，毛安、永和堂之西。

第五支渠在七座茅菴、馬王廟、楊家圪坦、張丑營之東，賀家圪坦、東老虎營子、李旺營子之西，共長九・八仟米。

第六支渠在明沙淖、李新營子、李旺營子、塌全、金家圪坦之東，老營子、上五犢牛窰子、張宗圪棧郎四營子、黑界地之西，共長十四・二仟米。

第七支渠在五犢牛營子之東，橫車營子、萬和永、王五營子、白萬全、十六股、舫廠裱、五科畢、西什大股之西，共長十九・六仟米。

第八支渠在康四營子、發彥申、大喇嘛窰子、竹拉慶、銀近窰子之東，召圪鉢、三有圪坦、高商人窰子、六十股、苗六圈子、郞四圪堵之里，共長十八・八仟米。

第九支渠在二十四頃地、楊號、什泥橋、東什大股、暨杜守將營子、三面房、中官地黨三窰子之東，三眼井之西，只開挖二六仟米而工作停止。

二十二年春，黃河開凍，冰凌堆積，河水出槽，流入二道壕（黃河舊道）第二支渠之閘門，全部冲坍，第三、四、五、六、七、八等支渠土壩，多被冲開。及至伏汛期，黃水汎濫，山洪暴發，第六、七、八支渠南段，被水侵灌者二月有餘，渠身渠背，多被洗刷。故民生渠工程狼狽之情形，可想而知矣！

（三）民生渠域內之其他渠

在民生渠區域之內，固均可用黃河入幹渠之水而施灌漑；除原有之支渠外，尚有其他之渠，最著有二：曰公義渠，曰民利渠，茲略述之：

（一）公義渠　在薩縣境內，渠長二十六里，寬一丈，深三尺半，由和人圪坦引入黃河之水，經過保兒旦窰子、東惱包、白靑窰子、金錢鋪窰子、及西河堰，入黃河。

（二）民利渠　在準噶爾旗及托縣境，十八年興工，十九年完成，計長七十餘里，寬三丈，深四尺，由李三壕引黃河之水，經過賈三、長高兎、蒲五素（或即什拉烏素）、張立文窰子、大喇嘛窰子、韓三窰子、二胖窰、三義口，至南太營子，折而東南，經把柵、十四分子、中灘、和尚營子、鹽房口、沙拉湖灘，至河口鎭，越大黑河，過東營而入黃河，共費三五、〇〇〇元，可灌田一千至四千頃。

（四）民生渠工程上之缺欠

查工程之實施也，必先之以測量，繼之以設計，然後次第進行，方爲得當。然民生渠之開工也，爲急於救災之故，未及測量，即行動工，故在技術上不無欠缺之處，茲分述之：

（一）地形未測量　以未作地形測量，故水位與地面高低相懸，難以應用。

（二）坡度太小　民生幹渠之長爲一百四十里（或謂一百二十五里，確數未詳，）兩端渠底高度差不過二十一尺餘，則其坡度約爲一萬分之一；坡度既小，則流速不大，而放水之後，渠道恐有淤澱

（三）閘門底太高　查閘門底高度高出平綏路基點九八六·四五米；然就二十三年六月間黄河之水位論，則在九八七·五左右，在四五兩月，水位當更低。惟在此數月中正爲需水之時，水頭如是之低，恐不足用。

（四）地勢不平整　查民生渠域内之地勢，西高而東低。西面高處，雖黄河極大之水，亦不能抵其地；東面低處，則小水時，亦將變成潦區；是以區内之堪用者，僅爲中部之地。水利公會最近擬將幹渠位置，不由黑河舊槽，改由第九支渠口門，直放黑河之口，以此故也。

（五）山水無洩處　幹渠由西而東，五當溝麥達溝之水由北而南，幹渠恰當兩處山水之衝；每遇山洪暴發，則兩處山水，居高流下，勢如建瓴，直冲隄背，以鬆懈泥土之隄，焉能當此兇猛之山水？故爲其冲破隄防，奪渠而入，於是渠底淤矣。故宜謀山水之出路。

（五）民生渠之將來

自民國二十二年黄河汎濫，幹渠支渠，多受其害，坍塌冲決淤澱，不一而足。民生渠水利公會理事會，乃商請全國經濟委員會補助款項，復修已毁工程，幷繼續進行未完工程，已得照准，乃組織民生渠工程所，卽派工程師前往開工。惟查勘之後，覺其缺點甚多；若貿然開工，深恐徒然無益。爲愼重計，決先事測量，乃組織測量隊一隊，計導線一班，水準兩班，地形三班，自七月開工，截至十一月底，即告完竣。 審核結果，擬即放棄，惟華洋義賑會及綏遠省政府又謀恢復也。

四 涇惠渠

涇惠渠由陝西省政府之主持，及華洋義賑會之合作，於民國二十一年六月間竣工，並舉行放水典禮；今則有涇惠渠管理局經理之。總計約用款一百零九萬元，流域達涇、原、高、臨、醴五縣，灌田約五十萬畝。 昔日斥鹵變爲佳壤，旱災罷除，民慶更生；其利之溥，何可勝言！ 然所告竣者只第一期工程耳！如能將第二期工程尅期進行，使支渠遍佈關中，邦人無旱厲之憂，農事演改進之盛；則涇惠一渠，不獨媲美鄭白，且將爲關中萬年富饒之源，永垂不朽。 茲節錄渭北引涇水利工程及涇惠渠管理局報告於後：

（一）略史

引涇灌田，始於秦用韓水工鄭國開渠（公元前二四〇年）起谷口沿北山絕冶、淸、漆、沮、諸水而入之於洛，史稱灌田四萬五千頃，關中有此無凶年。 漢太始二年（公元九七年）趙中大夫白公以堰毀水不能入渠，乃上移渠口，改渠山谷口東行二百里，山櫟陽入渭，灌田四千五百頃，改名白公渠，故至今猶稱鄭白渠，實則鄭渠規模早失。自漢而後以及於明，歷代雖有改修，大抵皆以堰口毀壞而上移之，鑿石成渠屢易其名而下游則因仍白公之舊。如宋之豐利渠（大觀二年公元一一〇八年）元之王御史渠（至大元年公元一三〇八年，）明之廣惠渠（天順中葉約公元一四六一年）及通濟渠（正德十一年公元一五一六年）皆然也。渠口以次上移，入山愈深因鑿石得泉益多。至清乾隆二年（公元一七三七年）以涇水屢毀渠隄淤渠身乃築壩拒涇專引泉水改稱龍洞渠。於是灌田之數減至七百餘頃。而至清季則以渠身罅漏僅灌田二百頃。民國九年華北大旱，士紳議修涇渠。十年華洋義賑會派吳工程師南凱來陝測勘，十一年李儀祉長水局，詳測之並及渭北數縣地形，設甲乙二種計劃。議借款於北平華洋義賑總會賑會派總幹事梅樂里總工程師塔德來陝調查，議有成，以內戰旋寢其事。十七年至十九年，陝西大饑華洋義賑會以根本救災，須興水利，於十九年後派工程師來陝籌劃引涇，以原甲種計劃需款過鉅，乃就乙種變通之，計需款約百萬元，乃自動捐助四十萬元，復由該會募得檀香山華僑捐助十五萬元，朱子橋先生捐助洋灰二萬袋，陝西省政府擔任四十萬元，合力爲之。上部築堰鑿洞石土渠工程，由華洋義賑會擔任；下部土渠橋閘等工程，由陝西省政府擔任。十九年冬上部工程開始，陝省政府初議發行水利公債五十萬元，組織水利協進會；繼以人民荒後無力，改由省府撥款。二十年五月開工，二十一年六月工竣。

（二）概論

陝西渭北平原以地質考之，古爲通海湖泊，故土帶鹵性，自鄭國渠開後，始化爲膏沃。東西長約二三〇仟米，南北廣約三〇仟米，面積約三千平方仟米。涇、冶、清峪、濁峪、漆、沮及洛、諸水貫其間，諸水以涇洛二河爲較大，他水皆久爲灌漑用。洛水自漢穿龍首渠不成後，無再議者，涇渠則自明清之間始廢。

渭北土性最宜棉，次麥豆。氣候乾燥，常苦旱暘，故水利爲防災所最不可少者。此次引涇工程，較鄭國爲不足，較白公則有餘。其灌田範圍，以水量有限，仍限於清河以南。受益者有涇陽、高陵、三原、臨潼、醴泉五縣。將來若能蓄引，增加其量，則架橋逾清河以灌臨渭之地，非難事也。

工程計劃，爲於舊廣惠渠口上游，跨河築堰，鑿左岸山腹爲引水洞，至老龍王廟下入舊渠，復拓寬舊渠而整治之，並裁灣取直一段以避涇河之險，至王橋鎭以上與舊渠復合，加以整理拓闢，名曰總幹渠。至王橋鎭以東，分而爲二：一爲北幹渠，循舊渠至三原縣治以東入清河；一爲南幹渠，另開新渠，經涇陽治北至高陵縣治以南入渭河。南北幹渠復分大小支渠數十，有循舊渠者，有新開者，密布如網。

華洋義賑會方面，以塔德爲總工程師，安利森副之。陝西省政府方面以建設廳廳長李儀祉爲總工程師，孫紹宗副之。爲謀工事之統一計，復於二十年夏合組一渭北水利工程委員會，以李百齡李儀祉（孫紹宗代）爲委員，並以李賦林爲委員會中幹事，合謀共濟。自此工事進行，愈見順利。

（三）工程報告

（甲）水文

涇河源於甘肅，自涇陽鍾山谷口計起，其流域面積約四萬平方仟米。上游歧爲二股，西股名涇河，北股名環河，二股至陝甘交界長武縣城附近合流爲一。東南流經邠縣至斷涇入峽，約八十仟米至谷口出峽，而達渭北平原，今渠首工程卽在於是。

西股水清而北股水濁，蓋水流所經過地質不一也。環河流域，大抵爲黃土及第三系之黏土高原，爲溝水所剷蝕甚深，黃土覆蔽最厚最廣之地，在中國境內殆莫過於此處者；累經地震，原崩土裂，壅遏川谷，經夏季水漲，衝決隨流而下，故含泥非常之多。反是西股流域中之黃土黏土，早經剷蝕甚多，故水中挾泥甚少。乾季環河或至涸竭，而西股之水尚源源不絕。

涇河之研究，雖已數年，但尚不能斷言究否可設水庫以均蓄水量。按之觀測所得，涇流於夏季甚無定律，而於冬春兩季則頗有恆態；夏令洪漲非常猛迅，此時所挾泥沙之量亦大逾常額。去年夏季所測最大含沙量之重，至佔水重百分之四十六，以如此泥濁之水，若築水庫以蓄之，則庫內必速致淤滿而失其容量，是否有法以避免此弊，尚待研究。

茲訂灌漑計劃之水量爲每秒十六立方米。其中十四立方米引之涇河，二立方米得之山泉。

涇河流量表

年份		一	二	三	四	五	六	七	八	九	十	十一	十二
民國十一年	最大	—	—	—	—	—	—	—	—	—	—	二八·四	一六·三
	最小	—	—	—	—	—	—	—	—	—	—	二六·五	一四·六
	平均	—	—	—	—	—	—	—	—	—	—	二七·四	一五·五
民國十二年	最大	二〇·六	—	四五·九	五八·〇	三七·五	一七·五	一〇五·〇	九三五·〇	三〇五·〇	五七·九	四〇·一	二七·二
	最小	一三·二	—	二八·七	二三·三	一五·六	一〇·〇	一三·五	一三·九	三一·五	三二·四	二六·〇	八·二
	平均	一七·〇	一六·〇	三六·八	三三·〇	二四·一	一三·八	—	三四七·五	六二·九	四二·二	二九·四	二〇·八
民國十三年	最大	一七·六	—	五一·七	四〇·一	五二·四	二九·三	五四·九	一七二·一	一七六·三	一四九·八	三六·〇	二九·〇
	最小	一一·四	—	二七·四	一六·三	一五·八	一〇·七	九·〇	一三·九	一四·五	一三·七	一八·三	一六·六
	平均	一三·四	—	三六·五	二四·八	二八·二	一六·九	一三·九	六九·〇	二八·六	五六·二	二八·〇	二一·一
民	最大	—	—	—	—	—	—	—	—	—	七七·〇	三六·六	二五·〇

民國十九年		民國二十年		
最小	平均	最大	最小	平均
—	—	一七·四	六·八	一三·〇
—	—	二六·七	一一·四	一六·〇
—	—	五五·〇	一六·九	三一·〇
—	—	二四·七	一三·五	一六·三
—	—	三三·五	八·七	一〇·八
—	—	二九〇·〇	八·〇	三六·五
—	—	二九〇〇·〇	九·〇	八一·〇
—	—	五五〇·〇	一三·五	三一·九
—	—	一四五·〇	一五·〇	三一·九
一七·五	三一·〇	七八·〇	一八·五	二五·六
一八·〇	二四·五	二八·〇	二一·五	二四·二
一六·〇	一九·〇	二四·八	九·〇	一七·六

表中數字示每秒若干立方米

涇河流量於夏漲之後，河水降爲每秒二〇立方米之恆流，至十一月中逐漸減少，十二月內之流量，平均計之爲每秒十六至十八立方米。一月間流量驟減甚低，蓋以結冰後水凍不流，前後幾日間流量有減低至每秒六立方米甚至五立方米者。此時地面亦冱凍，故地下之水爲冰所封，亦貯蓄地內。迨河水面冰結厚，足以制止其繼續結冰，則流量復漸增至每秒十至十二立方米以上，地下水亦漸復能達於河。此種情形經過二月以至三月之半，流量徐徐增加至每秒二〇立方米。其間若有數日乍寒乍暖，則流量亦隨之乍減乍增；但其增減之度，鮮有超過每秒五立方米者。

三月之中，涇河流域中天氣概暖，上游山巔澗底之冰，大致融解，地下之水去其封閉，暢然流出，於是河水頓增，成爲春汛（桃汛）。若冬季嚴寒，冰雪結厚，春季驟暖，則春汛之來常甚猛烈。大概計

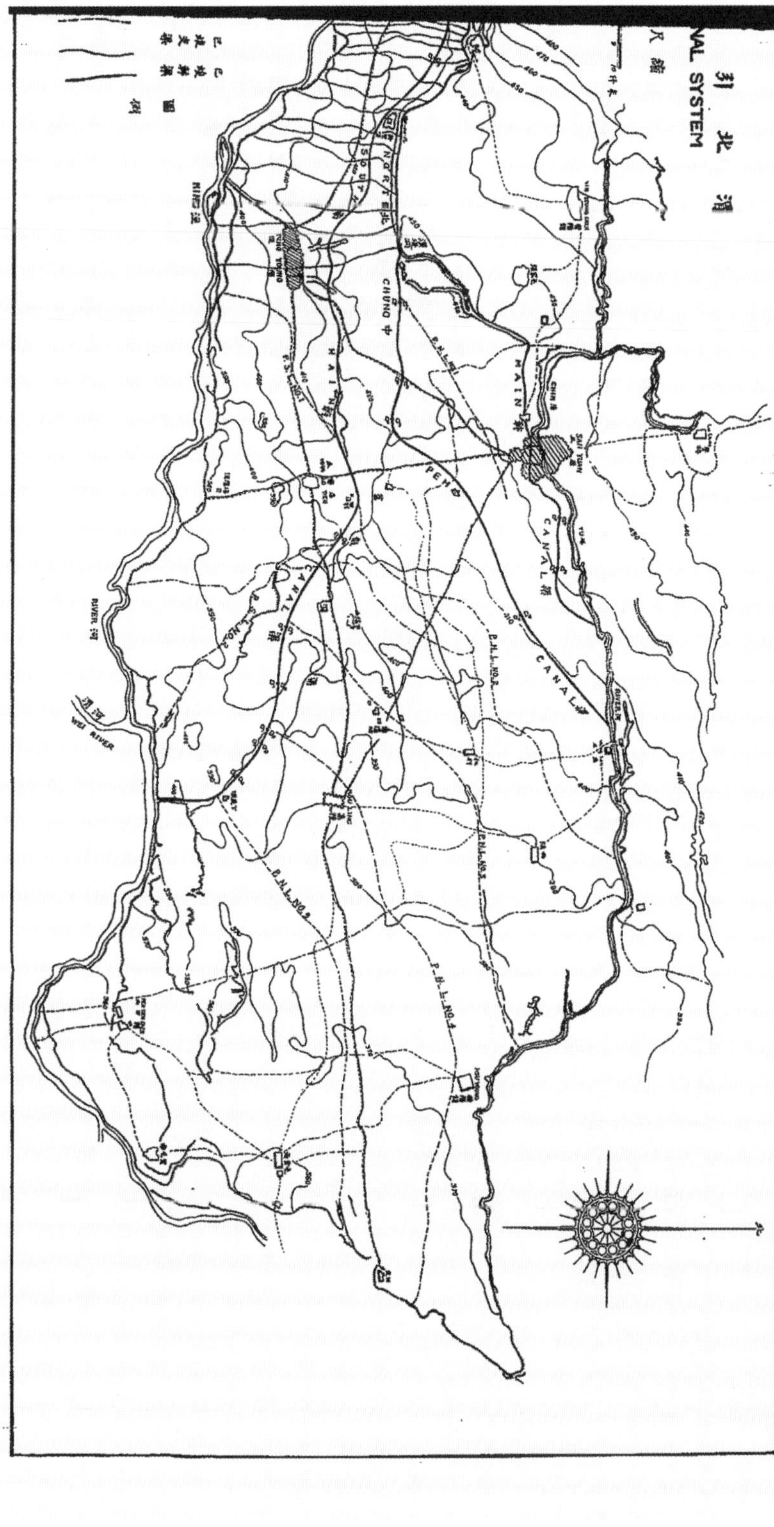
NAL SYSTEM
MAIN
CANAL
PEN
CHUNG
WEI RIVER

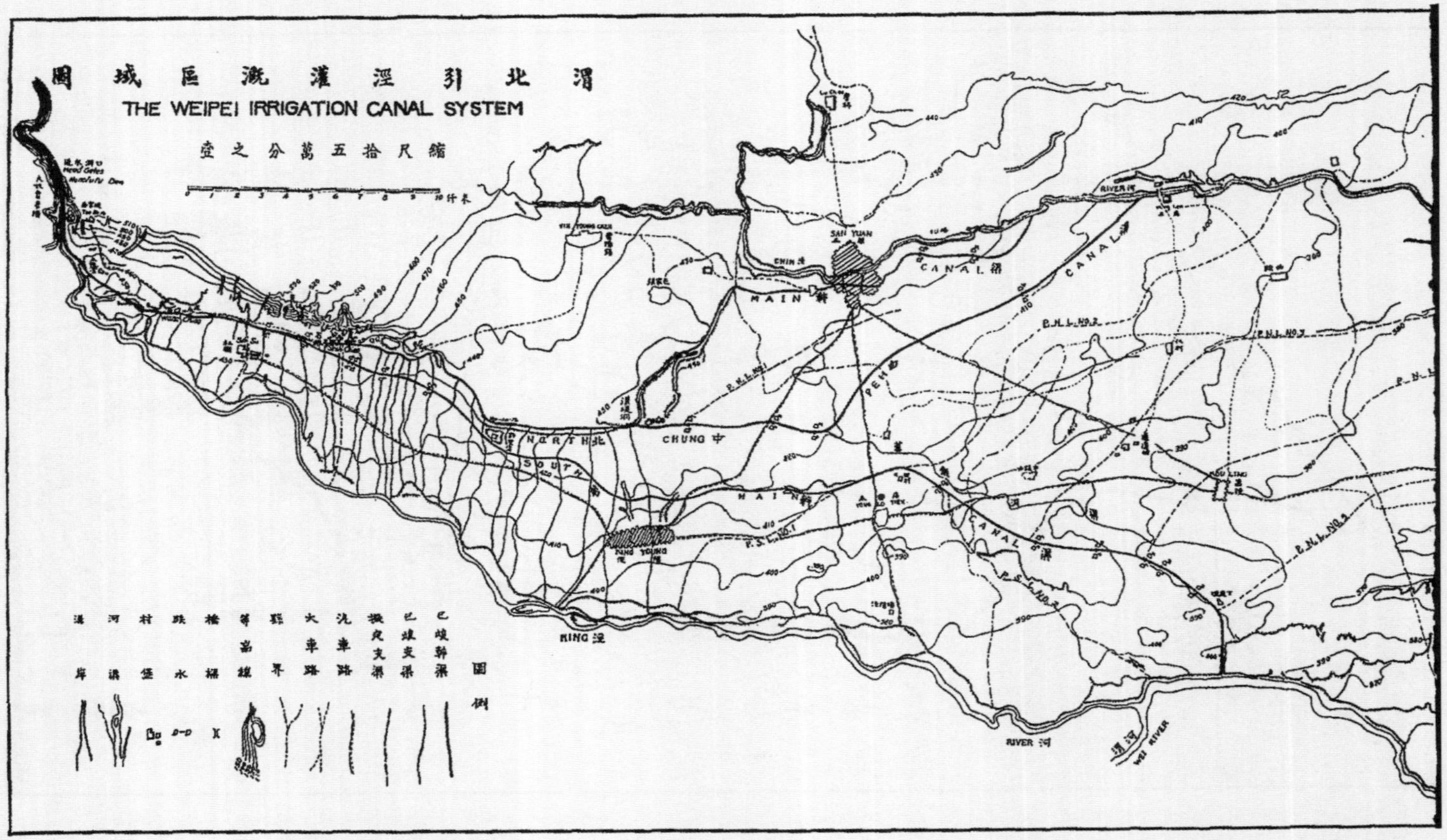
渭北引涇灌溉區域圖
THE WEIPEI IRRIGATION CANAL SYSTEM
縮尺五拾萬分之壹
圖例
已竣幹渠
已竣支渠
擬定支渠
汽車路
大車路
縣界
等高線
橋梁
跌水
村堡
河渠
渠岸
NORTH 北
SOUTH
MAIN 幹
CANAL 渠
CHUNG 中
PEH
SAN YUAN
KING 涇
RIVER 河
WEI RIVER

之，常倍於三月初之流量，而增至每秒四〇至六〇立方米，有時且至每秒一〇〇立方米。　春汛延長約一星期之久，涇流復減低，與十一月下旬初凍之期相等，卽每秒二〇立方米。　若遇最乾之冬，與最溼之冬，此數殆亦稍有變更也。

四月五月及六月內，涇水皆見逐次低減，四月間之涇水平均流量，可爲每秒十八立方米；五月則爲十五立方米；而六月則減至十二立方米。　此數月間，流量大抵有恆，但偶爾小漲，不過每秒一〇〇立方米而已。　此等小漲，泥沙之量不一，視上游降雨之集中於何處而變。　去歲六月二十三日，忽來挾泥甚多之驟漲，幾達每秒三〇〇立方米，但此可以例外視之也。

夏季七八九三個月爲涇河汛期，與中國其他各河一例。　去歲最大洪水達每秒三、〇〇〇立方米，渠首之處十分鐘內水漲三十英尺，洞中工人僅能逃避，但此尚遠未達其最大之程度也。　由計算推測，最大洪水量幾可達每秒一萬五千至一萬六千立方米。　但此等挾泥沙之洪水，殊不適於蓄儲以供灌溉也。　凡此皆須加以切實究研，以免虛糜。

十月間之平均涇流，較他月爲高，而間以數次小漲，多有達每秒百立方米者。　其所挾泥沙，亦不如夏季之甚。

由以上關於涇流之見解，可以知如何利用其水，以爲灌溉之用。　涇水最小之月，實爲一月及六月。一月灌溉不甚需要，水量雖小，亦可供給，六月則頗成問題。將來對於灌溉需求，及涇水流量，經驗愈多，或可於現築之固定堰頂上安設閘板，多儲水量，以濟六月間之不足。

現所擬計劃，以每秒十六立方米，灌溉五十萬至六十萬畝之地爲目的。關於實地灌溉地畝之多寡，論者不一，要之亦視歷年雨量之如何耳。

此後得有充實經驗，當可斷定灌溉地畝之究可擴充至若干，使農民不至感供不應求之苦耳。

（乙）第一期工程

建築工程分上下二部：上部由華洋義賑會任之；下部由陝西省政府任之。屬乎上部者爲：

（一）跨涇河之攔河堰，以陞高水面，便於引水入渠。

（二）引水洞並附有操縱水門。

（三）拓寬舊石渠土渠，以增加流量，由每秒二立方米至十六立方米。

（四）跨渠橋樑，以排山洪而利交通。

茲分述如下：

（一）攔河堰　堰址擇定老龍王廟上遊廣惠舊渠口之上，涇水至此一跌，約二·五米，谷深而狹，兩岸石壁屹然，爲石灰岩及頁岩。堰之大小如下：

頂長……六八米

頂寬……四米

上遊面坡……五分之一比一

下遊面坡……一・一比一

最深處高度……九・二米

石工容積……四、四一三・六立方米

堰以混凝土爲之，估計需用洋灰一萬袋，所以不用石砌者，因合用之石較遠，運轉不便也。

堰身須足以抵抗夏汛十米高之滚水壓力及其衝下之走石，故須極牢固。低水之時，水完全收入渠中以爲灌溉之用。堰址工始於民國二十年春季，先以鑿石洞所出之料作圍埂於東岸，完成一段堰工，中留一孔以備迴水，以底泉及夏汛之擾，進行甚緩。至十月間西岸堰工始行起首，由西岸採石作圍埂，攔水使從東岸所留孔中放出。惟以河底凸凹不平，礫石零亂，迄難使圍埂完全不漏，因之堰工進行中頗多困難。

（二）引水洞　洞長三五九米，洞口明渠長二五米。洞之横斷面積爲一四・八二平方米。入洞之口分爲三孔，每孔高一・七五米，寬一・五米，以混凝土鑲面，有鋼門以齒輪絞盤機司啓閉，機安設於門檻上高十五米處，超越涇河漲水面上。洞工始於民國二十年一月中，並鑿二盤隧，通入本洞，同時由六端鑿起。由美購印格蘇蘭壓氣打鑽機一架以供鑿石之用，二月始到。岩泉甚多，工作處處受累。黃炸藥及不透水藥線，四月始到，此後尚稱順利。八月十七日洞乃穿通，凡費鑿石工七二二三立方米，黃炸藥六二〇〇磅，火藥一〇、五〇〇磅，雷管一七、〇〇〇個，不透水藥線四〇、〇〇〇英尺。

口門工程始於民國二十一年一月，鋼門之設計，使閉門後能抵抗一五米高之水頭壓力，且封閉須極嚴密，以免泥水入洞，而上下滑動貼於紫銅板面，以減摩擦。

(三)拓寬舊渠

(甲)石渠　舊渠寬狹深淺，頗不一律。其長自引水洞出口下接土渠，共一、五二〇米，平均寬二・五米，經拓寬至六米，以容增加之水量。並劃一其降度爲一比二一三，按合舊渠定之。削直其陡曲陡曲二處，以兩新洞——一長二八米，一長四一米——改直之，凡費鑿石工一八、七〇〇立方尺。於民二十年一月開工，於二十一年四月完成。漏水之處，以碎石用洋灰膠灰鑲砌之。

(乙)土渠　上接石渠，下至木梳灣，雖名土渠，而夾雜石礫不少，以下則全屬土質。舊渠狹隘而屈曲，概拓寬之以增容水之量。惟有一段，涇河侵刷逼近渠身，爲渠身穩固計，裁灣取直一段。此段土渠，共長三、七〇〇米，深二〇米，土方共五六一、〇〇〇立方米，且多夾雜石礫。用滑車六十架，以皮繩土籠絞土而下。

華洋義賑會所任土渠工程，下至王橋鎭附近爲止，共長六一五〇米，渠底寬六米，側坡爲一比一。裁灣取直段渠深過八米者，於高出渠底三米處，兩側各設一階，寬二米，階以上兩面側坡爲十分之一比一。土渠全部共費土方七四〇、〇〇〇立方米。

（四）橋梁　上部工程之橋梁與下部異，下部之橋梁以交通爲主，而上部之橋梁除西石橋外，則皆以排瀉山洪由橋面滚過而入涇河爲主要目的，交通乃其次也。

諸橋有舊爲岩洞而改建正式橋梁者三座；有由舊橋改建者五座；有仍用舊橋而加以整修者一座（趙家橋）；有完全新造者二座（民生橋、朱子橋）。　橋之種類，石拱單孔者五座，鋼骨洋灰樑板者四座，甎拱單孔者一座。　淨闊皆爲六米。　甎拱雙孔者一座，淨闊每孔各三米。　此外涵洞二所。

下部工程主要者爲渠工，其次則橋梁、涵洞、跌水、渡槽、分水閘、斗門等工。

（一）渠工　自王橋鎭以西，上接華洋義賑會渠工而下，至兩儀閘，屬總幹渠。　由兩儀閘分爲南北兩幹渠，北幹渠又自漢隄洞分支爲中白渠，爲支渠中之最要者。　支渠衆多，擬修之大支渠長在二百仟米以上，小支渠長在一千五百仟米以上，皆待第二期工程完成之。　茲已完工者爲總幹渠，南北二幹渠及中白渠。各渠位置及渠底傾斜度，可參閱圖四及圖五。

（甲）總幹渠　長約三、四三〇米，橫斷面與上部工程一致，爲舊渠拓寬改作，容水量每秒十六立方米，最多不得過十八立方米。

（乙）南幹渠　由社樹北王橋鎮以西分限，分限之處錫以新名曰兩儀閘，由此完全另鑿新渠，經過涇陽縣治北至高陵縣治南入渭河。渠長共四四、五六五米，渠底傾斜度由千分之一至二千分之一。容水量自兩儀閘起至田村分水閘止，長二十九仟米，爲每秒十一立方米。以下各渠段之容水量，按照輪流灌溉制設計，逐次減少。由此分爲二大支，南支定爲幹渠，容水量每秒七立方米；北支至高陵縣治北，每秒四立方米。幹渠東南行至三八、九六五米處，更分南北二大支渠，中間一支餘水量僅每秒一·五立方米而已。南幹渠在涇陽縣治以西，擬不另開新支渠，即用舊有各斗支渠，加以濬拓。但其水則以南幹渠上架水槽取之北幹渠。涇陽以東諸支渠定線，正在進行中。

（丙）北幹渠　即舊龍洞渠之北限，自兩儀閘至漢隄洞之三限閘，長凡十七仟米。舊制在此分三限，北限至三原，中限至高陵，南限至涇陽。今改分二支，即以北限仍爲北幹渠，東北行，橫穿三原縣城，至圪塔雷入清河，全線長三八、五〇〇米。渠底傾斜度由千分之一至四千分之一，容水量每秒五立方米。至漢隄洞與中白渠分歧而後，容水量減至每秒一·五立方米，至三原東關外減至〇·

五立方米。北幹渠雖爲舊渠改造，而因年久淤積，兩岸隆起，土工並不減省。

(丁)中白渠　自漢隄洞分水閘由北幹渠分出，沿舊渠中限東行至楊五村，棄故道，東北行入清河，共長二四、〇〇〇米，渠底傾斜度由千分之一至二千分之一。容水量由分水閘至楊五村爲每秒三·五立方米，由此分出一支，容水量減至每秒二·五立方米，又行一七、三三〇米，減爲每秒一立方米。

(二)橋梁、涵洞、跌水、渡槽、分水閘、斗門。

(甲)橋梁　屬乎南幹渠者凡五十四座。計木橋十五座，磚拱橋三十六座，磚礅鋼骨洋灰樑板橋三座。

屬乎北幹渠者四十餘座。屬乎中白渠者三十座。皆以板木爲之。

(乙)涵洞　屬乎南幹渠者六座，屬乎北幹渠者兩座。中白渠工未竣，從略。

(丙)跌水　屬乎南幹渠者十一座，屬乎北幹渠者一座，屬乎中白渠者四座。

(丁)渡槽　屬乎南幹渠者三座。

(戊)閘　分水閘凡四處，各渠入河口亦擬設閘。

(己)斗門　屬乎南幹渠者三十座，屬乎北幹渠者二十二座。中白渠工程未竣，從略。

(丙)第三期工程

涇惠渠自第一期工程完成放水灌溉後，卽着手測量及籌辦第二期工程。其範圍爲(一)修補攔河堰缺口；(二)另於總幹渠引水口下游二仟米處，建築引水閘及退水閘；(三)完成第二（北一）第四（北二）第五（北四）第六（北五）第八（南一）等支渠；（四）建築各幹支渠分水斗門；(五)改善南幹渠尾閭退水坡；(六)全國經濟委員會涇洛工程局負擔之修理工程。涇洛工程局所修之工程又包括五項：(子)改善引水設備；(丑)總幹渠修理工程；(寅)北幹渠修理工程；(卯)南幹渠修理工程；(辰)完成支渠工程。

(丁)經濟

(一)第一期工程工費分上下二部各列表如次：

(甲)上部各項工程工費表

項目	類別	數量	工費
(1)攔河堰	混凝土	四、四二四立方米	一一九、八九四·五一元
(2)引水洞及閘門	鑿岩	七、二一六立方米	七五、七七七·〇八元
(3)擴大石渠	劈岩	一八、五七一立方米	四三、五八一·二二元
(4)整理石渠牆及堵塞漏水石縫			一四、二七四·〇七元

(5)擴大舊土渠　挖土　一一三、四三〇立方米　三九、四九五・八七元

(6)挖掘新土渠　挖土　五九九、三一七立方米　二一〇、一七七・五二元

(7)橋樑十二座　六七、一七八・二一元

(8)薪津工具築路　一四五、二七八・四九元

共計　七一五、六五六・九七元

(乙)下部各項工程工費表

(子)總幹渠及南幹渠

土工	九一、三七二・九九元
橋樑	五四、七〇〇・七一元
涵洞	八、〇〇七・五八元
渡槽	六、〇〇五・五〇元
跌水	一五、〇四四・五〇元
閘及斗口	一三、〇〇二・二二元

(丑)北幹渠

土工　五六、三一三・三九元

橋樑　六八、二〇〇・七八元

涵洞　二〇、〇〇六・二一元

跌水　五、八〇〇・〇九元

閘及斗口　八、〇〇四・七七元

（寅）中白渠（即第三支渠）

土工　一六、四四八・七〇元

橋樑　一一、〇〇〇・九三元

跌水　二、〇一〇・三一元

斗口　四、四四八・六九元

（卯）工程經費

經費　一〇八、二七六・二二元

共計　四八八、六四三・五九元

（二）第二期工程費分四項，分述如次：

(甲)陝西省政府涇惠渠工程費

(子)南幹渠渠尾釣魚溝坡水工程費	一、一三〇・〇〇元
(丑)鐵製斗門百套定造及裝設費	一二、〇〇〇・〇〇元
(寅)修築涇陽至社樹分水閘一段汽車路費	四、二二四・〇〇元
(卯)架設高陵等四處長途電話工料費	三、一〇〇・〇〇元
(辰)修築第二第五支渠暨第八支渠下渠斗門及試水臨時費	三、〇〇〇・〇〇元
(巳)修築第三（中白渠）渠尾退水坡工程費	一、一六四・〇〇元
(午)各渠之試水費及興修斗門費	四、一三〇・〇〇元
(未)修理攔河坝工款費	一九、三二〇・〇〇元
共計	四八、〇六八・〇〇元

(乙)北平華洋義賑會工程費表（二十四年四月）

(1)北一支渠（第二）土工	五、六〇〇・〇〇元
(2)北四支渠（第五）土工	一四、六〇〇・〇〇元
(3)南一支渠（第八）土工	一六、〇〇〇・〇〇元

(4)北一支渠（第二）建築 三、九〇〇・〇〇元

(5)北四支渠（第五）建築 一六、〇〇〇・〇〇元

(6)南一支渠 建築 一〇、五〇〇・〇〇元

(7)運輸薪工意外各費 一六、四二三・六二元

共計 八九、五二三・六二元

(丙)上海華洋義賑會工程費表（二十二年六月至十二月）

(1)北二支渠（第四）北五支渠（第六）土工 三二、五五二・四〇元

(2)北二支渠（第四）北五支渠（第六）工程 四、七五〇・四〇元

(3)北二支渠（第四）北五支渠（第六）材料 一二、八三〇・二一元

(4)經費（運輸薪工調查） 四、八六六・九九元

共計 四六、〇〇〇・〇〇元

(丁)全國經濟委員會工程費表

(1)改善引水設備 五一、八〇〇・〇〇元

(2)總幹渠修理工程 八二、五〇〇・〇〇元

(3)北幹渠修理工程　一六、〇〇〇・〇〇元

(4)完成未竟支渠　三一、五〇〇・〇〇元

(5)南幹渠修理工程　二九、〇〇〇・〇〇元

(6)預備費　一一、〇〇〇・〇〇元

(7)經費　二六、五〇〇・〇〇元

共計　二四八、三〇〇・〇〇元

（四）灌溉情形

涇惠渠自二十年六月二十日放水禮成後，至是年年終爲試驗新渠整理斗門，及小支渠時期。二十二年自春徂冬，中經季夏之暴雨，第二期工程進行時期。二十三年度放水效果大增，爲管理局成立，實施管理時期。茲就各年灌溉面積分述如後：

（一）二十一年度灌溉田畝約一千二百頃；

（二）二十二年度灌溉田畝約二千頃；

（三）二十三年度灌溉田畝約五千頃。

（五）水捐

陝西水利局曾訂定涇惠渠灌溉田地水捐暫行辦法，規定涇惠渠普通耕地每畝每年徵收水捐洋五角，園地每年徵收水捐洋五元，藉作涇惠渠管理與修理之用，當經省政府核准施行。原定二十一年秋季開徵，旋以農民災後，痡苦不堪催科，酌量緩徵。故二十一年份僅實收水捐洋四九六元餘。二十二年開徵後，復以人民在荒旱之餘，財力未復，特呈請省政府核准，將水捐按每畝三角減收。計二十二年份涇惠渠灌溉地畝統計約三二七、五八〇畝，按三角計算約可額收洋九八、二七四元。茲以災後民力未紓，再催征，迄今二十二年份水捐實收者爲數僅不過二三、二六〇元。查涇惠渠灌溉地畝，水源供給有時不足，以及泥沙關係，未能全部同等用水，特依據灌溉情形，分二十三年份應徵收水捐爲三等。一等每畝五角，二等每畝三角，三等每畝一角，統計二十三年份灌溉地畝，除豁免水捐地一一六、八八三畝外，計各等級尚共灌地四五三、〇一五·七七畝，預計可額徵水捐一八二、三九五·〇四元。

五　洛惠渠

茲據引洛工程處所擬計劃，採錄於後，此渠正在建修中：

（甲）緣由

陝省荒旱，經六年之久，據各方調查，鄉民流離失所者達二百萬人，炊烟斷絕，村舍爲墟，幸經中外慈善團體，奔走呼籲，募捐賑濟。　然此不過一時治標之策耳，欲求根本救濟之方，則惟振興水利是賴。涇惠渠於二十一年完成後，已澆地四十萬餘畝，十萬災民，生機頓轉，農村復興，成績斐然，是足爲明證也。　關中較大之河流，除渭河而外，涇、洛、汧而已。　涇渠已成，汧本有相當灌溉，奈水量不足，希望殊少。洛河水清流暢，於澄浦二縣交界處，卽漸入平地，而老洑之石峽瀑跌，尤爲天然之壩址。　果自此引渠循坌穿洞以達鐵鐮山南之義井村，長二十餘仟米，爲總幹渠，後分爲東西幹渠，中幹渠及中東中西二幹渠，實施灌溉，則澆地約可五千餘頃，有裨於國計民生，正未可忽也。　茲將擬定灌溉區域之情形，分述於次：

鐵鐮山以北，地勢太高，洛渠所經，能得水利者，僅限於平衍地帶，故灌溉區域，大部均在鐵鐮山以南。　東抵於黃，南至於洛，西北達鐵鐮山脚，成一大三角形，橫亘同、朝、平民三邑，面積約二千三百餘方里，地勢北高而南下，卽所謂馮翊平原也。

（一）疆界及面積

按馮翊平原，包有同、朝、平民三邑，西部屬同，東部屬朝，而極東沿黃河者，則屬平民。　全原約可分爲兩大區：其一爲黃河灘地，凡黃河老岸以東之地，均屬之，地勢窪下，土質肥美，但黃水暴漲，大部分常其二爲高原地，凡黄河老岸以西之地均屬之，地勢高仰，地下水深常在八九丈以下，河水不能達，井水不易起，向無水利可言，居民常苦亢旱，不畏水災，迨夫洛渠成功，即以灌溉此區爲目的。計大荔縣（即同州）八百二十二方里，朝邑縣五百一十三方里，共一千三百三十五方里。除約計村莊坟墓道路及高仰不能灌溉之地爲百分之三十外，則灌溉面積爲九百三十四方里半，合五千零四十六頃。鐵鎌山之北，沿幹渠較低之地，屬蒲城縣者，亦可澆灌至百餘頃。

（二）土質及農產

灌溉區域内，土質悉係黄壤，間有膠泥，不易滲透，肥沃異常，出產以麥棉爲大宗，豆穀包谷等禾次之。朝邑境内有鹽田一區，西起長安屯，東至通仁村，長約八仟米，寬一仟米，乃不毛之土，内有鹽池，出產岩鹽甚多，附近數邑，多利賴之。

（三）村莊及人民

區内包有縣城兩處，及村莊百七十餘所，非僅爲同朝兩邑之精華，亦爲關中最上之沃野。居民樸實，多以耕種爲業，連年荒旱，農村破產，惟沿黄河老岸一帶，因受河灘之益，災情較輕。

（乙）水文研究

洛河流量，向無記載，自民國二十二年三月，始設水文站二處，一在澄城縣之老洑，一在大荔縣東門外之大王廟，逐日觀測。據其報告計一、二、三、十一及十二等月平均流量爲每秒十一立方米，四月爲每秒十立方米，五月爲每秒八立方米，六月爲每秒六立方米，七、八、九、十月爲洪水時期，最大流量爲每秒二千四百一十三立方米。水性甜淡，宜於引溉，至漲水時之含沙量竟有時超過百分之五十者，泥性肥美，灌溉停淤，可代肥料。洛惠渠內水量規定爲每秒十五立方米，其分配灌溉水量及禾稼每次用水深度，約略估計，列表於次：

附註：老洑水文記載，詳洛惠渠工程計劃圖中。

洛惠灌溉區需用水量與渠內供給水量比較表

月令	節令	灌水深度（糎米）春禾田	灌水深度（糎米）夏禾田	灌水深度（糎米）冬禾田	灌溉面積（畝）春禾田	灌溉面積（畝）夏禾田	灌溉面積（畝）冬禾田	需用水量（萬立方米）	實用水量（加百分之三十消耗）（萬立方米）	渠內流量（每秒立方米）	每月渠內供給水量（萬立方米）	用水量與給水量之比較
一月	小寒大寒	—	—	—	—	—	—	—	—	一二	三、一一〇	+
二月	立春雨水	—	—	—	—	—	—	—	—	一二	三、一一〇	+
三月	驚蟄春分	一〇	—	—	一五〇、〇〇〇	—	—	九三三	一、二〇〇	一二	三、一一〇	+

月份	四月	五月	六月	七月	八月	九月	十月	十一月	十二月	附註
節氣	清明 穀雨	立夏 小滿	芒種 夏至	小暑 大暑	立秋 處暑	白露 秋分	寒露 霜降	立冬 小雪	大雪 冬至	
	—	—	八	一〇	一〇	一〇	—	—	—	洛惠灌溉區在大荔境內約八百二十二方里，在朝邑境內約五百十三方里，共計一千三百三十五方里。除村莊坟墓道路佔地約百分之三十外，實有灌溉面積約九百三十餘方里，合五千頃，冬禾田（小麥）佔半數，合二十五萬畝，春禾田（棉花）佔三成，合十五萬畝，夏禾田又分兩類，播種於夏初者佔二成，合十萬畝，播種於麥後者亦約佔二成，合十萬畝，是以夏禾田在麥前爲十萬畝，在麥後爲二十萬畝，灌水深度，春禾田全年佔蓋四十八蓋米，夏禾田全年佔蓋四十蓋米，共逐月分配情形，有如表列。
	一〇	—	一〇	一〇	一〇	—	—	—	—	
	一〇	一〇	—	—	—	一〇	—	一〇	—	
	—	—	一五〇、〇〇〇	一五〇、〇〇〇	一五〇、〇〇〇	一五〇、〇〇〇	—	—	—	
	一〇〇、〇〇〇	—	一〇〇、〇〇〇	二〇〇、〇〇〇	二〇〇、〇〇〇	—	—	—	—	
	二五〇、〇〇〇	二五〇、〇〇〇	—	—	—	二五〇、〇〇〇	—	二五〇、〇〇〇	—	
	二、一五〇	一、五三六	一、三五二	二、一五〇	二、一五〇	二、四五八	—	一、五三六	—	需用水量，係以灌溉面積乘灌水深度，每華畝合六一四．四平方米。
	二、七九五	一、九九七	一、七五八	二、七九五	二、七九五	三、一九五	—	一、九九七	—	農戶取用水量，未必悉能吻合需要情形，且地形高下不平，必有損失，故加消耗量百分之三十。
	一〇	八	六	一五	一五	一五	一五	一二	一二	洛渠流量定爲每秒十五立方米，但有時洛河流量小於此數，就二十二年實測情形，逐月酌定如上。
	二、五九二	二、〇七四	一、五五五	三、八八八	三、八八八	三、八八八	三、八八八	三、一一〇	三、一一〇	每月平均以三十天計，共有二、五九二、〇〇〇秒，乘以流量等，逐月供給水量如上。
	−	+	−	+	+	+	+	+	+	比較結果，六月份微嫌不足，其餘各月均尚超裕。

(丙)工程

引洛工程計劃可分爲三部：

(1)總幹渠工程，自老洑進水口起至義井村北分水閘止，計長二十一仟米，又四百米。

(2)支渠工程，自總幹渠終點之分水閘起，沿鐵鐮山脚。一段東行入黃河灘爲東幹渠，長二十八仟米又三百米。一段西行入洛，爲西幹渠長十二仟米又四百米。自上述分水閘南行至長家坡爲中幹渠，長六仟米。再由長家坡分中東中西兩渠，中東渠長二十一仟米三，中西渠長十一仟米一。

以上五渠共長七十九仟米一百米。

(3)雜項工程，即實施工作以前，必須先行預備之工事，如修道路建棧房設電話等。

(一)總幹渠工程

總幹渠爲全渠樞紐，選勘之適當與否，非但關乎修築之省費，更有繫於久後之安全，故對之應特別審愼。經數次勘測比較其優劣，始選定現時之渠線，茲略述之於次：

老洑滚水堨，位於洑頭村西洛洑（係一瀑跌深七米俗名洑）之上，河床及兩岸盡係石灰岩，河床平坦石層整齊，且向上游傾斜，爲最適宜之堨址。河底寬十八米，西岸斜坡約一比四，東岸約一比三，雖稍有雜岩，惟層甚薄，極易鑿去。堨之中軸在洛洑以上六十米，堨頂高於河床十六·二米，堨底最寬處爲二十一米，埧頂寬五米，頂長一百五十米。　昔日洛河無水文記載，據調查二十二年洪漲爲數十年來所僅有者，每秒約二千四百立方米，含泥沙量達百分之五十。　今爲安全計，假定洪量爲每秒三千立方米，則埧之上游水面，可高出埧頂四・八米。　於滚水埧施工以前，先於洛河西岸開鑿臨時洩水渠一道，再築臨時小埧，使上游洛水，盡入洩水渠，流往埧基之下游，俾埧基涸出，以便工作。

總幹渠自攔河埧上游洛河東岸起，開掘土渠（底寬爲五米，兩岸坡度爲一比一，傾斜度爲二千五百分之一。）　距進水口約二百米之處，設渠閘及排洪閘，爲全渠控制機關，平時調濟渠內水量，洪水時防泥水入渠。　渠閘設二孔，門以木製，鑲以鐵板，由人力絞齒啓閉之，如此可按渠水量之多寡，隨意啓閉。　旁設排洪閘一座，二孔，洪水時期所有入渠之泥水，盡由此宣洩入河。

自幹渠起點至六百二十米處，爲四十餘米高土崗，渠穿土崗鑿二百六十四米長之第一號隧洞，高二・七八米，寬三・六米，洞底傾斜度爲千分之一，水之横斷面爲六・三七平方米，流速糙率爲〇・〇一二，平均流速爲每秒一・四八五米，四週用料石水泥砌拱，厚約三分米，每洞口之翼牆及護片均用料石，洞身長每三百米，酌穿透風井，以接濟洞内之空氣。

第一號隧洞之南口，爲老南溝，深約四十餘米，平時並無流水，溝之南岸，即爲第二號隧洞北口。

第二號隧洞長七百七十七米，餘同一號，中穿透風井一個，深約三十八米。　自二號隧洞南口至奪村溝，長八百六十一米，幹渠均爲土工。奪村溝深約三十米，寬約五十米，幹渠經過此溝，擬架設鋼骨水泥渡槽。幹渠自奪村溝至曲里小河間二千五百餘米，亦爲土工。

曲里小河行經一深溝中，溝寬一百餘米，深二十五米，小河最大流量約爲每秒四十立方米，幹渠經過此溝，擬架設鋼骨水泥渡槽。自曲里小河至椿號十五仟米地點（幹渠起點椿號爲零）幹渠經過之處，地形複雜，其間擬建橋樑四座。最大之旱溝爲合什溝，深約二十米，寬約六百米，擬堵塞溝之兩端，於洪水之時放淤墊實。

椿號十五仟米處卽爲第三號隧洞北口，廟底溝爲第三號隧洞南口亦卽第四號隧洞北口，楊泉溝爲四號隧洞南口。第三號隧洞長五百七十四米，第四號隧洞長一百八十四米，第二號隧洞穿透風井一個，深三十五米。

楊泉溝深約二十米，長約二千米，幹渠利用經行其中以抵鐵鎌山麓椿號十七仟米又七百五十四米處開掘三千零六十米長之隧洞，以至鐵鎌山之南，而達義井村。

鐵鎌山高約一百米，第五號隧洞橫穿其間，擬穿透風井十個。

以上總幹渠工程計劃，攔河滚水壩壹座，隧洞五段，共長四千八百八十三米；明渠十六仟米又四百一十七米；渠閘及排洪閘一座，防險退水閘三座，渠橋涵洞等二十八座。

（二）支渠工程

東西兩幹渠線正在測勘中，兹就地形圖約略估計，全線長四十仟米又七百米，因多行於山脚，排洪渡槽甚多，約計橋樑十座，橋樑並排洪渡槽二十五座。

支渠底寬三米，兩岸坡度一比一，渠底傾斜度由一千五百分之一至二千分之一，挖深平均二米，每仟米土工合一萬立方米。

中幹渠及中東中西兩幹渠：中幹渠長六仟米，中西渠長十一仟米又一百米，中東渠長二十一仟米又三百米，共長三十八仟米又四百米。　中幹渠共跌落三十米，中西渠跌落十五米，橋樑涵洞及渡槽共三十座。

支渠斗門：支渠甚多，約略計算在七十道以上，統由農民自行開挖，惟斗門可由公家建設。

（三）雜項工程

修理汽車路，由大荔縣修汽車路至老湫，長約六十華里，再由船舍渡修至石馬，與前路銜接，長約四十華里，以爲轉運材料之用。

建築棧房，老湫、王武、義井等處，無有房屋，儲存水泥等項材料，各建臨時棧房一所。

設置電話，由大荔至老湫及各監工所，均需裝置電話，則與工時指揮較便；將來渠成以後，尤爲管理所必需，計長約二百里。

以上各項工程所在地點，詳見各項工程位置圖，另有工程計劃詳圖，以供估計工料價值。

（丁）洛惠渠工費估計表

事項		估計工款數 元角分	備註
總幹渠工程	滾水壩	二〇九、六四六・〇六	
	洞	三七六、九一二・一五	
	土工	一七三、〇〇〇・〇〇	
	進水口	八、二五〇・〇〇	
	渠閘	一二、三〇三・〇三	
	退水閘	八、四九二・一〇	
	渠橋	一二二、七五五・九四	
	橋樑	一六、五二四・九二	九二七、八八四・一九
支渠工程	東西兩幹渠	一〇六、三四〇・〇〇	
	中幹渠及中西中東兩幹渠	八二、四〇〇・〇〇	
	支渠斗門	二八、〇〇〇・〇〇	二一六、七四〇・〇〇

項目	細目	金額	小計
雜項工程	修理汽車路	四、〇〇〇·〇〇	
	建築棧房	六、〇〇〇·〇〇	
	設置電話	八、〇〇〇·〇〇	一八、〇〇〇·〇〇
工具及雜費	購備抽水機氣壓機及儀器	二五、〇〇〇·〇〇	
	購備運土鐵車	七、〇〇〇·〇〇	
	購備運料汽車	一〇、〇〇〇·〇〇	
	零星工具	五、〇〇〇·〇〇	
	轉運輕便鐵道	八、〇〇〇·〇〇	
	職員出勤費	九、〇〇〇·〇〇	
	雜項	一〇、〇〇〇·〇〇	七四、〇〇〇·〇〇
工程預備費		八〇、〇〇〇·〇〇	
管理費		一五〇、〇〇〇·〇〇	
合計		一、四六六、六二四·二〇	

(庚)工程利益

渠成後可澆地五千頃，即五十萬畝產棉每畝以五十斤計，可值洋十五元；產小麥每畝最少一石五斗，穀可二石，均值洋十餘元；即以每畝獲值十元計之，每年產獲可值五百萬元。現時地價，僅每畝五元，渠成二年後，可增加數倍。凡此利益均在農間，公家因管理養護工程，每畝收水捐五角，每年可收二十五萬元，除養護費五萬元外，每年可餘二十萬元。

六 引渭灌溉

引渭灌溉工程計劃，由黃河水利委員會導渭工程處所擬定。約計灌田九十萬畝，預算二百三十餘萬元。民國二十三年秋，陝西省政府曾與上海銀行界接洽借款一百五十萬元，辦理此項工程，想不日即可着手也。

該計劃原載於黃河水利月刊第一卷第十期，爰節錄如次：

（一）灌溉區域

本計劃於郿縣城西築棚河堨，並從北岸穿渠，由幹達支，可灌溉郿縣及扶風縣境之三道原，至武功縣境，漸展至二道原，至興平縣境，益展至頭道原，至於咸陽以東為止，或更擴展至高陵縣境涇渭合流處為止。共灌五縣地，約九十萬畝。其地土質為黃壤及黏土所合成，惟黏土成分甚少，近河灘地間有沙土，若得灌溉，俱肥沃異常。農作物為麥、豆、黍、穀、芝麻及苧麻等，每年一熟。渠成以後，得水灌溉，可植棉稻，增進收益爲量必巨；且可每年一熟，生產力不止增加一倍。自五年旱災以後，農民轉徙流亡，未盡復業，田畝頗有荒蕪，又必待水利之開發而後始能盡量耕種也。

(二)工費概算

攔河滾水壩及渠道並各項建築物，如渠閘跌水渡槽橋樑涵洞等，均正在設計中。茲先約略估計各項工程費用於後，惟其數目不無伸縮之餘地，須俟計劃完成之後，方能具體確定也。

(甲)攔河滾水壩

(一)壩身長約五百米，壩身高六米，洪水量每秒六千立方米，壩頂過水三·八米，壩身體積一九、〇〇〇立方米，每立方米工料價十五元五角，共洋二九四、五〇〇元。

(二)沖淤設備共洋二〇、〇〇〇元。

(三)壩舌長三十米，厚一米，體積一五、〇〇〇立方米，每立方米工料價十元，共洋一五〇、〇〇〇元。

(四)岸牆壩身上遊長五十米，下遊長三十米，兩岸共長一百六十米，高八米，體積約五、一二〇立方米，每立方米工料價十元，共洋五一、二〇〇元。

以上四項共洋五一五、七〇〇元。

(乙)總幹渠

(一)土工渠底寬九・五米，渠身三米，岸坡一比一・五，挖土面積平均四二平方米，渠長約一百仟米，土方四，二〇〇、〇〇〇立方米，每立方米工價一角五分，共洋六三〇、〇〇〇元。

(二)渠閘及排洪閘工料價共洋二二、〇〇〇元。

(三)退水閘擬設三座，每座工料價約五、〇〇〇元，共洋一五、〇〇〇元。

(四)跌水工料價共洋一〇、〇〇〇元。

(五)武功渡槽土工約一、三八〇、〇〇〇立方米，每立方米工價一角五分，共洋二〇七、〇〇〇元。 涵洞十座，每座工料價二、〇〇〇元，共洋二〇、〇〇〇元。 渡槽工料共洋三〇、〇〇〇元，以上共洋二五七、〇〇〇元。

(六)橋樑及涵洞共洋五〇、〇〇〇元。

以上六項共洋九八四、〇〇〇元。

(丙)幹渠

(一)土工幹渠五道，共長約二〇〇仟米，渠底寬三米，渠深二米，岸坡一比一・五，挖土面積平均一二平方米，土方二、四〇〇、〇〇〇立方米，每立方米工價一角五分，共洋三六〇、〇〇〇元。

(二)渠閘五座，每座工料價約一〇、〇〇〇元，共洋五〇、〇〇〇元。

(三)跌水工料價共洋一五、〇〇〇元。

(四)渡槽橋樑及涵洞工料價共洋四〇、〇〇〇元。

以上四項共洋四六五、〇〇〇元。

(丁)斗門

共約一百二十道，每道工料價約四〇〇元，共洋四八、〇〇〇元。

(戊)工事設備

建築閘埧渠道應備工事設備及雜項開支，如輕便鐵軌、鐵車、運輸汽車、修理汽車路、棧房、電話、抽水機、木料、鐵料、器具、脚手及臨時工程各費，共洋一二五、〇〇〇元。

以上五種工程共洋二、一三七、七〇〇元。　加工程行政費百分之十，洋二一三、七七〇元，總計洋二百三十五萬一千四百七十元。

(三)渠成後之利益

引渭灌溉渠工告成之後，可灌田九十萬畝，地價現時每畝僅值五元左右，以涇惠渠成例計之，已灌之地，每畝可值三十元至四十元，又每畝生產收益之增進，以十元計，每年共值九百萬元。　關中民生疾苦異常；救濟之法，實以開發水利爲根本。公家因管理養護工程，每畝應徵水費五角，每年收入四十五萬元。除管理養護費五六萬元外，每年盈餘四十萬元。則建築所費六年卽可清償。以後且可擴充水利事業，卽以渭河流域而論，有待於開發者正多，是故統公私兩方面言之，興辦灌溉工程，實爲最有利益最安全之企業。

七 汾水灌溉

汾水舊有河渠五百餘道，灌田一百四十九萬五千一百餘畝。現正擬開新渠，並正擬整理汾水計劃。茲就舊有及擬開各渠表列如後：

項別／縣別	舊有渠 道數	舊有渠 里數	每年灌溉畝數	擬開新渠 道數	擬開新渠 里數	增加水田畝數	備考
曲沃縣	五	五五	八、六〇〇	九	一二〇	一七、〇〇〇	
新縣	三〇	一九〇	二六〇、〇〇〇	延長	八〇	九〇、〇〇〇	
介休縣	二〇	一九	一二、〇〇〇				
陽曲縣	二三	一七〇	四九、〇〇〇				

孝義縣	二〇	一七〇	二五、〇〇〇			
稷山縣	二五	一八	三、八〇〇			
隰縣	二	一〇	一〇、〇〇〇	二	七	一、〇〇〇
寧武縣	三	九	一、二〇〇	二	六〇	七、〇〇〇
清源縣	四	一三〇	五〇、〇〇〇	六	五〇	二〇、〇〇〇
襄陵縣	四	一〇〇	二〇、〇〇〇			
文水縣	一〇〇	三九〇	五四五、〇〇〇			
趙城縣	一〇四	六〇	三九、八〇〇			
河津縣	八	三〇	二七、七〇〇			
靈石縣	五三	二三〇	九、三〇〇	三	三〇	一、二〇〇
交城縣	五六	三六八	一二、八〇〇	一五	八五	四、〇〇〇
靜樂縣	一	二	三〇〇			
新降縣	三	一〇	七、〇〇〇	二	五〇	四八、〇〇〇
洪洞縣	三〇	五三〇	一七〇、〇〇〇	二	一〇	六、〇〇〇
汾西縣	一〇	八〇	四七、〇〇〇			

平遙縣	五	二五	七〇、〇〇〇	三	六〇	二〇〇、〇〇〇		
臨汾縣	七	二六	三二、〇〇〇					
太原縣	三〇	六〇〇	九四、六〇〇					

八 洛河灌溉

茲就沿河灌溉渠道表列如次：

縣別	渠名	渠身 長度(里)	寬度(尺)	深度(尺)	引水河道及地點	灌溉田畝數量	佔用民田數量	現任渠長姓名	備考
盧氏	朱陽渠	四	五	二	朱陽河自朱陽街頭	四〇〇		吳重熙 張自強	
	北蘇村渠	二	二・五	二	澗河北蘇村街頭	三〇〇	一〇	王之順	
	蔣渠村渠	一	二・五	二	澗河自村西引入	二五〇		陳殿林	
	陶灣渠	四	二	二・五	澗河自街頭引入	四〇〇		任子久	
	文峪渠	五	三	二	文峪河自該鎮引入	五〇〇			
	杜關渠	二	四	二	杜關河自該關街頭	三〇〇		麻子巽 何老四	

洛寧	萬廟渠	三三	八	六	引水洛河在東仇村南	三、三〇〇	七九·二	黃種強	
	永興渠	一六	七	五	引水洛河在經局村西南	一、九〇〇	三三·二	李紹傑	
	新興渠	八	六	四	引水洛河在草莊村西北	一、七〇〇	一四·四	吉連卿	
	永利渠	二〇	八	五	引水洛河在王夥村正南	一、四〇〇	四八	張毓賢	
	普濟渠	一五	八	四·五	引水洛河在東馬院村東南	三、〇〇〇	三六	王懷義	
	民生渠	一五	八	五	引水洛河在禮村南	一、五〇〇	三六		
	復興渠	二〇	六	五	引水洛河在西王村西北	一、七七〇	三六		
	盡力渠	三〇	六	五·五	引水洛河在孫桐村北	二、五〇〇	四五	孫振東	
	豐畬渠	一五	四	五	引水洛河在水南村西	一、〇〇〇	一八	彭學詩	
	天一渠	一七	六	四	引水洛河在河碼頭村南	一、五〇〇	三〇·六	李生光	
	安業渠	八	六	五	引水洛河在寨子村北	一、七〇〇	一四·四	黃祿恩	
	民樂渠	五	三	三	引水洛河在坡頭村北	三八〇	四五	李龍恩	
	利濟渠	二二	九	八	由橋頭村西洛河引水	五、四〇〇	一〇〇	黃振曜	
	普濟渠	二六	六—八	五—九	由裴莊南洛河引水	九、〇〇〇	四五	張心恭	
	惠濟渠	三〇	九—一〇	七—二〇	由南村洛河北岸引水	一一、〇〇〇	一〇〇	楚功奇	

洛陽	大清渠	四〇	一二	六—二〇	洛河圪壋村	一一、〇〇〇		鄧文治 陳士彥	
	新興渠	二〇	一〇—一二	六—一二	洛河圪壋村	九、〇〇〇		白會梅	
	大明渠	二〇	一二	八	洛河青陽屯	一二、〇〇〇		郭子厚	
	古洛渠	四五	一五	六—二〇	洛河青陽屯	三一、〇〇〇		楊振標 葉青鑾	
	伊渠	八	一二—一五	八—二〇	伊河龍門東北	四、五〇〇		王法修	
	通津渠	一四	一〇—一二	六	洛河魏家屯	四、六〇〇		王用昭	
	小清渠	八	八—一〇	六—七	伊河八里堂	三、六〇〇		張鳳儀	
	平心渠	五	三—五	三—五	洛河黃龍廟	七〇〇		關振河	
	甘鶴渠	五	三—五	二—五	洛河上河村	八〇〇		李全河	
	洛惠渠	五	六—八	三—七	洛河苗灣	七〇〇		姚孝傑	
	北公興渠	二〇	一〇—一三	六—一六	伊河龍門	九、三〇〇		張治河	
	太和渠	八	三—五	三—六	伊河龍門	九〇〇		常清奮	
	天籟渠	七	一〇	五	伊河裴村	九〇〇		宋文化	
	盤石渠	三	三—五	三—七	伊河裴村	五〇〇		馬德良	
	清康渠	八	四—七	三—七	伊河裴村	五六〇		·	

	協濟渠	四二	一〇—一三	三—三〇	洛河宜陽下河頭	二二、〇〇〇		魏明祥 崔鴻善	
	永樂渠	二〇	八—一〇	五—二〇	洛河黄龍廟	七、三〇〇		趙廷選 董蘭芳	
	洛宜渠	四五	一〇—一二	五—三〇	洛河宜陽東后莊	二〇、〇〇〇		金純楷 李少捋	
偃師	漭溪渠	三	七	三	孫灣東鎮	三五〇	六	石則水	
嵩縣	永定渠	一四	一二		賈家橋起引伊河水	一、二〇〇		傅炳文	
	樂豐渠	一五	一〇	三	香爐石起引伊河水	一、三〇〇		汪家鸞	
	橋北渠	八	九	三	由霞村引伊河水	七、〇〇〇		席雲甫	
	東上渠	八	七	三	由城南關引伊河水	五〇〇		程連陞	
	永義渠	五	八	三	引水伊河岩口湯邊河	三〇〇		王子毅	
	義生渠	二	五	二	安溝口起接前渠	三〇〇			于廷鑑經理
	永生渠	二	三	二	由瑤溝口起接前渠	三〇〇	五		王孔章經理
	南莊渠	三	八	三	由乾溝起引伊水	六〇〇		任咸齋 田仲三	
伊川	重興渠	三	八	五	由洛河紅土崖處	二〇〇		韓祝三	

九　沁河灌溉

茲就沿河灌溉渠道閘名表列如次：

項別／縣別	閘名	渠名	舊有渠道數	舊有渠里數	每年灌溉畝數	擬開新渠道數	擬開新渠里數	增加水田畝數	備考
沁縣						三	一五	一、六〇〇	
安澤縣			九	二六	一、七〇〇	一	四	一〇〇	
沁水縣			三	一〇	一、〇〇〇				
陽城縣			一	五	三〇〇	三	九	二〇〇	
沁源縣			一〇	一〇	三、〇〇〇				
沁陽縣	勝利閘				二、〇〇〇				民國十七年建築
	自利閘				二、〇〇〇				民國十七年建築
	順利閘				二、〇〇〇				民國十七年建築
	羨利閘				三、〇〇〇				民國十七年建築
	增利閘				三、〇〇〇				民國十七年建築
	王曲閘				二、〇〇〇				民國十七年建築
	解住閘				二、〇〇〇				民國十七年建築

	因利閘			五、〇〇〇				民國十七年建築
	振利閘			三、〇〇〇				民國十七年建築
	純利閘			六、〇〇〇				民國十七年建築
	麻利閘			四、〇〇〇				民國十七年建築
	冏利閘			一〇、〇〇〇				民國十七年建築
	同利閘			三、〇〇〇				民國十七年建築
	均利閘			六、〇〇〇				民國十七年建築
	樂利閘			三、〇〇〇				民國十七年建築
	福利閘			三、〇〇〇				民國十七年建築
	民生閘			五、〇〇〇				民國十七年建築
	宏利閘			四、〇〇〇				民國十七年建築
	益利閘			三、〇〇〇				民國十七年建築
	慶利閘			五、〇〇〇				民國十七年建築
武陟縣	贊森閘			一〇、〇〇〇				清光緒四年建築
	和濟閘			五、〇〇〇				民國十四年建築

普育閘	一〇、〇〇〇	民國十三年建築
贊育閘	八、〇〇〇	民國七年建築
公議閘	八、〇〇〇	民國三年建築
豐利閘	五、〇〇〇	民國十七年建築
統一閘	一〇、〇〇〇	民國元年建築
普濟閘	三、〇〇〇	清同治時建築
潤生閘	四、〇〇〇	民國十三年建築
廣濟閘	二〇、〇〇〇	民國十二年建築
安瀾閘	四、〇〇〇	民國二十年建築
宏濟閘	四、二〇〇	清光緒七年建築
沁潤閘	七、〇〇〇	清光緒七年建築
永固閘	三、〇〇〇	清光緒六年建築
濟衆閘	二、〇〇〇	民國元年建築
豫泉閘	四、〇〇〇	清光緒五年建築
廣濟閘	一、〇〇〇	民國十三年建築

惠濟閘				四、〇〇〇				清同治十二年建築
永賴閘				四、五〇〇				民國十七年建築
利濟閘				一〇、〇〇〇				民國元年建築

第四章 墾殖

黃壤若有充分之水量，卽富自肥之能力，惟含有鹽及鹼量頗多（詳拙著黃河流域之土壤及其冲積。） 故若用黃河之泥沙以放淤，則可肥田；用黃河之水以冲鹼，則可變石田爲沃野。漢人之歌曰：「涇水一石，其泥數斗，且漑且糞，長我禾黍。」 可見黃水糞田之功，古人已見之審矣。安瀾紀要徐端亦有放淤之論，惟其注意點，乃化險爲平之一法，非以利墾殖也。

孟津而下本爲黃河之冲積平原。然因黃河所挾之泥沙粗細不勻，其爲細粒所淤澱者則爲佳壤，若爲粗粒，則成沙田。因沙之成分不同，又有輕沙重沙飛沙之分。再以河身水面常較隄外田地爲高，因河水外滲，及於田地，地面常濕，受日蒸發，則土質變爲鹼性。是故沿黃一帶沙鹼之田，實在不少；卽以山東而論，可在千萬畝以上。豫冀魯交界一帶平原，若濮縣、鄄城、菏澤、東明、長垣、攷城、蘭封，尤夥，更西則開封等處皆在沙漠圍繞之中。豫省全境雖尙無統計畝數，然以土法鍊製硝鹽之充斥，已可證其爲量之巨。

人民對於沙田毫無除理之法，惟希冀於黃水漫溢之時，再淤爲良田而已。對於鹼地則有翻鹼及刮鹼之法。翻鹼者，每於耕種之時，將地面之土翻於六寸深之地下，再將地下之土翻於地面以資種植。刮鹼者則將地面上之鹼土刮去一層，再於新土上種植。人民且可借刮去之土以鍊製硝鹽，營蠅頭之利。

今山東與河南皆欲改良土地，用不同之方法，以期達同一之目的。山東已於王家梨行試辦成功，現在紛紛繼起。其法卽利用虹吸淤田之法。蓋以河水水位，常較地面爲高，引用虹吸之理，至爲簡單。又以人民畏河之暴，不敢開隄放水，引用虹吸之法，又極安全。然自民國十八年倡其端，今始克着手，亦可見創始之艱也。河南改良之動機，係以私鍊硝鹽，既有礙於稅收，且有害於衛生。爰由全國經濟委員會，河南建設廳，河南鹽銷局聯合於民國二十三年秋，組織河南省整理水道改良土壤委員會，以資進行。其水源一由黃河虹吸而來，一自賈魯河接引，現正開始進行矣。以上二法，目的不同，蓋一則放淤，一則洗鹼也。茲分別論之。

一　放淤

虹吸淤田計劃，爲山東建設廳所創議，已於王家梨行試辦，著有相當成效。將來如能將千餘萬畝之沙鹼地，變爲佳壤，則其裨益民生，實非淺鮮矣。該廳計劃如次：

(甲)虹吸管

普通一般人對於虹吸管，恐怕還有點懷疑，不妨在這裏略說幾句。虹吸原理，極其簡單，就是把管子一端插入水位高的水內，一端放於水位低的池內，或較低的地上，用抽空或灌水的方法，使管內大部分成爲真空，這時候大氣壓力就會把水迫入管內流於池內，或地面。 在黃河隄上，用虹吸管引水最爲相宜，其利有三：

（一）虹吸管可在大隄上安設，與閘門或涵洞不同。 不用開隄，就可引水，人民不會懷疑，起來反對的。

（二）虹吸管引水的一端可用活接，使管子上下移動，這樣所取的水爲近水面的泥水，不是純粹帶着沙子，不會把田地變成沙灘的。

（三）虹吸管構造簡單，價值低廉，而且不用動力，就可引水，當然沒有燃料的損耗。

虹吸管內徑的規定，以製造經濟爲原則。 茲擬設計十四、十八、二十一、二十六、三十、及三十八英寸的六種。 不足十四英寸的虹吸管，水量有限，除作試驗以外，似乎不值得安設。 三十八英寸以上的安築及運用，都比較困難，使用長久，也容易發生毛病。 若遇三十八英寸虹吸管水量仍不足用時，可酌設兩組以上，似較妥善。

虹吸管的水頭，就是黃河水面和隄外引水池水面的差度。 水位高，水頭就大，水位低，水頭就小。 茲以歷城王家梨行一帶地勢來作標準。 該處溜道附近地勢較低，水位低〇·三〇五米（一英尺），平均洪水位水頭爲二·八四米（九·三〇英尺，）平均高水位一·四九米（四·九〇英尺，）平均中常水位一·〇九米（三·五七英尺，）平均低水位〇·三九米（一·二八英尺。）

虹吸管的流量，用印度公式（看印度灌溉工程第二百四十七頁）計算：

$$V=8.025\sqrt{\frac{hd}{(1+f_o)d+4fl}} \cdots\cdots(1)$$

V＝流速以每秒英尺計；

h＝水頭以英尺計；

f_o＝0·5，爲進水口水頭損失因數；

f＝阻力因數，用0·00332；

l＝水管長度以英尺計。

$$Q=A\times V \cdots\cdots(2)$$

Q＝虹吸管流量以每秒立方英尺計；

A＝虹吸管橫斷面以平方英尺計。

茲假定管長爲五一米（一七〇英尺，）灌水深一分米半（六英寸，）蒸發及滲透損失作爲百分之五十，用前邊規定各虹吸管的尺度及水頭算出灌田畝數，可列成一表，以便設計。

虹吸管的價値，隨尺度而異。假設管長一百八十英尺，按前邊規定管徑，約略估計如次表：

虹吸管之價値

管徑以英寸計	每組價値以元計
38	16,000.00
30	12,000.00
26	10,000.00
21	6,000.00
18	4,000.00
14	3,000.00

選擇虹吸地點，應注意下列數項：

（一）接近沙碱地，以不開引河爲原則。

（二）直接吸水於不易改槽的河流。

（三）基礎要堅固，最好在石壩上。

（四）免避正衝大流的地方。

（五）免避容易淤墊的地方。

虹吸管地點既經勘定，就在該地點測量大隄橫斷面。在這斷面圖上，就可把管子的長度規定了。

虹吸管的設計可分兩種：(一)抽水式(二)灌水式。

抽水式虹吸管上下兩端都斂着插入水內。用噴射器(Ejector)或真空喞筒(Vacuum Pump)抽出管內的空氣，兩端的水都受着大氣壓力，升入管內。若上端管內的水，超過灣曲最高處管底水平線，水便開始溢流到下端管子裏，一部份水就從管子下端出來。此時管內的空氣愈少，流出的水量愈大，及至空氣抽淨，水就盡量的流出了。

灌水式虹吸管上下兩端都裝置水門。先將兩端的水門閉住，向管子最高處漏斗裏灌水，灌滿之後，關住漏斗通管的活門，同時開管子兩端的水門，就自然會本着虹吸作用，從高處流到低處去。

這兩種設計，抽水式虹吸管較爲簡單，因爲兩端不設水門，省却許多機械的裝置。但抽水設備是不可少的，如真空喞筒，帶着柴油引擎，或噴射器帶着蒸汽鍋爐（Steam boiler），或壓氣機（Air Compressor），都是很值錢的。又引水池內，也須有蓄水設備，不但常常使水淹沒着下端管口，而且須有足量的水，供給抽水到管子裏。灌水式虹吸管兩端管口須裝置水門，但灌水時所用的水泵（Pump），製造簡單，價值極廉，且引水池內也不必設備蓄水。這兩種設計，以設備上說，彼此互有長短。然以水頭損失而言，灌水式就遠不如抽水式，所以工程規模小的，灌水式虹吸管尚可使用；工程規模大的，總以用抽水式虹吸管爲合宜。

（一）進水門　虹吸管的末端，須裝置進水門。本廳設計擬取下列三種樣式：

（甲）喇叭口（Draft tube）式；

（乙）截水口（Gate Valve）式；

（丙）蓮蓬口（Foot Valve）式；

喇叭口式進水，喇叭口向下用活動平蓋開閉。管口開門吸水時，河水從周圍水平進管口，河底沙子不易吸入。

截水口式進水門，就是普通水管上用的截水門，不過管頭上附一喇叭口。管口宜向前安放，使門開時河水可以水平進入喇叭管口，這樣也不容易吸入河底沙子。

蓮蓬口式進水門，就是普通離心吸水機的蓮蓬頭。因爲門係自動的開閉，所以口門非向下安放不可。入水過深，最容易把河底沙子吸入管內。但其構造簡單，在河深的地方也可使用。

（二）吸水管　就是插入河中吸水的那一部份管子，上端有活軸，裝置於支架座上，下端用鋼絲繩連於起重機，能上下移動。黄河內六尺深以下的水含泥沙較多，吸水管能隨着水位升降，吸取泥沙較少的水。

(三)活接　吸水管上端緊接的,就是活接。普通用的有兩種:

(甲)球形活接(Globe joint);

(乙)柔韌活接(Flexible joint);

球形活接,多半用生鐵鑄的,三十英寸以上的,非有特別大的車床,不容易鏇好,且周圍盤根(Packing)使用日久易於透氣。柔韌活接有兩種,一種是用鋼絲簧與純橡皮做的,一種是用帆布橡膠和鋼絲簧做的,無論尺度大小都不難製造。

(四)送水管　就是吸上來的水接着送水到水池的一部分管子,這部份管子,在大隄高處裝置,不可水平安放。因據河南花園口試驗結果,水平安放,不易上水。就是說水在管子裏經過最高灣處以後,應當漸漸的順流下去,纔可不至受空氣的影響。

(五)出水門　送水管的末端,設有出水門,不必特別設計,用普通截水門,另附一喇叭管口即可。

(六)空氣室　虹吸管水灣曲最高處,須設空氣室。其用途有二(一)開虹吸管時,閉住進出水門,將抽水機帆布管子插入空氣室的漏斗內,灌水灌滿之後,閉住活門,再開進出水門,水就自然流出。(二)水在管內流行,常常帶來一部分空氣,若不把空氣引到空氣室排去,漸漸的就會停止水流。

虹吸管的土木部分,就是基礎管槽和涵洞,分別說明如下:

（一）虹吸管基礎 基礎最要緊的地方，就是支架座。吸水管帶水的全重，都得支架座承荷。以二十一英寸管子說，承荷的重量就有六千二百五十磅，所以支架座洋灰基礎之下，應再打木樁承受重量，不可靠着大隄的石埽。因爲石埽下石塊若再加壓力，保不住發生變動。起重機的基礎也須同樣的方法建立。至於送水管的基礎，每節管子法蘭（Flange）之下，安於洋灰座上，就穩固了。

（二）管槽及涵洞 虹吸管經過大隄上，可用磚砌管槽保護。汽車大車經過的地方，須建設涵洞。

以上所述虹吸管的機械和土木部份，不過略敘其大概，所有各部詳細設計，另有專門報告，不再贅述。

（乙）淤田方法

黄河的水被虹吸管引到隄外引水池後，自然是經過幹渠支渠，總能灌到田地裏去。但是用甚麼方法把沙地鹼地淤成肥美的農田，纔算得最經濟辦法，不可不仔細研究一下。按普通淤田，是把田地分成若干正方或長方的畦子，周圍築上土堰高一·三米，用含着泥沙的水灌到畦內，深約一米，俟沙泥沉澱以後，再把澄淸的水，導入排水溝洩去。依洪水時黄河含沙量百分之一·六（以容量言）計算，每年灌淤兩次，有三四年可淤泥一分米七八，就變成良田了。但是在現在的虹吸工程上，除少數重沙地方應用大的水量漫淤以外，其餘普通沙鹹地，還是用普通灌田的地方灌淤，似乎較爲經濟，其原因有三：

（一）虹吸管內徑有限，流量不能很大，若灌水一米以上，就把虹吸管的水頭減低，因之流量減少。

（二）普通沙地祇要地內不缺乏水分，沙子就不會因風吹起，所種的莊稼，自然沒有埋苗和露根的傷害，這樣就可得到相當的收穫。

（三）據地方人民經驗，鹹地上若落雨四寸以上，就可把鹹質墜到莊稼根梢以下，若屢次落雨，那鹹質不會爲害於莊稼的。

就拿二十一英寸虹吸管來比方的說，每次灌水一分米半，全年灌水四次，可灌田六萬八千畝。若是灌淤兩次，每次灌水三英尺，僅可淤田一萬一千三百畝。灌水愈深，淤成良田的時期愈短，受益面積竟相差在六倍以上，可就太不經濟了。如每年加灌泥水，分爲數次進行，年復一年，沙鹹之區都可慢慢的淤成良田的。

沙地鹹地雖然是同樣的灌水，以維持地內水分爲目的；但鹹地灌水，則以壓下鹹質爲原則，至於灌水時期，於未淤成良田以前，却不論甚麽合時不合時，祇要黄河水位能把河水引到田地裏，就可用水灌淤。既經灌淤的田地，縱然本年不得耕種，留到明年再種，亦未嘗不可，因爲灌區愈擴大，淤田愈經濟，是一定而不可易的道理。

在山東黃河沿岸從來沒有利用河水施行過灌溉；所以灌田的地方，也有詳細述明的必要。在淤田工作裏，除虹吸管以外，尙有引水池，量水門，渠道，圍堰，平田水門，和排水溝，分別述明如下。

（一）引水池及量水門　虹吸管出口的水，速度甚大（二·八四米（九·三英尺）的水頭，在三十八英寸虹吸管出口，有每秒鐘四·九四米（一六·二英尺）的流速。有這樣大的流速，不用說是沙土，就是堅硬的陶土，也要沖成深坑。所以須設引水池，把水的速度逐漸的和緩的減少到渠道裏水的速度，方爲合法。引水池的出口要够大，務使水在池子裏順着渠道水面坡度流出去。因爲口門窄小，出水不利，池內的水位勢必抬高。這樣不惟增加渠水速度，沖刷渠身，而且縮小水頭，減少水量。

引水池內，和虹吸管吸水處須各安設水尺，以便隨時記錄水頭。渠道口上流速均勻的地方，應當建一量水門，用以記錄虹吸管的出水量。

（二）渠道　有了淤田區域的面積，就可用虹吸管灌田畝數表，規定虹吸管的尺度，和組數。然後用最高水頭算出最大的流量，這最大的流量，就是設計幹渠根據的流量。再在地形圖上，沿着地脊規定幹渠的線路。

淤田的渠道應當注意的就是泥沙問題，含泥沙的水在渠道裏經過，流速太大，保不住沖毀渠道；

流速過小，泥沙便要沉澱。又在虹吸淤田工程裏，渠道坡度可直接影響於水頭，間接影響於水量。水渠坡度變陡，水頭縮小，水量因之變小。平緩的坡度，固然可以增加水頭，但同時可以減少水量的流速。最好先就地勢及流量，假設一坡度，及橫斷面。用下列二公式：

1. 苦托(Kutter)氏公式

$$V=\frac{23+\frac{1}{n}+\frac{0.00155}{s}}{1+\left(23+\frac{0.00155}{s}\right)\frac{n}{\sqrt{r}}}\sqrt{rs}$$

V＝速度，以每秒米計；

n＝糙率；

r＝水力半徑，以米計；

s＝坡度。

2. 肯泥的(Kennedy)氏公式

$$V_o=0.84D^{0.64}$$

V_o＝臨界速度(Critical Velocity)以每秒英尺計；

D＝渠道水深以英尺計。

算得水的速度與臨界速度後，若水的速度等於或大於臨界速度，據印度工程師的經驗，泥沙就不至沉澱，坡度就可與橫斷面同時規定了。

據沙地的居民稱說，每年陰曆正月至四月底爲大風時期。泥重的地方，在這時期之中，沙土飛揚，迷漫空中，堆邱壞堅，動變地形。在這種情況之下，開挖的渠道，沒有不漸漸填平的道理。爲免除填渠的損失，我們有兩種辦法：

(甲)開挖短渠，建築圍堰，先淤近處，逐漸及遠。

(乙)在大風時期後開渠，渠道的路線，以順着風的方向爲原則。渠道開挖完畢，接着就引水灌田。待第二年大風來到，渠道左右兩岸能灌到的田地，絕不會飛起沙來；縱然有遠處的沙子飛來，也可以順着渠道飛去。這樣沙子爲害就無足輕重了。

沙地上的渠道，滲透損失甚大。在美國工程上，或在渠內鏇洋灰一層，或地面下埋般洋灰管子，都是防止沙地滲透損失的建築。但此種建築費款甚巨，在中國的現在，是談不到的。如取土不遠，費工不大的地方，可於渠道接水之面，培一層好土，大大的可減少滲透損失。沒有好土，亦不甚要緊。泥水流在沙渠裏，經過相當的時期，自然會把渠道淤成好渠。不過起初放水時損失較大罷了。

幹渠路線，既已決定。就可在左右兩岸，按着地勢，分開支渠。流量多寡，按所灌的田地面積決定。兩支渠距離遠近因土質堅鬆而定。以黄沙土說，至遠不可過四百米。

(三)圍堰及平田　灌田的方法甚多，然而黄河兩岸大部分係黄沙土質，最好是用長方形圍堰方法。由支渠引入田地的水量須有每秒鐘〇·一一三至〇·一七立方米（四至六立方英尺）；圍堰範圍的大小，全看土質如何，纔可規定；普通長九一·五至三九六·〇〇米（三百至一千英尺），寬九·一五至三〇·五米（三十至一百英尺），堰高二二·八至三八·一分米（九至十五英寸），寬〇·九一五至三·二五米（三至十英尺）。灌水時期，不宜太久，應以二分鐘灌一畝爲限。田地於未灌水以前，應當整理平坦；不平的田地，高處或水不能到，淺處水分不足，深處灌水過多，滲透損失甚大。

(四)水門　水門擬設四種。幹渠中設閘門，支渠口設渠口門，支渠内設分水門，圍堰上設堰門。關閘門，開渠口門，幹渠的水就可流到支渠裏，再關分水門，開堰門，就可把支渠的水引到田地裏。各水門另有詳細設計，暫不細說。

(五)排水溝　碱地經灌水之後，所有地皮上面的碱，可以順着受地心吸力下行的水，沉到地面以下。但是地下水面若不降低到相當程度，不久因毛管吸力和水分蒸發兩種作用，仍可以把碱質返回地面。沙地灌水滲透較快，但地下水面如接近地皮，地質立即變成板硬狀態。據本地農民經驗，在此狀態之下，任何莊稼都不生長。以此看來，無論碱地或沙地，地下排水，實爲不可少的工程。所以每一處淤田工程，須先覓得洩水河道，或其他出路，然後就地形低下部，分定排水幹溝的路線。各支溝以每距一五〇米埋一道陶土管子爲適宜。幹溝深三米，陶土管子深二・四四米。如嫌陶土管子費錢，在閘堰下端開挖排水明溝，亦可排水。溝水流量因灌田渠水量而異，以沙土地言之，排水量約爲灌地水量之半數，如係陶土，五分之一就行了。

二　洗鹼

河南省整理水道改良土壤委員會，擬改良土壤銷除硝鹽，早定計劃，應用灌溉與排水並重之原則。排水所以洩積潦，使硝鹽質隨水流而去，不得上升地面。灌溉所以藉其沖刷之力，以引去表面之碱質，而增加農產。另施耕作方法，自可使碱質逐漸改良，而成沃土。是以灌溉之水，應清潔，無害於農作物；排去之水，含有鹽碱，不可復作灌溉。故灌溉渠道與排洩水道，應分別爲二系統，不宜合而爲一。

該計劃中之水源，取給於黃河，以虹吸管引之。除於進口處設法減少含沙外，再引賈魯河清水，爲冲淡黃水之用，以期減低平時含沙之比率。在洪水期內，則斷絕虹吸黃河之水，全用賈魯河引來之淸水，以冲洗渠道之積沙。

引黄地點擬於柳園口黑崗口，及中牟上汛六堡三處設置。引水線並向東延長至民權、虞城一帶，以洗灌該區之硝鹽地。並浚鑿賈魯河之十六泉，以利水源。

該計劃估計用款五十萬元，灌田五千頃。現雖正擬進行，然最後之計劃尚未確定也。

三　海口墾荒

黄河口海灘，計三四百萬畝，荒蕪未墾，殊爲可惜。編者前曾擬「黄河口之整理及其在經濟上工程上之重要」一文，載於大公報科學週刊，今節錄有關墾殖者數端如下：

查自淸咸豐五年河決銅瓦廂改由今口入海以來，垂八十年，淤出灘地，每二年半內約可增出一仟米，迄今三角洲寬約六十五仟米，合計面積約爲三百七十萬畝。（按淤出之地尚無一定數目，有者稱四百萬畝，有者稱二百萬畝，上數係由估計而來，故暫以該數爲準。）海濱一帶有如此龐大淤田，竟毫不整理，棄富源於不顧，間接影響魚鹽之利，爲可慨也！

黄河至利津以東並無正式河道，今年北流，明年則東南，縱横其間，如入無人之境。利津至海口尚有百二十餘里，河務局之職權及隄防，只能達到利津東之寧海村，再東則無人知其情狀者矣。後經過訪地方人士，始得一熟悉河道之船夫，問之，則云已有二年未至海口，大概河現行南道，卽由寧海東流也。該地情形之隔離於人世者如是。本擬乘船下行親自視察，據稱下行須二日，回程則恐非三四日不可，又以該地之治安不敢保險，以致未得深入，爲可惜也。

今更略述新淤荒地之情形。該處土壤極爲肥腴，出產多麥豆及花生，年種一次，實幹並茂；惟以人烟稀少，故未能盡其利。已墾之田，多在濱、蒲、利、霑等縣界間，亦有升科者，其東則多爲未墾荒地。未升科者，則由人民承租，證書有兩種：一爲承墾證書，定二年三年或五年爲試期，每畝納國幣二角五分；二爲所有證書，卽承墾試期滿後，於特定期間內換此證書，以憑永久營業，並令每畝納地價一元五角，墾丈費二角，證書費二元等費，以完手續。霑化之馬場租地，分爲三等：一等每畝一元二角，二等一元，三等八角，（見前報載山東省府決定改變馬場租田方法，未見全文，姑用此數。）閱者必以爲此等荒地已逐漸開闢矣，而國家之收入亦必有可觀也。孰知不然！山東省墾丈收入預算年止萬餘元，（今年實收較此數爲多，特註）以此三百餘萬畝之淤地，整理得法，卽以每畝收租一元計，已有三百餘萬之數，若再設備適宜，生產可增，則每畝增至一元五角，則每年可有五百萬之收入，較今日之預算，其差爲何如耶？其有裨國庫民生又何如耶？

論者謂：河口既有如此肤壤，奈何無人注意，且在人烟稠密之山東，而至今尚未開發耶？曰：此正所以可驚也！　人民甘願走關東，以捨近就遠；德、臨一帶之無恆產者，常於收穫之季，荷鋤耒而往，工畢仍返老家，一若有洪水猛獸之不可久居者，其焦點果安在乎？　吾重思之，得其要點凡六。　且各問題皆非難解決者，要在政府稍爲努力整頓，人民卽如平旦之望光明，趨附之惟恐不及，事半而功倍也。

（甲）治安之不能維持也：各地不安，已成我國普遍之現象，非獨此三角洲爲然也。　惟其荒涼無人，不肖之徒，作逋逃之藪，愈集愈多，已不堪問。　要知人民稀少與匪患乃互爲因果，人民稀少，則勦擊亦難。　例如魯西一帶，號稱多匪，近數年已絕跡，固由於省府之督勦，亦借助於人民之自衛也。　果人民自衛團體辦理完善，則匪患可免，而生產亦日益興。　又如廣東三角洲佔全省富源四分之三，年可出保安費七百萬元。　可知匪患一端，不能認爲阻止墾殖之有力理由也。

（乙）黃河之漫溢也：河口情形，既如前述，則洪水之時，三角洲上漫溢爲災，人民耕種咸感不穩；人或將謂此問題必爲難解決者，蓋以黃河號稱難治，數千年來皆無適當辦法，漫溢禍患之免除，談何易耶？　不知此可論之全河，非可言於今日之河口也。　蓋自利津以下，歷來治理者，非不能也；如最小限度之隄防，尚未修築，卽以河口爲難治，非滑稽乎？　故爲今日計，第一步卽爲固定該段河槽，則漫溢之患可免；換言之，卽事先修築隄防耳。　目今利津已有河尾隄工委員會之組織，辦理隄工事宜，惟經費不裕，尚在停頓中。　政府若不注意，人民以利害關係，遲早必將實現。　然河道方向之適宜否？　寬度河身之合理否？應即日規劃，免貽後日之糾葛。尤有進者，對於此事，政府決不可專靠人民之修築，必自動進行，河口方有整理之希望也。

（丙）交通不便利也：河口一帶平原，汽車路之修築，自非難事，而長途電話，魯省近年來之成績亦甚著，且所費至省。下窪（淤灘上之港口）距霑化十五里，距滄縣只一百五十里，至天津五百里耳。其他碼頭如堤子口、陡頭崖等是。故此項工程，費用不多。

（丁）無淡水供飲料也：關於此點，因對土層尚無確切張本，不知有甜水層否，可先試行鑽探，以求了解；即不可時，尚可引河水暫爲應用也。

（戊）經營之不得法也：對於各機關，多注重其收入，非獨此淤地機關爲然也。以年代已久，積習難除，多係不丈而放，故競以捨瘠就肥，重複壓蓋，領少種多等爭執相訴訟。而各地之四至不明，多寡之數目未悉，皆由未丈量之故也。

（己）土豪之把持也：以前種種困難，皆由此而生，其罪惡實大。彼以經濟勢力，出少數金錢，領多數地畝，並提高租價，轉租農民，盡力敲剝。凡有爭執，彼必能以其獨有之能力，得最後之勝利。彼等對於一切，皆有優先權，久居地方，情形熟悉，而政府所派之經管職員則時常調換，諸事尚有須請教於彼等者，其氣焰更烈。對外則作反宣傳，謂土地之如何貧瘠也，河患之如何可畏也，生產之如何低劣也，盜匪之如何橫行也。 若政府遣派委員調查時，彼等更利用此等手段包圍，以致此大好富源，竟無人知之。 迨夫其計已售，則可永久把持，爲害之烈，不更勝於洪水猛獸耶？

河口之大概情形，已如上述，整理之法，可分爲關於政治者及工程者兩種。 其關於政治者，爲改革管理組織，與協同地方勦匪而已。 其關於工程者，又可分爲範圍較大者與較小者二種。 然須工程與經濟兼顧，則可先按小範圍計劃進行，迨至淤田之生産日增，即可逐漸發展也。

據河尾隄工委員會計算，隄工止用五萬元，但太低薄。 既立隄防，則必漫溢潰決兼顧，如此則非一百五十萬元不可。 至於其他設施，若道路電話，臨時碼頭，墾殖銀行等，均需二百萬元（注意：銀行之款，並非開支，惟因其爲開辦費，故列入。） 以三百五十萬元之開辦費，整理三五年後，每年即可有五百萬元之收入。 迨乎生産日增，將與廣東三角洲並駕齊驅，有裨國利民生，不亦偉哉！ 謂余不信，河口非遙，派專家詳加查勘，深入其境，所費又値幾何？ 我國謀國庫之增收者，多事加税，鮮及生産，即有言生産者，亦多喜談空論，不切實際。 新疆如何富庶也，西藏如何開發也，誠有其必要矣；然捨近求遠，目前之地，尚未能盡其利；短期内即可有成效者，輒棄之不顧，實屬所不可解者。

若此工程完竣，在地方可振興實業，增加富源，然事關治河，似應統籌辦理。 一切開辦費用，宜由中央治黄經費項下撥支，其後每年之收入，除一部分爲發展地方事業外，概作治河經費。 若係治標計劃，每年除各省仍按照原有河工經費開支外，增此數目，則決口漫溢之患必可免。若爲治本之圖，則以河口收入作抵發公債或借款，皆屬易舉。故吾謂治理河口，卽所以籌治河之經費；謂河口治，全河得治，亦無不可也。

四　結論

墾殖與灌漑常不可分。凡在旱荒之區，類須灌漑；惟有鹼沙及未墾之田，有待於特別處理者，故分論之。以上所述，概爲沖積平原之黃河，其他尙無調査；卽本章所述者，亦僅在萌芽，只能引起社會人士之注意者而已，實行之效果如何，尙不敢言也。

第五章　航運

在海運陸路交通之發展以前，黃河乃運輸之幹線。徵諸禹貢，記載頗詳。唐堯之時，帝都東南西三面距河，故四方貢道皆以達河爲至。冀州北方貢賦之來，自北海轉碣石，南向西轉，以達於河。兗州之貢賦，則浮濟、浮漯，以達於河。青州則浮于汶，達於濟，轉入漯，以達於河。徐州則由淮入泗，由泗入菏，轉經濟、漯，以達於河。揚州則沿江入海，由淮而泗，輾轉達於河。荆州則由江轉漢，逾陸而達洛，自洛以至豫州之南河。豫州則以去帝都近，豫之東境，則逕自入河，西境則浮於洛而入河。梁州則浮於潛，越沔而北，逾陸以達於渭，東渡入河。雍州之貢道二，其在東北境者，則自積石至西河；其在西南境者，則會於渭汭。九州以外之貢賦，若崑崙、析支、渠搜三國，則由積石以達河，冀州之島夷，則由碣石以達河，揚州之島夷，則由淮泗以達河。於是可知古時黃河乃航運之總滙，交通之中心，濟、漯、淮、泗、汶、菏、江、漢、沔、渭，則其供輸運之支線耳。

惟後世河患之防禦，甚於航運，故多救其急，是以記載較簡。然迄上古以至有宋，帝都多在黃河附近，一則固取其形勢之險，一則亦利其交通之便也。漢唐建都關中，漢漕仰山東，唐漕仰江淮，運途所經，河渭爲其幹。宋都汴梁，四衝八達之地，漕運分四路：曰汴；曰黃；曰惠民；曰廣濟，而汴爲最重。蓋以汴河由滎縣與河洛滙，東南流經鄭、汴京、陳留、寧陵、永城、宿、盱眙，而達淮。黃河則自大名東北流，頗似今日之衛河道也。迨至明清建都燕京，則又以運河爲主幹，而河決則病漕，故論治河之策，必兼顧及漕運。明胡世寧言：「今日之事，開運道最急，而治河次之；然不治河，則運道不通……」可見其所急矣。

迨海運開，而運河之效能失，鐵路興，而內地之航運廢。然吾人將果聽黃運二河之交通絕乎？考運河與鐵道在交通上各有其利益，各有其適當之貨運。民國二十二年綏遠麥收極豐，而東南苦災。然平綏鐵路卒不克救濟者，其理由果安在乎？美國之鐵路，網佈全國，而鑿運河之工程仍年繼不絕，其理由果安在乎？ 今者吾國之交通僅在萌芽時期，則驟捨黃運，聽其淤塞與漫流，殊有未當也。然一得海運及鐵路而卽視黃運二河如敝屣者，亦非無因也。實以其航道護養之困難，故一有代替，卽棄之弗用也。近世學術昌明，用以解決航運問題，自更有新穎之策略。惟所應注意者，防災與航運對於治河所需要之條件，是否一致，如何以達到雙方之目的，實費精密之考慮也。

可知唐以前，黃河爲交通之總滙，宋則爲副線，及至明清，則視爲有害於漕運，今則毫無航行之可言矣。復興之責，端賴吾人，茲就航運之現況言之：

一 蘭州至河曲

民國二十三年春，山西太原綏靖公署，約華北水利委員會查勘寧夏河曲間航運，該會轉約作者前往，當即應允，及期則以黄河水利委員會急待組織，則由該會工程師王華棠等於六月前往，有調查報告，今節錄其航運章如下：

（甲）通航時期

黄河於立冬前後結冰，至翌年清明前後開河，俗有「立冬半月不行船」及「立冬流淩，小雪封河」之諺。 計全年開河時期約八個月，封河時期約四個月，而行船時期不過七個月餘。 黄河河流遷徙無常，頗難得固定之航線，惟河套交通，仍以水運佔全數貨物百分之七十。 凌汛過後，五六月間，水位最低。 伏汛流量激漲，河水散漫泛濫紛歧，似無正流之可尋。 大汛以後，水位漸落，水勢亦殺，束入正槽，直至封河無大變動，故俗有「八月踏窠，冬河即不改變」之諺，蓋謂河水於八月間大汛後，即自尋窠巢矣。

（乙）船筏種類及航行情形

黄河上中游船隻，可分皮筏、木筏、七站船、五站船、高幫船及小划子六種。 茲分述如下：

（一）皮筏　皮筏分牛皮、羊皮二種。 牛皮者較爲普通，又分大小二種。 每年自甘肅東下者，約四百左右。 其構造以整個牛羊皮，加以補綴整理，外塗以油，使之柔軟，吹氣使脹，浮於水中，謂之紅筒。

聯百餘紅筒架以木排，乃成大筏。　置貨其上，以七人駕之。　合數十紅筒以成者則爲小筏，以五人駕之。　如運載駝毛羊毛時，則以之裝塞紅筒中，故亦有稱爲毛筏者。　大筏載重約四萬斤，小筏約三萬斤。　皮筏到達目的地後，卽將貨物及木排發售，而將紅筒以駱駝運回，作下次之用。

（二）木筏　寧夏以西，如洮河等處產木最盛。　黃松白松，其質極佳。　居民編爲木排，附載貨物於其上，順河下流。　木筏大小不等，大者木料重約四萬斤，至寧夏包頭等處發售之。

（三）七站船　船身長約十二米，中部寬六米，兩端漸窄，僅三·五米，船高一·五米，底平，較船面爲窄，船板厚約半分米，係楊柳木質釘綴而成，構造至爲簡單，其名七站者，言船深有七板之高也。　船分三艙，中艙梢短，船夫五人，一人掌舵，餘四人下水搖櫓，上水拖纜。　舵長幾與船等，動轉至不靈便，載重下水可達四萬斤，上水僅四分之一。　船行速度，如天氣晴美，夏秋之際，水勢較大，下水每日可行七十仟米，上水則不過十數仟米耳。

（四）五站船　其形勢構造與七站船同，惟較小。　載重不過萬斤。　爲數無多，概行短程。

（五）高幫船　船身長在十米以上，中部寬五米，兩端漸呈尖形，寬僅一米餘，底平，船高約一米半，兩端則翹起，載重在二萬斤以上，木質構造與上兩種同，航行運轉較爲靈便，其舵長不過當船身之半耳。

（六）小划子　船身甚小，一人搖槳，極爲輕靈，僅供乘坐三數人，不足以載重貨，順水飄蕩，其行至速，渡口處擺渡亦多用之。

寧夏以上水路運輸，幾完全恃皮筏、木筏兩種，下行達包頭。七站五站高幫諸船，則行於寧夏包頭之間者爲最多，其數恒視年之衰旺而不同。下水所載以皮毛、藥材、糧食、鹽碱爲大宗，至包頭河口諸地，再運售於内地各省。上水則裝運洋廣雜貨，轉銷於寧、甘、蒙、新一帶。惟西北荒凉，人民生活至爲簡單，於洋廣貨物需要無多，故往來運輸，殊難平衡也。

黄河船筏之構造形式，首尾完全相同。其順流下行也，任其飄浮，櫓舵均置不用，中流水深流急，舟行至速，且無擱淺之處。惟遇風起，則舟行路綫，不能完全依恃水流，遂不得不藉櫓舵之力以矯正之使歸正流。但此僅於微風時可以施行，若風勢稍大，則櫓舵力有未逮，必須靠岸停泊而後可。寧夏河口鎮間，河面至寬，除石嘴子至河拐子一小段外，並無急湍，隨時隨地，均可停舟，尚無若何困難。至若河口鎮以下，河行山峽中，曲折既多，水流又急，即晴美無風，亦須賴櫓舵以司折轉。每值春季淺水期，礁石畢露，或在水面下甚淺，尤須時刻注意，以免觸石罹災。倘若中途不幸遇風，則兩岸陡巖峭壁，絶無可以停泊之所，其爲危險，可以想見。故航行此段者，不但舟子須熟悉河道特殊情形，且每次開船，尤須絶對擇天晴無風之日，庶幾一帆風順，可達下站也。

上行船隻，率多數舟或數十舟結件同行，櫓槳歸無用。如遇順風，可以揚帆，由舟子操舵進行。然此僅可於河口鎮以上爲之，河口鎮以下，則急流較風力爲大，雖欲利用風力，勢有未能也。不得順風時，則由舟子拖纜拉縴，其速度視水流之緩急而異，若老牛灣一帶，拉縴者攀越懸崖，倍極艱險，每日上行不過三數里，其困難情形，有不可以言語形容者。

(丙)黄河行輪失敗之經過

民國七年有商人陳澗生向滌修等發起組織甘綏輪船公司。購輪一艘，名飛龍，長六丈，寬一丈四尺，艙深四尺，載重二萬斤。僅在寧夏河口鎮間行駛兩次，卽告停止，輪船旋卽拆毀。考其失敗原因，有左列諸端：

(一)事先並未測量河流情况不明，致行船時障礙甚多。

(二)預算所得利益，多不切實際，實行時諸多未合。

(三)船係鋼製，重量過大，吃水深度空船已有二尺半，機力太小，上行不易。據土人謂其經石嘴山三道坎時，尙係由多人縴曳而上者。

(四)雖係官商合股，而資本太薄，失敗後不易挽救。

同年甘肅省長張廣建與馬福祥創辦公司，由上海求新廠購造淺水汽輪兩艘，將材料運至包頭南海子裝配。一曰探源，一曰泛斗。翌年試航，上行五日半，至石嘴山，及由石嘴山折回，僅二日半，抵南海子。船身長約五丈，吃水二尺半，官艙一間，可容四人，客艙可容二十人，引擎用汽油機，有馬力六十。船身鐵質，重量甚大，不堪再裝重載也。張廣建離職後，此船亦告廢棄，現在仍留南海子河岸。航行蘭州之計畫，終未能達到。聞張氏之所以辦此，係專謀甘肅公務上之便利，尚非營業牟利者；雖然，每日需汽油百餘元，消費過大，且機力微小，吃水太深，識者固早知其不能持久也。

(丁)改良計畫

欲謀航運之發展，當注意以下諸端：

(一)整理捐稅，減輕商人擔負。

(二)整理河槽，減少航行困難。

(三)發展沿河實業，增加貨運數量。

(四)利用汽機航輪，增加速率及載貨量。

黃河船隻捐稅之徵收，政府於各關卡設有專局辦理之。因船筏種類之不同，所徵款數亦異。至若載貨過境，更按貨物種類，徵收各種雜捐，名目至極繁瑣。此外沿河駐軍藉保護航運之名，輒復故意留難，以致所有航船，除照章納捐外，尚有無數之軍警關卡，作無饜之剝削。據調查目覩，西山嘴地方，有運糧商船，因受軍隊勒索捐款不遂被扣，嗣經饋羊多隻，始得放行。更有木商自包頭購木材運至托縣發售者，木價一二六〇元，沿途經塞北關船捐局保衛團等多層剝削至八次之多，徵捐竟達四一〇元。在此情形之下，商人只有俯首帖耳，敢怒不敢言。此而不能改良整理，欲求發展航運，不啻背道而馳，緣木求魚也。

黃河航行發展之大障礙，厥惟逆行困難太甚。寧夏包頭間下行須七八日者，上行則需月餘之久。而包頭河曲間，其相差更不止此。職是之故，操舟為業者，莫不視上遊為畏途，而船隻構造，亦遂因此日趨簡陋，僅求其能敷衍下行至目的地，絕不望其能載貨返棹也。以七站船而言，在寧夏購置需百餘元，至包頭即降至七八十元，及抵河曲，則四五十元，亦無人過問矣。上行情形如此。至於下行船隻所感覺困難者，包頭以上，淺灘紛歧，令人生無溜可循之感，河口鎮以下，暗礁特多，隨時有觸石傾覆之虞。凡此種種困難，均須設法免除，而後航運方有發展之望。是故整理河槽，實為當務之急。漫濫過寬者，施以束水工程，使有正流河槽。支汊歧出者，酌加堵塞，使河流歸一。河底礁石，亟以炸藥轟除，使不致再為航行之累。如此則以現有船隻，其上行問題雖不克即時解決，而下行之便利，定將倍徙於昔日。至此項整理之詳細設計，則不能不待測量後方可研究規劃矣。

據寧夏建設廳之調查統計，其重要物產，列表如左：

類別	名稱	產量	輸出量	輸入量	備考
藥材	枸杞	每年 三一二、〇〇〇斤	本省所產藥材幾完全運往內地銷售		
	甘草	每年 七二〇、〇〇〇斤			
	蓯蓉	每年 四八〇、〇〇〇斤			
礦產	煤炭	平均每日 一二六、〇〇〇市斤			完全用人工開採
	天然鹼	平均每日 四、三〇〇市斤			
皮毛	羊毛	全年 七〇〇、〇〇〇斤	八三〇、〇〇〇斤		
	駝毛	三〇〇、〇〇〇斤	二一〇、〇〇〇斤		
	羊絨	五、〇〇〇斤	三、六〇〇斤		
	牛皮	二三、〇〇〇張	一二、〇〇〇張		
	羊皮	一七〇、〇〇〇張	一二〇、〇〇〇張		
	駝皮	三、〇〇〇張	一、〇〇〇張		
農產	大米	全年 一二九、五〇〇石	三、五〇〇石		
	穀米	三五、二〇〇石		一、二五〇石	
	糜麥	五四、二〇〇石	二、四〇〇石	三、二〇〇石	

春麥	一四三、〇〇〇石	二、五〇〇石	二、五〇〇石	
豌豆	二二、〇五〇石	一、四〇〇石		
胡麻	二五、六〇〇石	一、五二〇石		
棉			一五〇、〇〇〇斤	
麻	五七、〇〇〇斤	二四、〇〇〇斤		

綏遠省之主要物產，據十九年調查結果如左表：

類別	名稱	全年產量	類別名稱	全年產量
農產	小麥	二二六、一三二石	莜麥	二二六、九三〇石
	高粱	一八二、八五〇石	糜麥	二四六、九六九石
	黍子	九三、三七五石	蔴子	四〇、〇四七石
	穀米	三九二、七三七石	雜荳	一九七、八三三石
	馬鈴薯	七二五、九九〇石	大麥	四七、八八九石
皮毛	羊毛	二二、六九一、三九〇斤	駝毛	三、二二七、〇一八斤
	羊絨	一、〇一四、三八〇斤	羊皮	七一九、四〇七張

品名	數量	類別	品名	數量
羔皮	三一二、〇〇〇張		狐皮	一八、七九七張
狼皮	一四、六五三張		獺皮	四〇、〇〇〇張
牛皮	八〇、五九〇張	藥材	防風	四〇、六二〇斤
黃耆	一〇二、四〇〇斤		甘草	一、五一五、三〇〇斤
茯苓	二二四、二〇〇斤		黨參	八、四〇〇斤
大黃	三〇、〇〇〇斤			

綏遠礦產煤鹼石棉等均有，但用土法開採，產量至微，且無調查統計，殊不足道。

寧夏貨物輸出者幾完全恃黃河運輸，橫城、石嘴子、磴口均其重要碼頭，加以自甘肅出口之物產，下水航運頗有相當數量。　在平綏鐵路未完成以前，綏遠出省產物，亦賴黃河水運，由五原南海子等處下至河口鎮，轉鐵路以輸入內省，下駛舟楫，終年不斷。　及平綏路成，包頭以下之黃河運輸盡爲所奪，船隻數量銳減，航運日趨衰落，有由然也。

黃河上水貨物只係布匹雜貨，其數量有限，更以舟楫上行之艱難，致與下水貨運，殊不足以相抵，往返不能平衡，實爲航運不得發達之一大原因。　其救濟之道，厥惟自多方面進行，以求西北之開發。如荒田之墾闢，礦產之開採，森林之培植，毛織工業之提倡，平民教育之普及，無一不爲當務之急；如此則於相當時期後，民智漸開，人口滋繁，其物質之需要大增，而黃河上水貨運之問題，自得解決。此雖不免有大言之譏，但舍此實別無捷徑可尋也。

黃河行輪雖遭兩次失敗，然殊不足證明其事之絕不可能，特計劃之有欠精當耳。故為求增加行船之速度及載量，實有再接再厲試辦行輪之必要。茲約略計畫其大概：船長五十英尺，吃水一英尺半，船身鋼製，機器部份擬用柴油內燃機，馬力八十，速度每小時可有八海里，價不過二萬元。最初試行，無妨專載客運，俟有成效，然後再行加大，以之載貨或曳貨船，均無不可。

黃河行輪之阻礙，不外礁石、淺灘、急流數種，此均可於整理河槽時解除之。此外航道標識之裝設，引水船員之訓練，更與輪航有直接密切之關係，亦應同時舉辦。

二　潼關至利津

潼關經陝州至孟津，兩岸多山，降坡頗大。孟津而東，則入沖積大平原矣；然亦多行帆船，與寧綏一帶頗相似。濟南濼口曾有一小汽輪，膠淤泥中，迄不能用。民國十八年，煙台商人曾有擬試行濼口利津間航輪者，雖已經政府照准，亦未敢試辦。又以自潼關至蘭封間，隴海鐵路與黃河平行，棉、糧、礦產皆由陸運，航運益為不振。故謂黃河之無航運，亦無不可也。今就黃河水利委員會令各水文站之船隻調查表，節略述之。

（甲）陝縣之條船　船長六米半，上寬四·六米，底寬三·八米，高（自船底至船之最高點）一米。空航時吃水約〇·二米，載重時約〇·六米，可載棉花一〇〇包，雜貨一五〇擔（每擔司馬稱百斤）。順水時每點行三十五里，逆水每點僅二里。每船約需十人，價值約一百元，航行於山西平陸茅津及三門等處。

（乙）蘭封大汴梁牛　大者長一二米，寬二·六米，高二·五米。吃水載重時〇·七二米，空船則有〇·三米，載重四五〇擔（每擔二五〇斤）。好風順水日四〇〇里，逆風逆水日三〇里。船夥十二人。造價六千元（此數恐太大）航行蘭封濼口間。

（丙）東阿之楊木頭　船隻大小不等，較大船長四丈四尺，淨寬一丈二尺，高四尺四寸。載重時吃水三尺二寸，空時吃水一尺三寸。載糧八〇擔（每擔合天平稱二八〇斤）；好風順水每日行二五〇里，拉縴逆水逆風每日行二〇里。船夥五，造價五百元，小三號者三百五十元。航行陽穀濼口間。

（丁）濼口大鹽划　大者長一六米，寬三·五米，高一·六七米。吃水重載時一·一米，空船時則有〇·四米。載重四〇〇擔，好風順水日行三〇〇里，逆風逆水日僅十五里。船夥十一人，造價八千元（此數恐太大）。航行曹州濼口間。

（戊）利津改巧 大者長三丈五尺，寬七尺，高七尺。吃水載重時五尺，空時則一尺五寸。載重市斗三百八十石，或容客八十名。順水順風日行三百餘里，逆水逆風則僅三十里。船夥七人，造價一、八〇〇元，航至龍口煙台一帶。

以上黄河內船隻普通吃水淺者六分米，深者一米半，平均約爲一米耳。

又據山東建設廳在濼口之調查，列爲一表：

船之種類	長度（米）	寬度（米）	吃水深度（米）	載重（斤）
一號鹽划子	二五·〇	四·〇	一·二	六〇、〇〇〇
一號楊孟頭	一九·五	四·二	〇·九	四〇、〇〇〇
三號楊孟頭	一六·五	三·五	〇·八	三二、〇〇〇
二號瓜皮	二〇·〇	三·五	〇·三	二四、〇〇〇
載石船	一五·〇	五·〇	一·〇	

惜下遊船隻毫無統計，自上項調查亦可得其大概矣。

三　利津至海口

利津至海口百仟米間，河道不定，淺灘亦多，較中下游爲尤甚，蓋以三角洲荒地，尚無防禦整治之工作也。又黃河海口，向外進展頗速，作爲海港，殊有未宜，故黃河水利委員會委員長李儀祉先生有「黃河本身海口不設港，利用小清河羊角溝爲商港，而於濟南附近，使小清河與黃聯絡。」之建議，山東建設廳且有黃河與小清河聯運之計劃。前途進展，尚未可量。然黃口之現狀，不利於航運，乃確切之事實也。

近山東雖有黃河與小清河之聯運計劃，然以羊角溝海口沙灘未除，研究預備之工作，進行尚有待也。

四　結論

黃河之航運工作，實有待於復興。然治河之首要，又在防患，治本計劃應如何籌辦，又有待於研究。

李儀祉先生，於黃河治本之探討一文中有論及航運者，節錄於此，以結斯篇：

其次再言整理航道，現在的黃河，不過支支節節，能通幾支牛皮船及木船而已；用現代的交通眼光看起來，直可謂之不通航。所以 George B. Cressey 在他的著作 China's Geographical Foundations 中，對黃河直以不通航目之。可知現代通航之意義，是以通行汽輪，有大批貨運為前提。

黃河在吾國是否有加以整理使能通航之需要，及需要整理到什麼程度，是值得研究的。我國古時航道作用，是便於政治的；故禹貢上說：浮於濟漯，浮於淮泗，浮於洛，俱達於河；不能直接與河相通的，亦由濟、淮、泗、渭轉達，而俱以黃河為貢道之集中；可見古時黃河實為重要之航道。後來經過漢唐數代，黃河之航運重要性仍然不變。宋代建都汴梁，於是漕運重心移到汴河；元明清建都燕京，漕運重心，又移到運河；但自河道交通以後，內河航行趨勢，也隨之大變。國都所在，似乎已無很大關係，而貨物交通之趨向，則視商港之地位如何。黃河航道之所以久為國人所忽略，一半是黃河本身治導之難，一半是入海之口不能治為良港的緣故。

論黃河本身，佔流域面積約一百萬方仟米，流長四千餘仟米，附麗於河者凡九省，居民一萬四千萬，而不得其用以利展交通，殊為可惜。並且西北遼遠之地，政府方事全力開發，則交通為第一需要。開發的事業，無非在該地振興農產，開採礦產，再則利用本地物產製造成工藝品，運到沿海口岸，以與外洋爭雄，纔能得其富用。決不是如上海商人，希圖減免貨稅，以二三成色之所謂國貨，行銷於向來質樸自給之內地，即為開發西北也。但是農產物，礦產物以至工藝品儘管發展，而沒有最便宜的運輸方法，則決不能行。黃河一道，所過之地，如寧夏、綏遠皆苦積穀太多而不能出，雖有平綏鐵道，不足以調濟。陝甘的藥材、皮毛、骨革、神木之輸，延長之油，韓城之煤，又都是黃河沿岸的出品。若更沿河山坡，遍植林木，則附流而下，材木不可勝用。修一條鐵路以溝通此等地域，固然於此時有些說不到；但溝通河道，卻是很可以爲的事。此就開發西北而言，黃河航道實有整理的需要也。

潼關以下雖然有隴海鐵路，與黃河平行到蘭封，但蘭封以東卻失了交通。潼關上接渭河，許多的粗重貨物，如棉花、皮骨等類，仍是行黃河到鄭州鐵橋爲止。鄭州以下沿河出產的糧食、花生，以及鞏縣的石料，仍須黃河轉運。現在雖然覺得貨運疲滯，但如果魯省將小淸河口的海港整理好了，又將小淸河與黃河設法聯絡，整個的運河以及衛河的航道都開通好，則我敢斷言黃河下游的貨運，亦必要大活動起來。所以黃河下游的河道，爲國家經濟計，人民生計計，亦是必需整理的。

整理到什麼程度，更須値得我們注意的。我國積弱之下，事事輒受制於外人；尤其是交通利器，外人把持得更利害。揚子江流域，不惟外貨充斥，國產衰落，而且外商輪船，深入內境，又以保護爲名，兵輪繼其後，直如不是中國地方一般。西北以交通不便，幸而還未到如此程度。我們懲前毖後，又何忍令西北再陷於東南萬劫難復之危境呢？所以我們對於黃河航道，有如下之主張：

（一）黃河本身海口不設港（工程上也難實現。）

(二)利用小清河羊角溝爲商港，而於濟南附近使小清河與黃河聯絡；最好不用船閘，而設起卸場塢。

(三)大洋輪船限制行於黃台橋以下，或黃河起卸場下。

(四)由利津至鄭州黃河鐵橋，以通行拖輪爲度。鐵橋處設火車及民船轉載場(由火車卸貨於船。)

(五)潼關至鄭州鐵橋，整理河床，令民船易行；不行拖輪，以免與隴海鐵路相防害。

(六)潼關上至禹門，以能通行拖輪轉運煤鹽鐵爲度。

(七)由包頭以下至禹門，暫以整理河床能令民船及木排暢行爲度。

(八)包頭至蘭州以通行拖輪爲度。

其目的有五：

(一)全部航道，注重在下行貨物之暢利，上行者稍感不便，以阻洋貨之侵入。

(二)凡有鐵路或他航道相聯絡之處，通行拖輪，以期轉運便利，國貨靈通。

(三)下行之船，應除去一切障礙，如淺灘、亂石、陡坡、苛捐、陋規及土匪。

(四)下行之船到了目的地，即連船帶貨售脫，人由鐵路或公路西返。

（五）沿河培植森林，使黄河爲西北上輸出木材孔道。

黄河航道與他道之聯絡，作簡明圖如下：

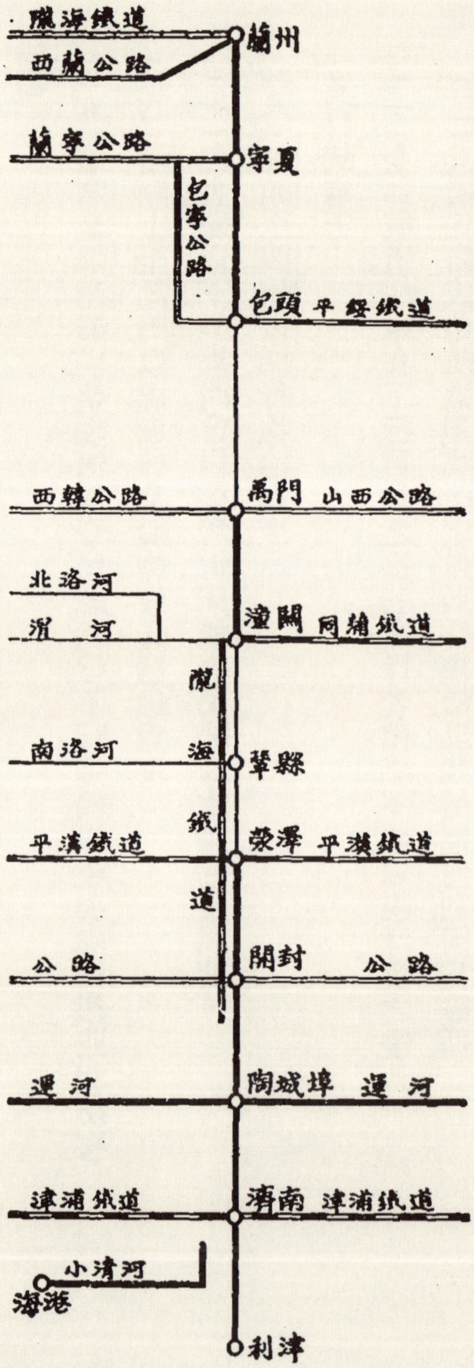

（圖中粗綫爲通輪者細綫爲通民船者）

計黄河本身通拖輪者三段，蘭包段長九四〇仟米，禹潼段長一二〇仟米，滎利段長七二〇仟米；通民船者包禹段長六七〇仟米，潼滎段長三一〇仟米。

如此安排，則可得合乎目的之交通，而工費不至甚大。

卷三

第六章 防溢

隄工之原始無可考，鯀障帝都，或開河隄之端矣。大禹治水，無用隄之文。然禹貢有云：「九澤既陂，四海會同。」又云：「既修太原。」論者多指其用隄。齊桓公葵丘之會，命諸侯曰：「無曲防。」月令季春之月，命司空曰：「修利隄防。」孟秋之月，命百官完隄防。雖不專屬於河，知修防之法，其來遠矣。

歷代治河，皆有隄防，賈讓雖斥之爲下策，然以事實所限，仍多遵之。如後漢明帝永平十二年王景築隄，自滎陽東至千乘海口千餘里，是其最著者。其後又以單隄不足恃，重修複隄。如後唐莊宗同光三年，治酸棗遙隄以禦決河。宋太宗天禧四年，於滑州天台口旁築月隄。宋神宗熙寧七年築縷河隄。隄防之組織，於焉大備。迨至明潘季馴，則主以隄束水，以水攻沙。故隄防益爲後世所重視，幾以隄防爲治河之唯一策略焉。

隄工之修治，史冊詳載，本志文獻篇已列載之。茲僅就隄工之現況述之。

黃河南隄起自河南省廣武縣保利寨迤東，經鄭縣，中牟，開封，陳留縣境至蘭封邊界止，長約一百四十仟米。河南河務局上南分局轄滎澤汛，鄭上汛，鄭下汛。中牟上汛，中牟中汛。下南分局轄中牟下汛，祥河上汛，祥河下汛及陳蘭汛。考城則有民埝一段約十里，其下爲河北省南隄，自冀豫交界之婁寨，東北行，經長垣，東明，濮陽縣境，至冀魯交界之劉莊止。長六十餘仟米。婁寨至謝寨爲南一段，謝寨至蔡寨爲南二段，蔡寨至冷寨爲南三段，冷寨至劉莊爲南四段。其下爲山東省南隄，自劉莊下之朱口起，迤東經鄄縣，范縣，鄆城，壽張，陽穀縣境，暫止於壽張十里堡，共長一百十五仟米。十里堡以下，河流經行東平，東阿，肥城，平陰縣境，以南岸接近山麓無隄。再起於長淸宋家橋經歷城，章邱，濟陽，齊東，靑城，濱縣，蒲臺縣境，至利津寧海村爲止，長二百二十仟米。魯河務局南岸第一分段轄朱口至十里舖，分工汛二，防汛四。南岸第二分段轄朱家橋至齊東田家拐子，分工汛二，防汛三。南岸第三分段轄田家拐子至蒲臺董家，分工汛一，防汛三，南岸第四分段轄董家至寧海村，分工汛二，防汛三。寧海村而下至海口約七十仟米，無隄防。南岸大隄，共長五百七十仟米（內十里舖至宋家橋一段無隄。）

北隄起自河南省孟縣逯村迤東，經溫縣，孟縣，武陟，原武，陽武，封邱，開封縣境，至陳留之西壩頭，長約一百七十五仟米。河南河務局之上北分局，轄孟縣，溫縣，武陟，武滎等汛，下北分局轄原陽，陽封，開封，開陳等汛。　西壩至河北省之大車集間，十八仟米無大隄，惟河北省之石頭莊東，有老安隄長八仟米，屬河南省。　省界相連，犬牙交錯，在所難免也。　河北省北隄自長垣之大車集接築舊太行隄，經河南滑縣（老安隄，）河北濮陽，山東濮縣，至耿密城止，長約九十二仟米。　自大車集至長垣滑縣之高桑園，屬河北河務局北一段，自老安隄北端之後小渠集至西魏司馬，爲北段，自西魏司馬至馬屯爲北三段，自馬屯至耿密城爲北四段。　其中黎園附近隄工一仟米餘，屬濮縣，亦歸河北修防。　山東北隄，起自濮縣高隄口迤東。　蓋以此係金隄之一部。　考金隄起自河北濮陽之王隄口，至高隄口入山東境。　接河北省大隄之耿密城以下，乃民埝也。　大隄東行經冠縣范縣，壽張，陽穀縣境，至東阿陶城埠是爲金隄。　自陶城埠往平陰，肥城，長淸，歷城，濟陽，惠民，濱縣，至利津鹽窩村爲止，長四百十五仟米。　鹽窩村以下七十仟米無隄防。　山東河務局北岸第一分段轄高隄口至東阿張秋鎭，分防汛二。　北岸第二分段轄張秋鎭至長淸韓二莊，分工汛一，防汛三。　北岸第三分段轄韓二莊至歷城鵲山，分工汛二，防汛三。　北岸第四分段轄鵲山至濟陽桑家渡，分工汛二，防汛三。　北岸第五分段轄桑家渡至濱縣張肖堂，分工汛二，防汛三。　北岸第六分段，轄張肖堂至鹽窩村。　北岸大隄共長約六百八十仟米（西壩頭至大車集間無隄。）　則南北兩岸大隄共長約一千二百五十仟米。　至月隄格隄等不計也。

山東省上游南北岸各有民埝一道，在大隄之內，沿河防禦，由民修民守。南岸上起董莊，下至黃花寺，均與大隄連接，長八十八仟米。北岸起自耿密城與河北省大隄銜接，下至東影唐，長七十五仟米七。東端連甌善人埝至陶城埠與大隄相連，長二十九仟米四。民埝之內，更有北小埝一道，長四十一仟米四。

今更將各月隄圈隄格隄各段地點列後（此係就三省河隄圖上摘錄者。至已述於上文，及未繪入圖者不列：

黄河南岸月隄圈隄格隄位置一覽表

所轄局	所在地	起點	終點	說明
河南河務局上南分局	滎澤汛	汛辦公處西	五堡	
	滎澤汛	十堡	十二堡	
	鄭上汛	四堡	五六二堡之間	
	鄭下汛	九堡	中牟上汛一堡	
	中牟上汛	六堡	十一堡	此月隄東端接於下月隄上故二隄相掩
	中牟上汛	十堡	中牟中汛二堡	

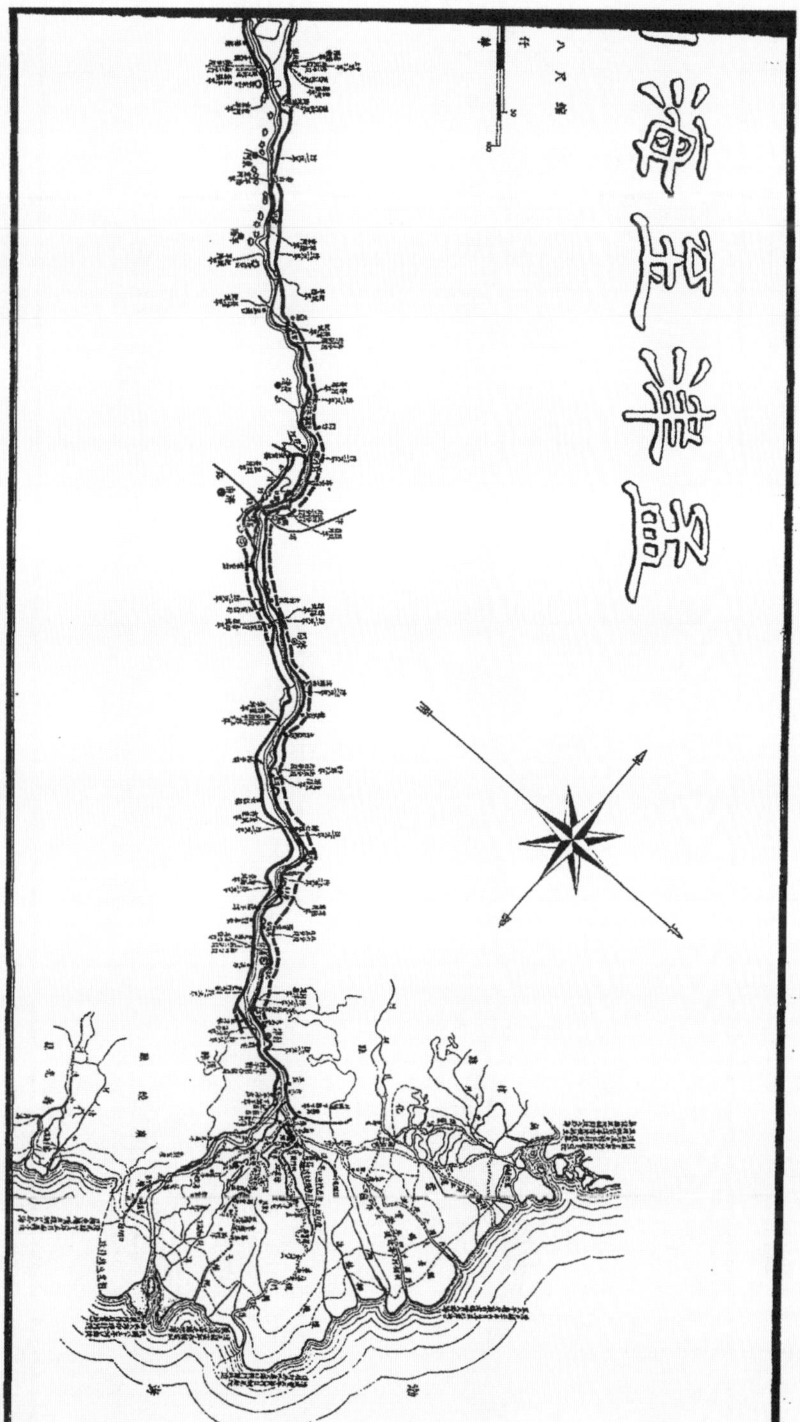

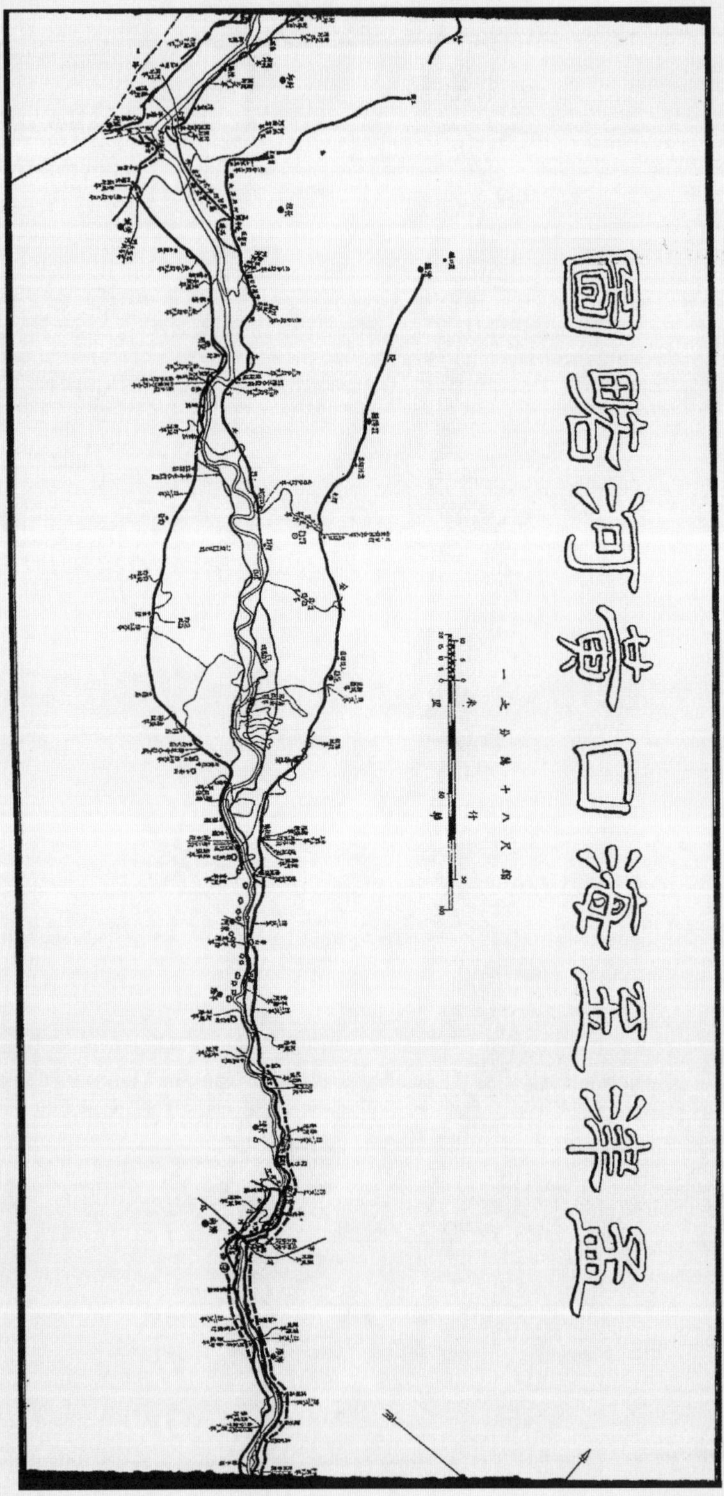
孟津至海口黄河略圖
縮尺八十萬分之一

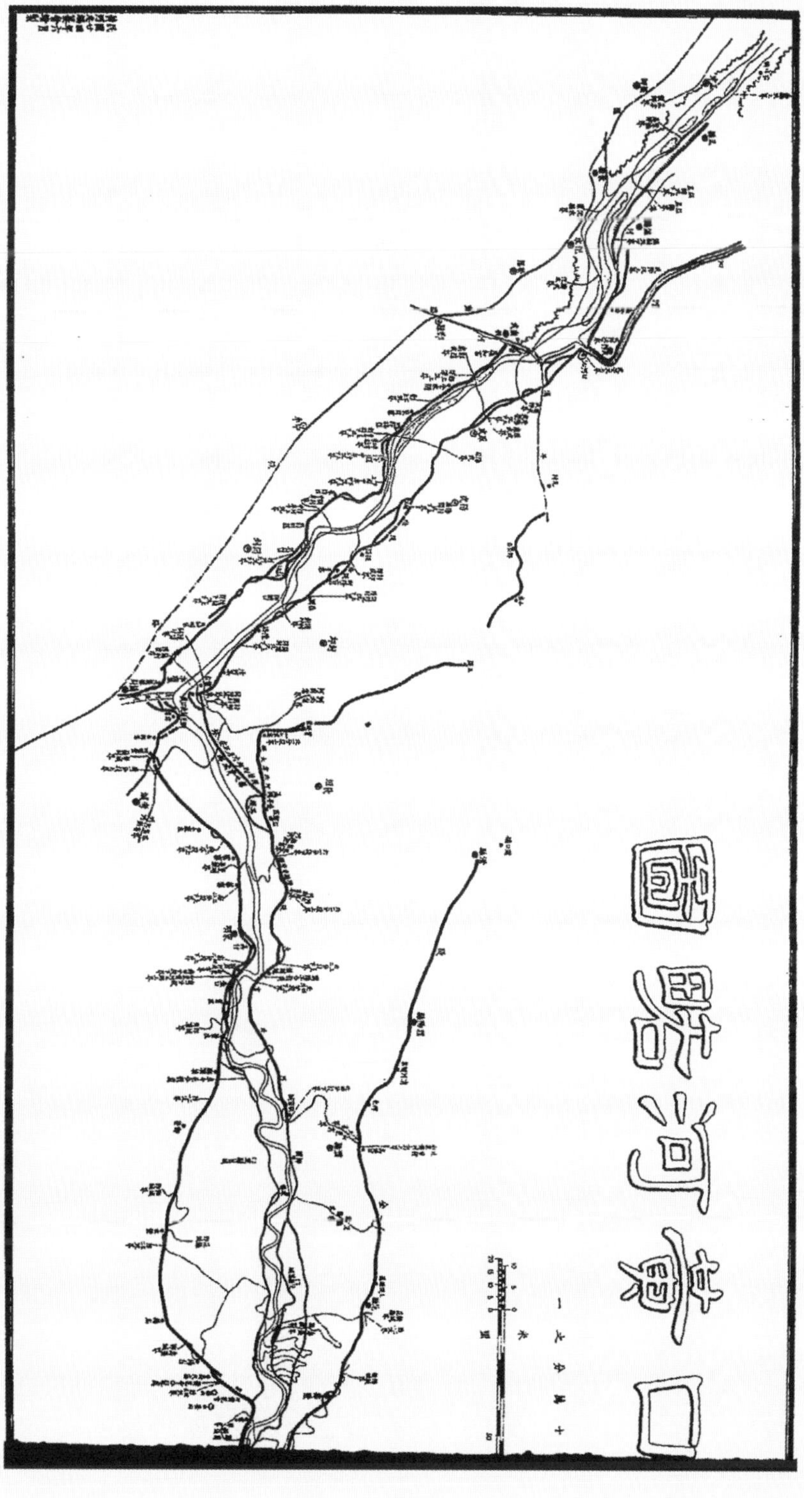
黄河口略图

	中牟中汛	二堡	六堡	此月隄西起上月隄東抵下月隄故與上下兩隄相掩
	中牟中汛	五六二堡之間	七堡	
河南河務局下南分局	中牟下汛	一堡	四堡	此月隄中有二格
	祥河上汛	十七堡	祥河下汛八堡下	此格隄中有二格
	祥河下汛	九堡	十七堡	此圈隄之南有二道隄圈其半
	祥河下汛	牛莊西	焦街東北之二十三堡	二道隄接於上端圈隄上
	陳蘭汛	二十五堡	廿九三十二堡之間	
河北河務局	南一段	南一段營房	南一段辦公處	
	南一段	二十二堡	二十三堡西	
	南二段	一堡東	十二堡	
	南二段	東温寨	南三段二堡西	此月隄西接前月隄並與之相掩
	南三段	西南莊	柴寨北	
	南三段	雙井	八里店北	此係二道隄兩端接於上下圈隄上
	南三段	十四堡	四壩	
	南三段	朱寨東南	二十一舖	此四圈隄皆互相銜接連續不斷

	南三段	蘇店	南四段一舖	
	南四段	前屯東南	七舖	
	南四段	張寨西北	袁老家	此隄下端不與大隄連接
	南四段	興隆屯	岔河頭	此隄終點接於下月隄上
	南四段	舊場	前尤樓	
山東上游	上游南一營二汛	山東一堡	小高寨西	此格隄中有一格其下端不與大隄相接
	上南一營二汛	趙莊	賈莊西	
	上南一營二汛	張河口東	賈莊東	此月隄上端起於上月隄下與大隄相連
	上南一營二汛	賈莊	秦莊北	此月隄跨上下二月隄上
	上南一營一汛	一二汛交界	大高寨	
	上南一營一汛	雙合嶺	大高寨與小高寨之間	
	上南一營三汛	仕井	四洞東董樓	
		柏莊	張家	
	上南二營五汛	靳家	閻家以西	
山東中游	中南一營一汛	宋家橋	李家寺	

所轄局	所在地	起點	終點	說明
山東下游	中南一營二汛	武家堡	欒山	此隄西起上圈隄東抵欒山
	中南一營三汛	新徐莊	大魯莊東	此月隄外西起圈隄東抵欒山之圈隄內
	中南一營三汛	小魯莊東	河壩頭東	此圈堡由小魯莊東起抵欒山折而東至河壩頭抵大隄
	中南一營四汛	高家莊	華莊	此圈隄西起上圈隄之後王家莊東北，直至華莊抵大隄，但年久失修，已斷續不堪。中經牛頭山。
	中南二營二汛	趙莊南	秦家道口	此月隄在上圈隄內
	下南三營三汛 下南二營五汛	防汛 霍李孫	桑行趙家 劉湯家	此二月隄相連接為民築
	下南三營三汛	劉湯家	王家院	
	下南三營五汛	薛家坊	圈裏董家	此月隄為民所築
	下南三營五汛	太平莊	鄭家南	此段隄年久失修，下端亦不接大隄。
	下南四營一汛	曹家店	呂家莊	此二月隄相連接寨海以下有民埝一段
		呂家莊	大王廟	

黄河北岸月隄圈隄格隄位置一覽表

所轄局	所在地	起點	終點	說明
河南河務局上北分局	武陟汛	一二堡之間	三五二堡之間	此隄中有二格

	武榮汛	五堡	十三堡	
	武榮汛	十七堡	二十二堡	
	武榮汛	二十三堡	原武汛八堡	
河南河務局下北分局	陽封汛	三堡	孫隄	
	開封北汛	卅五一堡	四堡	
	開封北汛	五六二堡之間	八堡	
河北河務局		後宋莊北	小蘇莊	
	北三段	二舖	李屯以西	
	北三段	第二段辦公處	第三段辦公處	
	北三段	前牛寨西	第三段一堡	此係前圈隄內之格隄
	北三段	隄上村西	河務局	
	北三段	河務局	北三四段交界處	
	北四段	第四段辦公處東	一堡東	
	北四段	東六市西	李忠嶺西	此隄抵於李忠嶺西不與大隄接連
		冀魯交界處	張莊東	此隄由濮陽張莊入山東境

山東上游		馬廟	西紙坊	
山東中游	中北一營二汛	顏營	陶城埠東南	
		王廟	丁口以西	此月隄乃大隄內之民埝兩端抵於大隄
	中游北二營一汛	王廳	三皇廟	此隄在大隄之北，年久失修，現已頹廢。
	中北二營二汛	社窩南	店子	
	中北二營四汛	邊莊以北	小莊以南	
	中北三營四汛	戴家寺	王家窩	齊河縣附近有舊日減水閘一座現已廢
	中北四營四汛	史家鷄	黑槐劉家	
	中北五營二汛	羅家	化美莊	
	中北五營五汛	王家閣	張家辛莊	
		段家	大馬家	此隄起自第三總段下北一營二汛，止於下北三營與四營交界處，年久失修，隄身斷頹。
山東下游	下北二營一汛	清河鎮	曹家垻	
	下北二營五汛	孫家	碼頭莊	
		油房李家	崔家垻	
	北岸第六分段	蒲台城		係一護城隄

		紙坊	棃園西	係一小民埝在蒲台縣城南
		棃園	朱家灘南	
		朱家灘南	李家	此月隄內爲民埝
		鷄心灘		週圍爲一民埝
	北六分段	香樓李家	宮家口	
	下北四營一汛	張家灘	夾河裴家	此月隄內爲民埝
	下北四營二汛	扈家灘南	姜莊	
	下北四營五汛	劉家莊	黃家莊	

民國二十三年一月間，黃河水利委員會爲增高培厚大隄設計計，曾派測量隊二隊，分別自平漢鐵路黃河橋及津浦鐵路黃河橋施測隄工，東西並進，五月間相遇於蘭封。津浦橋以下正在進行，茲特就二橋之間隄頂高度二十二年最高洪水位高（斯年豫冀交界決口五十餘處，山東境之最高洪水位所表示者，當非與上游之流量相當也。）河灘高度，平地高度（河灘表河方之地，平地表背河之地。）分列於下以資參考。並將大隄之橫切面圖，擇其一段描繪之，附錄於後。再導線距離多爲二百五十米，於特別情形處，亦有小於此者，今僅錄每相距一仟米之數字，並附說明。

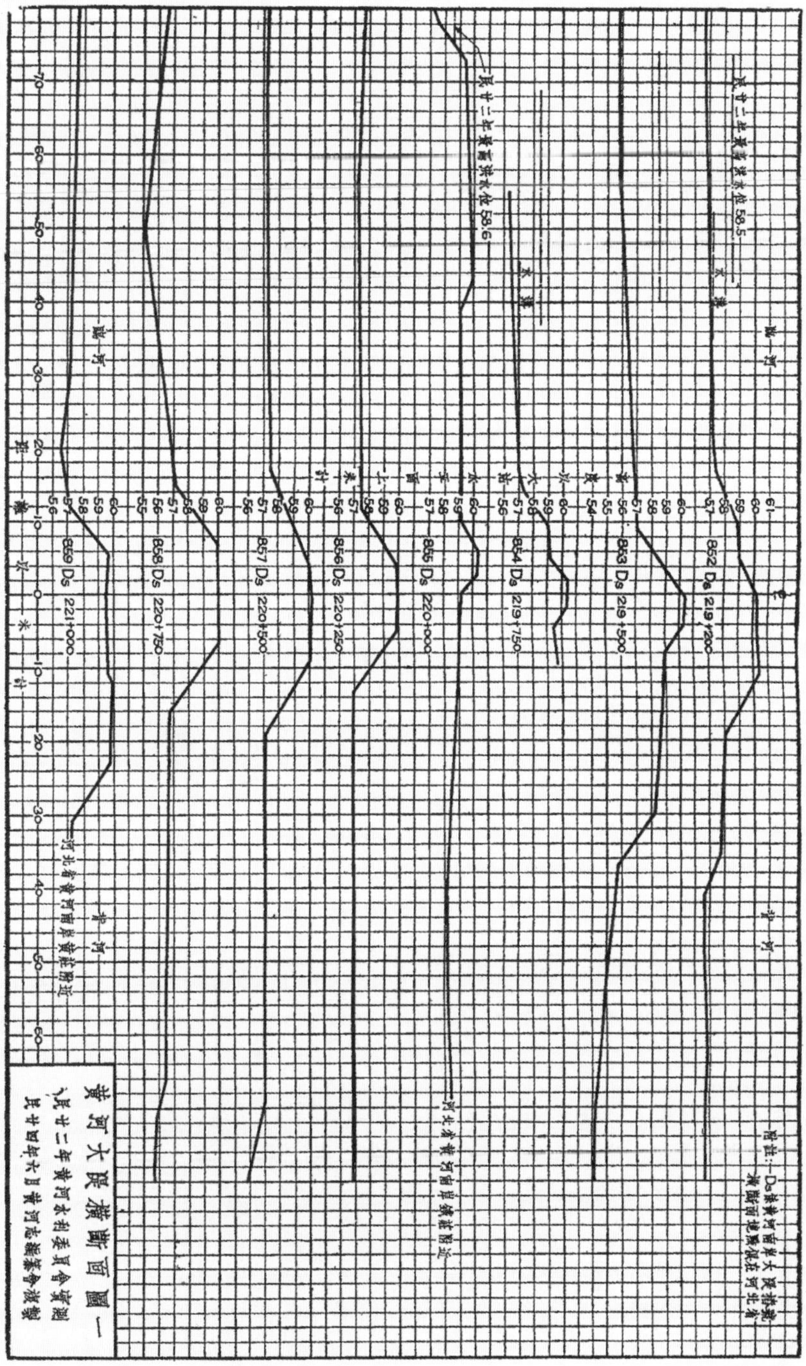

黃河大隄橫斷面圖一
民廿二年黃河水利委員會實測
民廿四年六月黃河志編纂會複製

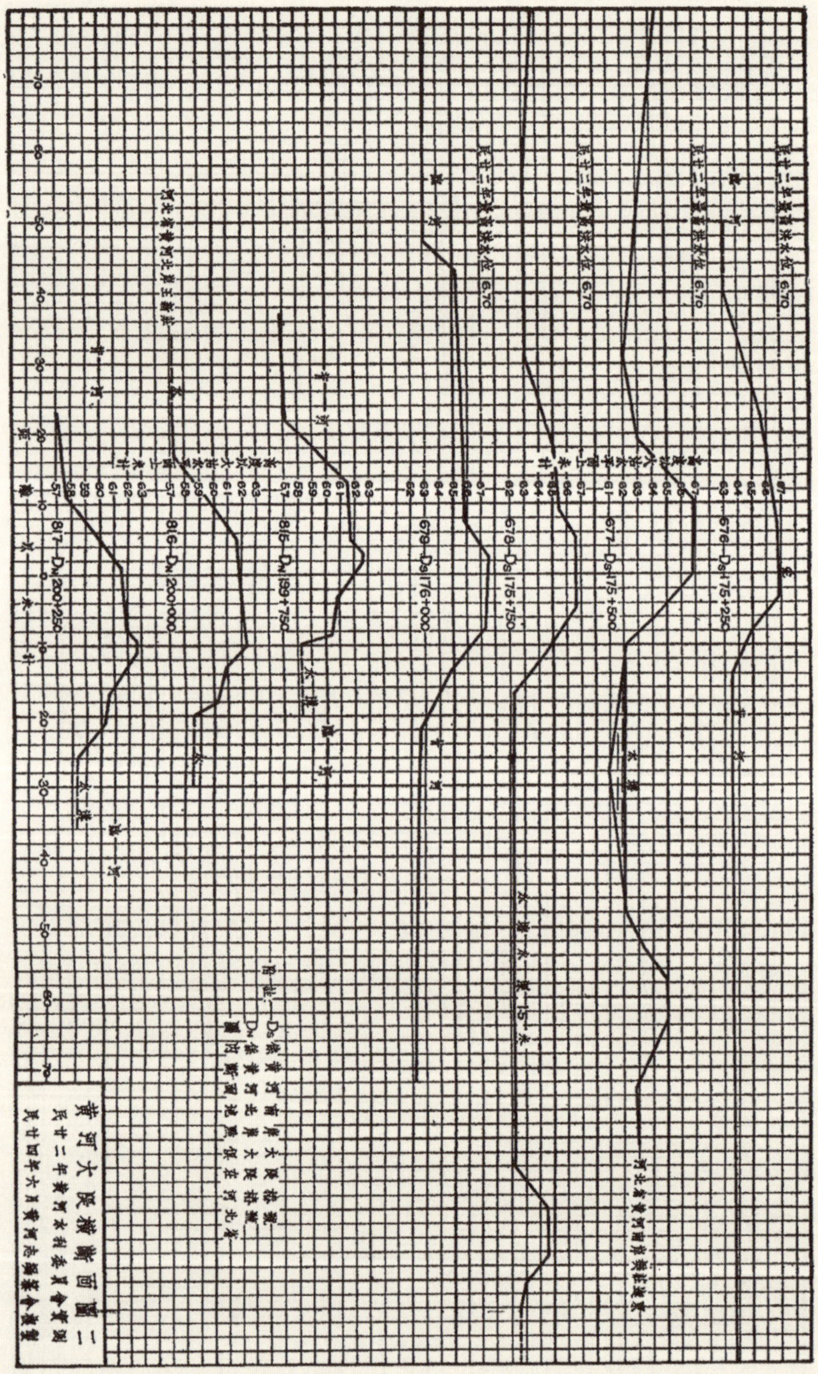

黃河大隄橫斷面圖二
民廿二年黃河水利委員會實測
民廿四年六月黃河志編纂會複製

黃河南岸大隄高度表（自平漢鐵路橋至津浦鐵路橋民國二十二年測）

導線距離（以仟米計）	隄頂高度（以大估水面上米計）	二十二年最高水位（以大估水面上米計）	河灘高度（以大估水面上米計）	平地高度（以大估水面上米計）	地點說明	備註
四十〇〇〇	九六·三		九四·二	九二·九	滎澤衙民埝迤東	自此以下爲河南滎澤汛
五十〇〇〇	九六·八	九五·三	九四·一	九二·九		
六十〇〇〇	九六·四		九五·六	九四·一	傳家莊迤西傳家莊以下爲滎澤汛官隄	
七十〇〇〇	九七·六		九五·八	九二·〇	古滎澤城南關	
八十〇〇〇	九七·九		九四·五	九一·七		
九十〇〇〇	九八·七		九三·四	九二·〇	新莊迤東	
一〇十〇〇〇	九八·二		九四·二	九一·二	韓家莊迤東	
一一十〇〇〇	九七·一	九三·六	九二·三	九一·四		
一二十〇〇〇	九六·八			八八·一	滎澤汛汛長辦公處迤東	
一三十〇〇〇	九六·四			九三·二	滎澤汛與鄭上汛之間	自此以下爲鄭上汛
一四十〇〇〇	九五·八	九三·八		八九·五		
一五十〇〇〇	九五·九	九三·四		八九·二	花園口渡口迤西	

一六+〇〇〇	九五・一	九二・九		九二・一	桂花莊迤東	
一七+〇〇〇	九五・四	九二・六	九三・四	八九・一		
一八+〇〇〇	九四・四	九二・〇	九一・三	八七・一	藍莊與京水鎮之間	
一九+〇〇〇	九五・二	九二・四	九〇・九	八七・八	鄭上汛汛長辦公室	
二〇+〇〇〇	九四・七	九二・二	九一・二	八七・五		
二一+〇〇〇	九四・六	九二・四	九〇・八	八六・七		
二二+〇〇〇	九四・五		八九・四	八六・〇		
二三+〇〇〇	九四・一	九一・八	九〇・四	八五・七	鄭上汛與鄭下汛迤東	自此以下爲鄭下汛
二四+〇〇〇	九二・九		九〇・五	八六・八	鄭工合龍處石碑迤西	
二五+〇〇〇	九三・四		九〇・五	八六・一		
二六+〇〇〇	九三・八		九〇・三	八五・四		
二七+〇〇〇	九三・三		九〇・四	八五・二	馬渡村迤西	
二八+〇〇〇	九三・三	九一・九	九〇・一	八五・八	馬渡村迤東	
二九+〇〇〇	九三・〇	九一・二	九〇・〇	八五・二	來童寨迤西	
三〇+〇〇〇	八九・八		九〇・二	八四・八	來童寨迤東	

三一+〇〇〇	九〇・二					
三二+〇〇〇	九三・〇		八九・六	八四・六		
三三+〇〇〇	九三・三		九〇・一	八四・九		
三四+〇〇〇	九三・三		八九・八	八三・八	鄭下汛與中牟上汛之間楊橋西附近	自此以下爲中牟上汛
三五+〇〇〇	九三・二	八九・九	八八・八	八五・〇		
三六+〇〇〇	九二・七		八九・〇	八四・三		
三七+〇〇〇	九三・五		九一・九	八三・八		
三八+〇〇〇	九二・八		八九・〇	八三・六	孫莊東之中牟上汛汛長辦公處	
三九+〇〇〇	九二・一		八九・一	八四・八		
四〇+〇〇〇	九二・二		八八・七	八八・八		
四一+〇〇〇	九一・一		八八・七	八六・三	魏莊迤東	
四二+〇〇〇	九〇・六		八八・六	八八・六		
四三+〇〇〇	九一・〇	八八・六		八九・〇		自此以下爲中牟中汛
四四+〇〇〇	九一・三	八七・八		八六・九	亭水鎮東中牟中汛汛長辦公處	
四五+〇〇〇	九二・一	八七・九	八四・二	八〇・七		

四六+〇〇〇	九二·一		八六·三	八〇·三	中牟中汛界石迤東二百米	
四七+〇〇〇	九一·四		八六·九	八一·三		
四八+〇〇〇	九二·〇		八八·四	八六·〇		
四九+〇〇〇	九二·六		八六·七	八八·〇		
五〇+〇〇〇	九一·二	八六·四	八五·三	八一·六	中牟中汛與下汛交界處	自此以下爲中牟下汛
五一+〇〇〇	九八·八	八六·五	八五·八	八一·三		
五二+〇〇〇	九一·八		八五·四	八三·八	九堡橋中牟下汛汛長辦公處之東	
五三+〇〇〇	九一·四		八五·七	八四·一		
五四+〇〇〇	九一·四		八六·九	八五·九		
五五+〇〇〇	九〇·〇		八五·〇	八五·九		
五六+〇〇〇	九〇·三		八五·五	八三·六	張莊西二百米	
五七+〇〇〇	八九·九		八三·四	八四·八	太平莊東一百米	
五八+〇〇〇	八七·八	八二·一	八三·三	八二·一		
五九+〇〇〇	八八·五		八四·三	八四·一		
六〇+〇〇〇	八八·二		八五·五	八一·八		

六一+〇〇〇	八六・四		八五・二	八四・九	東漳迺東	
六二+〇〇〇	八八・〇		八四・六	八四・六		
六三+〇〇〇	八七・四		八四・七	八〇・五		
六四+〇〇〇	八七・六		八五・七	七九・七		
六五+〇〇〇	八七・六		八四・四	八二・四	朱固村迺東	
六六+〇〇〇	八七・三		八四・〇	八一・七		自此以下爲祥河上汛
六七+〇〇〇	八七・五		八四・三	八二・一		
六八+〇〇〇	八六・八		八五・三	八三・七		
六九+〇〇〇	八七・二		八五・五	八〇・五		
七〇+〇〇〇	八六・五		八五・〇	八〇・七	斜廟村迺東	
七一+〇〇〇	八六・二		八三・八	七八・六		
七二+〇〇〇	八六・八		八三・八	七八・七		
七三+〇〇〇	八六・八		八四・〇	七七・九		
七四+〇〇〇	八七・二		八四・〇	八一・七	回回寨迺東	
七五+〇〇〇	八七・六		八四・〇	八〇・二	馬莊迺西	

七六+〇〇〇	八七·三		八三·九	七七·一	楊橋隄村迤西	
七七+〇〇〇	八七·四		八三·八	七七·三	楊橋隄村迤東	
七八+〇〇〇		八二·四	八〇·六	八〇·二		
七九+〇〇〇	八五·七	八二·三	八〇·三	七六·六	下南河務分局祥河上汛汛長辦公處迤西	
八〇+〇〇〇	八七·〇	八二·五	七七·九	七六·二	祥河上汛與祥河下汛之間	自此以下爲祥河下汛
八一+〇〇〇	八五·九	八二·〇	七八·四	七五·八	南北隄村迤東	
八二+〇〇〇	八五·六	八二·三	七七·七	七七·一	黑崗口渡口迤東	
八三+〇〇〇	八五·五		八二·〇	七六·四		
八四+〇〇〇	八五·二		八一·九	七七·五	馬頭集迤西	
八五+〇〇〇	八五·五		八二·〇	七九·六	馬頭集迤東	
八六+〇〇〇	八五·一		八二·四	八〇·九		
八七+〇〇〇	八五·一		八一·八	八〇·二	東回回寨迤西	
八八+〇〇〇	八五·四	七九·七	七九·六	八一·三	河務局吸水機廠迤東	
八九+〇〇〇	八五·二		八一·九	八一·二	下南河務分局祥河下汛辦公處附近	
九〇+〇〇〇	八三·二	七九·六	七九·四	七八·六	柳園口	

九一+〇〇〇	八五·三		八三·一	八一·一	馬莊東	
九二+〇〇〇	八三·六		八二·五	七九·八		
九三+〇〇〇	八三·八		八一·七	七九·五	陶莊	
九四+〇〇〇	八三·七		八〇·七	七六·〇	小馬圈村迤西	
九五+〇〇〇	八四·四		八〇·八	七四·八	小馬圈村迤東	
九六+〇〇〇	八四·〇		七九·三	七八·一		
九七+〇〇〇	八三·九		七九·八	七六·〇		
九八+〇〇〇	八二·六		七九·五	七四·八	魏灣	
九九+〇〇〇	八二·四		七九·一	七三·二		
一〇〇+〇〇〇	八二·一		七八·七	七二·六	齊棗迤西	
一〇一+〇〇〇	八二·五		七六·七	七二·四		
一〇二+〇〇〇	八三·一		七九·二	七二·六		
一〇三+〇〇〇	八三·二		七九·四	七一·三		
一〇四+〇〇〇	八二·四		七九·五	七〇·九	軍長樓迤東	
一〇五+〇〇〇	八二·〇		七八·七	七六·九	小莊	

一〇六＋〇〇〇	九一・四		七八・五	七〇・六		
一〇七＋〇〇〇	八二・一		七七・八	七五・五		
一〇八＋〇〇〇	八二・六		七七・二	七八・一	袁房莊西	
一〇九＋〇〇〇	八一・九		七七・五	七六・一	袁房莊東	
一一〇＋〇〇〇	八一・五		七八・四	七六・一		
一一一＋〇〇〇	八〇・三		七六・四	七三・二		
一一二＋〇〇〇	八一・二		七八・一	七四・二		
一一三＋〇〇〇	八〇・二		七六・五	七四・八	隄灣之東	
一一四＋〇〇〇	七九・九		七五・九	七三・一		
一一五＋〇〇〇	八〇・六		七六・五	六七・七	邵家寨之東	
一一六＋〇〇〇	七九・一		七六・三	六八・四		
一一七＋〇〇〇	八〇・五		七五・九	六八・二		
一一八＋〇〇〇	八〇・四		七六・三	六八・〇	大蔡莊西	
一一九＋〇〇〇	七九・一		七六・六	六六・六		
一二〇＋〇〇〇	七九・九		七五・五	六七・四		

一二一+〇〇〇	八〇・一		七五・六	六六・八	高莊迤東
一二二+〇〇〇	八〇・三		七七・八	六六・六	
一二三+〇〇〇	八〇・〇		七六・七	七三・三	
一二四+〇〇〇	七九・一		七五・二	六九・三	曲興寨迤西
一二五+〇〇〇	八一・一		七五・一	六九・一	曲興寨迤東
一二六+〇〇〇	七九・九		七六・九	六八・一	
一二七+〇〇〇	七九・五		七五・五	六八・〇	
一二八+〇〇〇	七九・一		七六・九	六九・一	丁寨迤西
一二九+〇〇〇	七九・三		七四・〇	六八・五	
一三〇+〇〇〇	七八・六		七三・三	六八・三	
一三一+〇〇〇	七七・九		七三・九	六九・一	朱樓迤東
一三二+〇〇〇	七七・四		七四・二	六八・一	三義寨迤西
一三三+〇〇〇	七七・八		七三・四	七六・〇	三義寨迤東
一三四+〇〇〇	七六・九		七二・三	七〇・三	
一三五+〇〇〇	七六・七		七三・〇	七六・六	柴樓

一三六+〇〇〇				七四・九		
一三七+〇〇〇				七四・七	南北新隄南端迤西	
一三八+〇〇〇	七五・〇		七〇・一	七〇・〇	南北新隄南端迤東	
一三九+〇〇〇	七四・二		七二・五	七四・〇		
一四〇+〇〇〇	七七・一		七三・五	七〇・七	崔莊附近（東）	
一四一+〇〇〇	七八・六	七三・二	七一・八	七一・二	陳蘭汛汛長辦公處迤西	
一四二+〇〇〇	七九・〇		七五・二	七三・〇		
一四三+〇〇〇	七二・四	七二・二	七一・〇	七一・〇	楊莊附近（東）	
一四四+〇〇〇	七二・六	七一・七	七〇・九	七〇・五		
一四五+〇〇〇	七一・六	七一・二	七一・〇	七〇・九	雷新莊	
一四六+〇〇〇	七二・七	七〇・六	七〇・四	七〇・八		
一四七+〇〇〇	七一・七	七〇・七	七〇・二	七〇・四	高寨西	
一四八+〇〇〇	七一・七		六九・七	七〇・三		
一四九+〇〇〇	七〇・〇		六八・八	六九・八	軍李寨	
一五〇+〇〇〇	七〇・四		六八・九	七〇・〇	小寨東	

一五一+〇〇〇	七一・七		六八・六	七〇・一	長中寨迤東	
一五二+〇〇〇	七一・三		六八・五	六八・七	申步口迤東	
一五三+〇〇〇	七一、七		六八・六	六九・五	王步口東	
一五四+〇〇〇	七〇・九	六八・八	六七・一	六八・二	張春集東	
一五五+〇〇〇	七〇・五	六八・五	六六・六	六八・九		
一五六+〇〇〇	七〇・三		六七・四	六八・二		
一五七+〇〇〇	六八・七		六六・九	六七・九	四明堂西	
一五八+〇〇〇	五八・一					二十二年決口
一五九+〇〇〇	六九・六	六七・四	六五・三	六六・四		
一六〇+〇〇〇	六九・二		六四・七	六四・八	蘭封長垣交界之斐縣	自此以下爲河北長垣縣境
一六一+〇〇〇	六九・五	六七・四	六四・八	六四・四	岳樓迤西	
一六二+〇〇〇	六九・二		六五・〇	六六・〇		
一六三+〇〇〇	六九・三	六七・五	六五・一	六五・三		
一六四+〇〇〇	六八・九	六七・九	六五・九	六五・四		
一六五+〇〇〇	六八・三	六七・六	六五・五	六四・二		

一六六+〇〇〇	六八·三	六七·五	六五·九	六四·八	閻漳
一六七+〇〇〇	六七·七		六四·八	六三·八	
一六八+〇〇〇	六七·八	六七·六	六四·八	六三·四	
一六九+〇〇〇	六七·六	六七·三	六三·九	六三·三	
一七〇+〇〇〇	六七·八	六七·一	六三·九	六三·五	
一七一+〇〇〇	六七·七	六六·九	六三·七	六二·五	韓莊迤西
一七二+〇〇〇	六七·八	六六·八	六三·三	六二·六	韓莊迤東
一七三+〇〇〇	六七·三	六六·七	六三·一	六二·九	
一七四+〇〇〇	六七·一	六六·七	六二·一	六二·六	
一七五+〇〇〇	六七·〇	六六·五	六三·二	六二·八	樊莊
一七六+〇〇〇	六七·五	六六·四	六三·〇	六二·一	
一七七+〇〇〇	六七·〇	六六·五	六二·四	六二·二	
一七八+〇〇〇	六六·八	六六·四	六二·三	六二·三	
一七九+〇〇〇	六六·九	六六·三	六一·六	六二·四	南彪莊迤西
一八〇+〇〇〇	六六·四	六六·二	六二·六	六二·一	

一八一+〇〇〇	六六·八		六二·三	六二·五		
一八二+〇〇〇	六七·一		六二·九	六一·八		
一八三+〇〇〇	六七·二		六二·五	六一·七	龐莊	
一八四+〇〇〇	六七·一		六三·〇	六一·六		
一八五+〇〇〇	六六·〇	六五·八	六二·五	六一·二	徐集	
一八六+〇〇〇	六五·六		六二·八	六一·三		
一八七+〇〇〇	六五·三	六五·〇	六二·一	六〇·五		
一八八+〇〇〇	六五·二	六四·八	六二·三	六〇·二	長垣東明交界吳莊之東	自此以下爲東明縣境
一八九+〇〇〇	六四·七	六四·三	六一·三	六〇·〇	郭莊大王廟迤西	
一九〇+〇〇〇	六四·五	六三·九	六二·二	五九·〇	黃寨附近（東）	
一九一+〇〇〇	六四·二	六三·五	六三·〇	五九·一		
一九二+〇〇〇	六四·五		六二·六	五八·七	霍寨河北省河務局南岸二段辦公處迤東	
一九三+〇〇〇	六四·六		六〇·三	六〇·〇		
一九四+〇〇〇	六四·四		六一·〇	五九·七		
一九五+〇〇〇	六四·四		六〇·五	五九·四		

一九六+〇〇〇	六四・二		六〇・四	五九・二	東明集附近（東）	
一九七+〇〇〇	六三・五		六〇・〇	五九・〇		
一九八+〇〇〇	六二・九	六一・二	六〇・四	五九・〇		
一九九+〇〇〇	六二・九		六〇・一	五八・六		
二〇〇+〇〇〇	六二・八		五九・七	五八・八		
二〇一+〇〇〇	六二・三		五九・七	五八・一		
二〇二+〇〇〇	六二・一	六〇・九	五九・九	五七・七	西南莊	
二〇三+〇〇〇	六二・三		五九・六	五七・六		
二〇四+〇〇〇	六一・八	六〇・七	五九・八	五七・三	雙井西	
二〇五+〇〇〇	六二・二	六一・三	五九・八	五七・二		
二〇六+〇〇〇	六一・五		五九・八	五七・三		
二〇七+〇〇〇	六二・二		六〇・〇	五六・四		
二〇八+〇〇〇	六一・〇		五九・九	五六・八	高村（冀河務局南三段辦公處）	
二〇九+〇〇〇	六一・三		五九・六	五六・三		
二一〇+〇〇〇	六一・五		五八・三	五六・三		

二一一+〇〇〇	六一·四	六〇·四	五八·五	五五·〇		
二一二+〇〇〇	六一·五		五九·二	五六·一	米聚屯附近（西）	
二一三+〇〇〇	六一·二		六〇·一	五六·〇		
二一四+〇〇〇	六〇·八		五九·二	五五·六	翔集附近（東）	
二一五+〇〇〇	六〇·〇		五八·二	五五·五	周寨	
二一六+〇〇〇	六〇·四		五七·七	五五·三		
二一七+〇〇〇	六〇·四	五八·六	五七·四	五五·九		
二一八+〇〇〇	六〇·六		五七·四	五六·二		
二一九+〇〇〇	六〇·四	五八·五	五七·〇	五六·三		
二二〇+〇〇〇	六〇·三	五八·六	五七·〇	五五·七	鐵莊附近東	
二二一+〇〇〇	五九·八		五七·三	五六·二	黄莊（冀南四段辦公處）	
二二二+〇〇〇	六〇·一	五八·四	五八·〇	五五·〇	岔河頭迤西	
二二三+〇〇〇	五九·八	五八·七	五六·七	五五·五	劉莊迤西	
二二四+〇〇〇	五九·二	五八·六	五六·一	五五·二	劉莊迤東東明菏澤交界處之西	自此以下爲山東第一總段南一分段
二二五+〇〇〇	六〇·五	五八·四	五七·八	五四·九		自此以下爲山東菏澤縣境

二二六+〇〇〇	五九·四	五八·一	五七·五	五五·四	油樓迤東	
二二七+〇〇〇	五九·五		五七·〇	五三·九	河口迤東	
二二八+〇〇〇	五九·三		五六·八	五三·四		
二二九+〇〇〇	五九·一	五六·九	五六·一	五四·三	賈莊	
二三〇+〇〇〇	五九·一		五六·七	五三·九	欒口迤西	
二三一+〇〇〇	五八·八		五六·三	五二·三	欒口迤東	
二三二+〇〇〇	五八·七	五六·四	五六·一	五二·九		
二三三+〇〇〇	五八·五		五五·六	五三·〇	雙合嶺	
二三四+〇〇〇	五八·九		五五·九	五四·三	大高寨	
二三五+〇〇〇	五九·三	五六·四	五五·八	五三·六	小高寨迤西	
二三六+〇〇〇	五九·一		五五·八	五三·一	菏澤境之東明非地（西）	自此以下爲河北東明非地境
二三七+〇〇〇	五八·九	五六·四	五五·六	五二·二	大劉屯	
二三八+〇〇〇	五八·二		五五·三	五二·二		自此以下爲山東鄄城縣境
二三九+〇〇〇	五八·〇		五五·〇	五二·二	董莊迤西磚南一分段西	
二四〇+〇〇〇	五七·七		五三·七	五一·五		

二四一+〇〇〇	五七・七		五三・九	五二・二	臨濮集附近（西）	
一〇八+七七・八	五七・二		五四・三	五二・五	此站與二四一+一七二・六三七點密合	
一〇八+〇〇〇	五六・八		五三・六	五二・四	臨濮集	
一〇七+〇〇〇	五七・〇		五四・〇	五二・六		
一〇六+〇〇〇	五六・九		五三・五	五二・六	杜莊附近（西）	
一〇五+〇〇〇	五六・五		五三・一	五二・四		
一〇四+〇〇〇	五六・六		五三・六	五一・七	蘇老家附近（東）	
一〇三+〇〇〇	五六・九		五三・五	五一・七	新莊迤西	
一〇二+〇〇〇	五六・七		五二・七	五一・一		
一〇一+〇〇〇	五六・八		五二・八	五一・四		
一〇〇+〇〇〇	五五・八		五二・八	五一・〇	馮屯	
九九+〇〇〇	五五・二		五二・九	五〇・八		
九八+〇〇〇	五六・七		五二・九	五〇・七	富春集迤西	
九七+〇〇〇	五五・四		五二・一	五一・三	富春集迤東	
九六+〇〇〇	五五・五		五一・六	五〇・八	范莊迤西	

九五+〇〇〇	五五·六		五一·七	五一·〇		
九四+〇〇〇	五五·五		五一·四	五〇·七	劉古屯	
九三+〇〇〇	五四·九		五二·三	五〇·九		
九二+〇〇〇	五四·八		五一·六	五〇·八	鄭營附近（東）	
九一+〇〇〇	五四·九		五〇·四	五〇·四		
九〇+〇〇〇	五五·〇		五〇·八	五〇·七	楊胡莊附近（西）	
八九+〇〇〇	五五·五		五一·三	五〇·六		
八八+〇〇〇	五六·〇		五〇·一	四九·八		
八七+〇〇〇	五五·二		五〇·六	五〇·四	郝李莊附近（西）	
八六+〇〇〇	五五·〇		五〇·五	五〇·〇		
八五+〇〇〇	五五·二		五〇·三	五〇·〇		
八四+〇〇〇	五四·三		四九·八	四九·七		
八三+〇〇〇	五四·三		五〇·〇	四九·八	樓李莊	
八二+〇〇〇	五四·三		四九·七	五〇·〇		
八一+〇〇〇	五五·一		五〇·〇	四九·六	侯橋西	

八〇+〇〇〇	五三·八		四九·六	四九·六		
七九+〇〇〇	五三·三		四九·六	四九·一	田場	
七八+〇〇〇	五二·三		四八·九	四八·七		
七七+〇〇〇	五二·六		四八·六	四七·八	孫堂	
七六+〇〇〇	五二·九		四八·九	四八·四		
七五+〇〇〇	五二·六		四八·六	四八·四		
七四+〇〇〇	五三·〇		四九·〇	四八·三	朱灣	
七三+〇〇〇	五二·八		四八·七	四八·四		
七二+〇〇〇	五二·七		四八·五	四八·四	蕭垓迤西	
七一+〇〇〇	五二·三		四七·八	四七·六	蕭垓迤東	
七〇+〇〇〇	五一·六		四七·七	四七·二	水堡迤西	
六九+〇〇〇	五一·〇		四六·八	四六·四	水堡迤東鄆城縣境	自此以下爲鄆城境
六八+〇〇〇	五一·〇		四六·七	四六·三		
六七+〇〇〇	五一·二		四六·五	四六·〇		
六六+〇〇〇	五〇·四		四六·四	四五·八	邢莊西	

六五+〇〇〇	五〇・八		四五・六	四五・六		
六四+〇〇〇	五〇・二		四五・五	四五・五		
六三+〇〇〇	五〇・二		四五・四	四五・七	馬樓迤東	
六二+〇〇〇	五〇・四		四五・五	四五・二		
六一+〇〇〇	五〇・六		四五・四	四五・六		
六〇+〇〇〇	五〇・一		四五・二	四四・九	鄭莊	
五九+〇〇〇	五〇・二		四五・四	四五・〇	路灣迤西	
五八+〇〇〇	四九・七		四五・二	四四・五	路灣迤東	
五七+〇〇〇	五〇・〇		四五・二	四五・一		
五六+〇〇〇	四九・六		四四・八	四四・六	樊家壩迤西	
五五+〇〇〇	四九・四		四四・五	四三・五		
五四+〇〇〇	四九・六		四四・三	四四・五	刀孟莊西	
五三+〇〇〇	四九・五		四四・八	四四・一	樊樓迤西	
五二+〇〇〇	四九・三		四四・四	四三・七	樊樓迤東	
五一+〇〇〇	四八・八		四四・四	四三・四	楊廟迤西	

五〇+〇〇〇	四八・六		四三・八	四三・二	楊廟迤東	
四九+〇〇〇	四八・五		四四・〇	四三・六		
四八+〇〇〇	四八・二		四三・五	四三・六	高樓迤西	
四七+〇〇〇	四八・四		四三・六	四二・八	高樓迤東	
四六+〇〇〇	四八・二		四三・一	四二・四	蕭皮口附近（西）	
四五+〇〇〇	四八・〇		四三・二	四三・〇		
四四+〇〇〇	四七・八	四四・二	四二・六	四二・六	鄆城壽張交界	自此以下爲壽張縣境
四三+〇〇〇	四七・九		四三・〇	四二・三		
四二+〇〇〇	四七・七		四一・八	四二・一	唐家廟附近（西）	
四一+〇〇〇	四七・七		四二・五	四二・九	楊家莊迤西	
四〇+〇〇〇	四八・一		四二・五	四二・八	楊家莊迤東	
三九+〇〇〇	四七・六		四二・六	四二・一		
三八+〇〇〇	四七・三		四四・六	四二・五	張莊	
三七+〇〇〇	四六・八		四二・六	四二・四		
三六+〇〇〇	四七・三		四二・二	四二・四	蔡家那裏迤東	

三五+〇〇〇	四七·四		四一·六	四一·八	窪裏王迤西	
三四+〇〇〇	四七·五		四二·二	四一·九	窪裏王迤東	
三三+〇〇〇	四七·二		四一·五	四一·五	黑虎廟迤東	
三二+〇〇〇	四七·四		四一·六	四一·四	張三槐迤西	
三一+〇〇〇	四七·〇		四一·三	四一·七	張三槐迤東	
三〇+〇〇〇	四六·八		四一·八	四一·〇	董集迤西	
二九+〇〇〇	四六·七		四一·八	四一·二	董集迤東	
二八+〇〇〇	四五·八		四一·六	四〇·一		
二七+〇〇〇	四六·二		四一·五	四〇·七	岳莊東	
二六+〇〇〇	四六·一		四二·六	四〇·三	黃花寺	
二五+〇〇〇	四六·九		四三·七	四一·二		
二四+〇〇〇	四六·二		四四·一	四〇·八	馬家莊	
二三+〇〇〇	四六·六		四四·三	四〇·八	岔河迤西	
二二+〇〇〇	四五·八		四三·三	四〇·一	岔河迤東	
二一+〇〇〇	四六·一		四三·五	四〇·五	窪裏迤西	

二〇＋〇〇〇	四六・一		四三・八	三九・七		
一九＋〇〇〇	四六・一		四三・一	四一・〇	雷口迤西	
一八＋〇〇〇	四五・九		四一・七	三九・二	雷口迤東	
一七＋〇〇〇	四五・八		四三・一	三九・六		
一六＋〇〇〇	四五・八	四四・一	四三・〇	三九・六	靳家莊	
一五＋〇〇〇	四五・九		四一・五	四〇・四		
一四＋〇〇〇	四五・七		四三・九	四〇・〇	孫莊附近（西）	
一三＋〇〇〇	四五・八		四二・一	四〇・〇		
一二＋〇〇〇	四五・五		四三・一	四〇・六	辛莊迤東	
一一＋〇〇〇	四五・五		四二・二	四二・〇	壽張十里保迤西	
一〇＋〇〇〇	四四・〇		四三・三	四一・四		自此以下爲東平縣境
九＋〇〇〇	四四・〇		四二・三	四一・五		
八＋〇〇〇	四三・七		四三・〇	四一・六	東平王長莊	
七＋〇〇〇	四四・一		四二・八	四一・七		
六＋〇〇〇	四三・八		四二・五	四一・一		

五十〇〇〇	四四・〇		四三・四	四二・三	閻家海迤東	
四十〇〇〇	四四・三	四三・六	四二・〇	四二・七	丁家莊	
三十〇〇〇	四四・一		四二・三	四二・六		
二十〇〇〇	四三・七		四〇・五	四二・〇	劉莊附近（東）	
一十〇〇〇	四三・七		四二・八	四二・五		
〇十〇〇〇	四三・六		四二・二	四二・二	東阿徐把什莊	
二七十五〇〇	三三・三		三〇・三	二八・九	朱家橋	自十里堡起至朱家橋止無大隄
二七十〇〇〇	三三・〇		三〇・一	二八・六	南龍王廟迤西	以上爲第一總段南一分段以下爲第二總段南二分段
二六十〇〇〇	三二・八		二八・七	二七・一	南龍王廟迤東	
二五十〇〇〇	三二・六	三一・五	三〇・〇	二七・〇	龍王廟	
二四十〇〇〇	三二・九		三〇・八	二七・〇	中家莊附近（西）	
二三十〇〇〇	三三・二		三〇・七	二六・九	席莊迤東	
二二十〇〇〇	三三・三		三〇・二	二七・〇	張莊附近（西）	
二一十〇〇〇	三三・七		三一・一	二九・二	前張莊東	
二〇十〇〇〇	三三・九	三一・五	二八・一	二七・三	曹家圈西	

一九+○○○	三二·九		三一·三	二七·一	趙家莊附近（東）	
一八+○○○	三三·一		三○·四	二八·二	梅家張莊西	
一七+○○○	三二·九		三○·一	二七·九	閻家莊東	
一六+○○○	三二·五		二八·九	二五·七	韓家道口	
一五+○○○	三三·一		二七·二	二六·三	楊家莊	
一四+○○○	三三·四		三○·七	二七·四	邱家莊附近（西）	
一三+○○○	三三·一		三○·六	二六·六	魯唐莊王家莊之間	
一二+○○○	三二·九		二九·○	二七·七	范家莊鄭家店之間	
一一+○○○	三二·三		二九·五	二六·九	段家莊	
一○+○○○	三二·一		二八·三	二七·七	蔣家莊李家莊之間	
九+○○○	三二·四		二八·四	二五·三	老劉七溝新劉七溝之間	
八+○○○	三二·四		二九·一	二七·八	新徐莊附近（西）	
七+○○○	三二·四		二六·二	二五·九	老徐莊附近（西）	
六+○○○	三二·四		二九·三	二六·四	丁家莊西	
五+○○○	三二·○	二九·六	二八·四	二八·一	大盧莊東	

四十〇〇〇	三二・〇		三〇・〇	二五・五	中游第二分段西
三十〇〇〇	三二・六		二六・七	二六・五	筱盧莊迤東
二十〇〇〇	三一・六		二七・七	二八・一	魯河務灤口水文站東
一十〇〇〇	三一・三		二六・三	二八・九	灤口鎮附近（東）
〇十〇〇〇	三一・三	二九・五	二七・八	二五・四	鵲山迤東

黄河北岸大隄高度表（自平漢鐵路橋西至津浦鐵路橋民國二十二年測）

導線距離（以仟米計）	隄頂高度（以大估水面上米計）	二十二年最高水位（以大估水面上米計）	河灘高度（以大估水面上米計）	平地高度（以大估水面上米計）	地點說明	備註
A 〇十〇〇〇	一〇一・一		九九・三	九三・九	武陟縣之筱莊	以下爲武陟縣境
A 一十〇〇〇	一〇〇・一		九七・二	九一・九		
A 二十〇〇〇	一〇〇・一	九八・六	九七・七	九一・六	姚盤營	
A 三十〇〇〇	一〇〇・〇		九七・一	九一・二		
A 四十〇〇〇	一〇〇・二		九七・四	九一・五		
A 五十〇〇〇	九九・六		九六・五	九二・〇	御壩	

A六+〇〇〇	一〇〇·八		九七·一	九一·九		
A七+〇〇〇	一〇〇·八		九六·七	九一·九	道口迤西三百米	
A八+〇〇〇	九七·九		九三·八	九二·五		
A九+〇〇〇	九八·八		九五·三	九三·一	秦廠附近（西）	
A一〇+〇〇〇	九九·六		九五·九	九三·六		
A一一+〇〇〇	九九·三		九四·〇	九三·〇		
A一二+〇〇〇	九九·七		九四·七	九〇·〇	道口迤西	
A一三+〇〇〇	九八·九		九四·八	九一·九	道口迤東	
A一四+〇〇〇	九八·〇		九四·一	九一·四	詹店迤西	
A一五+〇〇〇	九五·四		九二·八	八八·六	詹店迤東	
一八+〇〇〇	九六·九		九三·四	八七·九		因導線變更一八+〇〇〇在A一五+〇〇〇東一二二三米
一九+〇〇〇	九六·五		九二·四	八七·七		
二〇+〇〇〇	九七·〇		九三·二	八九·八	張蔡園附近（西）	
二一+〇〇〇	九七·四		九三·四	八七·二		

二二+〇〇〇	九七・四		九三・六	九〇・五		
二三+〇〇〇	九七・二		九二・九	八七・四	馬營迤東	
二四+〇〇〇	九六・八		九二・八	八八・七	姚村迤西	
二五+〇〇〇	九六・九		九二・三	九〇・二	姚村迤東	
二六+〇〇〇	九六・一		九一・一	八九・五		
二七+〇〇〇	九六・三		九二・四	八九・五		
二八+〇〇〇	九六・七		九〇・五	八九・〇		
二九+〇〇〇	九五・八		九一・〇	八八・五	武陟原武交界之東 以下爲原武縣境	
三〇+〇〇〇	九五・四		九〇・八	八八・九		
三一+〇〇〇	九五・二	九二・二	八九・九	八八・三		
三二+〇〇〇	九四・九		八九・五	八八・一		
三三+〇〇〇	九四・四	九一・〇	九〇・〇	八七・二	原武縣傅莊西二百米	
三四+〇〇〇	九四・八		九〇・一	八六・三		
三五+〇〇〇	九四・四		九〇・三	八三・三	韓董莊迤西	
三六+〇〇〇	九四・二		八九・五	八三・九	韓董莊迤東	

三七+〇〇〇	九四・二		九〇・〇	八四・五		
三八+〇〇〇	九四・七		九〇・四	八三・七		
三九+〇〇〇	九四・六		九〇・一	八一・七	原武縣城迤西	
四〇+〇〇〇	九三・八		八九・七	八二・九	東莊附近（西）	
四一+〇〇〇	九二・八		八七・六	八二・〇		
四二+〇〇〇	九三・七		八七・六	八三・二		
四三+〇〇〇	九三・八		八九・九	八二・七		
四四+〇〇〇	九二・九		八九・〇	八二・五	隄東迤西	
四五+〇〇〇	九二・五		八九・一	八二・五	隄東迤東	
四六+〇〇〇	九三・四		八九・二	八三・三		
四七+〇〇〇	九二・八		八九・〇	八二・四	黄寺西附近	
四八+〇〇〇	九二・六		八八・一	八一・六	柳園迤西	
四九+〇〇〇	九二・五		八八・五	八一・五	柳園迤東	
五〇+〇〇〇	九二・四		八八・八	八一・二		
五一+〇〇〇	九一・六		八七・六	八〇・三	劉固村迤西	

五二+〇〇〇	九一・一		八五・九	八〇・八	劉冏村迤東距陽武縣境二百餘米	以下爲陽武縣境
五三+〇〇〇	九〇・〇		八六・九	八〇・一		
五四+〇〇〇	九一・二		八七・二	八一・四		
五五+〇〇〇	八九・七		八六・〇	八一・〇		
五六+〇〇〇	九一・一		八七・三	七五・八		
五七+〇〇〇	九〇・二		八六・八	七八・七		
五八+〇〇〇	九一・三		八七・六	七九・六		
五九+〇〇〇	九〇・〇		八六・四	七八・五		
六〇+〇〇〇	九〇・三		八六・八	七七・八		
六一+〇〇〇	九二・〇		八七・五	八一・六	安莊迤西	
六二+〇〇〇	九〇・四		八六・九	七九・四	越石村西	
六三+〇〇〇	八九・四		八五・八	八二・九		
六四+〇〇〇	八九・一		八六・二	八〇・〇	張家莊附近（西）	
六五+〇〇〇	八九・一		八五・六	七九・二		
六六+〇〇〇	八八・四		八五・四	七八・五	大賓村附近（西）	

六七+〇〇〇	八八・九		八五・七	七九・四		
六八+〇〇〇	八八・九		八五・四	七九・九		
六九+〇〇〇	八八・二		八四・四	七八・五		
七〇+〇〇〇	八七・七		八四・二	七八・三		
七一+〇〇〇	八七・七		八四・五	八二・六		
七二+〇〇〇	八六・五		八一・二	七六・八		
七三+〇〇〇	八五・四		八三・六	七六・九	十六堡村道口迤西	
七四+〇〇〇	八六・七		八三・三	七七・六		
七五+〇〇〇	八八・二		八四・二	七五・六		
七六+〇〇〇	八七・四		八二・四	七七・三	回回灣	
七七+〇〇〇	八七・七		八三・四	七六・五		
七八+〇〇〇	八六・五		八三・〇	七五・五		
七九+〇〇〇	八六・八		八三・〇	七五・五		以下爲封邱縣境
八〇+〇〇〇	八五・四		八二・六	七九・五	張素莊道口	
八一+〇〇〇	八三・六		七九・二	七一・〇		

八二+〇〇〇	八七・三		八三・〇	七四・七		
八三+〇〇〇	八六・三		八二・五	七四・八		
八四+〇〇〇	八六・一		八二・二	七三・六		
八五+〇〇〇	八五・三		八一・一	七二・八		
八六+〇〇〇	八四・〇		八二・二	七三・九		
八七+〇〇〇	八三・〇		八〇・九	七二・三	于家店迤東	
八八+〇〇〇	八三・一		八一・一	七一・一		
八九+〇〇〇	八五・七		八一・二	七三・二		
九〇+〇〇〇	八四・五		八一・八	七二・四		
九一+〇〇〇	八三・四		七九・五	七三・六	銕鑾城迤東	
九二+〇〇〇	八五・五		八八・六	七五・七		
九三+〇〇〇	八四・六		八二・八	七六・八	荆隆宫鎮	
九四+〇〇〇	八四・一		七九・四	七四・五		
九五+〇〇〇	八四・三		七九・九	七五・一		
九六+〇〇〇	八四・四		八〇・四	七三・三		

九七+〇〇〇	八四・二		七九・六	七四・三	桑園附近（東）	
九八+〇〇〇	八四・九		八〇・六	七六・九	大宮迤西	
九九+〇〇〇	八五・三		七九・三	七四・九	大宮迤東	
一〇〇+〇〇〇	八五・五		七七・六	七七・四		
一〇一+〇〇〇	八五・一		七八・三	七七・八	封邱開封二縣交界處	自此以下爲開封縣境
一〇二+〇〇〇	八四・二		七八・八	七四・四		
一〇三+〇〇〇	八三・九		七九・二	七三・八		
一〇四+〇〇〇	八三・四		八〇・〇	七三・一	樊莊附近（東）	
一〇五+〇〇〇	八三・〇		七九・五	七二・二		
一〇六+〇〇〇	八二・九		七九・四	七二・〇		
一〇七+〇〇〇	八二・八		七九・三	七二・一	楊寨西	
一〇八+〇〇〇	八三・二		八一・〇	七一・七		
一〇九+〇〇〇	八三・〇		七八・九	七〇・八		
一一〇+〇〇〇	八三・二		七九・一	七〇・二	陳橋	
一一一+〇〇〇	八一・五		七八・九	七四・八		

一一二+〇〇〇	八二・八		七八・七	六九・一		
一一三+〇〇〇	八二・四		七八・七	六九・一		
一一四+〇〇〇	八二・一		七九・〇	六八・三		
一一五+〇〇〇	八二・七		七九・〇	六八・六		
一一六+〇〇〇	八一・九		七七・〇	六七・五	蔣寨東	
一一七+〇〇〇	七八・二	七七・〇	七六・四	六六・九	開封汛營房迤東	
一一八+〇〇〇	七八・二		七六・一	六九・〇		
一一九+〇〇〇	八一・四		七六・二	六七・七	馬房	
一二〇+〇〇〇	八〇・五		七五・九	六八・〇		
一二一+〇〇〇	八〇・八		七五・九	六八・九	邵寨迤西	
一二二+〇〇〇	八〇・四		七六・七	七〇・八		
一二三+〇〇〇	八〇・〇		七六・四	六七・六		
一二四+〇〇〇	七九・〇		七五・四	六八・八	淸和寨	
一二五+〇〇〇	七九・一		七六・〇	六八・七		
一二六+〇〇〇	八〇・一		七五・八	六七・八	常寨東	

一二七+○○○	七九・四		七七・八	六九・七		
一二八+○○○	七九・八		七五・八	六八・二		
一二九+○○○	七九・九		七五・五	六八・六		
一三○+○○○	七八・八		七五・七	六九・六	李家莊迤西	
一三一+○○○	七八・六	六九・八	七四・七	六九・八	朱岡迤西	
一三二+○○○	七八・九		七五・五	七○・一	鵝溝迤西	
一三三+○○○	七一・六		七一・六	七○・八	鵝溝迤東	
一三四+○○○	七一・一		七○・二	七○・四	老鵝溝附近（西）	
一三五+○○○	七一・六		七一・四	七○・八		
一三六+○○○	七○・九		七○・○	七○・二		
一三七+○○○	七○・八		六九・六	七○・○		
一三八+○○○	七○・五		六九・七	六九・一	大莊	
一三九+○○○	七一・五		六八・九	六八・二		
一四○+○○○	七○・二		六八・九	六九・一		
一四一+○○○	七○・三		六九・七	六九・七	雙王廟迤東	蘭封境

一四二+〇〇〇				六八·九	
一四三+〇〇〇				六九·一	大馬寨
一四四+〇〇〇				六八·九	
一四五+〇〇〇				六八·四	蘭封縣境東長垣境內　自此以下爲河北長垣縣境
一四六+〇〇〇				六八·一	蔡寨迤東
一四七+〇〇〇				六七·七	
一四八+〇〇〇				六七·二	筱庵附近（東）
一四九+〇〇〇				六六·五	
一五〇+〇〇〇				六六·二	
一五一+〇〇〇				六六·一	西辛莊
一五二+〇〇〇				六五·三	
一五三+〇〇〇				六四·七	河北省河北岸隄上界石迤西
一五四+〇〇〇	六六·八		六四·一	六五·〇	大車集附近（東）
一五五+〇〇〇	六七·三		六四·三	六四·七	東辛莊迤西
一五六+〇〇〇	六七·一		六四·二	六四·九	梁寨迤西

一五七+〇〇〇	六七・〇		六五・〇	六四・五		
一五八+〇〇〇	六六・五		六四・六	六四・四		
一五九+〇〇〇	六六・九		六四・〇	六四・四	東了騮莊西	
一六〇+〇〇〇	六六・五	六六・七	六四・三	六五・二	馬房莊西	
一六一+〇〇〇	六六・四		六五・五	六五・一		
一六二+〇〇〇	六六・三		六四・一	六五・〇		
一六三+〇〇〇	六六・五		六三・五	六四・八		
一六四+〇〇〇	六六・二		六三・二	六四・七	楊橋莊西	
一六五+〇〇〇	六五・九		六三・七	六三・一	焦寨莊西	
一六六+〇〇〇	六五・八		六三・二	六四・五	香里張莊東	
一六七+〇〇〇	六五・八		六三・四	六四・一		
一六八+〇〇〇	六五・六		六三・六	六三・二	孟崗集附近（東）	
一六九+〇〇〇	六五・五	六五・五	六四・四	六三・八		
一七〇+〇〇〇	六五・三		六四・三	六四・二		
一七一+〇〇〇				六四・〇	香亭	

一七二十〇〇〇				六四·九	冐廟附近（西）	
一七三十〇〇〇	六五·〇		六四·一	六四·三		
一七四十〇〇〇	六四·六		六三·三	六三·八	冀北一段辦公處	
一七五十〇〇〇	六五·〇		六三·八	六三·六	李石頭莊迤東	
一七六十〇〇〇	六四·八		六三·七	六二·三		
一七七十〇〇〇	六四·五		六三·四	六三·一	鐵爐寨	
一七八十〇〇〇	六四·六		六三·二	六二·五		
一七九十〇〇〇	六四·七		六三·〇	六二·〇	大蘇莊附近（東）	
一八〇十〇〇〇	六四·七		六一·七	六二·一		
一八一十〇〇〇	六四·五		六〇·六	六一·〇		
一八二十〇〇〇	六四·二		六〇·八	六〇·六		
一八三十〇〇〇	六四·五	六二·八	六〇·七	六一·一	邵寨附近（東）	
一八四十〇〇〇	六四·二		六二·二	六〇·六		
一八五十〇〇〇	六四·八		六一·〇	六〇·一	河南省滑縣西青城迤西	自此以下爲河南滑縣境
一八六十〇〇〇	六五·〇		六一·六	五八·九		

一八七＋〇〇〇	六四·一		六一·一	五九·一		
一八八＋〇〇〇	六四·四		五九·四	五九·四		
一八九＋〇〇〇	六四·一		六一·二	五八·七	東趙隄	
一九〇＋〇〇〇	六四·一		五九·二	五八·五		
一九一＋〇〇〇	六三·六		五九·四	五八·四		
一九二＋〇〇〇	六三·七		五九·六	五八·四	筱梁寨附近（東）	
一九三＋〇〇〇	六三·一		五九·一	五八·六	河北省濮陽縣瓦屋寨	自此以下爲河北濮陽縣境
一九四＋〇〇〇	六二·九		五九·一	五八·四		
一九五＋〇〇〇	六二·八		五八·九	五八·六	黃寨東	
一九六＋〇〇〇	六二·七		六一·〇	五七·七		
一九七＋〇〇〇	六二·四		五八·三	五七·六	閔城附近（西）	
一九八＋〇〇〇	六二·四		五八·八	五七·九		
一九九＋〇〇〇	六二·三	六一·四	五八·九	五七·一		
二〇〇＋〇〇〇	六二·四		五八·五	五七·二	王新莊	
二〇一＋〇〇〇	六二·一		五八·三	五七·二		

二〇二+〇〇〇	六一・七	六〇・六	五九・三	五六・九		
二〇三+〇〇〇	六一・三		五八・四	五六・八	冀河務局北二段辦公處	
二〇四+〇〇〇	六〇・八		五八・五	五六・四	遞村迤西	
二〇五+〇〇〇	六〇・八		五八・〇	五六・四	棐寨	
二〇六+〇〇〇	六〇・八		五八・三	五六・四		
二〇七+〇〇〇	六〇・八		五八・〇	五七・一		
二〇八+〇〇〇	六〇・七		五八・〇	五七・一	翟莊	
二〇九+〇〇〇	六〇・八		五八・一	五六・五		
二一〇+〇〇〇	六一・一		五七・三	五五・〇		
二一一+〇〇〇	六一・六		五八・二	五七・七		
二一二+〇〇〇	五九・八		五七・四	五五・五	魏司馬莊附近（東）	
二一三+〇〇〇	六一・〇		五八・二	五七・一		
二一四+〇〇〇	六〇・九		五八・三	五七・三	陳屯迤西	
二一五+〇〇〇	六〇・六		五七・一	五七・一	壩頭鎮河北河務局	
二一六+〇〇〇	六〇・一		五七・〇	五六・六		

二一七+〇〇〇	六一・二	五八・八	五七・一	五六・二	冀河務局北四段辦公處迤西	
二一八+〇〇〇	六〇・五		五六・九	五六・八	冀河務局北四段辦公處迤東	
二一九+〇〇〇	六〇・九		五六・五	五六・六		
二二〇+〇〇〇	六〇・〇		五八・一	五七・四	習城集附近（東）	
二二一+〇〇〇	五九・六		五八・一	五六・七	穆樓迤西	
二二二+〇〇〇	五九・四		五七・六	五六・八	穆樓迤東	
二二三+〇〇〇	五九・五		五七・五	五六・五		
二二四+〇〇〇	五八・九		五七・〇	五六・二	陳寨附近（東）	
二二五+〇〇〇	五八・九		五六・四	五六・一		
二二六+〇〇〇	五八・八		五六・三	五五・五	丁寨附近（西）	
二二七+〇〇〇	五八・五		五五・二	五五・四		
二二八+〇〇〇	五八・三		五五・六	五五・四	范寨	
二二九+〇〇〇	五七・八		五四・九	五四・七		
二三〇+〇〇〇	五七・七		五五・〇	五三・七	習城寨	
二三一+〇〇〇	五七・七		五四・九	五四・三		

二三二+〇〇〇	五七·三		五五·三	五四·一		
二三三+〇〇〇	五七·二		五四·五	五三·六		
二三四+〇〇〇	五七·一		五四·四	五三·七	辛莊西	
二三五+〇〇〇	五七·〇		五四·二	五三·九		
二三六+〇〇〇	五七·三		五四·五	五三·八	濮陽濮縣交界處	
二三七+〇〇〇	五六·八		五四·一	五四·二	棃園	自此以下爲山東濮縣境
二三八+〇〇〇	五六·五		五四·五	五三·七		
二三九+〇〇〇	五六·五		五四·〇	五三·一		
二四〇+〇〇〇	五六·七		五四·四	五三·六		
二四一+〇〇〇	五六·八		五三·八	五三·二	白罡集	
二四二+〇〇〇	五六·六		五四·一	五三·四	大辛莊迤西	
二四三+〇〇〇	五六·八		五四·二	五三·二		
二四四+〇〇〇	五六·八		五四·二	五三·三	孫密城迤西	
二四五+〇〇〇	五六·四		五四·〇	五三·一	孫密城迤東	

二四五+二〇〇					山東濮縣民堤與河北省濮陽大堤交界處	
一四七+七二五	五七·一	五四·四	五一·五	五五·一	開州西王堤口此係金堤與河北省大堤不接連西起自王堤口東至高堤口爲山東大堤高堤口以下爲第一總段北一分段	
一四七+〇〇〇	五七·四	五四·一	五一·八	五五·四		
一四六+〇〇〇	五八·二		五一·四	五七·三		
一四五+〇〇〇	五八·八		五一·五	五七·二	劉堤口附近（東）	
一四四+〇〇〇	五九·五	五三·九	五一·九	五三·三	和香頭	
一四三+〇〇〇	五八·三		五一·三	五四·三		
一四二+〇〇〇	五七·五	五三·二	五一·六	五八·二		
一四一+〇〇〇	五七·五	五三·六	五一·五	五五·二		
一四〇+〇〇〇	五七·九		五一·三	五二·〇	濮陽縣南門	
一三九+〇〇〇	五六·〇		五一·三	五〇·五		
一三八+〇〇〇	五五·一	五四·八	五一·五	五二·〇		

一三七+〇〇〇	五四・一	五四・一	五一・三	五〇・八		
一三六+〇〇〇	五四・九	五四・一	五一・二	五〇・七		
一三五+〇〇〇	五六・五	五三・五	五一・二	五〇・五		
一三四+〇〇〇	五六・七		五一・一	五〇・六		
一三三+〇〇〇	五六・三		五一・一	五一・七		
一三二+〇〇〇	五六・八		五一・〇	五六・二		
一三一+〇〇〇	五五・七		五一・三	五一・〇	桃園吳隄口迤東	
一三〇+〇〇〇	五五・九	五三・九	五〇・八	五六・五		
一二九+〇〇〇	五四・四	五四・〇	五一・〇	五四・八	河南坡附近（東）	
一二八+〇〇〇	五四・三	五三・七	五〇・八	五一・一	清河頭迤東	
一二七+〇〇〇	五五・〇		五〇・七	五四・〇	清河頭東寨迤東	
一二六+〇〇〇	五五・〇	五四・〇	五〇・五	五三・三	焦寨迤西	
一二五+〇〇〇	五四・三	五三・九	五〇・七	五三・三	焦寨迤東	
一二四+〇〇〇	五四・〇	五三・八	五〇・七	五三・二	東代韓	
一二三+〇〇〇	五四・〇	五三・八	五〇・一	五三・一		

一二二+〇〇〇	五四·二	五三·四	五〇·〇	五二·〇	
一二一+〇〇〇	五三·八		五〇·五	五一·七	關人店迤西
一二〇+〇〇〇	五三·八	五三·五	四九·四	五一·〇	
一一九+〇〇〇	五三·六	五三·五	四九·八	五〇·六	
一一八+〇〇〇	五三·二	五三·二	四九·六	五〇·一	十八郎西
一一七+〇〇〇	五三·二		四九·一	四九·一	柳屯迤西
一一六+〇〇〇	五三·一	五二·九	四九·八	五〇·〇	
一一五+〇〇〇	五三·一	五二·五	四九·六	四九·八	
一一四+〇〇〇	五二·五	五二·四	五〇·五	五一·〇	老西寨迤西
一一三+〇〇〇	五四·〇	五二·二	四九·六	五〇·六	
一一二+〇〇〇	五三·三		五〇·四	五〇·七	
一一一+〇〇〇	五二·四	五二·二	四九·九	五〇·八	虎山寨附近（東）
一一〇+〇〇〇	五二·六	五二·一	四九·二	五〇·五	逯河寨附近（東）
一〇九+〇〇〇	五二·四	五二·二	四八·五	五〇·四	
一〇八+〇〇〇	五二·一		四八·三	五〇·六	

一〇七十〇〇〇	五二・三	五一・六	四八・一	四八・五	霄樓迤東	
一〇六十〇〇〇	五三・〇		四七・四	五一・〇		
一〇五十〇〇〇	五二・九		四七・五	五〇・一		
一〇四十〇〇〇	五二・六	五一・〇	四七・六	五〇・四	陳樓東	
一〇三十〇〇〇	五二・五	五一・六	四七・一	四七・六	濮縣境高隄口之東	自此以下爲山東濮縣境
一〇二十〇〇〇	五二・八	五〇・九	四六・九	五〇・一		
一〇一十〇〇〇	五二・五	五〇・七	四七・二	四八・七	白莊東	
一〇〇十〇〇〇	五二・七		四六・六	四八・七		
九九十〇〇〇	五二・〇	四九・七	四六・三	四八・九	葛樓東	
九八十〇〇〇	五二・一	五〇・一	四六・二	四九・〇		
九七十〇〇〇	五一・八	五〇・一	四六・二	四八・〇	孫隄口	
九六十〇〇〇	五一・七		四六・〇	四七・九		
九五十〇〇〇	五一・七	五〇・七	四五・七	四八・七	秦隄口	
九四十〇〇〇	五〇・〇		四五・九	四八・三		
九三十〇〇〇	五一・四	四九・二	四五・六	四八・五	王隄口迤西	

九二+〇〇〇	五一·四	四九·五	四五·五	四五·九	王隄口迤東
九一+〇〇〇	五一·〇		四六·三	四七·八	陳隄東
九〇+〇〇〇	五〇·八		四五·三	四八·二	
八九+〇〇〇	五〇·〇	四八·九	四五·一	四七·二	
八八+〇〇〇	五〇·六	四九·一	四四·九	四五·五	道口村
八七+〇〇〇	五〇·六		四六·七	四七·三	
八六+〇〇〇	五〇·四	四八·五	四六·四	四五·九	
八五+〇〇〇	五〇·三	四八·四	四七·〇	四六·六	
八四+〇〇〇	五〇·二		四四·二	四七·二	張清莊迤西
八三+〇〇〇	五〇·〇	四八·三	四四·五	四六·八	張清莊迤東
八二+〇〇〇	四九·九		四六·五	四七·〇	
八一+〇〇〇	四八·九	四七·八	四四·二	四五·〇	馬溝東
八〇+〇〇〇	四九·〇		四四·三	四六·三	姬樓
七九+〇〇〇	四九·六		四四·二	四六·二	
七八+〇〇〇	四九·一	四八·〇	四五·八	四六·七	王莊

七七+〇〇〇	四八·八		四四·一	四六·一		
七六+〇〇〇	四七·八	四七·三	四四·一	四五·七	朱樓	
七五+〇〇〇	四八·八	四七·一	四四·八	四六·三		
七四+〇〇〇	四八·三	四七·三	四六·二	四四·三	三里營	
七三+〇〇〇	四八·五		四四·六	四五·一	倉上迤西	
七二+〇〇〇	四七·五		四四·七	四四·四	范縣城南	
七一+〇〇〇	四七·八	四六·五	四四·九	四三·八		
七〇+〇〇〇	四七·九	四六·五	四四·六	四五·六	范縣城東	
六九+〇〇〇	四七·九		四四·六	四四·六	范縣壽張間之闞虎店	自此以下爲壽張縣境
六八+〇〇〇	四七·七		四五·〇	四四·〇		
六七+〇〇〇	四七·〇	四六·三	四五·三	四三·三	子路隄村	
六六+〇〇〇	四六·六		四四·九	四四·〇		
六五+〇〇〇	四七·〇		四四·四	四三·七		
六四+〇〇〇	四七·四	四六·三	四四·三	四四·二		
六三+〇〇〇	四七·四		四四·三	四四·三		

六二+〇〇〇	四七・二	四六・〇	四四・七	四四・七		
六一+〇〇〇	四六・三		四四・一	四二・九	蓮花池附近（西）	
六〇+〇〇〇	四六・三	四五・三	四四・六	四三・八		
五九+〇〇〇	四六・七		四四・一	四三・九	竹口	
五八+〇〇〇	四六・八		四三・七	四二・五		
五七+〇〇〇	四六・七		四三・七	四一・三		
五六+〇〇〇	四五・八	四五・四	四三・八	四四・〇	關門口	
五五+〇〇〇	四七・五		四三・五	四二・五		
五四+〇〇〇	四六・一	四五・五	四三・八	四三・七	趙台村迤西	
五三+〇〇〇	四六・〇	四五・五	四三・八	四三・六		
五二+〇〇〇	四六・五	四六・〇	四三・五	四二・六	趙程台迤西	
五一+〇〇〇	四五・九	四五・九	四三・七	四一・九	趙程台迤東	
五〇+〇〇〇	四五・八	四五・七	四三・四	四二・六	侯莊西	
四九+〇〇〇	四五・〇		四一・三	四二・四		
四八+〇〇〇	四四・〇		四〇・六	四一・七	壽張縣北關迤西	

四七+〇〇〇	四四・四		四〇・四	四二・三	壽張縣北關迤東	
四六+〇〇〇	四五・九		四三・〇	四二・二	大子房村	
四五+〇〇〇	四六・二	四五・四	四二・八	四四・〇		
四四+〇〇〇	四五・八		四二・六	四三・一	八里廟村西	
四三+〇〇〇	四五・七		四二・六	四三・〇		
四二+〇〇〇	四五・九	四五・七	四二・三	四二・三		
四一+〇〇〇	四五・八		四二・九	四三・一		
四〇+〇〇〇	四五・七	四四・九	四二・三	四四・五	賈家海	
三九+〇〇〇	四五・八	四四・八	四一・八	四二・一	壽張東阿交界	自此以下爲東阿縣境
三八+〇〇〇	四五・一		四一・八	四一・三	孟隄口東	
三七+〇〇〇	四五・一	四四・五	四一・八	四一・五	王隄口	
三六+〇〇〇	四五・二		四一・七	四二・二		
三五+〇〇〇	四五・四	四四・二	四一・七	三九・七		
三四+〇〇〇	四五・三	四三・九	四一・五	四二・一	錢樓	
三三+〇〇〇	四五・四		四一・六	四一・〇		

三二+〇〇〇	四五·二		四一·二	三八·〇		以上爲山東第一總段北一分段
三一+〇〇〇	四四·三		四一·〇	三八·九	張秋鎮迤西	自此以下爲第二總段北二分段
三〇+〇〇〇	四四·八		四〇·八	三八·四	張秋鎮迤東	
二九+〇〇〇	四四·四		四〇·七	三八·三		
二八+〇〇〇	四四·七		四〇·四	三八·五	賓家營	
二七+〇〇〇	四四·八		四〇·三	三八·三		
二六+〇〇〇	四四·七		四〇·二	三八·二		
二五+〇〇〇	四三·九		三九·九	三七·九	楊家營附近（西）	
二四+〇〇〇	四三·四	四三·九	三七·六	三八·二		
二三+〇〇〇	四二·八		三七·六	三八·四	陶城埠	
二二+〇〇〇	四二·八		三七·五	三七·八		
二一+〇〇〇	四二·二	四一·〇	三六·八	三七·八	陶城埠運河故道東	
二〇+〇〇〇	四二·五		三七·七	三七·八		
一九+〇〇〇	四二·五		三七·八	三七·一		
一八+〇〇〇	四二·四		三八·一	三六·八	郎沿村西	

一七十〇〇〇	四二・四		三八・三	三八・二	
一六十〇〇〇	四二・四		三七・八	三六・四	
一五十〇〇〇	四二・二		三七・六	三六・四	張家屯附近（西）
一四十〇〇〇	四二・六		三七・八	三七・〇	苦山迤西
一三十〇〇〇	四二・一		三七・八	三七・七	
一二十〇〇〇	四二・二		三八・一	三八・〇	
一一十〇〇〇	四二・一		三六・六	三七・一	于莊
一〇十〇〇〇	四二・一		三八・八	三六・二	
九十〇〇〇	四二・〇		三八・二	三六・八	許屯迤東
八十〇〇〇	四二・一		三七・八	三七・〇	張家房迤西
七十〇〇〇	四一・九		三八・九	三六・六	
六十〇〇〇	四一・三		三六・七	三八・〇	
五十〇〇〇	四二・三		三八・〇	三七・五	大姜莊
四十〇〇〇	四一・八		三七・七	三七・五	魏莊附近（西）
三十〇〇〇	四一・五	四一・一	三七・六	三七・五	

二十〇〇〇	四一·九		三七·一	三八·一	
一十〇〇〇	四二·〇		三九·八	三九·四	
〇十〇〇〇	四二·九		三九·六	因在香山山脚不能測量	香山
四五十〇〇〇	三七·六				張莊迤西
四四十〇〇〇	四〇·三		三六·二	三六·六	王莊迤西
四三十〇〇〇	四一·〇		三六·二	三六·四	黃屯迤西
四二十〇〇〇	四〇·五		三五·四	三六·五	二段二汛堡房與解莊之間
四一十〇〇〇	四〇·四		三五·七	三六·二	井家圈迤西
四〇十〇〇〇	四〇·一	三九·九	三六·四	三五·七	二段二汛堡房迤西
三九十〇〇〇	四〇·一		三六·一	三六·二	劉莊西
三八十〇〇〇	三九·九		三六·一	三五·三	
三七十〇〇〇	四〇·三		三六·一	三五·四	侯莊附近（西）
三六十〇〇〇	四〇·三		三五·三	三四·八	二段二汛堡房迤東
三五十〇〇〇	四〇·三		三五·六	三四·四	郭家口
三四十〇〇〇	四〇·五		三五·七	三四·六	麻莊迤東

三三+〇〇〇	四〇・六		三六・二	三五・五	尹家莊東	
三二+〇〇〇	四〇・六		三六・〇	三四・七	畢莊附近（西）	
三一+〇〇〇	四〇・三		三六・四	三四・二	大義屯附近（西）	
三〇+〇〇〇	四一・〇		三五・七	三四・三	聖莊迤西	
二九+〇〇〇	四〇・七		三五・〇	三四・一		
二八+〇〇〇	四〇・〇		三四・八	三六・七	八里莊	
二七+〇〇〇	四〇・〇		三六・二	三三・九	翟家莊附近（西）	
二六+〇〇〇	四〇・三	三九・〇	三六・三	三三・九	湖溪渡迤西	自此以上爲第一總段北二段二汛
二五+〇〇〇	三九・三		三四・六	三三・三	湖溪渡迤東	自此以下爲二段三汛
二四+〇〇〇	四〇・三		三五・二	三三・二		
二三+〇〇〇	三九・九		三四・八	三二・四	周家圈西	
二二+〇〇〇	三九・五		三四・八	三二・六		
二一+〇〇〇	三九・五		三四・八	三三・二	史圈附近（東）	
二〇+〇〇〇	四〇・二		三七・〇	三三・一		
一九+〇〇〇	三八・二		三五・八	三一・八	陶嘴迤西	

一八+〇〇〇	三九·四		三六·四	三三·六	
一七+〇〇〇	三八·八		三四·六	三三·二	李家莊西
一六+〇〇〇	三九·二		三四·九	三二·一	
一五+〇〇〇	三八·四		三五·八	三二·八	
一四+〇〇〇	三八·二		三五·八	三三·一	宮家岸迤東
一三+〇〇〇	三八·五		三三·九	三二·九	范家營
一二+〇〇〇	三八·四		三五·三	三二·三	雷家屯西
一一+〇〇〇	三八·五		三三·八	三三·二	潘家莊
一〇+〇〇〇	三八·五		三三·六	三二·七	齊家莊附近（西）
九+〇〇〇	三八·三		三三·七	三三·八	周家莊迤西
八+〇〇〇	三七·四	三六·八	三五·二	三二·〇	周家莊迤東
七+〇〇〇	三七·八		三四·七	三二·三	宋莊附近（西）
六+〇〇〇	三七·七		三四·五	三二·九	
五+〇〇〇	三七·三	三五·〇	三三·二	三二·一	王家廳之東
四+〇〇〇	三七·五		三三·三	三一·七	

三十〇〇〇	三七・七		三四・三	三三・三	王家集迤東	
二十〇〇〇	三七・〇		三四・三	三二・九	于家寨迤西	
一十〇〇〇	三七・一		三六・〇	三二・一	官莊	
五九十四二五	三六・八		三四・七	三一・五	大馬頭迤東	因導線變改五九十四二五卽上之〇十〇〇〇
五九十〇〇〇	三七・〇	三五・九	三五・七	三一・七	筱馬頭迤西	
五八十〇〇〇	三七・六		三五・四	三二・六		
五七十〇〇〇	三六・七		三四・五	三三・四		
五六十〇〇〇	三六・三		三二・三	三二・九	董家寺	
五五十〇〇〇	三六・六		三二・七	三〇・七	程官莊迤東	
五四十〇〇〇	三六・八		三一・九	三一・五	枯河	
五三十〇〇〇	三六・九		三二・三	三〇・一		
五二十〇〇〇	三六・六	三五・二	三四・四	三九・三	九龍口	
五一十〇〇〇	三六・二		三三・一	三〇・七	于家莊	
五〇十〇〇〇	三六・四		三三・七	三〇・六	段家莊附近（西）	
四九十〇〇〇	三六・二		三三・七	三〇・〇		

四八+〇〇〇	三六·二	三四·五	三四·二	三一·七	孔官莊迤東	
四七+〇〇〇	三六·五		三一·八	三一·四	四里莊附近（東）	
四六+〇〇〇	三五·七		三三·七	三一·一		
四五+〇〇〇	三五·五		三三·五	三一·八	河附近（東）	
四四+〇〇〇	三五·六		三二·九	三〇·九	周莊迤東	
四三+〇〇〇	三五·九		三三·〇	三〇·六	卞莊迤東	
四二+〇〇〇	三五·一		三二·二	二九·四	楊家道口迤西	
四一+〇〇〇	三五·三		三二·七	三〇·〇		
四〇+〇〇〇	三五·〇	三四·〇	三三·三	二九·四	譙莊西	
三九+〇〇〇	三四·六		三〇·九	二九·六	紙營迤西	
三八+〇〇〇	三四·八		三〇·五	二九·六	紙營迤東	
三七+〇〇〇	三四·八		三〇·六	三一·〇	西張村迤東	以上爲第二總段北二分段
三六+〇〇〇	三四·二		三二·七	三〇·三	東張村與韓莊之間	以下爲第二總段北三分段
三五+〇〇〇	三四·五		三二·六	二九·四	韓莊迤東	
三四+〇〇〇	三三·七		三二·一	二八·六	曹營迤西	

三三+〇〇〇	三四·一		三二·四	二七·三	豆腐窩迤西	
三二+〇〇〇	三三·八	三三·〇	二九·六	二八·六		
三一+〇〇〇	三四·七		二九·二	二九·一	趙莊迤西	
三〇+〇〇〇	三四·五		三一·七	二九·五	袁家道口	
二九+〇〇〇	三四·一		三一·八	二九·五		
二八+〇〇〇	三二·九		二九·八	二九·二	索莊	
二七+〇〇〇	三三·二		二九·六	二七·五		
二六+〇〇〇	三三·五		二七·八	二七·〇	五里舖迤西	
二五+〇〇〇	三三·〇		二八·五	二六·九	顧家溝	
二四+〇〇〇	三二·六		二八·九	二六·六		
二三+〇〇〇	三三·五		二八·六	二六·二	南壇迤東	
二二+〇〇〇	三三·二		三〇·〇	二七·五	齊河縣迤東	
二一+〇〇〇	三三·三		二八·三	二六·八	王莊迤東	
二〇+〇〇〇	三三·四		二八·五	二七·三	王姚莊附近（西）	
一九+〇〇〇	三三·〇		二七·七	二七·一	姜莊附近（西）	

一八十〇〇〇	三二・三		二七・七	二七・七	郭家閘附近（西）
一七十〇〇〇	三二・五		二八・一	二五・九	席道口
一六十〇〇〇	三二・六		二七・八	二六・九	紅廟
一五十〇〇〇	三二・四		三〇・五	二六・八	董莊西
一四十〇〇〇	三二・四	三一・三	三〇・九	二五・三	李家岸附近（西）
一三十〇〇〇	三二・四		二七・六	二六・一	河務局三汛迤西
一二十〇〇〇	三二・八		二七・五	二六・二	趙莊東
一一十〇〇〇	三二・一		二七・五	二九・七	邱家岸
一〇十〇〇〇	三一・七		二七・五	二五・三	
九十〇〇〇	三二・一		二六・六	二七・〇	劉家廟
八十〇〇〇	三一・五		二七・一	二三・九	西朱河圈東
七十〇〇〇	三一・六		二九・八	二七・五	東朱河圈西
六十〇〇〇	三二・二		二七・四	二六・一	
五十〇〇〇	三一・七		二六・九	二四・九	三段三汛分馬丰所東之東大王廟
四十〇〇〇	三一・四		二七・一	二四・三	

三+〇〇〇	三一・三	三〇・〇	三〇・〇	二八・六	倘家莊	
二+〇〇〇	三一・四		二八・五	二七・七		
一+〇〇〇	三〇・九		二八・五	二七・二	北濼口	
〇+〇〇〇	三一・八		二七・八	二七・九	鵲山集附近（東）	以上爲第二總段北三分段

第七章 護岸

我國舊籍多用河防，隄工，埽壩等名辭，鮮有言及護岸者。殊不知隄與埽壩，雖盡屬河防之範圍，然其功用不同。隄所以禦漫溢也。埽壩所以防潰決也。隄雖高固，不耐大溜之頂衝；灘雖老堅，常因塌陷而日單。故必有以護之，方達河防之目的。我國舊日之護岸工作則有埽壩，對於護灘尙未施行。本節重言之者，示其重要也。

一 險工地段

所謂險工者，常爲大溜所衝，每有潰決之險，必施以特別防護工程之謂也。河槽變遷不常，則險工地段亦易。常見堅實護岸之處，有已淤爲灘地者；又有昔爲平工，而忽變爲險工者。是險工亦有其時間性，今所舉者，聊以供參考耳。

（甲）豫境黃沁兩河各分局隄埽壩垜各工一覽表（民國二十年六月）

局別	汛別	隄工長度	埽段	壩數	垜崖坡度	備考
下	中	隄工四千九百二十二丈八尺	埽工十一段	磚石壩九道	石垜三十二個	
	卆		護石八段	護石土壩五道 人字石壩三道	土垜五個	

南　分

下	分十三堡		土壩五道	石工十八段
汛			土壩齒十道	
祥	隄工四千六百四十五丈	埽工二十二段	順河埝一道	石垜三十二個
河		護石埽四段	磚石壩十道	護石三處
上	分二十堡		護石土壩五道 人字石壩二道	
汛			土壩六道 土蓋壩一道	
祥	隄工五千三百六十二丈	埽工二十四段	磚石壩七道	石垜十九個
河			人字石壩二道	石工十六段
中	分二十三堡		魚鱗石壩一道 磨盤石壩一道	
汛			土壩五道 護石土壩十八道	
祥	隄工六千五百零六丈			
河				
下	分二十九堡			
汛				
陳	隄工五千六百三十三丈	埽工三段	黃河故道隄工一道	石垜十四個

局	汛	隄工	埽工	壩	垛、工等	
局	蘭汛	分二十二堡		石壩三道 攔黃埝一道 人字石壩二道 護石土壩齒二道	空檔護磚二處	
上南分	滎澤汛	隄工五千三百零九丈六尺	埽工七段 埽前拋石三十五段	石壩十二道 土壩護石十二道 土壩二道 土壩齒護石三道 土壩齒二道	石垛三十七個	
	鄭上汛	隄工三千九百五十四丈五尺	埽前護石五十九段	石壩五十七道 土壩齒護石九道 土壩齒一道	石垛七十二個 空檔護石一處	
	鄭下汛	隄工三千四百一十七丈	埽工二十六段	石壩三十九道 土壩三道 壩齒四道	石垛五十九個 石工六十五處	
	中牟上汛	隄工三千二百一十三丈		石壩五十三道 土壩十三道	石垛二個 石工二十九處	

局	中牟中汛	隄工二千二百一十丈	埽工八段毀五段	壩四十二道	石垛十九個 護石崖三十段	
下北分	開封北汛	隄工五千四百一十丈	舊埽工五十二段內有護石五段	石壩十道 土壩二十四道	石垛十七個	
	開陳北汛	隄工四千五百五十三丈	埽工二十二段	土壩四道 石壩十四道	石垛十四個 護石二十三段	
	陽武汛	隄工一萬零三百四十六丈		石壩囤一道 土壩八十道 土壩囤五道		

局	封邱汛	隄工六千一百五十七丈三尺	石埽三道　土埽三十道		石垜六個	
上北分	流縣汛	隄工七千四百九十丈零五尺		石埽五十九道　埽齒四道	石垜一百五十九個　土垜十二個　護石一百零五段	
	溫縣汛	隄工七千丈		土埽三道	石垜十九個　土垜二個　護石十六段	
	武陟汛	隄工六千一百三十六丈	護埽石十一處	石埽四十八道　磨盤埽三道　挑水埽十二道	石垜一百五十五個　護石一千二百丈	
	武滎汛	隄工七千八百五十六丈		土埽七道　御道一道		

局	原武汛	隄工六千七百四十四丈		土壩二十八道	土垜三個 護石十一丈
西沁分局	西沁南汛	隄工一萬三千五百五十三丈	埽工四十九段	石壩十二道 土壩四道	石垜十四個
	西沁北汛	隄工九千四百七十三丈	埽工二十四段	石壩十二道 土壩一道	石垜十四個
東沁	東沁南汛	隄工九千四百一十一丈	埽工八十八段	石壩二十九道 土壩三道	石垜四個 石坡五段

分局	東沁北汎			
	隄工一萬零九百七十丈			
	埽工二十五段			
	石壩十七道	土壩六道		
	石垛十四個	石坡十四段		
說明	右表所列東西沁埽段係以能加廂者為限漫淤走失均已消除			

（乙）河北省黄河南北兩岸險工一覽表

項別	段別	險工名稱	險工地點	險工轄境	險工等第	險工綫長	護險：土壩	護險：秸壩	護險：亂抛磚壩	護險：石壩
南岸	第一段									
南岸	第二段	謝寨 李連莊					十三道		二道	
南岸	第三段	高村	高村	東明縣	四		十三道	二十三段		
南岸	第四段	劉莊	劉莊	東明縣	一	一千五百米		三十七段		五道
北岸	第一段			長垣縣			二道			
北岸	第二段	蔣村	蔣村第四壩	濮陽縣			四道	八段		
北岸	第三段	老大壩	雙合嶺（壩頭鎮）		二	八百米		三十七段		
北岸	第四段	南小隄	習城集西		三	九百米				

卷三 第七章 護岸 三〇一

工程						修築材料種類	修築尺丈	險工沿革	附註
沉排護岸	沉排護沿	迎水磚壩	透水壩	穿磚護坡	逆溜柳簾				
						土壩及埽段爲土料秸繩石壩係舊土壩或埽段拋石改建磚護坡爲帶孔大磚及鉛絲其餘工程所用工料爲帶葉楊柳鉛絲青磚及：	南四護沿寬十四米長二百八十米迎水壩長二十九米均寬十六米埽長約七百米均寬約十米北三埽長七百米均寬十米北四護岸長三百三十三米寬二十二米護坡長五十三米透水壩長三十米寬三米		溜勢沖擊兩岸灣曲概括言之其趨勢係逐年下挫至海口後又復上提過而復始現在漸見上提朕兆舊日險工似應早爲之備
								清末謝寨李連莊爲巨險建有土壩十三道磚壩二道民二老大壩潰決後溜勢北趨謝寨李連莊距流較遠自二十二年起又逐漸內注	
								清光緒六年高村邁上決口七年堵合後溜勢下移建有土壩十三道復於隄間加修搭壩二十三段民十四及十八曾發坐巨險二次民二十溜勢漸順現則復行內注	
	一段	三道						清光宣間黃莊爲多年巨險建有挑壩連壩民九河溜下移至孫寨民十又下移至劉莊廂埽七十餘段十一年加修土壩大道十四年汛期形成頂衝十五年漫決堵合民十八九第六壩改建石壩民二十一加修迎水壩三道二十二年復加修沉排護沿一段石壩四道工程漸固	
								清光緒宣統間屆邁村爲巨險嗣五問屆淤出民七改歸官守建有土壩四道廂有搭埽八段迄今並未出險近一二年來流勢日漸北移爲可慮耳	
		一道						民二河決雙龍嶺民三堵塞老大壩郎合龍處廂有搭埽五十八段並於壩頭以北修土壩四道民十河溜上隄陳屯加修土壩九道民十四復自陳屯逐節下移直射老大壩走埽二十餘段民二十一溜復移現則發形頂衝外	
二段			一道	一段				民國四年智溝集繼漢工合龍之後漫溢十一月堵塞之四合龍處在皆城大隄東合龍處在南小隄民九南小隄發生巨險逐進挑壩四道民十五復內注民十六勢發北趙頭壩廂有搭埽八道民二十一添沉排護岸一段二十二年接築一段添建護坡一段透水壩一道	

(丙)魯境黃河險工長度及埽壩段數一覽表（民國二十三年）

險工名稱	段別	縣屬	長度（米）	原有埽壩（段）		備考
				石修	其他	
朱口	上南一分段	菏澤	一、〇六三		一〇	
李升屯		鄄城	一、三八八		一〇	
雷口		陽穀	七四二	九		
孫樓		壽張	三、二六七	七一		
合計			六、四六〇	八〇	二〇	
北店子	中南二分段	長清	四〇二	二〇		
張莊			二八五	五		
曹家圈			八五〇	二	四	
楊莊			八四五	一二	八	
老徐莊		濟南市	八六七	二〇	三	
丁莊			五一七	三	四	

小魯莊		八三三		
洛口		二、一三三		
葛家溝		一、二一七	一六	九
姬莊		一、〇五七	一三	四
傅家莊	歷城	八六七	一四	三
翟家溜		八八七	二五	一五
河套圈		三四七	一四	五
清河寺		三五〇	三	一
陳家圈		五一五	二二	一
孟家圈		三〇〇	一三	二
楊史道口		三〇〇	一二	二
王家梨行		八〇〇	二五	
姚莊		九四二	五	四
搔溝		一、〇五〇	五	四
小沙灘		二九三	四	五

胡家岸		章邱	一、〇六七	五五	
合計			一六、七二五	三三八	八六
梯子壩	下南三分段	齊東	一二七	二	二
蝸子灣		濱縣	一、六六七	三一	一五
劉春家			九八三	二七	一〇
大道王			六三三	六	一〇
合計			三、四一〇	六六	三七
麻家	下南四分段	蒲台	三六五	二	一八
道旭			七八九	一三	一九
馮家			七〇〇	三	三二
王旺莊			九二二	七	三二
閻家		利津	二六〇		一五
小王莊			四六七		一六
卞莊			八八九	一〇	八
佛頭寺			六三三	五	二〇

路莊			一八〇		九
合計			五、二〇五	四〇	一六九
五龍潭	中北二分段	長清	六七七	一三	
官莊			一、五二七	二〇	二
大碼頭			一、二五三	二	
韓二莊			七五二	一〇	
紫寺			五八八	三	
程官莊			四五七	五	
合計			五、二五四	五三	二
程官莊	中北三分段		二二七	四	
枯河			五一二	八	
孔官莊			五四八	七	
司里莊			三三九	三	五
陰河			一三七	一	三
譙莊			七三三	六	一

紙營			二七三	八	二	
豆腐窩		齊河	一、五八七	五	四	
水牛趙莊			一、一〇〇	二三		
袁莊			六三三	七		
索莊			八三三	七		
徐坊			四〇〇	一〇		
房莊			三三三	一一	二	
五里堡			四六七	一一		
顧家溝			一、九八〇	二一		
南壇			八四七	二七		
王莊			二、三六七	二三	四	
席家道口			一、八六七	三四	一	
李家岸			一、一〇〇	一七	七	
趙莊			一、一六七	一二	七	
邱家岸			一、九三三	一〇	五	

王家窰		二、三〇七	二四	一
桃園	歷城	一、一〇〇	二一	
大王廟		二五七	七	一
紙坊		一、三〇〇	一四	五
合計		二四、三四七	三三二	四八
柳樹店	中北四分段歷城	六六七	一〇	一
濼陽莊		一、八八八	一七	九
東關東斜莊	濟陽	一、二二〇	一〇	一一
羅家鈎頭高家萬家店		三、〇六〇	四六	二六
鐵匠莊龍王廟		一、六一七	二五	一一
小街子		七一七	二	
合計		九、一六九	一一〇	五九
唐家	下北五分段惠民	六九〇	一	三
唐家東		四七〇	三	一九
李家		九七七	一〇	四

常家			一、〇七七	一一	三	
王乘家			一、三九三	八	四四	
楊房家			九七三	一八	三	
王家集			三六七	七	七	
劉家口			七三七	五	一五	
清河西			一、〇八〇	二一		
白龍灣			九三二	一四	六	
邵家			六七〇	二三		
小崔家			三〇八	三	一〇	
大崔家			八一七	三	一七	
大崔家東			四一二	一	五	
馬張家			一、二一二	八	二	
張背堂			五四七	一二		
合計			一二、四六二	一四八	一三八	
宮家夾隄尾	下北六分段	利津	五二五	七	六	

宮家			六三五	五	一六
孫家			七五〇	七	八
大馬家			四三三	三	一七
張家灘			四六七	六	六
綦家嘴			四五五	六	一三
劉夾河			六二三	一二	
小李莊			七〇七	一	一
王莊			一、九五三	二五	二五
合計			六、五四八	七二	九一
總共			八九、五八〇	一、二二九	六五〇

二　埽工

靳輔言：「守險之方有三：一曰埽，二曰逼水壩，三曰引河。三者之用各有其宜。當風抵溜，其埽必柳七而草三。何也？柳多則重而入底，然無草則又疏而漏，故必骨以柳而肉以草也。禦冰凌之埽必丁頭而毋横。何也？冰堅鋒利，横下埽則小擦而糜，大磕必折也。然埽灣之處，則丁頭埽又兜溜而易冲，必用順埽，魚鱗櫛比而下之，然後可以擸溜而閉隄。至十分危急，搜根刷底，上提而下坐，埽不能禦，則急於上流築逼水壩，回其溜而注之對岸。或一二三道，若止一道，恐河流悍烈，壩一搖，而隄即不可救也。」

蔣階河上語論曰：「直曰進占，横曰廂埽。堵口曰占，搶險曰埽。占亦謂之埽。埽有順廂，有丁廂。埽名六等：埽廂埽以等水也；樓崖埽挑槽以下埽也；肚埽親隄；面埽親水；不滿五尺曰埽由；套埽，一埽套一埽也。層排者曰魚鱗埽，半圓曰磨盤埽，似磨盤而小曰月牙埽，頭埽曰藏頭，尾埽曰護尾，門埽，相對如門也，邊曰邊埽，掛柳曰龍尾埽，大頭小尾曰蘿蔔埽，上水預作大埽與口門等，作就放入口門，層料層土，追壓到底，謂之神仙埽，一曰兜纜埽，傍隄釘五尺樁，逆鋪料束，曰護埂埽，護埂亦曰護崖。下埽無法，全憑土壓。」

於此可深明埽之效能矣。惟今日之埽，只用高粱稭麻繩及土耳，未有梢也，此其所以退化歟！

考以埽作黃河之防護，始於宋初。宋史河渠志載：「太宗淳化二年，設巡河主埽使臣，巡視河隄。」即其明證。惟古時之作法，又有異於靳氏之所述者。古時「埽之制，密布芟索，鋪梢，梢芟相重，壓之以土，雜以碎石。以巨竹索横貫其中，謂之心索。卷而束之，復以大芟索繫其兩端，別以竹索自內旁出。

其高至數丈，其長倍之。凡用丁夫數百或千人雜唱齊挽，積置於卑薄之處，謂之埽岸。既下，以橛臬闌之，復以長木貫之。其竹索皆埋巨木於岸以維之。遇河之橫決，則復增之以補其缺。凡埽下非積數疊，亦不能過其汛湍。」是則除樹枝草類之外，又兼用竹索也。謂今日之埽工較古時退步，不亦宜乎？

至於做埽之法，應於廂埽之前，先考察地勢，修整埽台，繼順埽台量定擬修埽長尺寸，以橛誌之。於台上隄頂邊際，橫排五尺木樁若干，長與埽等。樁距約三尺。樁間排列枕繩，樁上順鋪稭料。層疊呑壓，迨厚達枕高之半，卽於料中橫縮筋繩一條，續加稭料，使圓如枕。然後用預備之枕繩及露出稭料兩端之筋繩綑束之，而成枕。綑枕既成，卽於枕上枕繩之間，勻栓底勾繩若干。繩上橫結練子繩成網。次將枕端筋繩，活繫隄頂上下兩端。預備既竟，然後將枕下五尺樁之一端托起，使枕順樁滾下，隨而推墜河中。用撑桿及活繫之筋繩將枕旁位矯正後，卽於繩網上勻鋪料物，拍以齊板，務使嚴密整齊，高至數尺，是爲一坯（普通每坯料高自四尺至六尺不等。）一坯廂竣，卽於上面加壓花土，簽打樁木。繞結繩纜，藉以連繫牽附之。繩之他端，均回繫於隄頂樁上，以便隨時鬆動。如此逐坯廂做，以抵於成。至坯間樁繩之連絡及其方式，均酌依工情水勢而定。高度既足，卽於隄頂加壓大工，通常厚約二尺，而埽以成。

我國以埽爲護岸之工作，既有悠久之歷史，自必有其優點，然劣點亦有，自難諱言。茲介紹朱延平君「黃河埽工之研究」一文及潘鎰芬君「稭埽之研究」之演講稿於後，以供參考：

（甲）黃河埽工之研究

概論

「物競天擇，適者生存。」赫胥黎氏這兩句話，不但證之於生物界是對的，即證之於工程界也不錯。余初畢業於工程專門學校，到河工上任事。那時河工上的人，尚全是舊河工家，客氣的對余說：「我們的這些法子，全是舊法子。」余即答說：「法子沒有新舊，只要能把河流冲刷的危險應付得過去，那就是好法子。反是用的雖然是由外國學來的新法子，而做成之後無濟於事，新法子又有什麽用處呢？」余談這話已經是二十餘年了，由這二十多年的經驗，覺得這種觀念歷久彌新，信之愈堅。常見許多新工程家痛詆舊埽工，心中極爲不然。心不謂然，並不是以爲埽工是絕對的好工程，而超越新工程之上。乃以爲痛詆舊埽工之人，應當有較舊埽爲好而又省費之工程，做出來給大家看，使人有所效法才對。

現在凡事都要科學化，這是大家都知道的。新的工程，由科學中發生出來的，這也是大家都知道的。可是，新的工程未必盡合於科學，而舊的工程未必不合於科學。譬如建一橋梁，必先鑽驗地基，結果要是橋墩墊陷，桁梁折斷，不能算是合於科學。又譬如建一挑水埽，必先相度河流地勢，結果要是被水冲潰，也不能算是合於科學。蓋物情之變幻，至爲繁賾。有一機未爲參透，致遭失敗，均不得謂合於科學。今之舊有埽工，他的地位能在河工歷史上維持了數千年之久，救濟了無數的土地與人民，不能說他没有他的長處。換句話說，「物競天擇，適者生存，」這埽工在河工上，不能說不是一種適者生存之一。兹下就余所知約略的把牠說一說。

歷史

埽工不知道是在什麽時候才有的，但用薪柴做防河的工作，在漢朝是已經實行了。觀史記河渠書塞瓠子一段工事內載：「於是天子已用事萬里沙則還。自臨決河，沉白馬玉璧於河，令羣臣從官自將軍以下皆負薪窴決河。是時東流郡燒草，以故薪柴少，而下淇園之竹以爲楗。」又載：「搴長茭兮沉美玉，河伯許兮薪不屬，薪不屬兮衛人罪，燒蕭條兮噫乎何以禦水，頹林竹兮楗石菑，宣房塞兮萬福來，於是卒塞瓠子。」當時薪柴若何用法，文中雖未明載，要之需用多數薪柴，與土雜用以防水之冲刷，與現在之埽工同一作用，可無疑義。宋史河渠志屢載河決某某埽，大概那時的埽工，與現在應無大異。

料物

現在埽工用的料，有正料雜料之分。正料就是高粱稭，雜料就是縻繩木樁。正料用的最多，惟爲質虛鬆，太不經久。古時皆用柴料做埽，江浙海塘，現在搶險工作，仍用蓬柴。永定河於民國七年夏季搶險時，余監視之以無稭料，用柴料甚多。用稭料不知其始自何時。余嘗閱河工書，有以柴埽改爲稭埽爲慨歎者。余意以爲無所用其慨歎。蓋用稭料做埽，必是柴料見少，不足於用的原故。或是雖勉强足用，而價費較多，經濟力量達不到的原故。古時人烟稀少，樹木甚多，柴料當然是足於用。後世土地日闢，烈山澤而焚之，大部分均經墾植，變爲農田，當然是柴料日少，稭料日多。時勢遷流，變化自生。這埽工由柴埽而改爲稭埽，也是社會進化的一種結果，而人力莫可如何的。

黄河兩岸田地，出產高粱甚多。人民知河工做埽需用此項材料，於秋收之時，用人力由地中拔出，命其帶有根鬚，以合做埽之用。於空閒地方，堆儲起來。預備於河務局收料之時，用大車或推車送往出賣。或在家候料販來，定料販再轉賣於河務局。河務局收買此種料物，動需數百萬斤，如用桿秤稱起來，那是來不及的。於是有所謂呵料之法。呵料者用熟於收料者數人，設棹於料廠之口，凡來之料，均由其處經過。或大車，或推車，或牲駝，或人擔，均由在其處收料之人，喊爲若干斤，記於其人之賬上，給以紙條，命到發款處取款。此項收料之人，須極有閱歷，所喊之數，與實際之數差不多。否則喊得少，其人必有爭執。喊得多，則公家吃虧。以外則有包垛之法，每垛給以若干錢。舊規每埽長六丈寬一丈五尺簷高一丈脊高一丈五尺，合一百一十二又二分之一方。規定重量爲七萬斤。亦有爲用料便利起見，定包小埽者，則假定十三尺見方高一丈，即爲一萬斤。河南河務局於民國十四年改料埽丈尺爲長四丈，寬一丈，簷高一丈，脊高一丈五尺，爲一萬五千斤。嗣以埽身單弱，稍遇暴風，即形歪斜，又於堆埽之時必須折尖，既費手續，又不經濟，改爲長三丈寬一丈五尺簷高一丈脊高一丈五尺，重量核實定爲二萬五千斤。

河工上的弊病，以料物方面爲最多。做一段險工之埽，動需數十萬乃至數百萬斤。如每擔去稱，太費時間，而人亦不足於用，尤以搶險時爲然。即使每擔必稱，而看秤抬料之人，何能保其不上下其手？如將料堆爲若干堆，抽稱數堆，而統計其數，則堆料之詭計百出，其途亦非善法。呵料之法，其弊相等。包埽之法，衆所知者有架空之弊。民國七年，余奉督辦京畿水災河工善後處之命，驗收永定河料物，拆埽稱之，不及實數之一半，惟當時各役亦不盡屬河工人員之過。蓋料價隨年而增，而在上者不爲之加價，仍責埽須有以前之容積，事實上辦不到也。治事者能精審物情，隨時定法，以資遵守，庶其有豸。

縧椿在埽上用得較少，單價又比較的貴一些，收買比較來得容易。惟縧須將捆打開驗視，因爲常有摻雜沙土或用水浸濕之事。縧須繩工打成繩子，計分十五斤重，二十斤重，二十五斤重三種。

十五斤重者打六丈長，二十斤重者打八丈長，二十五斤重者打十丈長。又有所謂核桃繩者，核桃粗細重五斤，於捆枕子及做底坯時用之。樁爲五六尺兩種，河務局可由沿隄樹上砍用，鄉間亦有專儲以備河工上來購者，論百論千不定。

做法

埽工的做法，分爲春廂新廂。新廂就是新做一段埽，春廂是因爲舊埽蟄陷，於其上加一坯或數坯。亦有舊埽腐爛，不能再用，拆其另廂，名爲拆廂。春廂亦曰加廂。埽工無廂一段者，廂則必數段乃至數十段。每段之首，縮進若干尺，自遠觀之，有若魚鱗，故謂之魚鱗埽。因其是鑲於隄邊，以禦水流之冲刷，故謂之爲廂。河工書上謂每一段埽爲一埽箇，大概是因爲所用之稭樁繩土，須混爲一體的緣故。埽箇長短，因水之深淺而定。埽必追壓到底，水愈深，埽卽愈長愈寬。通常以三丈長至六丈長者爲多。寬較長減半。深而不長不寬，勢難站得住。

未言做法之先，須先將埽之估法說一說。估計埽工，因爲有多年之統計，說起來很容易。新廂埽箇，在河北省每料二千斤，需用繩子一條，每條繩子平均用五六尺樁五根。廂埽一方，用料一方。每料一方，假定爲六百斤。長十丈之繩，於做底坯時，或水過深時用之。平常均用六丈長或八丈長之繩。河南黃沁兩河廂埽動用正料，以單長計算，一單長卽是一方。如某埽廂料幾坯，卽需單長若干。　但每單長普通以用料五十束爲度。　如有特別情形，至多亦不得過六十束，以示限制。　正料每束約爲十斤左右。　如每束不足八斤者，每單長束數，當酌量增加，以免承辦人賠累。　動用雜料，舂廂埽用單騎馬，每路繩一條，明暗樁各一根，騎馬一付。　墊廂埽用雙頭騎馬，每路繩二條，明樁二根暗樁三根。　要緊河勢大墊廂埽用騎馬羊蹄抓，每路繩二條，明樁二根暗樁三根，其餘若埽往前游，上下跨角墩墊，埽段中截墩墊，或埽肚過水等等，均有特殊估計，不暇細述。

廂埽本爲抵禦河水之冲刷，河情變幻靡常，斯埽工應付之法以異。　粗計之，不外前述諸法，舉一反三，要在當事者之臨機應變而已。　兹將在河勢緊要處所廂做深水大埽之法，述之如下，以概其餘。欲在此等處所做埽，先須擇定埽位。　擇定埽位後，將埽坡剷成適當坡度。　於隄上每隔五六尺舖核桃繩一條，再於繩上鋪稭料一二尺高，長與擬做之埽等長，順其長於中間置中心繩一條，布置齊全，將此稭料，用舖在底下之核桃繩捆成枕子，高在二三尺間，中心繩之兩端，繫於十丈或八丈之繩，枕子上每隔五六尺許，繫於十丈或八丈之繩，於此各繩之間練於核桃繩，使其成爲網式，約寬丈許。　將此枕子推入水中，由兩端之繩，調定其位置。　位置既定，即於網上順長加料。　加至三四尺高，即由其旁慢慢加土於其上，約半尺許。　當此初下底坯之時，加土不可劇烈。　蓋恐埽往前游，水入後冀埽有漂失之虞。　待土舖得平整，即於前眉近水之處，每隔若干尺，釘樁三根，成其所謂之羊蹄抓。　羊蹄抓後，隔三四尺遠，連釘樁二三根。此各樁皆埋於埽內，故謂之爲暗樁，將八丈繩或六丈繩，緊繫於此羊蹄抓上，後扯盤繞於各暗樁，引之於隄上，盤繞緊繫於三數樁橛之上，此各樁皆露在地面之上，故謂之爲明樁。由此各工作辦完，卽起始做第二坯。二坯之料，卽行丁廂。丁廂者，將稭料之根鬚向外置放之謂。根鬚向外置放，則壓在料上之土，雖有水浸入其中，不致爲水冲去。丁廂三數尺，於上再壓土尺許。待土鋪得平整，如第二坯之辦法，做第三坯。如法炮製，以至於最上之一坯。坯數愈上，土量愈加得多。總期沉埽入水，留在水面上之一部，便有工作而已。待至最上一坯，須壓大土。大土者，較厚之土三數尺也。大土之效用，壓埽至底，使無被水冲浮之可能。眉部壓土特別厚，壓之使水不致入於埽內，有浮力也。埽至河底，有一表現，則埽根水中起冒水泡是已。

河工上有二諺語說：「料怕垛，垛怕埽」。堆得滿廠的料，如垛起來，就不見有多少料了。垛得滿廠的垛，做起埽來，就會覺得料有些太少不足於用了。料在散堆之時，甚爲虛鬆。及至堆積成垛，料與料相壓，則較堅實矣。及至鋪廂成埽，爲土所壓，則更堅實矣。做埽用料固然甚多，但是用土也不少。估計埽工，土亦居一大部分。平常無事時，河兵卽專事推土，積於隄上，爲預備做埽之用。河兵不夠，有時僱用散工，推土備用。否則於做埽時，土不夠用，或至誤事，亦未可知。料比水輕，土比水重。土藉料之力以禦水之冲刷。料藉土之力以增重量，而防水之漂浮。料多土少，質體虛鬆，倘有多量之水，浸入其中浮力肆虐，漂失堪虞。料少土多，料用不實，土亦多費，亦非善策。此中消息，自以深於此術者爲能斟酌盡善。昔人論埽體中之料椿繩土水，如人身中之皮骨筋肉血。料以禦水之冲刷，爲埽之皮。椿以支撑埽體，爲埽之骨。繩以拴緊埽體，爲埽之筋。土以充實埽體，爲埽之肉。水以涵養埽體，爲埽之血。此種比喻，極饒興趣。其情形亦如此。蓋埽之壽命，多靠水之涵養。在水中之埽，其壽命可延長至七八年。落在旱地之埽，二三年中即行腐爛。

埽沒有做一段的做一段決站不住。一段埽，把他分爲上下左右前後六面。可是他只許有一面——前面——着水。要是有多面着水，他的地位就有些不穩。埽的全體重量，比水的重量差不多。底部着水，是爲淘空，可將全埽漂走。後部着水，隄坡坍潰，可將埽體擠入河中。上部着水，可將頂土刷失，料物冲走。左右着水，其影響雖較好些，而水之冲力浮力，難以長期抵禦。此所以一段險工，雖有埽數十段，而上段之上，下段之下，仍得加做一半圓形之埽，名之爲磨盤埽。

批評

一河有一河之特性，即一河有一河之治法。昔在前清末年，李公鴻章奉命督辦黃河工程，請有外籍工程師盧法爾，命其查勘黃河，設法治理。其所製之報告中，內言地形應若何測量，水平應若何測量，流量含沙量應若何測量。振振有詞。雖今之黃河水利委員會計劃整理黃河，其概要應亦不過如彼。而其評論黃河隄工，黃河埽工，似均未能鞭辟入裏。關於隄工者，不在本題範圍之內，不具論。其論埽工，謂埽上之土爲壓料使其不爲大風吹去，爲可笑。竟不知埽工以土爲主。又謂做埽應不分段，使其連爲一體。不知黃河之埽，正爲分段運用之才有伸縮。蓋黃河之溜向，因水之漲落而定，上提下挫，變遷無常。溜抵一埽，其埽即有淘空蟄陷之險。倘一埽蟄陷，即加廂一埽。兩埽蟄陷，即加廂兩埽。若連成一體，其下淘空，無法廂做，上下即不免受其影響矣。朱晦菴先生有言：「即是聖人所言，亦須明白討個是非。」凡事如此，工程亦然。未可以外人所言，即可奉爲金科玉律。

永定河之埽工，有捲廂槽廂之分。捲廂於做水埽時用之。因爲春季水流極淺，或竟至斷流。又因爲大汛時間，水溜亦不淘刷甚深，大概用槽廂爲多。槽廂者，於隄脚挖槽，放料其中，向上一坯一坯的廂做是也。永定河與黃河廂埽，雖皆用稭料，而不同的地方，黃河用檾繩繫椿，永定河用葦纜繫椿。黃河用五六尺短椿。永定河用二十八尺，三十二尺，三十六尺之長椿，釘入料中，深入地下，居重要之地位。雖或溜淘埽底，有時椿亦能支撐埽座，不致走動。據某河工上人說，有一次有一位永定河道，調充黃河差事，伊見黃河做埽不用長椿，大不謂然。遂調永定河做埽人員前往黃河，按照永定河做埽之法做埽。結果大汛時期，埽被漂走，無法補救。這是甚麼原故呢？原來黃河當頂衝的地方，可將其處淘深至五六丈，做埽其處，若不用椿，埽必隨淘隨蟄，當事者見埽之蟄動，可隨蟄隨廂，只要物料充足，決可無虞。今用長樁釘入埽中地中，一旦其下爲水淘空，料爲樁所支持，蟄動遲慢，待其發覺，廂已無及。又或淘刷過甚深至五六丈，前述三四丈長之樁已無濟於事，勢非用十餘丈長之樁不可。謂中國無若長之樁可用固自不可。而欲求多數若長之樁於黃河沿岸亦自難事。此所以永定河做埽之法，終不能實現於黃河。

晚近有人建議，以爲稭埽極易腐爛，體既輕浮，其中之土又易冲失。不如仿美國米西西皮河米蘇利河所用之沉褥法，於兩岸相當距離處，簽釘梅花樁二列，各以鉛絲繩若干盤結之，次於繩上橫豎編結較細鉛絲繩，於網上以柳把綑結成排，推置其中，上壓塊石。惟網之他端須高出水面，回繫其他樁上，以便河床淘蟄，隨時拋護，而免冲失云云。查米西西皮河下游，編下沉褥，有寬三百英尺，長一千二百英尺者，計算其面積約有八英畝。下之於深四丈至十丈之河槽，當每秒五英尺至八英尺之溜，其工作之艱鉅，可想而知。亦有編下小片段處，而以土鬆溜急，亦多失事。凡一工程之採用，必其環境適合而後可。黃河如採用此種工程，需多量之木料，多量之蓬柴，多量之鉛絲，多量之石料，若干年來，黃河之埽因爲材料不足而費已由柴埽改爲稭埽。豈做埽無柴，做沉褥卽有柴乎？故沉褥之是否有效，不成問題。而環境與經濟方面能否允許，乃是問題。

結論

閱者至此，會問料在埽上是鬆的，及至做成埽變爲實的，其體積會變小了，怎麼一方料，還能做一方埽呢？　況且舊時之垛有架空之弊，料之實數，不及半數，一方垛上的料，更不能做一方埽了，當時的埽是怎麼做的呢？　這是河工上的一筆糊塗賬。　估計埽工，是按埽頂長寬計算方數。　可是做埽時，底部不如上頂之寬。　這裏邊的伸縮工程實在與否，就成了問題了。　按理說，做埽底部本來應當窄一點，因爲隄坡總比埽坡大的多。　不過窄有窄的限度，若是窄的太過，埽的安全，就要減色。　並且窄亦須逐漸加寬，若底部中部都做得很窄，直至頂部才做足寬度，那埽的安全就更不用說了。　可是這種事情只是當事者知道，待至工程做完委員來工驗收，豈能逐漸埽扒開驗看。　就是扒開看，本來底部應當窄點，又有何說？　你說用的料少，他說用的料多，又豈能把埽上的料再稱量一回嗎？　這筆糊塗賬就是如此。　這埽工是埋在地裏的，做的好否只有他的敵人河流知道。　無論駐在府裏的主管機關不知道，就是來工驗收的，又何嘗知道。　換句話說，工程做的不好而應付的好，宣傳的好，可以說是好工程。　工程做得好而應付的不好，宣傳的不好，可以說是不好工程。　是非既不能明，賞罰何由公正？　於是誠愿者避之若浼，巧詐者因緣爲奸。　所以亙古以來，河工爲世所詬病，從前隄工弊病也很多。　標不公開，故高標價，從中分利的不用談，就是已定之加倍工作，他們還用什麼剃頭修脚等等花樣去敷衍。　自有水平測量，設於沿河鋪就深而且大之洋灰樁，以作基準，隄工自不能仍如前敷衍，收料做埽亦應脚踏實地籌思善法，以圖補救。否則由今之俗，不變今之政，黃河前途，是沒有希望的。

這些緒緒叨叨舊河工上的事，學新工程的人，也應當略爲研究河工上的舊法子，一時既不能不用，學得些，於監工查工庶乎可以不被人欺，於自己的前途，可以明亮些。倘憶某年某河務局，於十一月間搶險，某建設廳派某技士前往驗工，某技士回報工堅料實，既而發覺其工有不實不盡之處，追詢某技士，張口不接舌，遂以不潔之名撤差，使某技士素知或虛心一爲訪詢，知做新埽工，每條繩應僅有料一千斤，見其隄上一段埽僅有繩數條，即足證明其所報數十萬斤之料爲無稽，何至一方蒙不潔之惡名，一方遭撤差之實害哉？甚矣哉，人之不可無學也。

前言永定河之埽工，不能用之黃河。又言美國米西西皮河所用之沉褥，施之於黃河，亦有其礙難之處。然則黃河必須墨守成規，不思改進之哉？余之主張，殊不如此。余以爲改進則可，惟必須由多方面觀察，確見其有利無弊而後可。若無真確認識，而遽求之於人則大不可。凡事於本身設法，常覺爲易。埽之不牢，因其所用之料易腐，如能研究防腐之法，將所用之料，施以防腐劑，使其可以延長壽命，豈不較佳。釋家有言：佛在靈山莫遠求，靈山只在汝心頭。治理黃河，在其本身已有極有效力之法，但能仿行，即可減患，如河南自鄭工以來，大事敷築石埽，已有四五十年未決口矣。山東亦以多有石埽，險工減少許多。又其上游有遙隄之處，雖縷隄決口，爲害地方，亦屬有限，此皆其明效大驗。

歷代河工之所以不治者，以辦理河工之人大概皆是作官之人；以作官之法，來辦河工，既想發財，又想升官，工程那裏能夠辦得好？歷史上在河工上有點名譽的人，如元之賈魯，明之潘季馴，清之靳輔，全是作事之人。欲想河工改善，總須用這種人。當局者以余言爲然乎？告厥成功余拭目俟之矣。

（乙）稭埽之研究

現在兄弟要說的就是河工上的一種埽工，爲什麽要說埽工呢？因爲河工上只有隄埝護沿及埽壩的幾種工程。隄埝以大小分爲兩種名目，大的叫隄，小的就叫埝，其實同是用土修成的，實在是一種土工。他的修作方法，無非層土層硪，簡單的很，亦沒有說的必要。護沿就是一種窄小的埽，所以亦有叫護沿埽的時候，至於壩的工程，是一種較大較長或較有力量的一種埽，因爲他有改變溜向的作用，所以不叫他埽，另有一個名稱，叫作壩，以示區別的意思。因爲這個緣故，所以河工上除了隄埝以外，不是只有埽工麽？換一句話說，埽就是河工上捍禦水溜最要緊的工程了，他的修築方法很多，用的材料及修的成效，處在現在科學昌明的時候，很有研究的必要。所以今天單將這個埽來說說。

埽的名目是很多的，頭窄尾寬連接三五段至十餘段形如魚鱗就叫魚鱗埽，埽身半圓形就叫磨盤埽，小些的就叫扇面埽，窄些的叫月牙埽，其餘如燕翅耳子等埽名目，大概都以其形式而分的，河工上向來說，一種埽有一種的用處，如禦貼邊溜就用魚鱗埽，禦正迴溜就用磨盤埽之類，不過防護隄岸的功效是一樣的。 此外又有用磚石修的埽叫做磚埽石埽，這種磚石等埽大概係就稭埽改修的，所以稭埽最爲緊要，現在就單說稭埽。 今天演講的題目就可以說是稭埽的研究了。

考查埽字的意義：凡用竹木爲枋，柳實其中，壓之以土，捍禦水溜而防護隄岸的，就可以叫埽，亦有說用薪屬施於河工，有禦水防隄的效力，就可以叫埽。

埽的做法，見諸於書者：如宋河渠志「凡伐蘆荻謂之芟，伐山木榆柳謂之梢，辮竹糾芟謂之索。以竹爲巨索，鋪梢，梢芟相重，壓之以土，雜於碎石，以巨竹索橫貫其中，謂之心索。 卷而束之，復以大芟索繫其兩端，別以竹索自旁出，其高至數丈，長倍之，用丁夫數百或千人，雜唱齊挽，積置於卑薄之處，謂之卑埽，既下，以橛臬閡之，復以長木貫之，其竹索遏埋巨木於岸以維之。」 元至正河防記上所說埽的做法，大同小異，不過略爲詳細些。 以上所說的都是古時做埽的法子。

現在山東河工所做的埽有兩種方法：第一種叫順廂，亦叫做捆廂；就是將用料與水流一順的方向放着，以繩捆束的意思，與上述辦法大概相同。 第二種叫做丁廂，就是將用料的根都朝外面與隄岸成丁字形狀的意思，這種丁廂的埽，除了着手第一層也用捆廂外，餘均爲丁廂，丁廂埽不需繩索在外面，所以比較起來堅固些。 現在河工上的埽，多屬於這一種的。 修埽的時候，並不用埽場，就將繩索捲舖於修埽的地方，一端活扣於頂樁上，一端放在船上或枕上，中間離一個檔，然後在繩上舖料，借水的浮托力重疊廂料約五尺厚，再壓以土，叫做一坯。這第一坯就是順廂廂齊一坯之後，另用繩索橫直簽樁扣住，第二坯改丁廂；丁廂的料須根根吞壓，加至五尺多高，又爲一坯，就這個樣子一坯一坯的往上做去，那麼埽身就重起來了，自然就向下沉。沉至河底不能再沉，方算到底，或叫到家。到家之後，再在埽頂上壓以大土，遂算完成了。所以這個樣子，埽做成之後，往往有三四丈高，成了一個很高大的體積。這種高大的體積，如在平地上，簡直叫他一個柴火垛，亦未嘗不可的。每坯中間所簽樁繩的作用，無非連絡稭料成爲一氣，使他不致散開；倘使不用樁繩扣住，就是埽在平地上疊做至三四丈高，恐亦要歪倒的。所以這種樁繩在埽工裏邊，是很重要的，因此都有專門的名稱；如用兩根斜插的樁，叫做羊角爪子；三根樁插成三角式的，就叫三星爪子；四根插成方形的，就叫做棋盤樁；此外尚有鷄爪七星等名稱……大概不外乎用樁的根數與拴樁的樣式不同，遂分出這些名目來。又因爲這些樁繩多在埽肚裏面，不露在外邊，所以都叫暗傢伙。這樣丁廂的做法，與書上的做埽法子，簡直是不同的了，大概是後來做工的逐漸改變出來的。稭埽這種工程，到現在仍舊都用他，自然不能沒有些優點，讓兄弟慢慢的說出來：

（一）上面所說的丁廂，順廂兩種法子，都很簡單，所以做埽的時候，除料物以外，並用不着多少器具。

現在普通的不過齊板，鄉頭，月牙斧三種東西。用齊板將稭料打齊，所以亦有叫打板的，鄉頭是打樁用的，月牙斧是截料腰及斷繩纜用的。有了這三種東西就可做很好的埽，豈不是很簡單麼？換一句話說，不是稭埽的第一個優點麼？

（二）做埽的法子既很簡單，所以做起來是很快的。如果料物湊手，每日有百十名兵夫工作，准可以做一段長四五丈的大埽；且在大溜之中也可以工作，所以在搶險緊要的時候用之更覺適宜了。因他成功快及在大溜之中亦能做的緣故。這不是稭埽的第二個優點麼？

（三）做埽的主要材料，現在冀魯豫三省都用稭料。稭料就是秫稭的梃幹。有時攙用葦料。但是河渠志所說的柳榆枝梢，現在簡直算是不用了。這種改變不知在甚麼時候，書上不容易考查，大概因沿河各省均是產稭的地方，所以逐漸就改用了。改用以後，因採料便利，就不知不覺的將用枝梢的古法子忘了，實在可惜的很。現在河工既有產稭的地方，所以不論在何處做埽都可以得到就地採買的便利。這不是瑞埽的第三個優點麼？

因為有了上面說的三個優點；所以稭埽在大溜時候沖壞了，或整個的被溜沖走了，只說水大大王作祟，人力沒有法子；並不說埽做的不好，或者做埽的法子尚欠完善，一味的迷信，不想改良；倘有人想出改良的法子，不但不肯用，幾乎大家要反對；就是不反對，亦當笑話說的。所以要想改良的，就因此不肯說了，因此河工辦理這許多年來，不能發展與進步的緣故，就是因爲有了這種觀念。

民國十六年的夏天，兄弟親自在李升屯修工的時候，汛水忽然陡漲，看見河裏漂來一個巨大的東西，及至近處一看就是河北省劉莊的一個埽。這埽因李升屯挑埽的迴溜，一轉身恰好停落在八九兩埽的檔中，諸位想想！河北做的埽能跑到山東工上來，不是一種很奇怪的事情麼？不過既有這種跑埽的情形，必定有一個跑埽的原因在裏面。關於這種原因以及稭埽的劣點，以兄弟一知半解的科學舉出幾條意見來與諸君研究：

（一）做埽材料既是稭料，他的本質非常鬆輭，稍用力一壓就要扁的，所以做埽時候一坯五尺高的料，壓土以後至多不過三尺，二三年後就壓爛了。拆廂時常見一坯不過厚寸許，其鬆實的情形，可以想見了。因爲這種原因，所以稭埽非每年加廂不可的。照現在的市價廂修一方工料，平均約需十二三元，如照上面所說長高均四丈，寬二丈大的埽修的時候約需工料洋三千餘元，加廂一坯，就是五百元的光景。每年歲修一次，已需用費佔原價六成之一；倘做一段新埽，恐怕一年之間就要加廂數次，那末加廂的工料，比這個還要多得多啦！如果跑了埽，更不能計算了。這樣不經濟，不就是稭埽的第一個劣點麼？

（二）稭埽的本質是很輕的，與水的比重約十分之一，所以在水裏的浮托力是非常之大的，如純用稭料做埽入水一丈深，必須用料做高十丈，方能抵抗浮托力而下沉到底，但因埽身中間每坯都攙加泥土就重得多了，用不着這樣高的料。 不過有一種事情可以研究的，就是新埽在水深一丈時候做的假如每方用料七千斤，壓土厚五尺即可壓得穩固的，設若河水陡漲丈許，這埽的力量就不够抵抗二丈水深的浮托力了，這不是就要成了水漲船高的道理麽？ 所以這埽就要漂動起來了。 一經漂動，那末自然不穩容易走失了，即使這種埽在漲水的時候不走，埽下亦必懸空，被水淘漫，至落水的時候，埽就不免要移動吊蟄出險了。 因爲這個原因所以在漲水與落水的時候都是可以發生危險的。 這樣容易出險，不是稭埽的第二個劣點麽？

（三）倘使埽上壓土壓得很多，他的壓力就能够勝過最大水的托力，然而還有一個毛病，就是埽身臨水一面不能做成收分，雖是有些馬面簡直就算壁立在水中一樣，水流遇着他，不免激生迴溜，這種迴溜向河底下去，就是淘刷的能力。 因了這個緣故，所以埽前的河底較他處刷的都深些，如果這種刷深的地方不用東西護着，那末就要愈淘愈深，埽就因此下蟄出險了，這種情形是常常發生的，這不是稭埽的第三個劣點麽？

（四）廂埽的地方大概都在隄岸被溜淘刷塌坍的地方。 隄岸雖然淘塌陡立，然詳細考查，總是有點坡度，所以修的埽自然下面窄上面寬。 再加埽身有幾丈的高，上頭壓土多而重；下頭稭料多而輕，他的重心自然在上部，如在水勢漲落的時候，埽稍一浮動不穩，其重心亦就不穩，埽的下頭就因水的托力更易向上浮了，所以常有仰臉出險的毛病，這不是稭埽的第四個劣點麼？

（五）做埽時所用的繩，不過做繩兜的依靠，及連絡稭料使成一氣的功用，他下層的繩纜，都被料壓彎成了一個很長的繩兜，其一頭雖拴在隄頂的橛上，不過因他彎的太長，就沒有甚麼向隄岸拉的力量了，所以一經漂動就是有繩亦沒有用處，況現在做埽用的繩纜都是檾麻兩種，做在埽肚裏面，有二十天的工夫就要霉爛，一經霉爛就沒有力量，所以埽雖用繩很多，亦不能使埽不出危險走失的。這不是稭埽的第五個劣點麼？

近年對於上面所說的五個劣點，已有了一種補救的方法，這種補救方法是甚麼呢？　就是另外用比水重的磚石兩種料物，拋於埽的着水前側各面，將埽埋着；叫做護根。　這樣就將埽易於動蟄漂失的毛病免除了好些。　所以現在新埽一經拋護磚石之後，就穩當的多了。　不過這種磚石均拋護於埽的外面，其中原有的稭埽，仍免不了下蟄，所以修埽仍要與未用磚石拋護以前一樣的加廂，所以這種埽外拋護磚石方法，就成了重疊的防護工程了，於經濟上未免太不講究。　所以不算一個好法子。

（六）埽明明是防禦水的工程；然而埽身一經大水漂沒就要漂失的，這是什麼緣故呢？　因爲稭料質量太輕做埽的時候，全仗土來壓住，埽頂上壓的土格外的多，因爲壓土愈多埽愈穩固，但是一經水浸沒，這上面的壓埽土，就容易被水冲刷跑了，土冲刷得少了，稭料就要浮起來隨着溜走；倘使在溜急的地方，好好的一段埽也不過三四分鐘的工夫，就可以冲的完盡。這種快法比較做的時候，還不知快若干倍啦！這不是稭埽的第六個劣點麽？

這種樣子的禦水工程，劣點比較優點多出一倍，實在不能算完善的法子；況做工程必須於經濟上着想，處於現在這種財政狀況之下，尤應竭力研究，想一個省料省款的辦法，補救稭埽之所不及，既是要補救稭埽的毛病，當然將稭埽的種種劣點一概除去，須要有下列各點纔好：

（一）要工料省方可經濟；（二）要材料重不易漂沒；（三）要坦坡大不易激溜；（四）要重心低不易出險；（五）要料堅實方可耐久；（六）要能漫水方可捍溜。

因爲要有以上六個要點，所以兄弟擬仿古法。採用柳枝以鉛絲編織成絡，絡的厚薄看用度而定，如做護岸工程只要薄些，能以禦溜爲度，如做埽用，自然要厚些；以便重疊數層就能成埽，所有編成之絡，每層上面均要簽拴長椿或枕子，橫直相叠，酌量情形做成大小方格子，格子的中間拋壓磚石，這樣做法，柳絡在下層可以防禦水溜，不使淘刷，磚石在上層可以鎮壓柳絡，不使水襲，且磚石在方格中間，四面攏住不易散失。較之純用磚石或拋護埽根還勝一層。這樣磚石與柳絡彼此劑用，就成了一種很好的防護工程。

編箔的工程大概做法採仿歐美河工所用的法子，其實與捆廂埽法亦差不了多少。因爲沿河居民，都知道編葦箔的法子，現在編柳箔大概相同，又要叫人一看就知道做法容易着手工作的緣故，所以叫他編箔，不取別的專門名稱。

編箔工程既是採仿歐美的成法，看他們的成效，我們就可使用的：不過黃河工上還沒有用過一次，是否合用不能不實地試驗。因此在民國十年宮家決口的時候，就在口門附近試用一次。因這次是臨時發動的，所以料物人工均不湊手，就沒有做成。不免有人說這種工程在黃河工上是不適用的。民國十五年在李升屯江蘇協款工程的時候，兄弟就用稭料編製了一塊箔，上加稭枕的方格子，再用磚石壓沉，不過做的時候因將屆大汛，河水漲發，所在的地方又爲水溜頂沖之處，編製的時候，又沒有大錨鉛纜等有力傢具來幫助着工作，簡直沒法向河裏推進，所以做的很窄，寬僅一二丈，長三五丈，又因他寬度不足防禦二三丈深的水，長度所護亦屬有限，到了大汛的時間，在這箔的上手就發生了淘刷的危險，因出險非常的快，就用料搶做稭埽，想他成功亦能快些，不料費了三四晝夜的工夫，用去了好多的物料，費了不少錢，埽亦沒有做成，原有的箔，自然亦站不住了。這一次亦可以說沒有成功，所以兄弟對這種工程更爲注意。到了十六年春天，又在李升屯做特別工程。原擬計劃修挑

埽十道，在這十道埽的裏面就有一道擬做編箔工程，預計該處不過水深四丈須用七丈寬的箔，方敷廂護，但是七丈寬的箔在水面上是不容易做的，遂與荷蘭工程師方維因研究做法，結果想了一個變通的法子，就在平地上挖槽編做，借水的淘刷力使他下蟄斜鋪至河底爲止，倘使斜到河底以後，則中間的土，就被箔護着不致再被水淘刷了。 如是做法，那末就省的工多了。 計劃規定，先收買些枝梢，一面於第四埽修工的地方挑挖了一片平寬的場所，然後將鉛絲密鋪，像做埽差不多的情形，再以枝梢編織成箔，寬七丈長約十丈。 編完之後，再加簽長樁做成格子，中間壓磚，磚上再蓋石料，連柳箔磚石共厚尺許。 當年大汛的時候，這箔完全爲大溜浸沒，約有兩個月的工夫，水退之後，箔的上口就見淘刷下蟄，所有他原有石縫都爲淤泥灌滿了；護着的第四埽並沒有出甚麼危險，但是他上下首的兩道埽就是第三埽與第五埽都已被溜淘刷了一塊，這不能不算有些效力。 現在這工已經過了三年，還在那裏防護着埽，不過三年內還沒有修理過一次，不但沒有修理，恐怕附近的居民還要到那箔上去偷些石塊去用。 因這處方圓二百里地以內沒有一座山，要塊石料非常的困難；就是這個工程所用的石料，都是遠道運來的，所以每方石價需洋三十餘元之鉅。 因這個緣故，做成的箔每方工料洋六十元，就以七丈寬的箔長一丈計算，共需洋四百二十元，如以上面所說的稭埽（長高均四丈寬二丈）每段工料洋三千餘元，計長一丈還需洋七百餘元，兩相比較，編箔工程已省多了，倘埽根再拋石廂護及不時需要加廂，那麼所費更不能與箔工相比了，這末看來，編箔工程不是很經濟的防護工程嗎？至於上面說的其他五個要點：如要料物重而堅實，要坦坡大，要重心低，要能漫水等等……編箔工程裏都可以有了，但是兄弟以爲這次所做的工還不够長，如同單個埽用着護岸一樣的沒有依靠，將來恐怕還要於上下首出險的，所以覺得還沒有做到好處，還須好好的研究工作；況上面所說的理論都不透澈，恐怕不對的地方亦很多，所以擬將今天說過的話油印出來，奉送諸位，務請於公暇之時爲兄弟澈底推論，或詳加批評，那末受益多多了；將來河工藉此能以發展，都是諸位的力量。

附圖

(1)埽之名稱

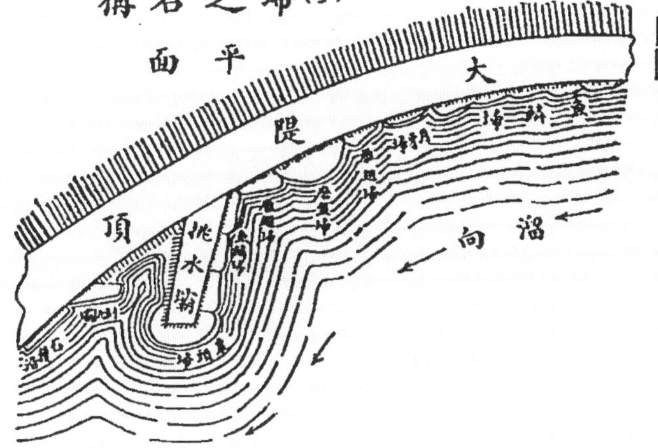

(2)順廂埽圖

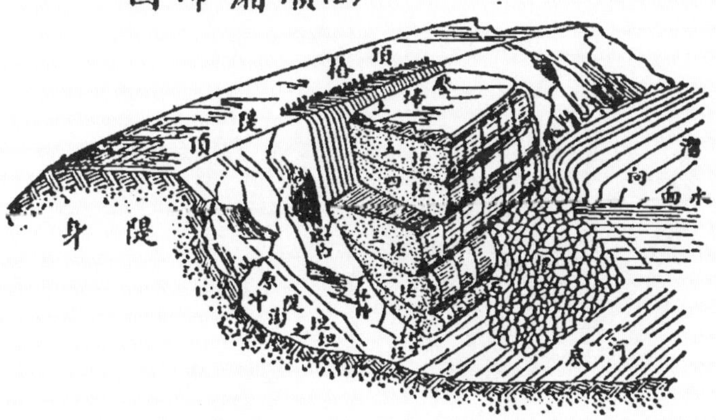

(3) 埽之剖面

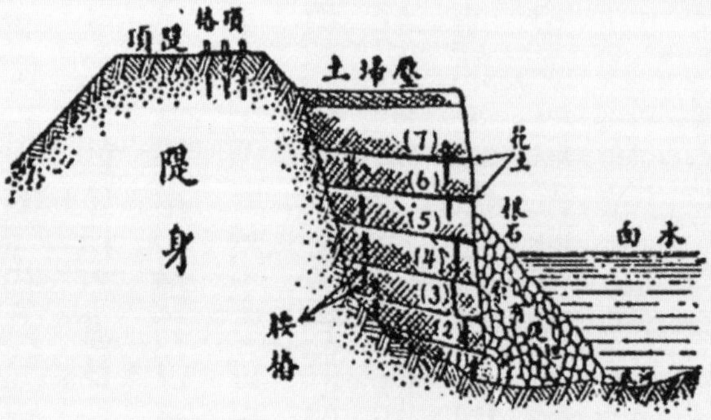

(4) 丁廂埽圖

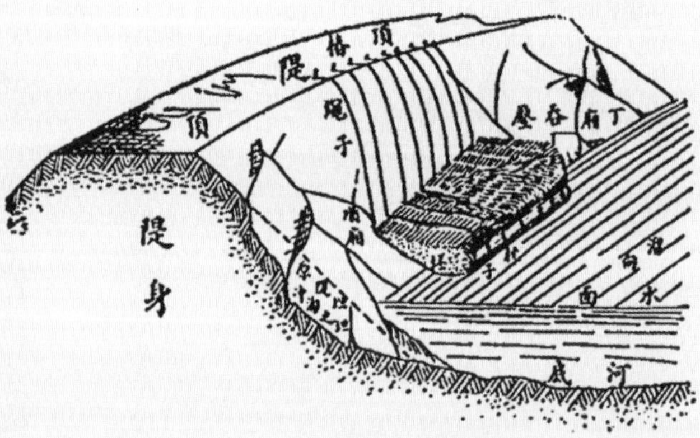

(5) 各種抓子

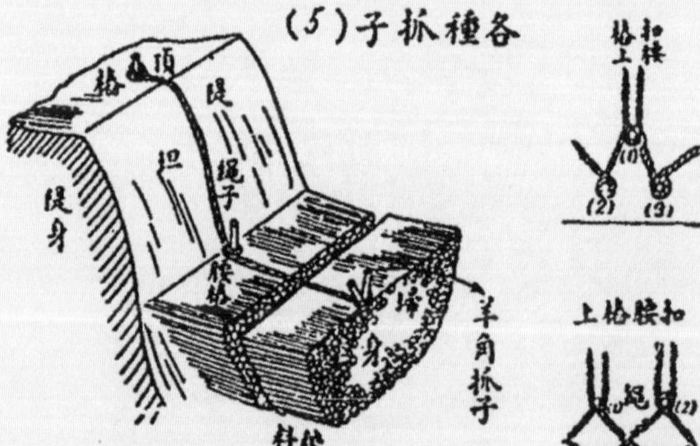

編箔之概況(一)

平面

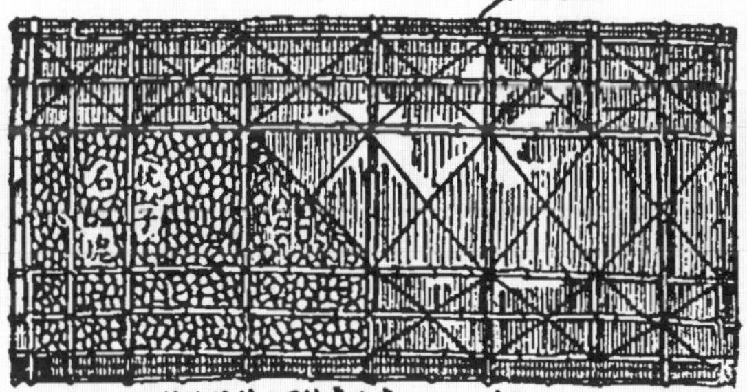

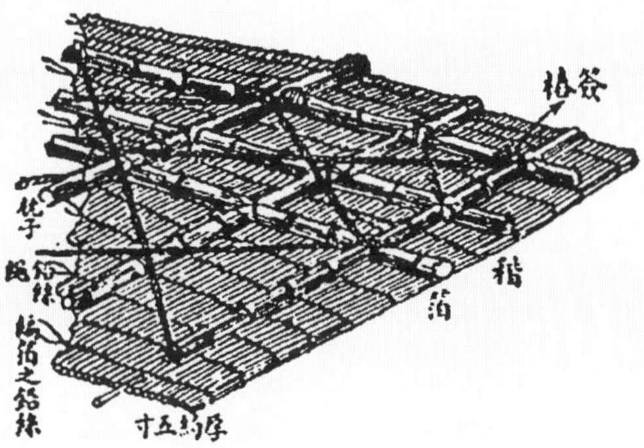

箔工之一角(二)

箔工之效力(三)

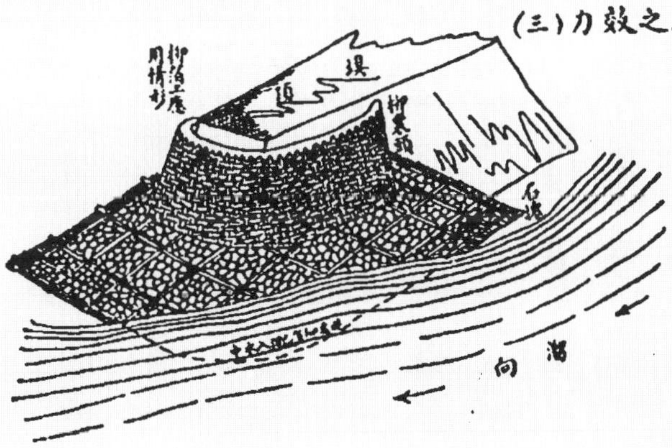

三　埽工

埽之種類甚多，據蔣階河上語論挑埽云：「埽，斷隄也，其能挑溜勝於隄。有土埽，有灰埽，灰埽亦曰三合土埽。有石埽，有料埽，料埽亦曰草埽。有碎石埽。有磚埽。其用則爲挑水，攔河，迎水，領水，搶水，束水，減水。挑水埽亦曰鷄嘴，亦曰馬頭，稍順曰順水埽。一埽挑溜不開，則作兩道三道，總以挑溜外行爲度。大埽之下，作一小埽，曰托埽。鷄嘴，象形也，其旁爲兩雁翅。扇面亦象形也。挖河先建草埽，截水歸越河，挖成放水曰越埽。毛竹篾編絡中盛碎石，排砌如埽，謂之竹絡。兩岸對頭斜建曰對頭埽。用條石空砌以洩水曰玲瓏埽。量定尺寸，使水從埽上過曰滚水埽。碎石埽，亦曰亂石埽。」潘季馴論築順水埽以逼水，其言曰：「俗名鷄嘴，又名馬頭，專爲吃緊迎溜處所。如本隄水刷洶湧，雖有邊埽，埽難以持久，必須將本隄首築順水埽一道，長數十丈，或五六丈，一丈之埽可逼水遠去數丈，隄根自成淤灘，而下首之隄俱固矣。」劉成忠議建蓋埽云：「挑溜固隄之方，莫善於埽，埽者水中之斷隄耳，而其爲用，則有倍徙於隄者。隄能禦水，不能挑水，且所禦爲平漫之水。鑲之埽，護之以磚石，然後能禦有溜之水。然止於禦之而已，終不能移其溜而使之遠去也。埽之爲制，斜插大溜之中，溜爲埽阻，轉而向外，既能使埽前之隄無溜，又能使埽下之隄無溜。十丈之埽能蓋二十丈之隄。因而重之，以次而長，二埽長於頭埽，三埽長於二埽，埽至三道之多，大溜爲其所挑，變直下爲斜射，已成熟徑，終不能半途而自返。非獨六七十丈之內無溜，卽二三百丈之內亦無溜矣。」可知埽之爲用一爲護岸，一爲導溜。然其最終之目的，卽爲固定河槽，俾其就範，兼以作防護之用也。

各埽情形已詳前表中，今不贅述。

四　守灘

灘者，河岸淤澱之田地也。如灘可守，則不至冲塌，而河槽以固，隄身以保。惜吾國向未之注意耳。劉成忠論守灘之言曰：「黃河之性喜曲惡直。曲而向北，則南岸生灘而北險；曲而向南，則北岸生灘而南險。是以防河之法但防險工，其有灘以外蔽者毋庸防也。然河流善徙，數年中必一變，伏秋之時，則一日中且數變，其變而生險也，必自塌灘始，灘盡而薄隄，薄隄而險必出矣。河工之例有守隄而無守灘。每當大溜之逼注，一日或塌灘數丈，甚且至於數十丈，司河事者相與瞠目束手，而無如之何，惟坐待其迫隄然後鑲埽而已。至未雨之綢繆，固有所不暇及也。……」又吳大澂勒石榮澤汛八堡，其文曰：「老灘土堅，遇溜而日塌，塌之不已，隄亦漸圮。今我以築埽保此老灘，灘不去，則隄不單，守隄不如守灘。」

此皆論護灘者也。護灘爲固定河槽之有效方策，惜乎知之者少而未能採用，以致水來刷灘，坐視無救，故特明其要，供來者之推進耳。

第八章 引導

引導之法有二：一則導其溜使之就範，再則闢新河以利洩水。埽能使河槽穩定，因以護岸，且使渠線合理，以利航行，此導溜之工作也，前節曾述之矣。引河者，其功效不下隄防，古時相提並論，所謂宣防者是也。唐宋以前之引河，多於河隄之外另闢支河，以殺水勢，此所謂疏也，將於下節論之。若夫大溜趨重一面，或恐出險，挖引河以導正流；或於決口之處，一時不能合龍，則於對方上游大灘中或十餘里，或數里之地，開一引河以分減此方水勢，亦導溜也。後者爲堵決之輔助工作，故常用之。總之，今日除以埽作護岸兼爲引導之工作外，尚無其他之設施也。

今更有主張引導黃河之支流，而另謀入海之道者，皆各有其目的。如河南建設廳所擬之引沁入衞，導洛濟汴之計劃是矣。又有爲避免河套之泥沙，而裁短大河者，如王應榆之引洮入渭，田桐導河入西洛及延水等是矣。然此不過爲各家之意見，欲謀實施，自必於測驗之後，再研究而探討之，方可定取捨也。

(一)引沁入衞計劃

(甲)沁衞源流

沁河源出山西沁源縣之綿山，穿太行山入河南。　經濟源沁陽武陟，受堯王安全丹諸河之水而入於黄。

衛河發源於輝縣蘇門山之百泉，由獲嘉縣東下，經新鄉汲縣道口滑縣，過內黄之店集，沿途受小丹河、清河、淇河、滄河、孟姜、曲里、等河之水，至魯境會漳河入運，流經德縣滄縣而至天津由海河入海。

（乙）沁衛水勢

沁河水勢夏秋之交爲最盛。　蓋以此時大雨時行，沁之支流堯王安全諸河，及其附近仙神雲陽諸山之水，同時暴發，挾沙直趨，奔騰入沁，勢若建瓴。　又有丹河，由北滙諸瀑布，行潦洶湧，下注於沁。於是沁水大漲，洩之於黄。　一入冬令，山水及支流之水均落，沁水亦衰，而沿沁兩岸居民設閘引水灌田（沁河口兩岸自清同治年起至民國二十年止，除正在建築各閘不計外，已成閘口四十餘道，約可溉田二千頃。）　水量益減，孟春之際，常至斷流。

衛河在獲嘉縣迤西受小丹河水，東趨更受清河、淇河、滄河、孟姜、曲里、等河水。　每當雨潦，各河俱漲，衛水大盛。　平時衛河之舟容量小者可由新鄉西二十五里之合河鎮，東達天津。　盛漲之時，則載重二萬斤以上之舟，亦可航行無阻。　冬春之季水位降低，而輝縣之秀才營新鄉之槐村營等地農民，以渠引水灌田（按衛河發源於輝縣西北三里許之百泉馬橋鎮，東南行四十餘里，至槐村營入新鄉縣，再東南行十二里，至合河西北角里許，有小丹河滙入衛河。由合河鎮上溯，地勢川高地下，新鄉境開有槐村渠，陳堡渠，福壽渠，福壽支渠，約可灌田四百五十頃。輝縣利用衛河水量澆田約有九百餘頃。此數係前丹衛水利局調查）每屆冬春，上游灌溉，下游河卽露底。如冬季雨雪較大，太行山薄壁鎮積雪溶解，水勢亦不至斷流，否則卽行斷流。不惟不能行船，一到冬春，常有缺乏水之虞。故民國三年時，新鄉商民付有與上游各渠渠頭涉訟之舉，結果商民失敗。故衛水在此時期水位甚低，然猶足以行舟也。查衛河身寬約百餘尺，深及十餘尺。較之沁河容量，相差約二十倍。

（丙）歷史上引沁入衛之主張

引沁入衛之説，元明以來言者甚衆。元至正間，卽有通沁合衛之議。明景泰三年，僉事劉清言自沁決馬曲灣入衛，沁黃衛三水相通，轉輸頗利。今決口已塞，衛河膠淺，運舟悉從黃河，常遇險阻，宜遣官浚沁賁衛。明年，清復言東南漕舟水淺弗能進，請自滎澤入沁河，浚岡頭百二十里，以通衛河。且張秋之決，由沁合黃，勢遂奔急。若引沁入衛，則張秋無患矣。行人王晏亦言開岡頭，置牐分沁水，使南入黃，北達衛，遇漲則閉牐，漕可永安無患。隆慶六年，穎州同知鄒元明請開衛河以受沁水。萬歷十五年，沁水決武陟東岸蓮花池，金疙瘩，新鄉獲嘉盡淤沒。都御史楊一魁言黃河從沁入衛，此故道也，自河徙，而沁與俱南，衛水每涸，宜引沁入衛，不使助河爲虐。萬歷三十三年，茶陵州知州范守己以引沁歸衛爲言，謂：嘉靖六年河決豐沛，胡世寧言沁水自紅荆口分流入衛，近年始塞，宜擇武陟陽武地，開一河北達衛水，以防徐沛之塞。會盛應期主開新河，議遂止；近者十年前（萬歷二十三年）河沙淤塞沁口，沁水不得入河，自木欒店東岸決奔流入衛河，則世寧紅荆口之說信矣。彼時守土諸臣，塞其決口，築以堅隄，仍導水入河，而隄外河形直抵衛濬，至今存也。請建石牐于隄，分引一支，由所決河道東流入衛，漕舟自邳溯河而上，因沁入衛，東達臨清，則會通河可廢。崇禎十三年總河張國維，亦有引漳沁以濟衛之議。清雍正間，安徽布政使晏斯盛條陳議籌河淮全勢摺內，有沁水仍分入衛，作流水埽於武陟境內，以資節宣，藉殺黃河水勢等語。

由上各說，可以認識以下數點：

（一）沁衛曾有相通之道；

（二）沁水足以資衛而有餘；

（三）沁入衛後，可以減少黃河潰決之險；

（四）沁入衛後，可供航運。

惟國人心理，對於新創事業，每多疑慮。引沁入衛，雖知其可行，而議者仍衆。咸以爲衛低沁高，衛小沁大，高則水勢太急，大則水量太多，急則易潰，多則易溢，利未敢必，而先伏危機；於是守「利不什不變法，害不什不易制」之說，力加反對，以致倡者雖不乏人，而事卒不成。

(丁)引沁入衛之可能

水性就下，盡人皆知。欲藉自然之力，引水他行，必須由高而卑。按武陟木欒店之沁河水面，與新鄉之衛河水面高低相差約及三十米，而相距則有五十餘仟米（沁衛水面差幷未實測，惟今年建廳因有導黃入衛之議，派員實測黃河北岸鐵橋西首水面與新鄉衛河水面之高低差度，同在高水位時相差爲二十三點七米，同在低水位時相差爲二十二點九米。由木欒店至沁黃相會處距離約十仟米。由沁黃相會處至鐵路西首距離亦約十仟米，此兩段中坡度極平，故木欒店水面與黃河橋西邊水面高低相差，不過數米。以此爲準則木欒店沁河面與新鄉衛河面高度差約爲三十米。）如由木欒店沁河東岸引沁至新鄉入衛，則其坡度不過二千分之一。苟於中途設一船閘，集中降度，則坡度亦可改平至二千五百分之一。此種降度，幷不太大。或者謂沁水量大，入衛之後，恐衛不能容。此說更不足慮。蓋闢渠引水，祇患水源之不豐，不患水源之過量；況引沁入衛，不過分沁河有餘之水，濟衛之不足，並非令沁奪衛道，倘於入口之處，妥擬計劃，設閘以節制水量，則何患沁之水多。論者又謂沁水漲時，衛水亦漲，沁水落時，衛水亦落，且沁至春初寬不過數尺，深不過沒脛，甚或斷流，則衛將何所資。

此語誠然；但查沁河之水，自六月中至九月中三個月內，水量最大超過衛河容量二三十倍，沁河上游多屬山嶺，倘能於適當地點，建築水庫，夏秋之季，儲蓄一部份洪水，設節制閘門以司啓閉，使沁河水量不致變化太大，則衛河分沁，當亦不成問題。或又以爲工費太大，恐得不償失。然考水庫築成，則沁有恆流，可以航運，由沁入衛，由衛入運，由運趨津。千餘里間，轉輸旣便，運費亦低，實屬有利無弊之舉；且水庫築成，沁有常流，不致突漲突落，則滎澤廣武間黄河氾濫之險可以減免，其利亦殊不小。由此以觀，引沁入衛，非不可能，特不爲耳。

（戊）工程計劃概要

沁衛二水，素乏水文記載，而其流域地形，又乏詳圖。故下述各項計劃，僅就簡略之調查，與普通地圖，加以原則上之擬計，以得經費之概數。至於施工之時，詳細計劃，倘有待於參考材料之搜集（建設廳爲將來設計便利起見，已於本年度起開始全省各河流之水文測量，并將組織測量隊，選重要之河道，實地沿河測量地形。）

（一）首閘之位置及渠道路線　首閘地點，至少需地形適合，水源充足。查沁河入武陟境，坡度漸平，流速較上游低減。由此而下，更無支流，故水量已屬最大。且此地河面高出新鄉河水面約及三十米，故擬將首閘設於武陟境內沁河東岸之木欒店。並考歷史，沁河曾由此處決口入衛；水流所經，具有河形，決河故道，現在雖已淤沒，不可尋覓；然其沿途土質，當不難於挑挖。故渠道路線，擬由此處引水東北流，經過吳莊，西中許，東中許，小徐崗，謝旗營，孫吳巷，官民村，曹莊，丁村，至大召營穿越道清鐵路，至新鄉入衛河，長約五十餘仟米。

（二）縱向坡度及流速　縱向坡度根據起點終點水面高差三十米，及二點距離五十餘仟米計算，擬定一千五百分之一至二千五百分之一。　如中間有船閘集中降度，則坡度可以改平，流速則擬定每秒三英尺至四英尺。

（三）流量岸坡及橫斷面　本渠道分沁水量，擬定每秒二千立方英尺左右。　沁河水面有高低時，則用閘以節制其大小，總不使其相差甚巨。　岸坡則擬定爲一比三，渠底寬十米，將來預計之水深可得三米左右，水面寬約爲三十米。　爲防高地之水流入渠內起見，則渠道容量擬增加若干，以容納之。　故擬挖之橫斷面底闊十米，深六米，寬面四十六米。　依此斷面根據距離六十仟米計算，應挖土約一千零八萬立方米。

（四）水庫之地址與容量　查沁水自晉穿太行而入豫，當晉豫之交，兩岸山嶺起伏，倘於此處尋覓適當地點，建築蓄水庫，基礎既固，所費亦省。　水庫容量，預擬爲二四、〇〇〇、〇〇〇、〇〇〇立方英尺（按沁河自十月末至明年四月末，此六個月中水量頗小，恐不足以資衛。　故擬築一水庫，以濟不給，其容量按照每秒一千五百立方英尺計算，應儲水二三、三二八、〇〇〇、〇〇〇立方英尺，加以蒸發及漏水，共應儲水二四、〇〇〇、〇〇〇、〇〇〇立方英尺。）

（五）首閘之設計概要　擬定之渠内流量爲每秒二千立方英尺，首閘用鋼質閘門，寬十二英尺，高十一英尺，共設六孔。在入口之處設閘兩道，閘牆及底閘均用鋼筋三合土。

（六）工程費之約計　工程費用約計爲五百一十三萬五千六百元。

說明　下列各項合計需費如上數。

調查測量費：五萬元。

說明　擬組織測量隊二隊，施測沁衛地形隊。每月經費一千元，一年半完成，共需洋三萬六千元。將來開工之時，尚需隨時施測，連同施測以前之調查經費，共計需款如上數。

土方工程費：一百萬零八千元。

說明　河道面寬四十六米，底寬十米，長六萬米，共計挖土一千零八萬立方米，每方工資以一角計，需如上數。

建築水庫費：二百五十六萬元。

說明　擬築水庫，儲量爲二四、〇〇〇、〇〇〇、〇〇〇立方英尺，需費如上數。

開工費：四十萬元。

說明　擬建鋼閘二道，洩量以每秒二千五百立方英尺計，每道建築費約二十萬元，二道合計如上數。

購地費：三十二萬四千元。

說明　購買之地預計寬六十米，長六萬米，共計面積五千四百畝。每畝平均約價六十元，共需費如上數。

監工及雜費：三十九萬六千八百元。

上述費用以工程費十分之一計算，需洋如上數。

意外費：三十九萬六千八百元。

上述費用準備發生意外事件或改易計畫等等，以工程費十分之一計算，約如上數。

(己)進行之步驟

先行派員調查沁衛大勢，將預擬之路線加以測勘，並考查是否有更好路線足以採用。更調查水庫究應在何處建築。然後組織測量隊，詳細施測地形，測量期間預計一年半。

水文方面，則建設廳於今年已經開始研究，將來測量完成後，至少當有二年以上之記錄，可供參考。

依據上述之水文記錄及詳細地圖實行設計，設計期間預定六個月。

設計完成，卽行施工，施工期間預計二年。

至於工程費用，則擬呈請由棉麥借款或庚款項下先行指撥十萬元，以備調查測量及設計之用。

將來興工時所需之款，再行設法籌集。

（庚）結論

上述計劃完成之後，不但衛河可與航運，而沁河亦可通航。查豫北一帶土地肥沃，礦產豐饒，懷屬之藥材農產，中福之煤炭，均可改由水道運輸，以節運費（二年前中原公司曾有浚衛擬議，但未實行，大約因需費太多也。）且沁河經整理後，則入黃水量不致突大，豫省河患可以減免，對於民生國計，裨益至多也。

（二）導洛濟汴（賈魯河、）統制汴洛二水、渠化汴河、以利農航計劃

豫之水患，厥爲黃河，夫人而知之矣。歷代設官防守，未爲不周，而一遇險災，塞決修防，振恤災黎，動需鉅帑。因之關於災後水利上之恢復，遂至救死不遑，力非所及，寖假而全省之水利以廢。其間歷代雖不無上下合力修復之時，第河之爲患，不旋踵而至，以精疲力竭所恢復之工程，河水可一旦破壞而有餘。故治根之法，仍須以黃河爲主也。第河之爲治，非豫一省所能獨任，自應統籌合力以謀

之方克有濟。而豫之水利失修，自河奪汴始。蓋豫水大部以淮爲大歸，淮之水汴爲大，汴固挾衆流以入淮者也。汴治則梁宋陳蔡許鄭之水皆有所洩，一遇洪水，開歸陳許六十餘州縣必不至滙爲巨浸。故以豫言豫，疏導汴水，實爲統治之上策。緣歷代以來，汴水疊經河奪運廢，復累經致力疏浚，其間固不無因政治關係，以漕爲主，而徑亦不一，然仍以淮爲歸，均不失航運農田之利也。難者曰：疏汴以下洩，固爲免患而欲圖航農之利，則如地勢變遷，乾季汴源常虞不給何？曰：歷代疏汴，徑既不一，源亦不同，故因時制宜，因利乘便，折衷而行之，爲今一勞兩利之計，誠莫如導洛濟汴，分汴入淮。蓋洛水因黃河南徙，洛口淤墊，尾閭不暢，每遇洪漲，上游河床，以熊耳及方山二脈爲分水嶺，河床坡度陡急，建瓴而下。出龍門，流勢奔放，洛陽以下，則爲平坦原野，入鞏則河行邙山中，兩岸夾山，水流有範，逼入河流。唯自明嘉靖後，黃河南徙，河床沙積漸高，洛口淤塞，尾閭不暢；故洛陽以下成災，而偃師鞏縣漫爲巨浸。根治之法，最好於鞏縣洛水適當之處，建滚水壩及操縱閘門，以資節制，過量之水，洩入黃河；適量之水，經汜水滎澤入鄭，下游經中牟開封入惠濟河，以達於淮。難者曰：導洛濟汴，固如所云；而所經之處，是否適於工程，甚或有其他障礙，須加考慮否？曰：汴洛通流，自古已然，非自今日始也。考宋史建隆二年，導索水自旃然與須水合入於汴，謂之金水河。熙寧八年，自汜水之任村河口至河陰之瓦亭以達汴口，接運河，長五十一里，兩岸爲隄一百三里，自是汴洛通流。南遷以後，不資於汴，故汴河日就湮廢。可知宋都汴京，導洛濟汴，以通漕運，汴洛通流，早開成功前例；其後第以政治重心之變遷，河患之破壞，失於養護，遂致逐漸湮廢耳。考汴河即禹貢之灉水，春秋時謂之邲水。宣公十三年，晉楚之戰，楚軍邲，即此水也。邲又音汳，即汴字，古人避反字，改作汴字；秦漢曰鴻溝；東漢明帝時遣王景王吳修築，曰滎陽漕渠。蓋汴河已自天然河流而變爲漕渠矣。汴水之利爲漕渠即自此始。東晉義熙十三年，劉裕西征，姚秦復浚此渠通漕運。蓋自此且利用以輸軍食焉。隋大業元年，開通濟渠，自板渚引河，歷滎澤入汴，歸淮，凡千餘里，自後天下利於轉輸，是爲導河濟汴改進汴渠之始。然則通濟渠實爲汴渠之進步矣。至宋熙寧八年，自汜水導洛入汴，以河水多沙，易於淤塞，故利用較清之洛水以濟之也，是又爲汴渠之一進步矣。茲將汴洛二水源流，地理，沿革及設計方針分述如下：

（甲）洛河

（一）河流地理　禹貢導洛自熊耳。按熊耳即今陝西雒南縣冢嶺也，爲洛水源，東北流入河南境，經盧氏洛寧宜陽至洛陽，會瀍水，澗水，又東過偃師縣南，伊水自西南來入之。伊水源出盧氏熊耳山（與陝西之熊耳同一山脈）東北由鸞川陸渾等處經洛陽西南界迤邐而北，入伊闕，折而東至偃師南會入洛，經鞏縣北入黃河。

（二）地勢概況　按伊洛二水在洛陽以上，熊耳及方山二脈爲其分水嶺，故河床坡度陡急。二山之水，建瓴而下，出龍門，流勢奔放；入偃師，則地勢平坦，兩岸多爲原野，流勢漸緩；入鞏縣，則河行邙山中，兩岸夾山，水流有範，不至氾濫，北入黃河。　因黃河在鞏縣一帶，於明嘉靖後南徙，其後黃河河岸淤積漸高，洛口淤塞，尾閭不暢，是以洛水受病，每至洪漲，洛陽以下，不免滙爲巨浸矣。

（三）設計方針　疏導洛河，是以暢其尾閭爲主。　唯黃河未經根本治理之先，而欲以黃河爲洛水之歸決非可能。　蓋河水挾沙，漲積無定，黃強洛弱，以清刷黃，力有未逮，則不得不謀趨避，另覓去路也。　且黃河沿鞏汜一帶，南北遷徙無定，南遷則洛害更烈，蓋黃河進逼洛口，堵水不暢也。　考洛鞏縣志，洛水爲災，明末清中時爲最，實因嘉靖後黃河南徙之故無疑。　又考水經注，洛水北入於河，又東北流入於河。　註洛河自鞏縣西來而北流注河，清濁異流，皦焉殊別。　又施府志，水經於洛水兩言入河，似重出，及舟下洛口，見大河於上流分一枝，與洛爲迎，合流東下，乃入大河，知古人記載不虛也。　是府志以水經兩言入河，謂舟下洛口，見大河於上流分一枝與洛爲迎，合流東下，乃入大河，但因分枝或不常有，又謂洛入河清濁異流，皦焉殊別，若登什谷南山，望洛入河處，循河東流，一線清瑩，至洛口東，始與黃河相交。　然則水經所謂北入河者，洛水始入河之口，清濁未交，雖入猶未入也。　又北流入河者，洛水循河東流，至洛口東，與黃河相交處也。　是以現今在中水期內，至洛口尚可見洛口沙洲，另有河漕東北流，清濁自異。　於此可見於中水時，黃強洛弱，洛水被逼，不得不於黃河淤漕內衝覓去路也。　遇解凍兩河並漲，則洛水被堵不宣，洛陽以下，滙爲巨浸。在低水時則黃河河床高於洛河，已絕無宣洩之可言。洛河流量之低減，河床因之逐漸淤積，無可容水。洛陽以下，偃師鞏縣一帶之河床，此種事實表露甚明。是以宋熙寧八年導洛經汜水滎澤鄭州濟汴，實爲適當之工程；蓋鑒於隋代引河水濟汴，雖告成功，而仍爲歷年河水挾沙所淤沒，故進而改導洛河較清之水，爲改進之計劃無疑。惜工程上關於水量之操縱，濾沙之設備，未能周備；而對於漕渠之養護，又隨政治中心而興廢，加以河決爲患，卒至湮廢，爲可惜耳。故適當之計，仍以在鞏縣經汜水導洛入汴，以資宣洩，並藉洛河有餘之水，濟汴河不給之源，誠爲一舉而兩利之計也。唯關於入口首腦工程之設計，詳加測量，一切滚水壩，沉沙池，排洪及洩沙與操縱閘門，加以詳密之設計，務使過量之水，分洩黃河，以除洛陽以下之泛濫，平時蓄洩得宜，以操縱入汴之水量，則管理得宜，養護合法，豈但本省之水利，其裨益於導淮，亦非淺鮮也。

（乙）汴河（又名賈魯河）

汴河今名賈魯河，又名小黃河，以元臣賈魯濬之入淮，而北與黃河相表裏也。河受西南諸山谿水，爲中州一巨川。源發於鄭郡之坤隅，離郡城五十餘里。其源不一，有山谷、有泉、有池。山谷曰聖水谷，其水出黑龍廟前石窨中，深不可測，地屬密縣。泉曰暖泉、水泉，屬滎陽五埗里；水泉盛長難親；暖泉隆冬可浴；俱在黃帝嶺下，相去不數武，而冷暖不同。池曰胡家池、田家池、中家池，皆湧水如翻花。

其外諸巖泉，或從高崖瀉下，或從深谷流出，莫可悉舉。　南隅駝駱嶺，另一派，其源有二：一出界牌砦東北流，爲周家河，一出梅山西坡仙母洞，下流爲李家河。　二派合流經石磴成瀑布，北流爲九仙廟河，又北爲鄧通砦河，亦汴源之別支也。　其出自聖水谷與泉水池水合流者，多在深谷石上，其石骨鎖處，如水磨河之瀑布，時家砦之瀑布，皆自石級傾下，東北流至高龜砦與鄧通砦河會，謂之合河口。　自是北流，經馮家灣、鄭家灣，至京水砦。　京水西來與之合，爲官路東西渡口，又東北流至雙橋，受索須已合之水，遶州西北境，至東北，折而南，漸轉貫中牟，達祥符（開封）朱仙鎮。

（丙）徑行路線

往昔在鞏汜一帶，黃河未經南徙，洛河由汜水入黃，汴洛通流，似屬較易。　蓋由鞏至汜一帶爲黃土，及第一二系之黏土，高原爲溝水剷蝕甚深，丘陵起伏，均由南向北傾斜，所有溝澗，亦均由南而北，以入於河，河行低地與高原相差平均在二十米以上。　自黃河南徙奪洛，由鞏至汜一段，河均逼沿高平，低地已無餘隙。　又因地勢由南向北傾斜，是以導洛工程，以由鞏至汜一段較爲鉅艱，其間以隴海鐵路南至汜水之穆溝，計長十五華里爲甚。　所幸均爲土質丘陵，唯土工較大耳。　以現在地勢而論，導洛濟汴，是宜取道由鞏縣東，沿水峪溝南行過鐵道，爲程約六華里，挖深自二米以至六米左右。　自此迤東，循溝澗蜿蜒經南胡坡村，至汜水境之穆溝，爲程十五華里，土工以此較爲鉅艱。　將來是否有穿鑿隧道之必要，須經詳細測量比較，方可選定經濟線路也。　由此東南經楊家溝、蕭家溝、大廟溝、越鐵道渡氾水，此段循溝道挖深土工較易。　迤東經尙街、蕭筐鎮、朱砦、洛砦，至王莊，入索須河，則均爲平坦原野。　沿河東北行，入滎澤境，經鄭縣之雙橋、東趙集、張莊、京水鎮，折而東南，經大河村、徐莊、馬莊、小磨莊，東行經中牟白沙鎮，與賈魯河會。　以上一段，只須就河道加以疏濬，至中牟境，分東南二支。　南支循沙河入淮，東支經開封、陳留，循惠濟河由渦入淮。

（丁）設計大綱（因張本缺乏原文從略。）

（戊）導洛濟汴與本省水利之關係

（一）與航運之關係　考北宋時汴河浮漕六百萬石，蔡河浮漕六十萬石，五丈河浮漕六十二萬石，張方平所言可考。　他如金水等河，俱勝萬斛之舟，水潦方降，以爲尾閭，固能消納也。　自蔡汴諸河俱湮，而溝陂隄閘多失其舊，航運遂絕。　近雖有鐵道以濟運輸，而水運與陸運，其運費之差率，恆爲一與五之比。　其間與農村經濟及社會生産，有莫大之關係。　倘能先將汴渠恢復，加以改進，連系而及其他，則凡鐵路不及之區，胥可藉此相連絡，水陸互濟。　況旅客之載送利速，貨物之運輸利賤，則舟運其貨，車載其人，固無相礙之弊，而有互濟之效。　將來對於農村經濟，與夫社會生産，實有莫大之利也。

（二）與農田之關係　豫省農田溝洫俱廢，蓋因河渠湮沒，無所容水，溝洫失效，而自然湮廢。　是以旱則無所灌漑而乾枯，潦則無所容蓄而泛濫。倘能改進河渠，勘測地勢，分築支渠，詳加設計，分置橋涵、跌水、渡漕、分水閘、斗門，而恢復溝洫之制，旱則得所灌漑，潦則水渠溝洫均有可容，水得調節而資排洩，實爲農田莫大之利焉。

(三)與地質之關係　查豫東一帶之平原，以土質考之，古爲通海湖泊，故土帶滷性甚重，不宜種植，倘能完成河渠，恢復溝洫，不難變爲沃壤，以利農作也。

(己)渠工之養護及管理

渠工之成，尤以養護及管理最關重要。本篇前述歷代關於汴渠之興廢，或備一時之巡遊，或輸征戰之軍需，實爲時甚暫；即使備都會之漕運，亦因政治中心而轉移；蓋目的不同，養護管理隨政治以興替，而渠工之湮沒隨之。固未嘗以農航爲主，養護管理自欠周密，年久失調，一旦衝決湮沒，不但難垂永久，且與人民之生命財產攸關。是以各項建築須有充分之養護及管理。蓋渠線既長，常需出地面過高之填挖，以及陡閘稍有不慎，潰決隨之，危及人民生命財產也。於伊洛上游，如龍門、洛陽等，應設重要水標站，用電話報汛，洪水將來，報告渠首司閘門者，預閉閘門，使水不能入渠。於下游中牟，及入淮各口，亦應各設水標站，遇下游東南各幹渠水漲，或淮河水漲，不能容納時，以電話報告渠首及沿渠分水閘，預爲關閉，節節防止。則渠身及上下游農田自然安穩矣。此係舉其重要者而言，將來關於養護及管理上之經濟，及種種組織與設施，實應詳爲規劃釐定也。

（庚）導洛濟汴與淮河之關係

導洛濟汴，渠化汴河，於渠首設操縱閘門，於上下游設水標站，用電話報汛，以節制入渠水量，則對於下游及淮河流域，決無爲壑之至患。　於中牟以下，修復東支汴流，則於江南爲利。　蓋汴失其道而横流，亦必浸入江南，乾隆四年之淮潁間可驗矣。　有河以分之，力緩而軌順，下流亦有利焉。　況茲東支（即今惠濟）之水，特分賈魯河之水，特疏古汴蔡河入渦故道，而非創闢也。　自東支淤塞後，觀於歷來賈魯下游及沙河之氾濫成災，激蕩淮流，而淮河流域爲潦更甚，當可知上游分流力緩，淮河亦受其利也。　況渠工告成，支渠多闢，溝洫恢復，足以蓄積上游餘水，而調節下游入淮入海之流，利莫大焉。淸中葉開、歸、陳、留、一帶患潦，漫及潁、亳，擬復汴流，以排積水，而江南有司，異論紛起，反復會勘研討，卒以有益於豫，而無妨於江南，決定疏濬，實施利見，而異議以息。　夫水利之難成，下游阻撓，往往績用勿成，故東支擬復，仍循故道，特表而出之，免滋誤會也。

（辛）導洛濟汴與黄河之關係

黄河自孟津而下，入河之水，在豫以洛爲大。　每遇兩河並漲，洛水實足助漲黄流，水勢激蕩，衝刷爲患。　今茲於洛河下游（洛陽偃師以下）加以疏濬，多闢支渠，恢復溝洫。　鞏縣以下，既通汴渠，復有支渠溝洫足以容巨量之水，則視上下游各河消長之勢，而預爲趨避之路，於以消弭河患，實有莫大之助焉。

（壬）結論

總上所述，豫之水利，弭患以防河爲主，興利以疏汴洛爲先。蓋患既消弭，主幹疏治，以次而及於各支，恢復溝洫，調節有方，旱潦是濟，農航俱利也。是篇所述，不過舉其概略。第因各河素未勘測，以至毫無根據；尤以水文之記載毫無，更爲困難。關於由鞏至汜水一段之渠線，將來尤須加以精密勘測比較，以獲良好之結果。蓋沿河築隄，劃分黃洛，未嘗不可；惟工大而養護難，且潰決堪虞。倘能在黑石關以上築攔河堰，升高洛水，穿鑿山洞，引出平原，較爲適宜。蓋該處兩岸夾山，河面既狹，築堰較易；且洛河河床坡度由該處至洛口極陡急，則該處高度與洛相差甚大。故以鞏汜一帶高原而論，則以提高水位，由上而下，工易而效大也。唯關於地勢上是否確實相宜，因時間及經濟上之關係，未及詳加比較，故暫以水峪溝帶爲準。現已由河南第三水利局詳細測量，擬具計劃，以便施行矣。

（三）引洮入渭之意見

黃河之大患在含沙量過多，以致逐漸淤積，河床日高，險象環生，河行地上，一遇泛決，則勢如建瓴。是故減少泥沙，實爲治河之第一要圖。而泥沙之來源則多由於河套及邙山，與其他支流。查洮河爲黄河清水之一大源，與渭水之源相隔僅一鳥鼠山，若能鑿通，引洮入渭，則可減黄河入套挾沙之量，而渭水且得航行之利。

（四）避開沙漠意見

當從寧夏掘開一口，使東行出花馬池，沿長城内行，東過定邊縣，又南經靖邊縣，分東南二枝。南枝出周水，是爲西洛之源，南至華陰復入河；東枝出杏子河，是爲延水之源，東至延長縣入河。

王田二氏之意見一方面固應以地形爲論斷，一方面又必考察黄河泥沙之來源。即以田氏之意見觀察之，據民國二十二年論之，陝縣之含沙量以重量計，最大量爲百分之三十九，而在河套民生渠口者，則只百分之三耳，其大部似來自涇渭者，若果如是，專爲避沙，則又不必多此一舉也。

第九章 挑浚

古今之論挑浚者頗多，而行之者則寡；實以其困難多也。 卽以民國二十三年而論，於七、八、九三個月中以陝縣所測之含沙估計，其總量爲十萬萬立方米，如此數目，必非人工或機械之挑浚所能奏效者也。 編者於黃河答客問一文中亦曾論之，節錄於下，以示其不可行也。

客曰：「古人慣黃河淤塞有用混江龍鐵掃帚之法者，至遜淸兩江總督陶澍始奏請裁撤。 查混江龍鐵掃帚之用法，係拖施船後，……將河底汚泥打起，與水混合流入海中。……」

又曰：「製造挖泥船多隻，從海口溯流而上，分段挖之；挖泥之時，宜循河道避灣就直，可減衝溜刷隄之害而增加水流之速度。 每年挖河時期，以三、四、五、六等月，水流淺時行之。 挖出之泥沙，應載於隄岸低凹之處傾出，藉以培修隄岸，或僱用人夫，或以工代賑。」

答曰：黃河善淤，誠爲大患，若有避免淤積之策，自可採用；然前述二法不能爲力也。 蓋以黃河之大，含沙之多，決非混江龍或挖泥船所能奏效者。 若爲局部之整理，或海口之疏浚，倘可以挖泥船爲之；如欲以解決全河淤澱之問題，實不可能也。

黃河下游蜿蜒千有餘里，身寬千數百丈，若用混江龍爲一處之鼓盪，其影響能有幾何？ 勢必沖於此岸者，淤於彼岸刷於上游者，澱於下游。若於全河之中皆置混江龍，不特事實所不可能，抑且經濟之所不容許也。且黄河之淤，乃在溜緩之地，其溜既緩，雖鼓之盪之，必旋起旋滅，而收效亦殊微矣。

至於引用挖泥船之法，只可施之於局部，以謀通航之用耳；若欲藉此將黄河之淤澱而盡挖出之，則似又未一考其事實也。查黄河之含沙量沉澱於陝縣灤口之間者每年約爲二九四、〇七四、〇〇〇公噸（參考作者黄河之冲積見黄河水利月刊第一卷第一期，）若盡量挖而出之，輸至隄根，其費用當何如耶？

古之論疏浚者亦不乏人；如劉天和則反對宋人鐵龍爪，明人滚江龍之法，而主用方舟；以長柄鐵爬齊濬之。而萬恭則謂方舟之法亦不可用，其言曰：「上疏則下積，此深則彼淤，奈何以人力勝黄河哉！虞城生員獻策爲余言，以人治河，不若以河治河；夫河性急，借其性而役其力，則可淺可深，治在吾掌耳。」又曰：「其法爲如欲深北，則南其隄，而北自深；如欲深南，則北其隄，而南自深；如欲深中，則南北隄兩束之，衝中間焉，而中自深。此借其性而役其力也，當萬之於人。」何其言之精闢也。

潘季馴亦謂：「挑不勝挑，沙底深者六七丈，淺者三四丈，闊者一二里，隘者一百七八十丈。沙飽其中，不知其幾千萬斛，而以十里計之，不知用夫若干萬名，爲工若干月日，所挑之沙，不知停頓何處？……」萬潘二氏之言，已明示此等見解之謬誤矣，又何待諸深辯？

總之，黃河之冲積，實關係於治黃根本大計。如此問題不得解決，則其他之工程，礙難進行；是故上游必設法以減冲刷之勢，下游必整理以避淤澱之害；然此等工作，包括森林之培植，溝洫之恢復，谷閘之添設，岸灘之保護，河槽之整理，河身之修治，非僅以鼓盪挑挖而能解決之也。

第十章　分疏

世之言分疏以治河者多矣；或主開支流以分水勢，或主設滚水壩以防暴漲。然皆有悠久之歷史，與其特殊之功效。禹播九河又廝二渠以開疏河之端，其後漢齊人延年有開大河之議，宋李垂上書有分河爲六派之篇。然就事實言之，禹河而後，除宋朝之河道頗形紊亂有分流之象外，其他多爲獨流入海。

今之河道，仍獨流也；既無支河之分，又無滚水壩及閘門之設，雖有虹吸管數處，乃爲墾殖而設，非以分洪爲目的也。故今日之論分疏者雖多，然非詳細測驗後，不敢貿然實行也。

古之論分水勢者亦多；宋張問倡減水河之議；明張九功言穿漕渠分殺水勢；潘季馴議建滚水壩，而貶支渠；萬恭亦言以合流爲福；張伯行則議建減水閘及減水涵洞。

今之言分疏者，若引沁引洛，前節已言之矣；其他則有主於蘭封故道設滚水壩，及以徒駭河小清河爲宣洩支渠者；更有主張倣播九河之法者，編者則以爲不可。兹復節錄編者所作之黄河答客問數節於下以釋之：

客曰：「自大禹治平水土，經歷數千年，愈演愈烈，迄無正當辦法，憂心如結，莫可如何；何大禹成功於前，竟無人繼起於後？果神功耶？非人爲耶？揆諸事理，終有所疑。及讀尙書禹貢篇載：『九河既道』句，方知必須切實研究。既道者盡順其道也。今日如有九河，即不皆既道，其災斷不至如斯之甚。又禹貢：『……又北播爲九河，同爲逆河，入於海。』河患凝結在入海之處，淤澱八河，僅存利津一河，以數千里奔騰下注之水，即九河尙恐不能容納，則一河入海，遲滯難行，所以晉豫冀魯沿河流域，各縣一遇霪霖，人民之淹沒，物產之損失，輒至數百千萬萬元之鉅。觀之下淚，言之痛心，每自恨讀書茫昧，不求其本，何由致用。雖皓首窮經，究不足經邦治世也。」

答曰：按諸尙書考之載籍，大禹治河之功，誠豐矣偉矣。而其成功之原因，是否只在播爲九河，殊堪値得探討也。我華夏民族，沿河東來，初則逐水草而居，比及軒轅，始略定疆域，夏禹之時，其文物之中心，仍在晉豫之交，而濱海一帶，猶爲東夷之人所雜居也。顧頡剛氏論古史中地域之擴張（禹貢半月刊一卷二期）有云：

「夏代的歷史我們固然得不到實物作證據，但就書本的材料看來，那時的國都有說陽翟的，有說陽城的，又有說帝邱的，晉陽的，安邑的，反正離不了現在河南省的北部和山西省的南部，帶着一點河北省的南端。因此史記吳起列傳裏說：『夏之居，左河濟，右太華，伊闕在其南，羊腸在其北。』這個疆域不過佔了黃河下游一段地方。他們的敵國和與國如窮、寒、高、仍、斟灌、斟鄩等等都在山東省，又可知那時與夏朝交通的只有濟水流域爲繁衍。」

近之史家甚或以爲禹之治水不去蒲解之間者，如錢穆之周初地理考（燕京學報十期）云：

「……蓋蒲解之地，東西北三面俱高，惟南最下，河水環帶，自蒲潼以下迄於陝津砥柱，上有迅湍，下有淤流回瀾橫濤，既足爲患，而涑水驟悍，狂憤積鬱，無可容淤，山洪怒鼓，河流肆蕩，蒲解之民，實受其害。唐虞故土在其地，所謂洪水之患，其迨在斯也。」

錢氏推測之說，是否確切，姑且勿論，大禹治水，必以晉豫之交爲重要區域，敢斷言也。 於此吾人可知所謂「播爲九河」者乃順當時自然之情勢以導引之耳，非以人工另闢九河也。 然以現時之情勢論，播爲九河，是否合理，實屬疑問；例如今河至利津以後，其入海之道凡五，當大水之時，巨流縱橫，瀰漫無際，吾人若爲臨時救濟起見，如僅將各流疏浚之，是否卽爲根本之圖，實有待於研究。 故吾謂「播爲九河」者非大禹成功之惟一方法，乃順自然之勢耳；且爾時自大陸以下既非生產之中心，文化之會萃，當時應否加以澈底之治理，亦一問題也。

更就理論言之，黃河下游宜合不宜分。 蓋以如河之泥沙量不能設法減少，水分必沙停，沙停則河淤，河淤則道改。今日利津以下之現象，大可爲孟津以下分流之縮影，利津以下既不可分水以治之，而謂孟津以下宜之乎？ 此不可不特別注意者也。

潘季馴云：「黃河水濁，固不可分，然伏秋之間，淫潦相仍，勢必暴漲，兩岸爲岸所固不能洩，則奔潰之患，有所不免。」 蓋潘氏既感覺下游有不可分之情勢，又深知量大之爲患，必另設法以治之矣。

要之分水之法，非絕對不可施行也。 如以下游河槽之大小，河底之坡度，不足以適應絕大洪水之用，此時宜用分水之法，可由滾水壩俾水位達一定高度，引流他注，使河槽本身，既免淤墊之病，過量洪水又有排洩之地，然此分水治河之法，究與「播爲九河」之說，意義不同。 滾壩之法，原則雖可施行，惟其方法地點，及數量等等，亦必於研究測勘，詳細考核後，方可行之而無弊也。 總此以觀，「播爲九河」是否宜於今日？ 是否合乎科學？ 可不待辨而自明矣。

然則大禹治水千年無患者，斷不能以今日之觀點，與不完之記載，懸測古代之河道，而定其爲必然也。 孟津而下，黃壤大平原，皆爲沖積而成，其由來之年月，已不可計矣；惟在遠古之時，黃河行經此處，既無山巒之障，其必任意漫流，迨屬無疑；且當有夏之時，山東河北一帶，尚非文化中心之區，其歷史之記載必不詳盡，如是則史冊未載之水患，尚不知凡幾也。 且吾國史書記載河患，每因其大小，爲記載詳略之標準，而水患之大小，又往往以損失之巨細爲衡，損失之巨細，則以人煙之稀密與生產之情形而異。 若在洪荒之世，榛榛莽莽，雖汪洋千里，初無絲毫損失之可言；及夫近代，人煙稠密，村舍櫛比，一縣被水，則損失無慮數千萬計；如同一濮陽也，其在二十二年大水中則損失達二千萬元，若在數世紀或十世紀以前，其損失必寥寥無幾矣。故歷年治河縱能日有進步，而一有河患，其損失之記載，仍不能少減者，良以財産之價值日高，需要之保護日切，而水災之記載亦日益詳耳。由是觀之，根據今日之觀點，與不完全之記載，而謂大禹治河千年無患者，乃或然之事耳。

第十一章　蓄水

昔余闕有「中原平曠，無洞庭彭蠡以爲之滙，故河嘗橫潰爲患」之論。其見理之切要，實非諸家所及。周用議溝洫之制廢，而河水無所容。沈夢蘭曰：「誠使五省舉行溝洫，河之漲流有所容，淤泥復有所渫。」近世之論蓄水者亦多；惟尙無人工蓄水工程之實現也。至於天然之蓄水功用，則如寧綏一帶河面平闊，頗可蓄蕩水勢；河南兩隄相距甚寬，亦有延儲洪流之效。民國二十三年八月二十七日蘭州最大流量爲每秒五千三百五十立方米，迨至九月九日包頭之最大流量僅爲每秒二千五百零四立方米。於此可以見之矣。

考黃河爲患之原因，洪水峯之來去驟縣，爲其一因。節制之策，則爲攔洪水庫或蓄水庫。惟以過去建築之術不精，迄無人工蓄水之工作。現正在勘測設計中，來日之進展，定未可量也。

第十二章　堵決

堵決乃臨時工程，每於出險後爲迴瀾之用者。自咸豐五年銅瓦廂決口，東北沿大清河入海，二十年後，山東始有隄防，故以前之漫決不聞。迄今又五十年矣，溢決凡七十餘次；編者曾作「五十年黃河話滄桑」一文，論各次之情形，今節述之。惟以同一處所，村落櫛比，此記甲村，彼記乙村，故不免有重複之處；又因參考資料缺乏，亦或有遺漏之點。

咸豐五年六月，銅瓦廂決口，自是改道北自大清河入海。

同治二年，曹州漫溢。

同治五年，河南胡家屯溢。

同治七年，河漲沖決山東趙王河之紅川口；河南之滎澤汛亦溢。

同治十年，河溢鄆城。

同治十三年，東明石莊戶決口；又王老戶鄧樓漫溢。

光緒元年，菏澤賈莊大工合龍。

光緒四年，東明高村口漫溢。

光緒八年，歷城桃園決口，北岸到處漫溢。

光緒九年，齊河顧家溝，歷城魯家莊，劉七溝，徐家莊，齊東船家道口等處，先後於伏秋漫決。 濟陽曹家莊，齊東埽河西岸馬家莊，蒲台四圖趙莊，許家溝等處，皆於霜降後漫決。

光緒十年，齊河北岸李家岸決口，十一年二月初合龍。

光緒十一年，齊河北岸邱家岸桃汛決口，五月底合龍。 是年秋，歷城章邱交界南岸之埽溝決口，十二年正月合龍。

光緒十二年，章邱濟陽交界南岸之永心莊凌汛決口，三月底合龍。 是年秋濟陽北岸葛家店，歷城南岸河套圈決口，至冬季合龍。

光緒十三年，河決鄭州。 濟陽北岸王家圈伏汛決口，口門寬二百餘丈，後以河南鄭州決，水自涸，始得堵合。

光緒十四年，濟陽南岸大寨及南岸四王莊二處決口，次年合龍。

光緒十五年三月，利津南北嶺下游韓家垣決口。 齊河張村，歷城西紙房，章邱大寨均先後合龍。

光緒十七年，歷城師家塢決口。

光緒十八年秋，章邱南岸扈家岸，濟陽北岸三里莊，惠民北岸桑家渡，南北王，皆告決。

光緒二十一年，正月，濟陽北岸高家漫溢。六月利津尾閭北岸呂家窪，齊東南岸北趙家，壽張南岸高家大廟等處先後漫溢。

光緒二十二年，利津北岸呂家窪，趙家菜園，南岸西韓家告決。

光緒二十三年，歷城南岸小沙灘胡家岸凌汛決口是年冬利津北岸扈家灘決口。

光緒二十五年，利津北岸王家梨行凌汛決口。

光緒二十六年濱州張霄堂堵口三月合龍。

光緒二十七年，惠民北岸五楊家濟陽南岸陳家窰決口。

光緒二十八年，惠民北岸唐家，利津南岸馮家決口。

光緒二十九年九月初間（慶安瀾時）利津南岸寧海決口二百餘丈，十二月二十八日合龍。

光緒三十年正月初三日，利津北岸王家莊凌汛決口次年春合龍。是年秋利津海口以上北岸薄家莊決口因距海近未搶堵。

宣統元年，濮州北岸馬劉家開口。

宣統二年，直隸孟店決口。

民國二年廢歷六月，直隸濮陽決口，至四年五月合龍。

民國六年廢歷六月，長垣南岸范莊決口，九月合龍。

民國十年廢歷七月，長垣南岸皇姑廟決口至十月合龍。 又利津宮家壩決口。

民國十三年廢歷七月，長垣南岸郭家莊漫口，至十月合龍。

民國十四年廢歷六月，鄄城南岸李升屯決口。 十五年三月合龍。

民國十五年廢歷七月，東明南岸劉莊決口，八月合龍。

民國十七年二月，利津棘子劉決口。

民國十八年正月，利津扈家灘決口。

民國二十二年國曆八月十二日，溫縣北岸，蘭封南岸三義寨，考城南岸四明堂，長垣南岸二分莊，北岸石頭莊等五處，共決五十口。

民國二十三年國曆八月十二日，長垣九股路一帶潰口。

我國舊日堵決之法，係用埽進占。 清徐端之迴瀾紀要，言之頗詳，茲不多述。 今就普通所採用之方法及程序述之如後：

（一）定埽基 堵築決口，首重埽基，埽基得勢，進占方易得力，合龍始能成功；倘建非其地，鮮有不僨事者。 河上諺有云「相斷隄立埽基進則迎溜，不易進占；退則兜溜，形勢尤險。」 誠經驗有得之言。故埽基勘定時，必須詳加研究，妥爲選擇，庶乎其可。

(二)築埽台　埽基既定，應即盤築埽台，昔人謂之出馬頭；宜按形勢，東西兩埽對準盤築，大抵兩埽徹迎上水。如就老埽堵築，先將原斷隄加土夯實，以高出水面一丈五尺爲度。

(三)估計　埽基規定之後，應按照口門形勢，水勢深淺，工程如何進行，詳細計劃，估定需用正雜各料總數。

(四)備料　正雜各料總數確定後，當即派員四出採買，俟運到半數，即可開始興工。

(五)備船　進占時需用船隻甚多，務須先期備齊。如捆廂船，揪梢船，提腦船，托纜船，幫廂船，渡船等。捆廂船即兜纜之船，先用長樁一根，架於船上，用繩連船底捆住，名曰龍骨，兩端墊以柴束兩個或三個，名曰龍枕；於上下水各用船下錨，以纜生根。在上水將捆廂船頭提住，不使水溜下移者，謂之提腦船。在下水將捆廂船尾揪住，以防迴溜者，謂之揪梢船。如上下水水面太寬，纜長則垂腰浸水，用船十數隻，均勻排開，將纜架於船上，謂之托纜船。緊靠捆廂船之外，幫助捆廂船裝載員夫繩纜器具之船，謂之幫廂船。渡船則專爲兩埽員夫來往過河之用。

(六)拉船上位　捆廂船安置完好，拉至埽頭以前，加以上水提腦，下水揪梢，使船不隨溜移動，謂之拉船上位。

（七）釘船安纜　船旣上位，卽須兜纜，每纜一條，用樁一根。先於埽頭以後四丈，釘底鉤樁一排，每根離空檔深水一尺，淺水一尺五寸，拴底鉤繩（卽兜纜）若干根，其另一頭活扣於龍骨上。底鉤樁以前，釘占繩樁一排，鋪占繩四路，每路五根，一頭上樁，一頭活扣於龍骨上（占繩與底鉤同力，爲助底鉤力之不足。）埽頭以後三丈，釘暗滾肚樁一排，鋪暗滾肚繩三路，每路五根，一頭上樁，一頭從船底兜轉活扣於龍骨之上（打張追壓時須隨占開放。）明滾肚（或稱太平纜）上下水各一路，（每路七根或九根）一路兜船頭，一路兜船尾，一頭拴於埽頭七丈後上下水邊眉頂樁之上（打張時一開）。以上四種拴齊後，加土一坯，與樁頂平。再釘明傢伙樁於埽頭七丈後上下水邊眉，形如雁翅（每邊玉帶樁一根，霸王騎馬樁五根，揪頭樁七根，水深可加多；分邊龍頭樁七根，束腰樁七根。）面鉤樁一排，數與底鉤樁同，釘於埽頭後五丈（占成將全數底鉤繩挽回拴於其上；）活溜樁一排，釘於埽頭後一丈（每加料一坯，將底鉤間鉤數條，拴於其上。）暗傢伙樁兩排釘於埽頭後三丈（爲拴棋盤五子、三星抓子及肚占之用，）分邊樁每邊七根釘於埽基前部上下水邊眉（爲分邊籠頭生根之用。）最後下玉帶繩樁一根釘於埽基前眉之下，將底鉤暗滾肚占繩橫束，拉緊上樁，樁釘於埽頭後七丈上下水邊眉頂，進占樁纜盡於此矣。

（八）進占　樁纜安齊，卽可開始進占。命兵夫先將暗滾肚明滾肚放鬆，撑船略開，所有活扣於龍骨上之底鈎占繩，一齊鬆放，以垂至水面爲度，條條排勻，如繩兜形；然後拉紅旗要料，分上下水兩路前進，至埽頭交卸，埽頭兵夫將腰子破開，抛於繩兜之內，再於船上豎立扎杆（齊眉扛）每五尺一根，每根派夫一名守之，使前眉豎立齊整。　俟加至七八尺時，即傳齊兵夫排立前眉，齊力跳踊，是爲和哨（和哨一曰撐占，亦曰撐擋，河南謂之打張。）　前眉愈跳愈下，則埽後自然開檔，鬆明滚肚，船向外行數尺，埽自鋪開。　俟料出水一二尺與船平時，上水安霸王騎馬，下水安倒騎馬（上水加騎馬，拴於下口抓子；下水加騎馬，拴於上口抓子，然後各繫於埽頭上下邊眉頂樁上，謂之霸王騎馬，下水安騎馬，斜牽於上水船上，以敵大溜者，謂之倒騎馬。）　又加料七八尺，又和哨一次，安霸王騎馬、倒騎馬，一如前法。　撐一次，加料一次，每隔五六尺安霸王騎馬及倒騎馬各一個，撐足五丈乃已（或四丈。）　然後上下水安對騎馬（即明騎馬，五尺一個）對抓子（兩騎馬中間）釘腰樁，將騎馬與抓子拉緊，繫於腰樁之上，使之連爲一體。　挽幾根練子繩，兜住前眉，壓以花土，埽眼塡草，是爲第一坯。　加二坯料，高七、八尺，挽底鈎繩五根，拉練子繩（溜緊則挽占繩，皆隨挽隨接）拴揪頭繩一路（前眉中部釘樁七根如環形，將揪頭繩套上，每邊七根，拱抱占頭，分繫於埽頭後上下水眉頂樁上）拴肚占繩兩路（每路五根，一頭拴揪頭繩，一頭上頂樁）拴暗傢伙（七星抓子、棋盤等，釘於占之前眉）先拴腰樁，後上頂樁，再安對騎馬、對抓子，均拉緊拴於腰樁之上；然後升黃旗要土，追壓大花土五六寸，塡補埽眼，是爲第二坯。　再插扎杆，加料七八尺，再拉練子繩，挽底鉤繩，上頂樁，安明騎馬對抓子，上腰樁，拴暗傢伙，先拴腰樁，後上頂樁（水深兩丈以外，再拴揪頭肚占各一路，如僅一丈左右，則可省去，）壓土一尺左右，填補埽眼，是爲第三坯。　此時捆廂船或被壓傾斜，則鬆底鉤滚肚占繩一二尺，自可平正矣。　占未到底，再做第四坯，法與第三坯同，五、六、七、坯亦然，直至追做到底而後已。　惟每坯加壓大土時，須在上下水包做眉子，下對騎馬，以攔眉子墜落（截稭料爲兩段，以根向外，包與下層料齊，壓土時留邊二三尺，曰包眉子，）上水加黄料，且廂做時逐次減料添土（壓土時可按坯逐次酌量加多，例如第五坯加料四尺，壓大土一尺五寸，第六坯加料四尺，壓大土二尺，第七坯加料四尺，壓大土二尺五寸等是。）第六坯加用束腰繩七根，横束占前，拉緊拴於埽頭上下邊眉頂樁上（束腰亦曰箍腰。）第七坯壓土後，再包眉子。　再加料一尺，將底鉤繩占繩練子繩一齊挽回拉緊，先上雙腰樁，後上頂樁，緊分邊箍頭，每邊七根，分拴於埽頭後頂樁上，以縮其兩頭（分邊箍頭亦曰抱角，）然後追壓面土二尺五寸，上下水包眉子，是爲第八坯，如已到底，則第一占完成矣。　隨提捆廂船移舵纜船，又在第一占頂樁安繩，爲第二占張本，做法同第一占；第三第四等占，節節前進，一如前法，直至預定丈尺之金門占爲止。　金門占除束腰多加數根外，復拴抄手，每邊九根，自左之右，互相編排，用繩縮之，分上埽頭頂樁，在占前對面紮之，如斜十字然。

二埽在大埽之下，相隔二丈，亦用捆廂船進占，隨大埽同時前進，每占必須蓋住大埽埽眼（即大埽每兩占接縫處，直對二埽占子中部。） 其廂壓之法，一如大埽，在合龍之先，兩埽之金門占應同時完成。

（九）澆培土櫃及後戧　大二埽前進，中間土櫃，隨即開土填實，以防漏水。 二埽下水，趕澆土戧，其功用誠有如前一人舉重物，後一人力撐腰背，以防傾倒者。 大埽上水，拋磚護根。 是以占向前進，土櫃後戧亦隨之趕澆，至金門占始用蔴包將端頭壓住。

（十）出船　兩占向前並進，金門逐漸收窄，最後金門僅餘數丈，不能容捆廂船兩隻，必須先拉去一船，一占始能打張。 然最後之占極爲費力，常因兩埽爭先出船，工作草率，門占受病，不可不注意也。

（十一）合龍　出船之後，即可預備合龍。 應在大二埽兩金門占二丈五尺以後，及金門占後之一占上各釘樁兩排（計每邊埽頭上共釘四排，前兩排與後兩排之間隔爲一丈，各兩排之間隔爲五尺，第一排與第三排，第二排與第四排之樁各相直對。） 拴掛合龍纜數十根（每根離檔八寸。） 每端各上二樁（第一根拴於一三兩排，第二根拴於二四兩排，其餘依次顛倒拴掛。） 金門占前眉捆一大枕，曰龍枕（枕長與金門寬相若。） 枕上釘簽，以掛龍衣，曰龍牙，上掛合龍網，曰龍衣，合龍纜掛齊，則滾龍衣（先將龍衣在此埽拴住，其餘捲好，以一人橫臥其上，在合龍纜上，由此埽滾至對岸，在彼岸拴住，再紮於龍纜之上。又於上水船上拴玉帶繩一根（在中間）龍鬚繩四根（每邊兩根）直牽合龍纜以防下拜（二埽之龍鬚繩及玉帶繩則拴於大隄之上） 纜網掛畢，大埽先升紅旗要料，鋪於網兜之上高至五六尺；則下口安五花騎馬（以兩樁叉成十字，以小木四橫安樁頭，縱橫如四個十字形，）繩頭直牽上水船上以敵大溜；上口安小騎馬，上下水邊眉釘對抓子，均上腰樁再加料一層再下五花騎馬小騎馬對抓子，一如前法繼續鋪加，俟加至中間凸起則落紅旗壓蔴包四百個。一官長鳴金以申令曰鬆繩，則上口鬆四尺，中間鬆五尺，下口鬆六尺，鬆至繩上預定之紅號為止。隨又升紅旗加料，安倒騎馬，對騎馬，反對抓子，加至中間再凸則又鳴金鬆繩（大埽鬆繩二次，二埽即開始合龍，做法與大埽同。） 用大土追壓金門占與合龍占隙縫，則加黃料。上下口包眉子，下對騎馬對抓子，均上腰樁，再加料與埽頭平。再追壓大土四五尺，做法同前。至兩占追壓到底為止（合龍宜窮一日之力追壓到底，不可間斷。） 應傳令齊人速將土櫃加蔴包，後戧澆土，俟拋澆出水，再出大土追壓土櫃與埽頂平，後戧稍低二三尺，如下水無翻花，則閉氣矣。

近來堵口之法已逐漸加以改良，非純沿舊制矣。若宮家埽之堵口，則係自底逐漸向上填堵，而非合龍式者。馮樓（石頭莊之灘口）則係採用柳梢而非用稭料者皆是也。技愈熟而益巧，法愈演而益精。是則堵口之法亦隨學術之進步而日新也。

茲爲輔助説明以稭料合龍堵口方法起見，假設一口門寬一百五十丈，均深三丈五尺，以大埽一埽進占，估計其費用。將各項估計列七表於次：

（甲）材料價目概算表

品名	數量	單價	總價	備考
稭料	一六、七二一、二五〇斤	每萬斤　一〇〇元	一六七、二一二·五〇元	按每方四五五斤計，大埽及二埽共寬七丈，高三·五丈，每丈需一二、四七五斤，一五〇丈合計如上數。
黄料	一〇〇、〇〇〇斤	每萬斤　一二〇元	二、四〇〇·〇〇元	
大蔴	八三六、〇〇〇斤	每斤　〇·一五元	一二五、四〇〇·〇〇元	按每萬斤稭料用五〇〇斤蔴計，每斤〇·一五元，手工在內。
小蔴	二〇、〇〇〇斤	每斤　〇·二〇元	四、〇〇〇·〇〇元	手工在內。
壓占土	一六、七二一方	平均每方二·〇〇元	三三、四四二·〇〇元	按每萬斤稭料用土一〇方計。
土櫃後戧	三六、七五〇方	每方　三·〇〇元	一一〇、二五〇·〇〇元	土櫃寬二丈，後戧平均寬五丈，共七丈，高三·五丈，每丈二四五方，一五〇丈合計如上數。
鉛絲	二五、〇〇〇斤	每斤　〇·一五元	三、七五〇·〇〇元	手工在內，縴舵纜用。

品名	數量	單價	總價	備考
椿	八三、六〇〇根	平均每根〇·一五元	一二、五四〇·〇〇元	按每萬斤秸料用五〇根計。五尺椿六尺椿各半，共四一、八〇〇根；又五尺頂椿及五尺腰椿各二〇、九〇〇根。（頂椿頂三寸，腰椿頂二寸，六尺椿頂二·五寸。）
八尺椿	二、五〇〇根	每根〇·三〇元	七五〇·〇〇元	合龍椿揪頭椿
蔴包	四、〇〇〇個	每個〇·五〇元	二、〇〇〇·〇〇元	運費在內
跑買現洋土料			一〇、〇〇〇·〇〇元	合龍
總計			四六九、七四四·五〇元	

（乙）船隻及附件價目概算表

品名	數量	單價	總價	備考
船	三〇隻	每隻船夫工資四五〇元	一三、五〇〇元	捆廂船四隻，提腦船二隻，揪梢船四隻，紮廂船二隻，挖纜船十四隻，騎馬船二隻，渡船二隻、共三十隻。每隻平均需船夫十五名，每名月支十元，以三個月計，合計如上數。
鐵錨	一五〇口	每口七〇元	一〇、五〇〇元	每口三五〇斤，每斤二角，運費在內。
鋪艙板	四份	每份四〇元	一六〇元	捆廂船用共四隻，每隻一份，木匠等在內。
避凌板	二八份	每份二〇元	五六〇元	按二十八隻計，每隻一份。
扎杆	三〇〇根	每根一·五元	四五〇元	即齊眉杠

龍骨	八根	每根	三〇元	二四〇元	大楊樹八棵，長四丈，捆廂船每隻需兩棵接用。
橫樑	一〇〇根	每根	三元	三〇〇元	丈五榆木椿爲舵欖用。
總計				二五、七一〇元	

（丙）職員兵夫薪資概算表

項目	人數	每人每月薪資	工作時期	合計	備考
總辦	一人	四〇〇元	五個月	二、〇〇〇元	總辦辦公處
文案	一人	二〇〇元	五月個	一、〇〇〇元	總辦辦公處
司事	二人	六〇元	五個月	六〇〇元	總辦辦公處
書記	四人	三〇元	五個月	六〇〇元	總辦辦公處
夫役	一〇名	一〇元	五個月	五〇〇元	總辦辦公處
委員	一人	一四〇元	三個月	四二〇元	銀錢所
司事	四人	二五元	同上	三〇〇元	銀錢所
夫役	五人	八元	同上	一二〇元	銀錢所
委員	二人	一四〇元	同上	八四〇元	正料廠（兩所）

司事	四人	二五元	同上	三〇〇元	正料廠（兩所）
夫役	四名	八元	同上	九六元	正料廠（兩所）
委員	二人	一四〇元	同上	八四〇元	雜料廠（兩所）
司事	八人	二五元	同上	六〇〇元	雜料廠（兩所）
夫役	二〇人	八元	同上	四八〇元	雜料廠（兩所）
採買委員	六人	一〇〇元	同上	一、八〇〇元	
買蔴委員	二人	一〇〇元	同上	六〇〇元	
文掌壩	二人	二〇〇元	同上	一、二〇〇元	大二壩
副掌壩	二人	一五〇元	同上	九〇〇元	大二壩
跑買現錢土料職員	三二人	四〇元	同上	三、八四〇元	大二壩
管後戧土櫃職員	八人	三〇元	同上	七二〇元	大二壩
管檢繩頭職員	二人	四〇元	同上	二四〇元	大二壩
管煤氣燈人員	二人	二四元	同上	一四四元	大二壩
司事	一〇人	二五元	同上	七五〇元	大二壩文掌壩公所
夫役	一〇人	八元	同上	二四〇元	大二壩文掌壩公所

武掌壩	六人	一四〇元	同上	二、五二〇元	大二壩
汛長	一二人	四〇元	同上	一、四四〇元	大二壩
巡長	二人	四〇元	同上	二四〇元	大二壩
巡弁	二人	二〇元	同上	一二〇元	大二壩
河兵	六〇〇名	八元	同上	一四、四〇〇元	大二壩
短夫	一〇〇名	八元	同上	二、四〇〇元	大二壩
書記	二四人	二〇元	同上	一、四四〇元	大二壩武掌壩公所
木匠	四〇名	一五元	一個月	六〇〇元	
鐵匠	一六名	一五元	兩個月	四八〇元	
總計				四二、七七〇元	

（丁）器具價目概算表

項目	數量	單價	總價	備考
鍘刀	一〇口	每口五元	五〇元	
月牙斧	一〇〇把	每把〇·四元	四〇元	

大月牙斧	八把	每把三元	二四元	
鐵油錘	五〇把	每把〇·六元	三〇元	
鐵鏟	一〇把	每把一元	一〇元	冬天鏟土用。
鐵鍬	一〇〇把	每把一·二元	一二〇元	
手硪	一〇個	每個四元	四〇元	
硪	二〇盤	每盤三元	六〇元	
騎馬榔頭	八對	每對三元	二四元	棗木
木夯	六個	每個二元	一二元	
鐵鈀	一〇個	每把一·五元	一五元	摟土用。
竹鈀	二〇個	每把〇·二元	四元	摟雜料用。
三尺鈎	一〇把	每把二元	二〇元	摟雜料用。
白蠟叉	二〇把	每把一·二元	二四元	挑雜料用。
手榔頭	八對	每對一元	八元	
齊板	四〇塊	每塊一元	四〇元	槐木，作埽用。
杉木打水杆	四根	每根五元	二〇元	

打水鉛錘	四個	每個六元	二四元	
板樁	五〇條	每條〇・五元	二五元	
方樁	五〇張	每張三元	一五〇元	
小長樁	一〇〇張	每張一元	一〇〇元	
椅子	五〇把	每把一・五元	七五元	
櫈子	一五〇條	每條〇・五元	七五元	
高櫈	一六個	每個二・五元	四〇元	八尺高八個，三尺高八個，打合龍樁用。
總計			一、〇三〇元	

(戊)建築房屋價目概算表

品名	數量	單價	總價	備考
草房	二〇〇間	每間二〇元	四、〇〇〇元	木料人工在內，總辦掌壩及各職員辦公住處。
抬棚	三二個	每個一五元	四八〇元	巡警等住所
蓆	一五、〇〇〇領	每領〇・三元	四、五〇〇元	
總計			八、九八〇元	

（己）備用正雜料價目概算表

品名	數量	單價	總價	備考
秸料	一、〇〇〇、〇〇〇斤	每萬斤 一〇〇元	一〇、〇〇〇元	
蔴	五〇、〇〇〇斤	每斤 〇·一五元	七、五〇〇元	
磚	二、〇〇〇、〇〇〇塊	每萬塊 一六〇元	三二、〇〇〇元	
土	一、〇〇〇方	每方 三元	三、〇〇〇元	
樁	一、〇〇〇根	平均每根〇·一二元	一二〇元	五尺·六尺
總計			五二、六二〇元	

（庚）堵口工程用費總表

類別	銀數	備考
材料	四六九、七四四·五元	
船隻及附件	二五、七一〇·〇元	
職員兵夫薪資	四二、七七〇·〇元	
器具	一、〇三〇·〇元	

建築房屋	八、九八〇·〇元	
備用正雜件	五二、六二〇·〇元	
大賞	一〇、〇〇〇·〇元	合龍後職員兵夫大賞
運費	二〇、〇〇〇·〇元	稭料黃料及大小蔴約二千萬斤，運費按每萬斤十元，計合如上數。
總計	六三〇、八五四·五元	

卷四

第十三章　官制

舜命禹作司空平水土，命益作虞，以掌山澤。司空之職，至周未改。周禮又有川衡澤虞。春秋各國尚有虞人。然設專官以治黃河者乃始於漢成帝河平元年以王延世爲「河防使者」。其先雖有治河者，然多以他官兼領，非專職也。其後亦代有變遷，如晉武帝省水衡，置「都水台」，有使者一人，參軍二人，掌舟航及運部。而河隄爲都水官屬，有參軍二人，謁者一人。惠帝元康中復有「水衡都尉」。至隋廢都水台入司農，尋復置爲「都水監」及「都水少監」。唐置「都水台」，後爲「都水監」。

宋都水監判監事一人，同監判一人，丞二人，主簿一人，掌內外河渠隄堰之事，輪遣丞一人，主外治河埽，又有「南北外都水丞」之職。其他官職若「河隄使」、「總河」、「修河鈐轄」、「南北作坊副使」、「疏濬黃河司」、「修河司」，各有其司。

金都水監掌川澤津梁舟楫河渠之事，兼勾管沿河漕運事，官有監，分治監，專規措黃沁河。並設

「都巡河官」分居各處。

元「都水監」掌治河渠隄防，水利，橋梁牐堰之事。官有「監」二人，「少監」一人，「監丞」二人，「經歷」「知事」各一人。領大都河道提舉司有提舉，同提舉，副提舉各一人。又於至正六年五月，以連年河決爲患，置「河南山東都水監」以專疏塞之任。八年立「濟寧鄆城行都水監」九年立「山東河南行都水監」，十一年設「總治河防使」

明初河官屬工部，似無專名，如宋禮之總理開河工，陳煊之漕運總兵官，經理開河，多係臨時派員之性質。

英宗正統六年，令「總漕都督」兼管河道。

景宗景泰元年，設「漕運都御史」。

六年令「漕運都御史」兼管河道。

憲宗成化七年，始設「總理河道」。

二十一年，復設「總河侍郎」。

孝宗宏治八年，仍以「河道」分三節設官理之。

世宗嘉靖二年，遣都御史提督河道，山東河南直隸巡撫皆受節制。

四十二年有「總督河道」。

神宗萬歷四年，添設「河漕總督都御史」，革「河道都御史」，命巡撫就地分管。

七年，命山東河南直隸巡撫銜內添「兼管河道」，仍與專勅。

十五年復設「總理河道都御史」。

三十年，分設河漕二臣。

清順治元年設「河道總督」駐濟寧。

康熙十六年「總河」就近駐劄江南清江浦。

三十一年「總河」移駐清江浦。

四十四年上諭山東河道與「總河」相距甚遠，交該省巡撫就近料理。

雍正七年，分河道爲三，「南河總督」駐清江浦。「江南山東河道總督」駐濟寧。

八年設「直隸河道總督」駐天津。

乾隆四十七年河東河道總督北岸河廳七：

(1)黃沁——武陟榮澤原武隄工

(2)衛糧——陽武北岸封邱隄工

(3)祥河——祥符北岸隄工

(4)下北——祥符陳留北岸蘭陽上汛岸隄工

(5)曹考——蘭陽下汛北岸考城曹縣上汛隄工

(6)曹河——曹縣中下汛隄工

(7)糧河——曹縣單縣隄工

南岸河廳八：

(1)上南河——滎澤鄭州陽武南岸中牟上汛隄工

(2)中河——中牟下汛隄工

(3)下南河——祥符陳留南岸隄工

(4)蘭儀——蘭陽南岸儀封下汛隄工

(5)儀睢——儀封下汛睢州上汛隄工

(6)睢寧——睢州下汛寧陵隄工

(7)商虞——商邱虞城上汛隄工

(8)歸河——虞城下汛隄工

江南河道總督，北岸河廳八：

（1）豐北（2）銅沛（3）邳北（4）宿北（5）桃北（6）外北（7）山安（8）海安

南岸河廳六：

（1）蕭南（2）睢南（3）宿南（4）桃南（5）外南（6）海防

四十八年定河道總督兼兵部侍郎右副都御史銜，嘉慶十九年設副總河，次年裁。

咸豐十一年，河東河道總督移駐開封。

光緒二十八年裁河東河道總督，河南河工事務歸巡撫兼管。

惟河東河道總督雖撤於光緒二十八年，然自咸豐五年銅瓦廂決口北流之後，河北（直隸）山東已各自謀矣。光緒元年，直隸總督李文忠公，山東巡撫丁文誠公會奏，以東南皆膏腴之地，國家財賦所出，關係國計民生甚鉅，宜築官隄束水。報可，即築官隄六十里，設局營以修守之。北岸由民修民守。山東於改道初時僅有民埝，并未設專管機關，至光緒十年始設河防總局。是故自銅瓦廂決口而後，三省即各自爲政也。茲分論之。

河南省迄至清末河工事務，概歸巡撫兼管。民國初由豫東豫北觀察使所管轄。民國二年三月，始專設河南河務局，河工事務，統歸該局管轄。直受省府指揮。設南北兩岸二分局五支局。民國十九年後再設分局六曰上南，下南，上北，下北，西沁，東沁各局。該局統系表如下：

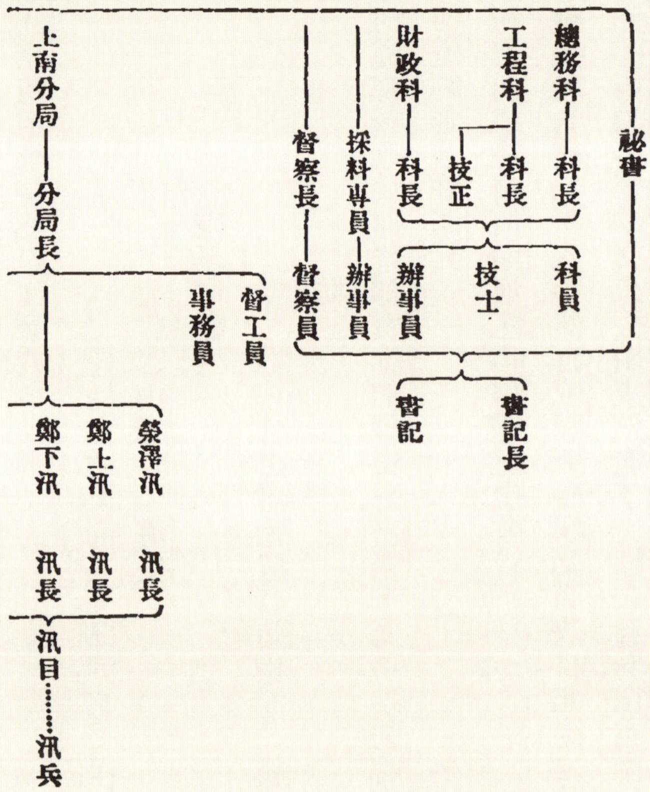

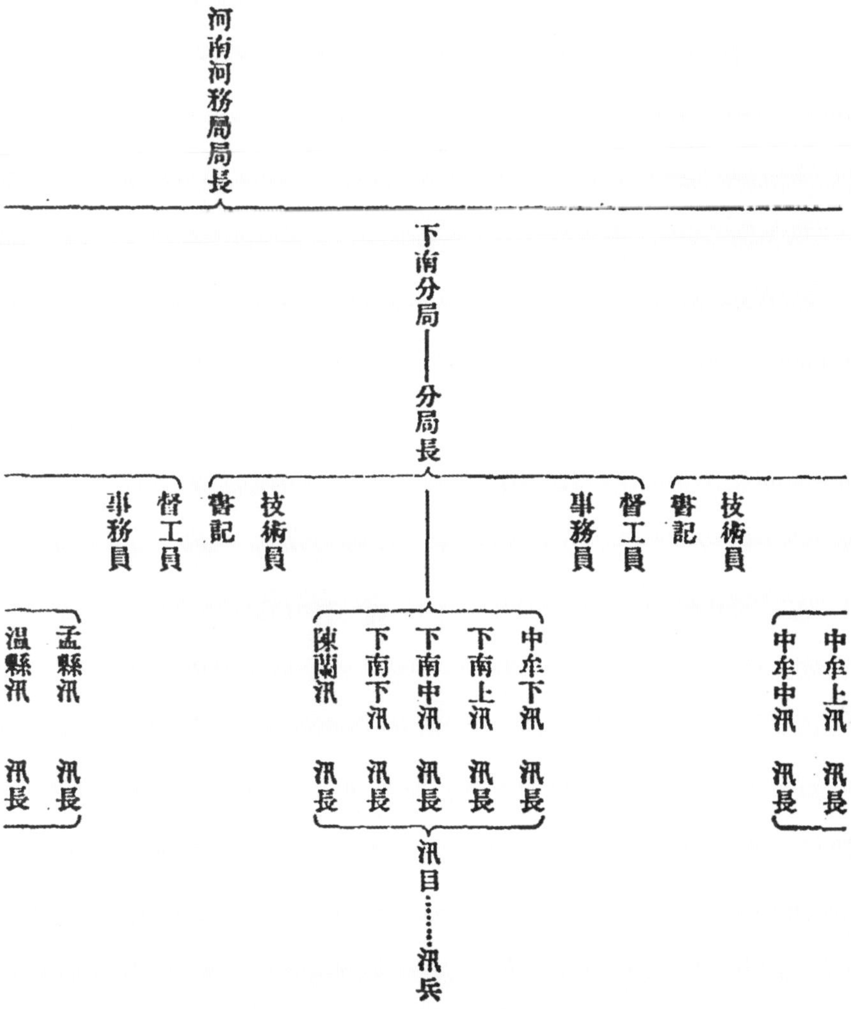

- 技術員
- 書記
- 中牟上汛 汛長
- 中牟中汛 汛長

河南河務局局長

- 下南分局——分局長
  - 技術員
  - 書記
  - 督工員
  - 事務員
  - 中牟下汛 汛長
  - 下南上汛 汛長
  - 下南中汛 汛長
  - 下南下汛 汛長
  - 陳蘭汛 汛長
    - 汛目……汛兵

- 督工員
- 事務員
- 孟縣汛 汛長
- 溫縣汛 汛長

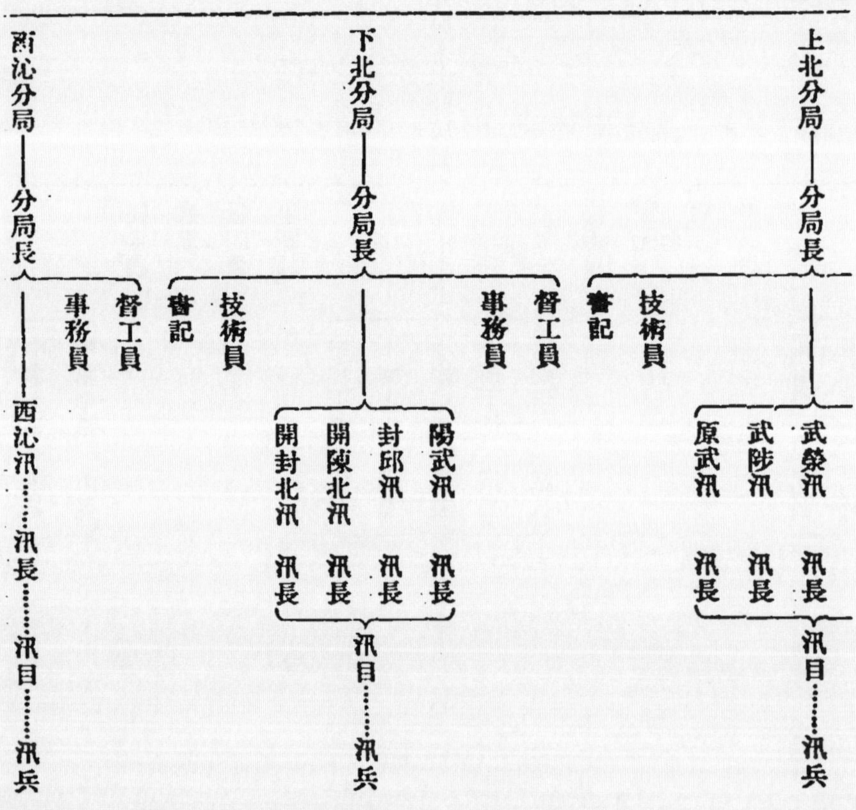
上北分局
分局長
技術員
書記
武滎汛
汛長
武陟汛
汛長
原武汛
汛長
汛目……汛兵
下北分局
分局長
督工員
事務員
技術員
書記
陽武汛
汛長
封邱汛
汛長
開陳北汛
汛長
開封北汛
汛長
汛目……汛兵
西沁分局
分局長
督工員
事務員
西沁汛……汛長……汛目……汛兵

技術員
書記

東沁分局——分局長
- 督工員
- 事務員
- 技術員
- 書記
- 東沁汛……汛長……汛目……汛兵

河南河務局所屬各分局呈報各汛長駐紮地點及管轄工段調查表（十九年九月）

局別	汛別	駐紮地點及距省里數	共分若干堡	管轄工段起訖	工長丈數及合里數若干	備考
上南分	滎澤汛	十堡大王廟距省一百六十里	分十二堡	自廣武山起至十二堡交界止	工長五千三百零九丈計合二十九里有奇	內有廣武老灘二千一百六十丈計十二里長民埝一千零零六丈計五里有奇
	鄭上汛	住五堡距省一百四十里	分八堡	自頭堡上交界起至八堡下交界止	工長三千零五十四丈九尺計合十六里有奇	
	鄭下汛	來同寨距省一百一十里	分十堡	自鄭上汛下交界起至中上汛上交界止	工長三千四百一十七丈計合十八里有奇	
	中上汛	楊橋鎮距省一百里	分十一堡	自鄭下汛下交界起至中中汛上交界止	工長三千二百一十三丈三尺六寸計合十七里有奇	

分局	汛名	駐地	堡數	起止	工長	
局	中中汛	住二堡距省八十五里	分七堡	自中上汛下交界起至下南中下汛上交界止	工長一千二百一十丈計合十二里有奇	
下南分局	中下汛	中牟險工處距省七十里	十二堡	上自新秦起下至朱固止	工長四千二十二丈八尺計合二十七里有奇	
	下南上汛	黑岡壩大王廟距省二十五里	二十堡	上自朱固起至南北堤止	工長四千六百四十五丈計合二十五里有奇	
	下南中汛	柳園口和尚莊距省十八里	二十二堡	上自南北大堤起下至劉莊止	工長五千三百六十二丈計合二十九里有奇	
	下南下汛	柳園口蔴廠距省十八里	二十九堡	上自劉莊起下至蔡寨止	工長六千一百二十五丈計合二十九里有奇	
	陳蘭汛	蘭封雷集距省九十五里	二十二堡	上自蔡寨起下至楊莊止	工長五千六百三十三丈計合三十一里有奇	
上北分局	孟縣汛	住六堡壩上所距省三百四十里	九堡	上自孟縣西逮村起下至溫縣賈營村止	工長七千四百九十丈零五尺計合四十一里有奇	
	溫縣汛	住六堡王廟距省二百八十里	八堡	上自溫縣小營村起下至溫縣范村止	工長七千丈計合三十八里有奇	
	武陟汛	住頭堡道館距省二百五十里	九堡	上自武陟趙莊起下至武陟方陵村止	工長六千一百三十六丈計合三十四里有奇	
	武榮汛	住八堡嘉應觀距省一百九十里	三十一堡	上自武陟白馬泉起下至武陟老莊止	工長七千八百五十六丈計合四十三里有奇	
	原武汛	住十堡道觀距省一百二十里	二十堡	上自原武老莊起下至陽武柳園村止	工長六千七百四十四丈計合三十七里有奇	
下北分局	陽武汛	越石壩第六壩齒距省七十五里	三十七堡	上自陽武柳園村起下至封邱朱莊村止	工長一萬零三百四十六丈計合五十七里有奇	
	封邱汛	十一堡荆隆工距省四十里	十八堡	上自李小河村起下至封邱李七寨村止	工長六千一百五十七丈三尺計合三十四里有奇	
	開封北汛	十五堡廠房距省五十里	十六堡	上自辛店村起下至夾隄村止	工長五千四百一十丈計合三十里有奇	
	開陳北汛	頭堡廠房距省五十二里	十五堡	上自夾隄村起下至朱岡村止	工長四千五百五十三丈計合二十五里有奇	

東沁分局	東沁汛	武陟城西六里南岸楊莊距省二百四十里	南岸四段北岸四段	南岸上自東張紀村起下至方陵工止北岸上自陽村起下至白馬泉止	南岸工長九千四百一十丈計合五十二里有奇北岸工長一萬零九百七十丈計合六十里有奇	上列工段計南岸分爲王順白水石荆岳莊虹橋張村楊莊方陵八工北岸分爲南王小董趙樊老龍灣木欒店南賈六工
西沁分局	西沁南汛	沁陽東關仁孝寺大王廟距省三百里	十二工	上自上交界覆背工起下至下交界西張紀工止	工長一萬三千七百七十丈計合七十六里有奇	
	西沁北汛	沁陽北關水北關工禹王閣距省三百里	十三工	上自上交界鄐頭村起下至下交界武閣塞工止	工長一萬四千二百二十丈計合七十九里	

清光緒宣統間，直隸大順廣兵備道，兼管水利河道事宜。民國二年改設東明河務局，仍以冀南觀察使兼理之。

光緒元年直隸黃河南岸建築官隄，奏提大名漳河同知爲東河防同知，駐東明縣之高村。分設上中下三汛，調大名漳河縣丞駐上汛東明杜勝集，巡檢駐中汛開州沙堌堆，州判駐下汛。復調保定練軍前營司黃河工作。民國二年，裁同知縣丞巡檢州判等員缺，改設工巡長一員，統轄上中下三汛，各設工巡員一員，並改練軍爲河防營。

於銅瓦廂改道後，北岸長垣濮陽兩縣紳民修築民埝以自衛。長垣民埝築於同治七年，濮陽民埝築於光緒元年，修守之責，悉委諸民。漫決之災，靡歲不有。民國七年一月，直隸黃河北岸改歸官民共守，設置北岸河務局及河防營。並將全堤分爲五汛。

民國八年七月內務部劃一全國河務案內，組織直隸黃河河務局。仍以大名道尹兼黃河河務局長，南岸舊組織更改爲黃河南岸河務分局，工巡長改爲分局長。北岸舊組織更改爲黃河北岸河務分局。

其後南北兩岸分局裁撤，改爲八工巡段，各設段長一人，承局長之命，辦理河防事。局屬建設廳。

山東省於改道之初，僅有民埝，并未設專管機關。遇有工程由巡撫隨時奏請簡派大員辦理。光緒十年，河槽淤澱，潰決時聞，山東巡撫陳士杰奏請大修隄工，並設河防總局於省城。即由現任司道兼任總辦，管理修防一切事宜。由是陸續添募兵夫，設置營汛，分段防守，以專責成。嗣以險工漸多，事務較繁，遂劃分上中下三游。各設河防局，委總辦一員，會辦二員，均以候補道員充之；並委收支文案提調等差，以知縣州同等員充之。常年駐工，各司其事，河務機關於以大備。迨至民國元年，政變以後，官制改革，河防總局即行裁撤，三游總辦改稱局長，會辦提調等職，改爲分局長；文案收支改爲第一第二科，置科長科員。名稱雖易，而事權依舊，不過核減工款，規模縮小而已。六年山東兼省長張懷芝因議會提議，議決改組辦法。遂將原有三游河防局一律裁撤，另組河務局，簡派局長一員，居中調度，統轄三游河務，兼理中游工防事宜。上下兩游各設分局長一員，秉承局長分理該游工防事務。從此事權統一，移輕補重，無此疆彼界之分，并免有餘不足之弊。民國十九年又將分局改爲總段，營長爲段長。該局組織統系表如下：

山東河務局組織系統表

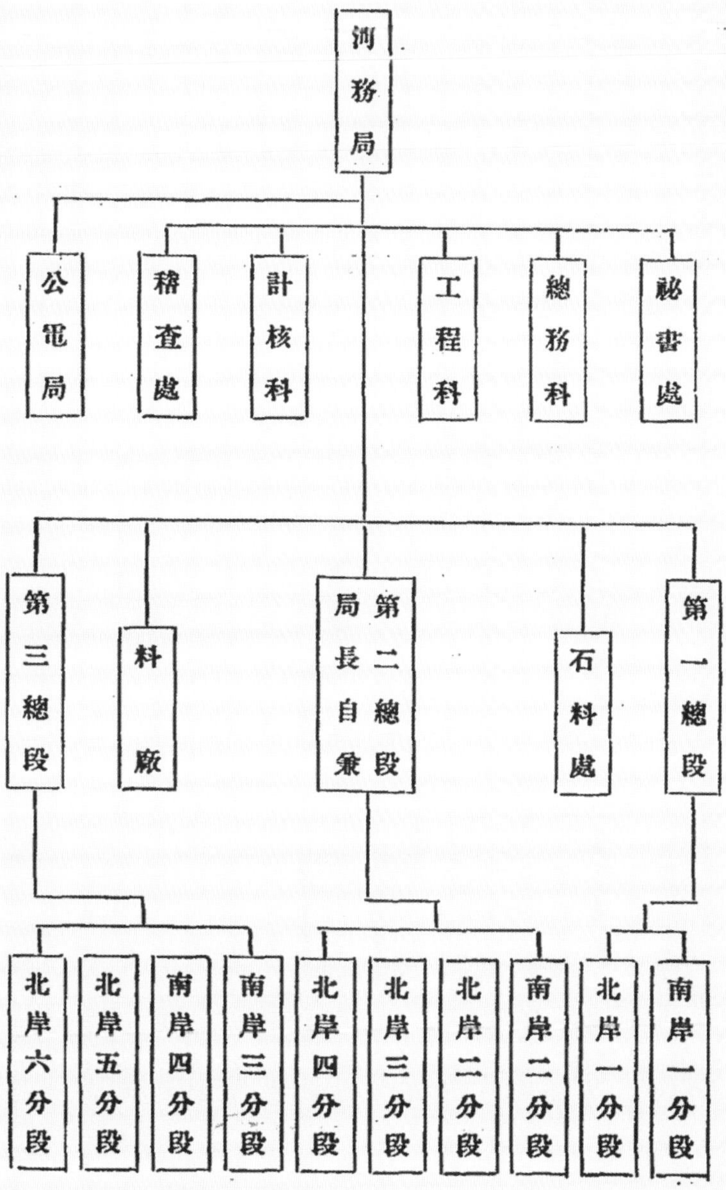

類別	名稱	山東河務局
總段	名稱	第一總段
	等級	丙等
	組織：總段長	一員
	組織：工員	二員
	組織：僱員	二員
	組織：工兵	十名
	駐在地	十里堡

類別	名稱	南岸	北岸
各總段管轄分段	名稱	南岸第一分段	北岸第一分段
	等級	乙等	丙等
	組織：分段長	一員	一員
	組織：一等僱員	一員	一員
	組織：二等僱員	一員	一員
	駐在地	李升屯	范縣城外

類別	名稱	南岸	南岸	北岸
各分段帶領各工程汛	名稱	工一汛	工二汛	工一汛
	工汛組織：汛長	分段長兼	一員	分段長兼
	工汛組織：汛目	一員	一員	一員
	工汛組織：二等僱員		一員	
	工汛組織：一等工兵	二十名	二十名	二十名
	駐在地	李升屯	孫樓	廖橋

類別	名稱	南岸	南岸	南岸	南岸	北岸	北岸	北岸
各分段管轄防守汛	名稱	防一汛	防二汛	防三汛	防四汛	防一汛	防二汛	防三汛
	防汛組織：汛長	一員	一員	一員	一員	一員	一員	一員
	防汛組織：汛目	一員	一員	一員	一員	一員	一員	一員
	防汛組織：二等僱員	一員	一員	一員	一員	一員	一員	一員
	防汛組織：二等工兵	十五名	十五名	十五名	十五名	十五名	十五名	十五名
	駐在地	汛長駐雙合領 汛目駐萬莊	汛長駐鄭營 汛目駐水堡	汛長駐楊廟 汛目駐楊莊	汛長駐黃花寺 汛目駐孫樓	汛長駐道口 汛目駐范縣	汛長駐蕭寺 汛目駐苗台	汛長駐柳園 汛目駐影塘
防守汛管轄起止地點		自河北山東交界朱口起至濮縣李莊止	自濮縣李莊起至濮鄆交界丁樓止	自濮鄆交界丁樓起至壽張窪裏王莊止	自壽張窪裏王莊起至壽張十里堡止	自河北山東交界高隄口起至范壽交界門虎店止	自范壽交界門虎店起至東阿挂劍台止	自河北山東交界耿密城民埝起至壽張影塘東民埝下首止
防汛防守里數		四二·五	五二·五	四八·〇	四二·〇	五九·〇	六九·八	一四八·四

類別	南岸	北岸
各分段修守里數	一百八十五里	一百二十八里八分 兼管民埝工段一百四十八里四分
各總段修守里數	三百十三里八分	

管轄南北兩岸

第二總段											
乙等											
一員											
二員											
二員											
十名											
齊河											
南岸第二分段			北岸第二分段			北岸第三分段			北岸第四分段		
甲等			乙等			甲等			甲等		
一員			一員			一員			一員		
一員			一員			一員			一員		
一員			一員			一員			一員		
小魯莊			官莊			齊河南潭			濟陽東關		
工一汛		工二汛	工一汛			工一汛		工二汛	工一汛		工二汛
分段長兼		一員	分段長兼			一員		分段長兼	分段長兼		一員
一員		一員	一員			一員		一員	一員		一員
		一員				一員					一員
二十名		二十名	二十名			二十名		二十名	二十名		二十名
小魯莊		胡家岸	官莊			孔官莊		齊河	濟陽		鐵匠莊
防一汛	防二汛	防三汛	防一汛	防二汛	防三汛	防一汛	防二汛	防三汛	防一汛	防二汛	防三汛
一員	一員	一員	一員	一員	一員	一員	一員	一員	一員	一員	一員
一員	一員	一員	一員	一員	一員	一員	一員	一員	一員	一員	一員
一員	一員	一員	一員	一員	一員	一員	一員	一員	一員	一員	一員
十五名	十五名	十五名	十五名	十五名	十五名	十五名	十五名	十五名	十五名	十五名	十五名
汛長駐楊莊 汛目駐小魯莊	汛長駐葛家莊 汛目駐河套圈	汛長駐胡家岸 汛目駐大寨	汛長駐陶城埠 汛目駐孫貴莊	汛長駐香山 汛目駐八里莊	汛長駐陶家嘴 汛目駐官莊	汛長駐枯河 汛目駐孔官莊	汛長駐紙坊 汛目駐五里堡	汛長駐李家岸 汛目駐桃園	汛長駐邢家渡 汛目駐大柳樹店	汛長駐濟陽莊 汛目駐葛家店	汛長駐鐵匠莊 汛目駐桑家渡
自長清宋家橋起至歷城洛口鐵橋中止	自歷城洛口鐵橋中起至歷城陳孟圈止	自歷城陳孟圈起至章齊交界田家拐子止	自東阿挂劍台起至東阿魏莊止	自東阿魏莊起至平陰北官驛止	自平陰北官驛起至長清韓二莊止	自長清韓二莊起至長清楊家道口閣隄下首止	自楊家道口閣隄下首起至齊河縣王莊止	自齊河王莊起至歷城鵲山根止	自歷城鵲山根起至歷濟交界任家岸止	自歷濟交界任家岸起至濟陽化美店閣隄下首止	自濟陽化美店閣隄下首起至濟惠交界桑家渡止
四四·〇	四五·〇	四八·九	四二·四	四一·〇	三七·二	三三·八	三五·二	三六·八	三九·〇	三三·六	三八·六
一百三十七里九分			一百二十里六分			一百零五里八分			一百一十一里二分		
四百七十五里五分											

總分段組織表

第三總段	
甲等	
一員	
二員	
二員	
十名	
清河鎮	

南岸第三分段	南岸第四分段	北岸第五分段	北岸第六分段
乙等	甲等	甲等	甲等
一員	一員	一員	一員
一員	一員	一員	一員
一員	一員	一員	一員
蝎子灣	王旺莊	歸仁鎮	司徒

工一汛	工一汛	工二汛	工一汛	工二汛	工一汛	工二汛
分段長兼	分段長兼	一員	分段長兼	一員	分段長兼	一員
一員	一員	一員	一員	一員	一員	一員
		一員		一員		一員
二十名	二十名	二十名	二十名	二十名	二十名	二十名
蝎子灣	馮家	閻家	王棗家	小崔家	司徒	蔡家嘴

防一汛	防二汛	防三汛	防一汛	防二汛	防三汛	防一汛	防二汛	防三汛	防一汛	防二汛	防三汛
一員	一員	一員	一員	一員	一員	一員	一員	一員	一員	一員	一員
一員	一員	一員	一員	一員	一員	一員	一員	一員	一員	一員	一員
一員	一員	一員	一員	一員	一員	一員	一員	一員	一員	一員	一員
十五名	十五名	十五名	十五名	十五名	十五名	十五名	十五名	十五名	十五名	十五名	十五名
汛員駐梯子塥 汛目駐北趙家	汛員駐大郭家 汛目駐石家溝	汛員駐劉春家 汛目駐大道王	汛員駐道旭 汛目駐馮家	汛員駐王旺莊 汛目駐蒲家	汛員駐閻家 汛目駐彩莊	汛員駐唐家 汛目駐王棗家	汛員駐楊房家 汛目駐小崔家	汛員駐張肖堂 汛目駐趙家場	汛員駐北鎮 汛目住桑園	汛員住宮家 汛目住三不趕	汛員住蕭家嘴 汛目住王莊
自章齊交界田家揚子起至齊青交界馬閘子止	自齊青交界馬閘子起至青濱交界翟家寺止	自青濱交界翟家寺起至濱浦交界蕭家集止	自濱浦交界蕭家集起至蒲台縣孫莊止	自蒲台縣孫莊起至利津韓家莊閣隆下首止	自利津韓家莊閣隆下首起至利津縣寧海莊止	自濟惠交界桑家渡起至惠民潘家莊止	自惠民潘家莊起至惠民大崔家東止	自惠民大崔家東起至濱縣張肖堂止	自濱縣張肖堂起至濱利交界宋家集止	自濱利交界宋家集起至利津李家夾河止	自利津李家夾河起至利津鹽窩民埝止
五二·七	三八·三	三六·〇	二七·〇	三一·四	三六·六	三三·七	三二·三	三七·九	四四·六	三六·六	三七·六
一百二十七里			九十五里			一百零三里九分			一百十八里八分		
四百四十四里七分											

總計	備考
三總段	
三員	
六員	
六員	
三十員	
十分段	
十員	
十員	
十員	
十七汛	
七員	
十七員	
七員	
三百四十名	
三十一汛	
三十一員	
三十一員	
三十一員	
四百六十五名	
一二三四里	

民國初年，中央政府之直轄水利機關有全國水利局。其後局裁，所有水利行政事宜，全由內務部（後改內政部）掌理之。惟下游三省之河工則直接由各省辦理。迨至民國十七年，各省設建設廳，水利事項屬之，故除河南山東兩省河務局有歷史之關係直屬省府外，其他上下游各省，概由建設廳直轄之，廳下亦間有設水利局者。惟多以上游患少，咸不重視。

民國十八年，中央感黃河分防之不能治理，以及常有以隣爲壑之紛爭，不如統籌辦理。故有籌設黃河水利委員會之舉，當卽發表該會委員，旋以經費無着，而當其事者又牽於他種職務，未能組織成立。至二十二年四月又有組織成立之議，重行派定委員，令卽籌備組織。乃經籌備三月之久，經費仍未領到，不幸於八月中旬，洪水大發，漫決五十餘處，益覺該會之成立不容少緩，乃以水患緊迫，先委以堵口之任，至九月一日遂正式成立。

其後中央政府以水災急待救濟，於是設一臨時救濟機關，名爲黃河水災救濟委員會。又以工賑應並籌進行，堵口事務乃移由該會辦理。

黃河水利委員會直屬國民政府。特任委員長副委員長各一人，簡任祕書長兼總務處長一人，簡任技正五人。薦任科長四人，技正八人。總務處分文書會計事務編輯四科（惟第四科未組織，事務由文書科兼辦）工務處分測繪，設計，工程，河防，林墾五組。掌理黃河及渭洛等支流一切興利防患之施工事務。惟其後，中央政治會議又有河北山東河南三省河務局受黃河水利委員會之指揮監督，照舊仍負各該省河防責任之規定。

今者又有將全國水利行政事項移由全國經濟委員會執掌之規定。并有設立全國水利委員會之議。總之直掌治理黃河之事業者，則有黃河水利委員會總其成，及下游三省河務局與其他各省建設廳分任之也。

至於黃河水利委員會及三省河務局之組織規程與章則等，則附於本節之末，以資參考。

竊以河道之安危與主管機關之組織，有密切之關係。漢以前雖無治河專官，然皆派大員治導。其後則代有專官，防治不遺餘力，元明尤甚。嘉靖時，山東河南直隸巡撫且受河道提督之節制。蓋予以指揮防治之權，則可運用靈活，工作迅速，既可奏統籌之效，且可免牽掣之弊。誠如戰區之內，中央特派主帥，各省駐軍必悉聽其指揮，方可收一貫之效。防河如防敵，古訓灼然。及至清代末葉，國家不振，外侮時來，暮氣日深，萎靡已極，銅瓦廂決口之後，卽未有振刷治理之道。河南雖仍有河道總督之設，而冀魯早已分籌辦理，各不相謀矣，因之演成分治之惡例。民國成立，百廢待舉，亦未能早日及此。今則國基安定，建設方始。故首先有統籌機關黃河水利委員會之成立。然猶未達完善之境也，蓋以中央與地方之職權未能確定，而工作之進行，不無阻礙也。茲錄黃河水利委員會呈行政院爲統一治河一文於後。其亦可爲將來官制改革之借鏡歟！

「竊維設官宜簡，行政宜專，原政府設立黃河水利委員會之初旨，良以黃河下游三省河防，向無統屬，各自爲政，弊害百出，故設立一中央機關，以謀統治，法良意美，輿論翕然。惟一年以來，河防系統，不第未能專一，且較前似愈覺紛歧；以言防堵，始則責成本會，繼續移其權於黃河水災救濟委員會，以言善後，則既有河務局，又設立善後工程處，雖各機關有久暫之殊，然事權不一，責任不專，一遇疎失，則互相推諉，此自然之勢，殊無可諱言者。查本會雖以根本治河爲目的，然河防之事，既與治河設計有關，復爲人民安危所繫，自不能不兼籌並顧；而三省防務，應須改革之處，尤不能不力求刷新，以蘄完善。第事權不屬，實力缺乏，則監督指導，亦徒託空言。儀祉賦性戇直，今忝長本會，負統治黃河之職責，而權力又不足以相濟，任職一年，徒勞心力，而隄防如故，河患依然，懲前毖後，慚懼交縈。茲爲統一事權

消弭河患計擬懇

鈞院仍本設立本會之初旨將以後凡關於治河之事，悉以責之本會，應權有專屬責無旁貸，吾國河患，或有減輕之一日。謹擬具辦法如下：

(一)以本會爲指導黃河及維持黃河之惟一機關。

(二)豫冀魯三省河務局明令取消。

(三)打破省界自孟津以下按各段情形分爲上中下三游。

(四)本會河防組，設簡任技正兼主任工程師一人，統籌全河防務。並設河防主任三人，分駐上中下游適中地點，分負各游河防責任。

(五)豫冀魯三省原擔任河防經費，統須按期交於本會。計：

河南省　每歲四十萬元；

河北省　每歲二十五萬元；

山東省　每歲五十五萬元；

交款期限　春工費限每年一月前交齊；

夏防費限每年五月前交齊。

(六)本會另由中央每年撥付三十萬元以爲改善河防之助。

(七)三省舊有河防汛段營等由本會重新編制，以期一律。

(八)由本會編練防河民夫，俾大汛時期防守固密。

(九)有隄防之沿河各縣縣長，汛期內須聽從本會指揮，其勞績卓著者，得由本會分別呈請 行政院或咨主管省政府酌予嘉獎，其不聽指揮者本會得逕免其職，呈報 行政院備案並咨主管省政府另委賢能。

(十)沿河駐軍有輔助本會維持治安之義務。

(十一)購料運輸等事由本會統籌辦理。

(十二)本辦法施行後，河防如有疏虞時，由本會負完全責任；但各省應攤之款，不以時交到，致誤事機者，得由該省政府負責。

以上所擬辦法，是否可行？理合具文呈請 鑒核，指令祇遵，實爲公便！」

(二)黃河水利委員會組織法

第一條 黃河水利委員會直隸於國民政府，掌理黃河及渭洛等支流一切興利防患施工事務。

第二條　黃河水利委員會設委員長一人；副委員長一人，特派委員十一人至十九人，簡任。

第三條　黃河水利委員會設左列二處：

（一）總務處

（二）工務處

第四條　總務處掌左列事項：

（一）關於文書收發編選保管事項；

（二）關於職員考核任免事項；

（三）關於典守印信事項；

（四）關於統計會計預算決算事項；

（五）關於庶務及護工事項；

（六）其他不屬於工務處事項。

第五條　工務處掌左列事項：

（一）關於查勘及測繪事項；

（二）關於工程設計事項；

(三)關於工程實施及護養事項；

(四)關於沿河造林事項；

(五)其他一切工程事項。

第六條　總務處置處長一人，簡任；科長三人或四人，薦任；科員十八人至二十四人，委任。

第七條　工務處置技正十一人至十三人，五人簡任，餘薦任。　技士十二人至十六人，四人薦任，餘委任。　技佐若干人，委任。

工務處置總工程師副總工程師各一人，以簡任技正兼任。　工程師九人至十一人，三人以簡任技正兼任，餘以薦任技正兼任。　副工程師十二人至十六人，四人以薦任技士兼任，餘以委任技士兼任。　助理工程師工務員製圖員測量員各若干人，以技佐兼任，均由委員長指定之。

第八條　黃河水利委員會得聘任水利及森林專家爲顧問或專門委員。

第九條　黃河水利委員會因執行主管事項，於必要時，得呈准設立測勘隊工程隊工程管理局。

第十條　黃河水利委員會對於各地長官所發布之命令或處分，認爲防礙主管事務之進行者，得呈請國民政府停止或撤銷之。

第十一條　黃河水利委員會執行主管事務各該地行政機關及駐在軍隊有協助保護之責。

第十二條　黃河水利委員會每三個月開大會一次，遇必要時，召集臨時會議。

第十三條　黃河水利委員會之議決案由委員長執行之，委員長因事故不能執行職務時，由副委員長代理之。

第十四條　黃河水利委員會設於西京。

第十五條　本法自公布日施行。

(二)豫冀魯三省黃河河務聯合會組織辦法

第一章　總綱

第一條　本辦法依照內政部提出黃河河務會議議決案規定之。

第二條　本會以河南河務局河北省黃河河務局山東河務局組織之，名曰豫冀魯三省黃河河務聯合會。

第三條　本會應呈請內政部刊發關防一顆，以資信守，由值年常務委員執掌之。

第二章　職權

第四條　本會以統籌修防事宜改進三省河務爲宗旨。

第五條 三省河務局之組織及經費工款，仍照各省向章辦理；惟遇發生險工，三省工款物料等項，有移緩就急互相協助之必要時，得由有關係之河務局隨時商酌辦理。

第六條 三省河務，遇有特別要工及水利事業，得由主管河務局提出會議討論辦法，呈請施行。

第七條 本會會議時，應請三省省政府暨中央主管機關派員參加。

第八條 本會決議案件，應由本會暨三省河務局分別呈報施行。

第三章 會址

第九條 本會以豫冀魯三省河務局爲會址，分年輪值之。如第一年在河北省黃河河務局，第二年在河南省河務局，第三年在山東省河務局，嗣後卽以此類推。但因工程或其他關係，必須變更會址時，得臨時商決另定之。

第十條 臨時會議會址，或仍在值年之河務局舉行，或應由提議之河務局召集，臨時商定之。

第四章 會期

第十一條 常會每年一次，於十一月內由值年河務局定期召集之。

第十二條 臨時會會期，由召集會議之河務局函商決定之。

第五章 會員

第十三條　本會係委員制，以豫冀魯三省河務局局長爲執行委員，並各派職員二人爲會員，即以値年執行委員爲會議主席，其臨時會議主席臨時推定之。

第十四條　本會職員，應設祕書一人，紀錄二人，會計兼庶務一人，由値年河務局職員中選派之，均爲名譽職。

第六章　經費

第十五條　本會經費，應由三省分擔之。

第十六條　本會出席各會員旅費，應自行呈請主管機關發給。

第七章　附則

第十七條　本辦法俟呈准之日施行。

第十八條　本辦法如有未盡事宜，得於開會時議決，呈請改正之。

(三)河南河務局暨所屬各分局暫行組織法

第一條　本局直隸屬於河南省政府，主管本省內黃沁兩河修防工程，暨水利建設，並督飭沿河各縣協助，辦理河道一切事宜。

第二條　本局設簡任局長一人，綜理全局事宜，並指揮監督所屬各分局應辦事宜。

第三條　本局設左列各科：

總務科；

工程科；

財政科。

第四條　總務科掌管如左：

一　關於一切機要及會議紀錄事項；

一　關於本局文件傳觀事項；

一　關於撰擬收發文件及編存檔案事項；

一　關於典守印信及記錄職員進退事項；

一　關於繕寫文件及交際庶務事項；

一　關於不屬其他各科一切事項。

第五條　工程科掌管如左：

一　關於工程設計實施，及視察保管工料水誌各事項；

一　關於土地測量，流量測量，水準測量及繪算各事項；

一關於吸水機虹吸管輕便鐵道及載重汽車之籌設，及其他灌溉運輸各事項；
一關於隄柳及培護隄工各事項。

第六條　財政科掌管如左：
一關於登記收支賬簿事項；
一關於編造審查預算決算事項；
一關於稽核及覆核各種收支賬款事項；
一關於調查所屬各機關會計及檢查收支事項；
一關於編製統計及報告事項；
一關於領發經費工款事項；
一關於河產一切雜收雜支事項。

第七條　本局設薦任祕書三人，職掌局長指辦事項。

第八條　本局設薦任科長三人，承局長之命分掌各科事宜。

第九條　本局設薦任採料專員造林專員及督察長各一人，分别掌管購置料石及造林設施與督察黄沁兩河各項工程事宜。

第十條　本局設科員技士辦事員督察員書記員各若干人，由局長任免之，承局長科長督察長之命，分掌各項應辦事宜。

第十一條　本局爲傳遞文報及各科服務，得僱用隊兵勤務各若干人。

第十二條　本局於黃沁兩河，酌設上南下南上北下北東沁西沁六分局，各置薦任分局長一人，督工員技術員事務員書記汛長汛目汛兵各若干人，其辦事規程另定之。

第十三條　本局及分局經費工款，呈請　省政府核定，飭省庫支付之。

第十四條　本局辦事細則另定之。

第十五條　本組織法如有未盡事宜，得隨時呈請　省政府修正之。

第十六條　本組織法自呈請　省政府核准之日施行。

（四）河北省黃河河務局暫行組織規程

第一條　河北省政府建設廳，依河北省各河河務局暫行組織通則第一條之規定，設立黃河河務局。關於工程設施，除依河北省各河河務局暫行組織通則第一條第二項規定外，並應受黃河水利委員會之指揮監督。

第二條　本局設局長一人，由建設廳提出省政府委員會議決，呈請薦任，承建設廳長之命，綜理全局事務，並指揮監督所屬各職員。本局設總工程師一人，由局長或第二科科長兼任，主管全局工程。

第三條　本局設左列各科：

第一科掌理關於文書會計庶務航政地租造林及不屬於他科事項；

第二科掌理關於調查測繪設計實施修護河隄閘埽及其他水利工程事項。

第四條　黄河流域因工巡之需要，兩岸各設四工巡段，共八段，管理其各段里數，依河流情形酌定之。

第五條　各科設科長一人，各段設工程師一人，承局長之命，管理各該科段事務，科員四人至六人，技術員四人至六人，辦事員四人至六人，副工程師八人，事務員八人，承長官之命，分辦各該科段一切事務。但事務單簡之工巡段，得不設副工程師及事務員。

第六條　各科科員各段工程師，由局長呈請建設廳委任，科員技術員辦事員副工程師事務員，由局長委任，呈請建設廳備案。

第七條　本局因職務上之必要，得酌用僱員測量夫目測量夫工巡夫目工巡夫電話司事及機匠。

第八條　本局辦事細則另定之。

第九條　本局於防汛期內，得設防汛委員會防汛，並得會同地方官民辦理防汛事宜，關於防汛事宜，並應隨時呈報民政廳。

第十條 本局爲防護河工便利起見，得在南岸設辦事處，其組織簡章另定之。

第十一條 本規程如有未盡事宜，得由局長呈請建設廳提出省政府委員會修正之。

第十二條 本規程自公布之日施行。

河北省黃河河務局南岸辦事處組織簡章（十八年二月十八日省政府委員會第六十七次會議通過）

第一條 本辦事處依河北省黃河河務局組織規程第十條之規定組織之。

第二條 本處設主任一人，由局長呈請建設廳委任，承局長之命管理南岸一切事務，並指揮南岸各工巡段長。

第三條 本處設技術員二人，承長官之命，辦理技術事務。

第四條 本處設事務員二人，承長官之命辦理文書會計庶務及其他一切事務。

第五條 本處因職務上之必要，得酌用僱員測量夫目測量夫。

第六條 本簡章如有未盡事宜，得由局長呈請修正之。

第七條 本簡章自公布之日施行。

（五）修正山東河務局簡章（十九年五月經 國民政府核准）

第一條　山東河務局直隸山東省政府，管理全省黃河修培防守事宜，並監督指揮三游各總分段之工作進行。

第二條　河務局設局長一人，總理全局事務，由省政府呈請行政院轉請國民政府簡任。

第三條　河務局於不抵觸中央法令及省令範圍內，對於河務之行政事項得發局令。

第四條　本局設薦任祕書一人，委任祕書三人，承局長之命撰擬機要文件，覆核各科文稿及辦理局長指派事件。

第五條　本局設總務工程計核三科，各設薦任科長一人，承局長之命，管理各本科事務。

第六條　總務科之職掌如左：

一關於規定章則，撰擬文電，典守關防，收發校對文件，保管卷宗，編纂河務特刊各事項；

一關於會計庶務事項；

一關於組設黨義研究會及局務會議，分別執行局務會議決議事項；

一關於三游總分段長及總局職員之任免更調獎懲及不屬於各科事項。

第七條　工程科之職掌如左：

一關於全河各段工程之平險，設定廂修計畫，核發料物事項；

一關於測繪全河形勢及水文事項；
一關於考查各段工作及動用料物事項；
一關於勘估驗收隄埽各工及稭石料物事項。

第八條 計核科之職掌如左：
一關於編造預算決算概算事項；
一關於考核各工員修培工程，採購料物事項；
一關於考核總局及各總分段收入支出款項料物事項；
一關於考核保存各總分段月報事項。

第九條 本局設稽查長一人，稽查員五人，承局長之命稽查各總分段及所屬各機關人員兵夫勤惰，及所作工程之是否合法。

第十條 本局各科視事務之繁簡，酌設科員及技術員二十三人，受科長之指揮，辦理本科事務。

第十一條 本局因事務之需要，得用事務員四人，輔助各科辦理事務。

第十二條 本局因繕寫文件及其他事項，得酌用書記十四人。

第十三條 本局因河工之需要，特設石料處，置石料處主任一人，專司採辦石料，運堆險要工段，以備廂護隄埽之用。

第十四條　本局爲便利工作，於三游適中地點，設料廠一所，儲存各項料物，置委員一人，衛兵十五人，負收發看守之責。

第十五條　伏秋大汛及春廂，如遇必要時，得酌添臨時委員若干人，以資助理。

第十六條　三游設紅礮船若干隻，分隸總局及上中下三總段，以備來往查工乘坐之需，其每船舵工水手名額另定之。

第十七條　本局各科處辦事細則另定之。

第十八條　本簡章呈請山東省政府核准公佈施行，如有未盡事宜，得隨時呈請修正之。

山東河務局三游總分段組織簡章（十九年五月經　國民政府核准）

第一條　本局就原有上下游分局改組爲上中下游三總段，每段設總段長一人，由局長遴選妥員充任，呈請省府加委。

第二條　總段長承局長之命，督率所屬各分段長，辦理本段內應修應守工程。

第三條　全河南北兩岸設十分段，視工程之平險，分別等級定管轄段落之長短，其分段地點另定之。

第四條　每一分段，以修守工段之長短，工程之險夷，分段防守工程四汛或五汛，分段長兼領一汛，其餘各汛設汛長一人，受總分段長之指揮，分任汛段以內修守工程各事宜。

第五條　防守汛各設汛目一人，二等工兵十五名，受分段長汛長之指揮，率領汛兵，專司巡查看守汛內工程樹木，報告工情水勢及傳遞公文等事。

第六條　工程汛各設汛目一人，一等工兵二十名，受分段長汛長之指揮，率領工兵，專司本段內修治搶護工程等事，如遇伏汛大汛，工程緊要，額設工兵不敷工作時，得酌量添募臨時工兵協同工作。

第七條　分段長汛長人選，由河務總局局長遴委妥員，或就原有十八營營長汛長內擇資歷較深者，分別充任，呈報省府備案。

第八條　總段長因事務之需要，得酌用工務員僱員各若干，分段長汛長得用僱員若干人，助理估計工程旬月各報，及來往文電等事。

第九條　本簡章如有未盡事宜，得隨時呈請修正之。

第十條　本簡章呈請山東省政府核准公布施行。

第十四章　修防

工程之事，前已詳言之矣。惟尙有關於人事者，如大隄之修守，經費之籌措，材料之籌運是也。每遇特種工程，皆有臨時機關主其事，如工程處等，而其經費又皆係專籌，非經常之事，茲概從略。

一　防守

昔日治河偏重防守，故其法綦詳，而行之亦力。惟對於各項工程之設施多不講求，以致今日猶可稱道者亦只有隄之防守而已。至對於河槽之改良，挑浚等，及其他每年之護養，維持工作，則尙無可述也。

潘季馴論四防二守：「四防：一曰晝防，隄岸每遇黃水大發，急溜埽灣處所，未免刷損，若不卽行修補，則埽灣之處愈坍塌，必致潰決。宜督守隄人夫每日捲土牛小埽聽用，但有損者，隨刷隨補，毋使崩卸。少暇則督令取土堆積隄上，若子隄然，以備不時之需，是爲晝防。二曰夜防，守隄人夫每遇水發之時，修補刷損隄工，盡日無暇，夜則勞倦，未免熟睡。若不設法巡視，恐黃夜無防，未免失事。須置立五更牌面，分發南北岸協守官弁，營工委官照更換發，各舖傳遞。如天字舖發一更牌，至二更時前牌未到日字鋪，卽差人換查係何鋪稽遲，卽時拿究餘鋪倣此。隄岸不斷人行，庶可無誤巡守，是爲夜防。三曰風防，水發之時多有大風猛浪，隄岸難免衝損。若不防之於微，久之坍薄潰決矣。須隄夫捆扎龍尾小埽擺列隄面，如遇風浪大作，將前隄用繩椿懸繫附隄水面，縱有風浪隨起隨落，足以護衛，是爲風防。四曰雨防，守防人夫每遇驟雨淋漓，若無雨具必難存立。未免各投人家或鋪舍暫避，埽岸倘有刷埽何人看視？須督各鋪夫役每名各置斗笠簑衣，遇有大雨各夫穿帶隄面擺立，時時巡視，乃無疎虞，是爲雨防。

「二守：一曰官守，黄河盛漲，管河官一人不能周巡兩岸，委一協守職官，分岸巡督。每隄三里原設鋪一座，每鋪夫三十名，計每夫分守一十八丈。宜責每夫二名共一段，於隄面之上共搭一窩鋪，仍置燈籠一個，遇夜則在彼棲止，以便傳遞更牌巡視。仍畫地分委省義等官，日則督夫修補，夜則稽查更牌。管河官弁協守職時常催督巡視，庶防守無頃刻懈弛，而隄岸可保無事。二曰民守，每鋪三里，雖已派夫三十名，足以修守，恐各夫調用無常，仍須預備。宜照往年舊規，於附近臨隄鄉村，各鋪各添鄉夫十名，分發上隄，與同鋪夫併力協守。水落卽行放回家，量時去留，不妨農業，不惟隄岸有賴，而附隄之民亦各保其田廬矣。」

於春伏冬三季必分期巡視，妥爲修防。春巡所以查勘工情，準備兩修作大汛之預防也。伏巡所以查勘水勢，注意險工，爲搶護之依據也。　冬巡所以視察大汛之損失，謀補救之方策，兼作凌汛之準備也。

春巡應注意之事項如左：

（一）水溝浪窩　水溝最易引水近隄，浪窩則使隄身卑薄。　皆應注意先事預防。

（二）獾洞鼠穴　隄根常有獾洞鼠穴，一遇大汛滲漏串水最爲隱患。　應逐細查勘簽試，如有窟隆，必須刨挖到底夯墳堅實。　並應設獾兵，多喂獵犬，備有長槍小網等器具令於驚蟄時期搜捕。

（三）車行道口　每於春耕之時，人畜車輛横過隄頂，壓剗成溝亦足引水危及隄身。　最應注意。

（四）歲修地點　護岸工作及隄身卑薄，必事歲修。　應將工程之地點種類及情形，詳爲估計報告，以便及時興修。

（五）隄岸裂縫　終年靠水之隄，雖無底漏發生，然難免有腰漏，亦應注意。

（六）耕種情形　隄內外之耕種，有無妨害隄身情形。

（七）小水河勢　查勘小水時之河勢及河灘情形。

（八）沿河樹木　應注意新植及舊有樹木之生長情形，保護方法，及培植地點。

（九）沿隄植草　調查沿隄植草情形並禁止戕伐。

（十）沿隄土質　應注意沿河取土地點及土質情形。

伏汛應注意之事項如左：

（一）河工守長隄較難於守埽壩。蓋有埽之處，多係險工，料物齊備，兵夫齊集，人人如臨大敵，遇事一呼即集。大隄則地多人少，頗難聲息相通。汛水未漲之時，往往人心懈怠，以為儘可無虞。殊不知可虞即在於此。故凡河工上防守人員，務將所轄境內隄堰河灘形勢，勤加履勘，了然於心目之中，並聯絡各段堡夫民夫，守望相助。

（二）自上交界起，至下交界止，必須將隄身寬窄高卑，土頭好醜，離河遠近，灘唇高矮，埽段及石工之高矮，通工形勢光景，細細觀察，了然於心目。一遇長水報險，胸有把握，不致張皇失措。

（三）凡有埽壩之處，須閒步往來，查看水勢變遷，或上提或下坐。大凡水勢變遷，必由逐漸而來，萬無猝然而至之理。是以閒時須緩步審查情形，閒中查看，如遇近隄溜勢較常時稍覺變遷，則必須步行細細查察。

（四）凡灘面寬闊之處，當於大水未經漫灘之先，沿河查看。如南岸南灣，北岸北灣，其灣緊對其堡，雖離河尚遠，而隄身必須格外高厚。蓋坐灣之處，一經出槽，又值順風，則風擁溜逼，水勢抬高，與各堡漫灘情形不同，如遇此等工，尤須加意，不可不知也。

(五)隄頂隄坡除笆根草外，凡有長草必須割去，以清眉目。其外坡之草，留以禦風浪，其裏坡之草，應割至腰路爲止。隄頂之草亦須全割，總要留根二三寸，以護隄身，不得連根鏟拔，轉傷隄身。

(六)漫灘水到隄根，必須日夜巡查大隄裏坡有無滲漏。如裏坡一見潮潤，卽須時刻留心。倘有侵滲，一面報告防汛長官，一面鳴鑼搶堵。日間由隄頂行走，逐步偵察。夜巡更爲吃緊，必須細心查看。再提根每多坑窪，雨後不無積水，日間巡查，凡有積水之處，一一記明，以免夜間見水驚惶。

(七)外灘如有普面大窪形，一經漫灘，水面寬闊。每遇風暴，必至傷及隄身，最爲危險。

(八)大隄外連年水至隄根者，尚無大患。惟或灘唇高仰，或因外有民埝，多年未經水之隄，轉爲可慮。何則？灘唇塌卸，一經盛漲，則河水出槽。民埝失事，則溜勢奔騰，直注隄身。萬一隄有滲漏，猝不及防，往往因而漫溢，其害不可勝數，必須防患於未然也。

(九)河水漫灘各段，應注意上游漲水情形。如汛堡前設有水尺者，應隨時察看，如上游水漲，卽傳知下段，一見稍落，亦須傳知，以安人心。

(十)大隄高矮未必能一律相平，漫水一到，隄根卽須逐細測量，分段開單報明主管人員。如普通高五尺，一兩處高二三尺者，卽趕築子埝，以防水勢續漲，免至臨時周章。

(十一)河工防守必須聲息相通，在本段或本省境內，自當隨時關照，卽上下鄰省，亦須聯絡。如遇漲水落水，亦應彼此知會，以便提防。其傳遞消息，除可通電報電話外，其無電話電報之處，亦應迅速遞送，以免貽誤。

（十二）大隄每多繞越，裏路較近。凡巡查河工人員，除緊急事外，不可貪走近路，必須由大隄行走，以便查看。

（十三）水未漫灘時，應注意灘岸崩潰情形，與範圍，及水靠隄身拍擊汕刷。如遇風暴，須注意因風而起大浪，是否高於隄頂。

（十四）一遇風暴，沿隄電桿電線，難免損毀。應細細察看，如有損壞，立即報告主管長官，以便修復。至於存料各段，尤應注意火燭。

大汛之後，應即派員巡視各段損壞情形，如必須補救者，則及早爲之。其有應作預備工作者，亦應於冬日暇時，早爲之計，以免來春趕辦不及。其有凌汛之處，應即籌備打凌，撈凌等工作。

至於搶險之法，多爲臨急應變，以資補救，雖有一定之規律，茲就所常用者論之，因時致宜，要在人爲。黃河水利委員會訓練巡河隊時，曾有搶險講義一種。今略加編輯，錄之如次：

（甲）防溢

如河水盛漲，隄身卑矮，因有漫溢之危，故必臨時加高隄頂，以資防禦。

（一）於臨河隄頂搶築子埝。（註）應退後數尺以省土方。全段應同時修築，逐層加高。臨河埝坡，在可能範圍內以大爲佳。

（二）於臨河隄頂，排舖土袋成埝。埝後用土澆戧。（註）土袋應互相掩壓，務以嚴密爲主。此法適用於附近土質不良，或風浪較大處。

（三）於臨河隄頂退後數尺簽釘木樁一行，或兩行。單行者，於樁上用柳把鉛絲密結成牆，再於背後實土。雙行者中實散柳成埝，以鉛絲拴結之，上壓磚石土袋，或泥土均可。埝後再用土澆。（註）適用於水將漫或已漫隄處所。

（四）於臨河隄頂，用薪柴或柳枝捆束成枕，中實土袋，或磚石淤土以鎮之。其不實他物之枕，則以樁橛簽訂之。枕後用土澆戧。（註）附近樹木或柴薪甚多其他工料缺乏，河水漲發遲緩時用之。

（五）於臨河隄頂，排列鉛絲磚籠（方或長方形者均可），以鉛絲縱橫貫結之，籠後實以土戧。但實土之前，能於籠後立掛空蔴袋或衣被等物尤佳。（註）如有預先裝存之籠，此法工作異常迅速有效。河水陡漲甚速，已漫或未漫隄頂時用之。

如排列磚籠兩行，中實碎柳土柴，壓以土袋，尤屬妥實。

（六）河水如有邊溜，可依（五）法橫列，籠間加結帶柳葉枝或柳把，橫出隄頂。不但可緩殺溜勢，兼能防止風浪降低水面。

（七）於臨河隄頂退後數尺處，拆用門窗木板等物，橫立隄上，首尾銜接，緊靠板邊前後，加簽木樁，結以鉛絲管束之，急於板後澆土。（註）變起倉猝，工料無存時用之。終非良好之法也。

（八）於臨河一面隄頂退後數尺，簽訂板樁，樁後實土。（註）查此法施用於土質多沙之黃河隄岸，似欠妥當，因恐助其坍潰也。

（乙）防滲漏

（一）滲漏 隄防透水，背河現清水者爲滲，渾者爲漏。

（二）滲漏原因（子）隄身夯硪欠堅實；（丑）臨背河地勢懸殊，修築時隄內攙有磚石土塊草木等物；（寅）隄身有獾鼠蟲蟻之穴洞，諺曰星火燎原，滴水成川，固不可以其小而忽之也。

（三）滲漏之徵象：隄防滲水，臨河不見任何徵象。背河如係陸地，則隄脚濕潤，或現清水細流。背河如有積水，則水面上恆現細碎水泡起滅不已。漏則臨河因漏洞之吸力，水面發生中部深下之旋溜，背河隄脚或水面因臨背河水壓之懸殊，恆湧起如噴泉。

（四）直接堵塞

（甲）舊隄之滲漏（如背日決口處），每不爲害，新隄滲漏，則易成漏洞。普通防護方法，卽於背河加築淤土後戧，夯硪堅實。其高度至少須超過滲漏所及之處。水淺溜緩而所生漏洞又不甚大時，於臨河淺灌泥土，背河封塡洞口，每易堵塞。或臨河以木榔頭搗塡洞口，背河砌坡塡以蔴袋。

（乙）水淺溜緩漏洞較大時，先探其洞口所在，用鐵鍋扣塞，或用棉被襖褲蘇蔴繩頭空蔴袋等物塡塞之。次用淤土或土袋塡壓堅實，務於背河，搶加後戧。

（丙）水深溜急漏洞多而且大，上述各法施工困難或緩不濟急時，搶堵方法如下：（子）急用鉛絲網片，或竹編籠罩等物，順臨河隄坡鋪沉入水。然後再加被襖土袋等物，以備分散溜勢。並免被襖等隨漏洞冲失。（丑）用散柳編結之密排，隨溜沉下，緩溜落淤。再於排上加壓土袋，並趕加後戧。（寅）沿臨河隄坡鋪下多量散柳（以枝葉繁茂者爲佳），隨柳加壓土袋或磚石，俟漏水稍殺，再塡土築戧。

（丁）如兩水夾隄，臨背河搶堵均感不便，而隄防寬大時，可於隄頂中間挖槽深及漏道，用被襖或空袋塡堵堅實，然後用淤土或土袋塡平之。

（五）間接堵塞

（甲）於臨河一面搶築月隄圍護之。（註）此法適用於漫灘淺水隄脚之一部普遍透水，而背河地勢復異常窪下之處。

(乙)於背河搶築月隄，使埝內水面與河水齊平，兩面水壓力平衡，滲漏自止。(註)大隄之一部普遍透水而背河地勢復高亢者，適用之。

以上甲乙兩項搶築圈埝方法，及工料，前述搶加隄頂各法，均可採用，不限於只用土袋也。

(丙)隄底漏水隄底某部土質純沙，或欠堅實滲透之水由背河地面湧出。搶護方法距隄近者搶築月隄，遠者以圈埝圈護之。

(丁)漏洞不大，可用無底水桶扣壓。桶內水滿，可減輕漏水程度。

(丙)防止隄坡坍潰

坍潰原因：黃河隄防土質多沙，遇水卽透，復乏黏着性，故坡脚一經刷淺淘空，或被風浪襲擊，上部卽勢裂坍潰。

(一)直接搶護方法

(甲)漫水工段

(子)加淤再加土袋。(註)水淺溜緩，溜勢埽邊，坡脚純沙處適用之。於坍處加淤泥，上加土袋。

(丑)簽樁搶做稭柳護沿。(註)水淺溜緩，溜勢頂沖，或風浪沖擊處適用之。坍隄護沿之中應加淤土一層。

（寅）推墜串結磚籠隄籠之間，和抛碎柳散磚及淤泥。

（卯）兜廂稽柳護沿。　（註）水深無法簽樁時適用之。

（乙）臨溜工段

（子）搶險埽段。

（丑）層疊抛壓散柳磚石，或實磚石鉛絲籠。　上部劈裂之處，並應削成漫坡。　（註）先抛預留長鉛絲之磚籠一排，抛下散柳時，即以預留之鉛絲圍護之以免冲失。

（寅）沉排磚石，逐層抛壓。　（註）此法適用於溜勢頂冲，而隄土較佳處。

（卯）推下石心柳捆。　（註）溜急時適用之。

（辰）先抛墜柳，續加散柳磚石。

（丙）臨溜之段間接搶護方法

（子）於坍潰處上首，迎溜掛柳。　（最有效方法先將柳之空隙，用柳束或散柳塞填，靠隄一端尤須嚴密。）　次於掛柳幹枝上，拴結鉛絲網片，曲灣成兜，內裝磚石，再回繫枝幹之上。　網片之長寬，視所掛之柳株爲定。　磚石之多寡，以能壓沉樹頭爲衡。　層柳層網，依次掛壓，直至溜勢緩殺而止。

（丑）於坍潰處上首，迎溜搶修透水柳壩，藉以緩溜落淤，而免續坍。

（寅）於埽濱上首搶築挑水小壩，挑溜外移，藉以保埽。（註）磚石稭土均可，視工情水勢而定。

（卯）挑通對岸老灘，或剷除對岸阻溜障礙，以順溜勢。

（丁）防止風浪沖激

（子）沿隄掛柳。

（丑）水面浮掛稭柳長枕，活繫隄頂樁上。

（寅）水面浮掛散柳木排，以鉛絲斜繫之。（註）以木爲架，上結散柳枝。

（卯）串結木籠，由隄橫出，半浮水面，以鉛繩斜撑之，每隔若干丈浮掛一道，視風浪之大小而定其多寡。

（辰）利用沿河樹株爲樁，編柳作簾。（註）此爲最有效之方法，且需費極廉。

（巳）將船隻首尾排列連結，距隄數丈錨定之。

三省分段防守之組織，已詳前章。惟防守宜借重民力，不得專靠官辦。例如今日治安之防衛，既有中央軍隊，且有地方武力若壯丁隊，自衛團是也。兼籌並顧，收效自宏。如沿河民衆有系統之組織，加以訓練，平時有所準備，遇警有以協助，河患可減。昔日沿河居民減其賦税者，即以其對防守有特殊之義務也。惜乎年久懈弛，而原意喪失矣。今日惟民埝則由民守，如山東上游兩岸民埝修守章程之規定是也。對於大隄協守之法無章則。此今日隄防之缺點，必早爲之謀也。至於訓練人民防汛及其組織，尚未及也。

黄河水利委員會近雖擬有民工防汛規則，亦僅限於入伏日起，至霜降日止爲限。茲就已有之章則附錄如後：

（一）黄河水利委員會監督各省黄河工防條例（國民政府二十三年七月核准）

第一條　本會爲統籌促進黄河修防工程起見，制定本規程。

第二條　各省河務局舉辦一切工程，應先將計劃呈由本會備案，每年例辦之春修及大汛防禦工程計劃，限於春分節前擬具完成，呈會備案。

第三條　本會於每年春汛前，派員沿河詳細勘查各河務局所辦春工及防汛物料。

第四條　各省河務局辦理春修工程，應於大汛期前完竣，並將辦理情形連同預備之防險物件，造具清册圖表報會查驗。

第五條　每年防汛期間，各河務局所有河防員工，均應駐工巡防，晝夜輪守，不得疏懈。

第六條　防汛期間，遇有緊急搶險工程，額設員工不敷分配時，本會或各省河務局得指揮沿河縣長征調民夫，幫同搶救。

第七條　臨河磚石埽垛稭柳埽工，如有蟄陷坍塌，主管人員應隨時拋修完整，報由主管局轉報備案。

第八條　各河務局辦理春廂或防汛工程時，本會得隨時派員前往指揮監督。

第九條　各省河務局於每屆凌汛桃汛伏汛秋汛安瀾之後，應將水勢及工程情形報會備查。

第十條　各省河務局關於左列各事，均應依時呈報。

（一）劃分工段情形

（二）民埝修防情形

（三）沿河栽草種樹情形與舊有新栽之數目

（四）管理灘地情形

（五）每年經常修防各費收支概況

第十一條　防汛期內各省河務局應按月將水位報告本會；本會水勢緊急時，應用電話或電報報告。

第十二條　各省河務局報防撤防，應事先報會核准，於防汛緊急時，應請本會派員駐工，督同搶護。

第十三條　凡未設河務局之省而設有其他主管河防機關者，均適用本規程之規定。

第十四條　本規程如有未盡事宜，得由本會隨時呈准修正之。

第十五條　本規程自呈奉核准之日施行。

（二）黃河防護隄埽規則（黃河水利委員會公佈）

第一條　黄河沿岸隄壩由黄河水利委員會指揮河南河北山東三省河務局負責防護，依本規則行之。

第二條　各省河務局得視工程險夷，酌定防護工段之長短，報告黄河水利委員會備查。

第三條　各河務局得招募汛兵，予以相當之訓練，常川駐工，巡守作工，其訓練項目另定之。

第四條　關於歲修工程計劃，各河務局應於每年霜降後履勘，報請黄河水利委員會備案，並須按期修理完竣。

第五條　各汛長於春節後須將大隄詳細簽試，如有鼠穴獾洞應即填堵堅實，以免穿隄而弭隱患。

第六條　沿河隄壩，如有水溝浪窩，應隨時填墊，頂坦部分，應於適宜地點修築磚石龍溝，以資宣洩，而免冲刷。

第七條　隄坡隄沿，應普遍栽柳種草，以資防抵風浪，鞏固隄身。

第八條　沿河人民，對於隄壩應協助修守，更不得有下列之行爲：

(一)在隄上墾植

(二)掘毁隄身

(三)鏟削隄身草皮

(四)在隄上牧放牛羊
(五)在隄上行走重載大車
(六)在隄上建築房屋
(七)在隄身埋藏棺木或骸骨
(八)在行水區內堆積足以阻礙水流之物料
(九)於隄身及隄之兩旁十丈以內挖取泥沙或其他物質
(十)其他一切損壞隄身之行爲

第九條　沿河隄面，應由汛段長負責作成隆背，以便行駛汽車而利運輸。

第十條　凡載重大車橫穿隄身處所，均應築做坦坡舖砌路面，以免損及隄身。

第十一條　每屆汛期，電站報告水勢漲落，預爲防範，各汛段隨時通報工程險夷情形，以便指揮各局防守搶護。

第十二條　各汛段長均應於附近安設水標，觀測水位，藉以明悉水勢漲落，而利防守。

第十三條　河工搶險材料工具，須於春節前購置齊全，以免臨時措辦不及，遺誤要公。

第十四條　每汛段堡房，均應修葺完整，以便大汛時期兵夫棲宿。

第十五條　各縣民工防汛棚舖，均須於入伏前三日一律搭蓋齊整，派夫駐守。各縣民工防汛組織辦法另定之。

第十六條　大汛期間各局汛段長目兵應一律駐工，無分雨夜，按班巡河，以免陡生險工，搶護失時。

第十七條　河水漫灘出槽後，尤應注意於背工處所，遇有滲漏，應即堵塞，以免因漏致決。

第十八條　河工緊急時期，沿河各縣縣長均應親蒞河干，協助搶護。

第十九條　河工兵夫，必須親自出差，不准頂替。

第二十條　本規則如有未盡事宜，得由黃河水利委員會提請大會修正之。

第二十一條　本規則經由黃河水利委員會大會決議後，咨請關係各省政府轉飭遵照施行。

（三）黃河下游民埝修守規則（黃河水利委員會公佈）

第一條　黃河下游民埝修守事宜，依此規則行之。

第二條　民埝之修守，除已設有埝工局及其他機關外，統由各省河務局指揮該管縣長負責修守。

第三條　歲修工程，應於霜降之後，由河務局派員會同該管縣長將應修工程切實勘估，報請河務局轉送本會核准興工。

第四條　民埝歲修工程，該管縣長應將開工日期先行呈報河務局，以便派員監督。

第五條　民埝歲修工程，應於清明節前一律完工。

第六條　河務局應於民埝各段完工之後，將辦理經過情形，專案呈報本會查核。

第七條　每屆汛期，該管縣長應親自駐工，督率民夫晝夜巡守。

第八條　本會於必要時，得隨時派員駐工指導。

第九條　各段民埝修守經費，仍按舊例由各縣長向有關係之村鎮按畝攤派。

第十條　各段民埝修守經費，應由各關係縣長及河務機關，督率地方人士組織保管委員會保管之。每屆年終，應將收支款項公佈週知。

第十一條　本規則由本會咨請各關係省政府轉飭遵照施行。

（四）黃河民工防汛規則（黃河水利委員會公佈）

第一條　民工協助防汛依此規則行之。

第二條　民工防汛期間，以入伏日起至霜降日止，各河務局得斟酌地方情形，縮短或延長之。

第三條　防汛民工之數目依照大隄之長度，每里五名，如無堡房之處，應搭蓋棚舖，以為棲息之所。

第四條　防汛民工，每五名中選派身體強健熟習河工者一名為工頭，受汛長之指揮，領導民工防守隄塌。

第五條　各縣調派民工搭蓋棚舖，需用料物及民工飯食燈油器具一切費用，統由區長負責辦理，按照向章或習慣，向各莊均匀攤派，不得由土劣包攬；事竣應將收支數目布告週知，以示公開，而杜冒濫。

第六條　防汛民工應長川駐工，日間塡墊浪窩，堆積土牛，夜間輪班巡查，遇有埽埽塌陷大隄滲漏之處，應卽飛報該管汛長，鳴鑼招集民工搶護。

第七條　如遇險工緊急時，各局得令該管縣政府迅速添派。

第八條　每棚門前應立木牌一面，書明某縣某莊民工防汛第幾棚，以便稽查。

第九條　沿河防汛民工棚舖及應用器具，應由各縣長督飭區村長切實辦理，統限於入伏前三日辦理完畢，連同民工花名清册，呈由縣府轉送河務局備案，以便隨時查點。

第十條　防汛工具均由河務局置備，由工頭負責領用，撤防時如數交還，如有無故損壞者，照價賠償。

第十一條　伏汛大汛，雨水正多，所有民工均應自備雨傘蓑衣一件，以免因雨停工。

第十二條　本規則如有未盡事宜，得隨時修正之。

第十三條　本規則由本會決議，咨請關係省政府轉飭各縣遵照施行。

（五）修正山東黃河上游兩岸民埝修守章程（山東河務局二十二年四月呈請山東省政府核准）

第一條　上游南岸自李升屯起，至黃花寺止，北岸自耿密城起，至影塘止，向歸民修民守，由各該縣縣長負責督飭各該埝長埝董，辦理修守事宜。

第二條　南北兩岸民埝，按照現在形勢工情，暫設南岸康屯李樓高義莊，北岸柳園廖橋埝工局五處。

第三條　各埝工局選派埝長一人，埝董一人至二人，以事務之繁簡與便利，得酌量增減埝長埝董秉承各該縣縣長暨上游總段長之指揮監督，辦理埝工修守事宜，其人選照第四第五條之規定行之。

第四條　各埝工局以駐在地之縣政府爲主體，選派埝長一人，其餘受益縣分各選埝董一人，其選舉法由當地有關係之區里長公推熟習河工公正廉潔之人，由駐在地之縣政府轉呈河務局委任之。

第五條　各埝工局埝長埝董，任期爲一年，但成績優良民衆服者，得聯任之。

第六條　各埝劃分南北，南岸圈護之地畝，按畝徵收埝捐，即爲南岸埝工局修守經費；北岸圈護地畝徵起埝捐，即爲北岸埝工局修守經費，但同屬一岸之埝工局，仍應本通力合作之精神互相協助。

第七條　兩岸民埝圈護地畝約計一萬餘頃，（確數清查後另訂）每年每畝應攤各埝工修守經費，自五分起至多不得超過二角，由各該縣政府分春秋兩季隨糧徵收，收起後交由縣政府第三科專款存儲，不准挪作他用，但遇工作特別浩大，埝捐實不敷用時，得由各該縣政府呈報河務局，轉請省政府臨時補助之。

第八條　各埝工局春廂防汛用款，應由埝工局按照河務局估定數目，造具預算三份，分送河務局保委會及駐在地之縣政府，再由保委員查核相符，塡發支付通知書，持向存款機關支取，俟工程完竣後，分兩次造具計算書一樣三份，以二份分送駐在地之縣政府及保委會備案，以一份連同單據黏存簿，呈由保委會轉送河務局備案。（春廂預計算限六月彙送，防汛預計算限十二月彙送）

第九條　各埝工局每月薪公經常費，應遵埝工局組織簡章第四第五兩條之規定辦理，但計算書須每月造具一樣三份，呈轉手續同第八條。

第十條　各埝工局得由縣政府遴派地方委員管理財政，呈請河務局加委，專司埝工局收入支出款項及編造預算決算書事宜。

第十一條　保委會支配埝捐，除撥給各埝工局春廂防汛及每月薪公各項經費外，如有節餘，應報明河務局，其款仍由該管縣政府第三科專款存儲，以備補助來年需用。

第十二條 每年霜降後，由河務局派員會同上游總段長暨該管縣長埝長，按照工情，核實估計工料薪公需款數目，呈報河務局，並指揮保委會以憑支配埝捐。

第十三條 各埝工局採購各項料物及培修土方，須經縣政府指派當地公正區里長一人或二人就近切實驗收，出具驗收執照（此項執照應隨計算書黏呈備查）方准動用支銷，雖或搶險緊急亦須照此手續辦理。

第十四條 各埝長埝董暨管理財政員，每月除遵照規定支領薪費外，不得隨意動用工款，其埝長等薪費另定之。

第十五條 各埝工局所在地之縣長暨上游總段長，對於埝工負有指揮監督責任，如有熱心衛民成績優異，或督率不力貽誤工作者，得由河務局考核，會同民政廳呈請 省政府分別獎懲之。

第十六條 各埝長埝董，每年由上游總段長會同各該管縣長考核成績優劣，呈請河務局轉呈 省政府，分別獎懲之。

第十七條 本章程如有未盡事宜，得隨時呈請修正之。

第十八條 本章程自呈准公佈之日施行。

（六）修正山東黃河上游兩岸埝工局組織簡章（山東河務局二十二年四月呈請山東省政府核准）

第一條　埝工局之組織，除山東黃河上游兩岸民埝修守章程已有規定者外，悉照本簡章辦理。

第二條　埝工局得視工程之險夷分別等級，暫以南岸之康屯北岸之廖橋柳園爲一等埝工局，南岸之李樓高堂義和莊爲二等埝工局。

第三條　一等埝工局埝長月薪五十元，埝董月薪三十元，二等埝工局埝長月薪四十元，埝董月薪三十元，局內應用文具油燭茶水及一切雜支，由埝長核實開報，但一等埝工局每月不得超過四十元，二等埝工局不得超過三十元。

第四條　埝工局管理財政員每月薪水三十元。

第五條　各埝工局得僱用書記一人，勤務二人，書記月薪十二元，勤務月薪八元。

第六條　南岸康屯李樓高義三埝工局設工程隊長一員，（駐康屯）隊目二員，（一員駐康屯，隊長兼；一員駐李樓，兼防高義。）僱員一員，（駐康屯）一等工兵五名，二等工兵三十五名，（以二十八名駐康屯，八名駐李樓，四名駐高義。）北岸柳園廖橋兩埝工局，設工程隊隊長一員，（駐柳園）隊目二員，（一員駐柳園，隊長兼；一員駐廖橋。）僱員一員，（駐柳園）一等工兵四名，二等工兵三十名，（柳園廖橋各駐十七名）但遇工程險要原駐工兵不敷工作時，得調同岸之他處工兵，幫同工作。

第七條　如遇工程緊要原設工隊不敷應用時，得咨調有關係各縣之民夫，協助辦理。

第八條　所有工段派來工兵暨咨調民夫，如遇工程險要，晝夜搶護，每名得酌給津貼，以示鼓勵，但每名每日至多不得過二角，事竣分別撤回或遣散之。

第九條　埝工局照河務局估定料物應先期籌備，如埝內花戶願以料物抵作埝捐者，由埝工局驗收，照當時料價塡給收據，准其赴縣繳抵埝捐。（此項收據應由徵收埝捐之縣政府交第三科保存，俟埝工局領款時，作現金支付。）

第十條　各埝工局支用工款，應按季分報河務局及保委會，並公佈埝工局門首，一面印刷多份，分送各區里長，以昭核實。

第十一條　本簡章如有未盡事宜，得隨時呈請修正之。

第十二條　本簡章自呈准公佈之日施行。

二　經費

修防經費，向分平時歲修與臨時大工兩種。豫河志載：「河工經費屬於平時者曰歲修，曰搶修，曰另案；屬於臨時者曰大工。歲搶修有定額，其有不敷而專請者則爲另案。另案無定額而仍爲歲款，故必列三年比較之數。大工合龍事非恆有，視役之難易爲斷，不入比較者也。又有津貼，幫價，專案提撥，節省諸名目，其他瑣細者尚多，不足縷舉。惟河夫銀兩爲專款，餘則皆撥自藩庫，大工則常屬於部撥，故其爲目往往不同，或隨事而爲之名。而綜其大要則歲修搶修另案大工四者而已。實則另案即搶修之不敷者，而另案搶修皆爲歲款，雖三仍一。則平時者歲修也，臨時者大工也。」（咸豐五年銅瓦廂改道以前，搶修之數亦不一律。乾隆之時，黄沁兩河歲搶修之額，豫撥自司庫，每年僅七萬兩，合之河夫銀兩諸款，當亦不逾十萬兩左右。嘉慶時歲搶修之款，始也三四十萬，自十一年以後乃增至一百餘萬。然較之南河歲款三百萬者，尚不逮也。總計其時之歲搶修費已四百萬兩矣。

自銅瓦廂改道之後，則款由各省分籌。河南在咸豐八年以後，歲額恆至六十餘萬或乃有八十餘萬者。光緒時有六十萬之額定，其後則屢有變更。及至民國，行政費及工款費約在四十餘萬至五十餘萬元之間，如民國十四年行政費預算爲二十萬零二千七百七十三元，歲修工款二十三萬七千二百二十七元，總計四十四萬元。民國十九年預算，行政費二十四萬二千三百六十一元，歲修工款預算二十七萬八千一百九十五元，總計五十二萬零五百五十六元。然實發數目則不足殊甚。即以民國十八年河南河務局呈報自民國三年至十八年六月歷年存欠及墊借各款清冊，內載收存一百二十萬零八千零一十二元九角九分二釐，共墊借開支一百十三萬八千九百七十七元零六分三釐，實存雜鈔及現洋七萬三千零三十五元九角二分九釐。平均言之，每年墊借開支七萬六千元弱耳。是預算爲一事，而實支又爲一事。情形如是，而河又焉得不疲敝耶？

平時常稱河南經費爲四十萬，河北二十五萬，山東五十五萬，實則此僅係一概數。就現況論之，河南之經常費預算年爲十三萬六千餘元，修防費十萬元。河北之經常費年爲七萬五千餘元，修防費十五萬元。山東之經常費年爲二十四萬元，修防費爲三十一萬元。黃河水利委員會經常費及固定事業費合計每年七十二萬元。

惟自二十三年大水之後，中央與地方咸感隄身之卑薄，埽壩之殘破，不足以禦洪水，皆於額定預算之外，籌有巨款，如河南借款一百五十萬元，河北借款七十餘萬元等是也。二十四年中央復籌措培修金隄及三省大隄緊急工程一百萬元，山東則籌措十五萬元徵夫培修民埝。至於二十二年及二十三年兩次決口之堵築經費，尚不在內也。

修防費在各省各爲臨時費，其預算之開列不詳，今僅就黃河水利委員會二十三年度預算（實發四十五萬元），河南省河務局二十三年度經常費預算，河北省全年經費預算及黃河水利委員會所擬黃河修防自給辦法大綱，附錄於後，以資參考：

（一）黃河水利委員會民國二十三年度歲出經常費概算書

科目	本年度概算數	說明
第一款　經常費	七二〇、〇〇〇	本會經第三百五十七次中央政治會議決議自二十二年七月份起每月由財政部撥發經常費六萬元
第一項　俸給	四二九、四八〇	
第一目　俸薪	三六〇、三六〇	
第一節　特任官俸	一九、二〇〇	委員長副委員長各一員月各支八百元年共支如上數
第二節　簡任官俸	三七、二〇〇	處長一員技正兼總工程師一員月各支六百元副總工程師一員月支五百二十元技正兼工程師三員月支五百二十元者一員月支四百三十元者二員年共支如上數
第三節　薦任官俸	五九、〇四〇	科長四員月支三百六十元者一員月支三百四十元者二員月支三百元者一員技正兼工程師八員月支三百六十元者二員月支三百四十元者二員月支三百二十元者二員月支二百八十元者二員技士兼副工程師四員月支二百八十元者一員月支二百四十元者二員月支二百二十元者一員年共支如上數
第四節　委任官俸	一八八、八八〇	技士兼副工程師十二員月支二百元者五員月支一百八十元者四員月支一百六十元者三員科員二十四員月支二百元者四員月支一百八十元者二員月支一百六十元者四員月支一百四十元者二員月支一百二十元者四員月支一百元者四員月支八十元者四員技佐兼助理工程師十二員月支一百六十元者二員月支一百四十元者二員月支一百二十元者二員月支一百元者二員月支八十元者二員月支六十元者二員技佐兼公務員十員月支一百六十元者二員月支一百四十元者二員月支一百二十元者二員月支一百一十元者二員月支一百元者二員技佐兼製圖員十員月支一百六十元者二員月支一百四十元者二員月支一百二十元者二員月支一百十元者二員月支一百元者二員技佐兼測量員四十員月支一百六十元者八員月支一百四十元者八員月支一百二十元者十員月支一百十元者六員月支一百元者八員辦事員二十員月支六十五元者五員月支六十元者十員月支五十五元者五員年共支如上數
第五節　聘任官俸	二四、〇〇〇	
第六節　僱員薪	三二、〇四〇	工程練習員三十員月支八十元者十員月支七十元者十員月支六十元者十員書記十四員月支六十元者二員月支五十元者二員月支四十元者五員月支三十元者五員年共支如上數
第二目　工資	六九、一二〇	
第一節　工役車伕	一一、七六〇	公役三十六名平均每名月支十七元汽車伕六名月支四十五元者四名月支三十元者二名警衛兵八名月各支十二元隊長一名月支三十二元年共支如上數
第二節　測伕	五七、三六〇	測量隊五隊每隊測伕二十八名共一百四十名月支二十五元者三十名月支二十二元者四十名月支十八元者四十名月支十五元者三十名又因工程之需要僱用長工六十名平均每名月支十八元短工六十名平均每名月支十五元年共支如上數

第二項 辦公費	一四八、二〇〇	
第一目 文具	九、六〇〇	
第一節 紙張	三、六〇〇	各種紙張卷夾封套等月約支三百元年共支如上數
第二節 筆墨	一、八〇〇	各種筆墨月約支一百五十元年共支如上數
第三節 簿籍	九六〇	各種簿籍及特印照簿等月約支八十元年共支如上數
第四節 繪圖用品	二、二八〇	各種繪圖用紙藥水鉛筆及用具等月約支一百九十元年共支如上數
第五節 雜品	九六〇	各種雜品如漿糊橡皮木戳印泥等月約支八十元年共支如上數
第二目 郵電	一、六八〇	
第一節 郵費	九六〇	郵遞公文信件等月約支八十元年共支如上數
第二節 電費	七二〇	電報電話等月約支六十元年共支如上數
第三目 消耗	一四、八八〇	
第一節 燈火	七二〇	電燈之燈費及燈油蠟燭等月約支六十元年共支如上數
第二節 茶水	九六〇	茶葉及吃水等月約支八十元年共支如上數
第三節 柴炭	二、四〇〇	煤炭及柴薪等月約支二百元年共支如上數
第四節 油脂	一〇、八〇〇	汽油機油及汽車用之代油木炭等月約支九百元年共支如上數
第四目 印刷	四、八〇〇	
第一節 刊物	三、六〇〇	刊印雜誌報告等月約支三百元年共支如上數
第二節 雜件	一、二〇〇	刊印圖表佈告等月約支一百元年共支如上數
第五目 修繕	六、〇〇〇	

第一節　房屋	三、〇〇〇	修理房屋等月約支二百五十元年共支如上數
第二節　舟車	二、四〇〇	修理車船等月約支二百元年共支如上數
第三節　器械	六〇〇	修理傢具機械等月約支五十元年共支如上數
第六目　旅運費	一〇〇、六八〇	
第一節　委員旅費	二四、〇〇〇	委員十五員每年開會四次每次各支旅費四百元年共支如上數
第二節　測量人員出勤費	四六、〇八〇	測量人員約五十員每員月支出勤費六十元測夫一百四十名每名月支出勤費六元年共支如上數
第三節　因公出差旅費	二四、〇〇〇	調查視察及其他因公出差所需舟車膳宿等月約支二千元年共支如上數
第四節　運輸費	六、六〇〇	運輸工程材料等月約支五百五十元年共支如上數
第七目　雜支	一〇、五〇〇	
第一節　廣告	二四〇	招標及通告等月約支二十元年共支如上數
第二節　報紙	六〇〇	各種報章月約支五十元年共支如上數
第三節　匯兌	一、九二〇	往來匯兌款項月約支一百六十元年共支如上數
第四節　醫藥	七二〇	員工因公需用醫藥月約支六十元年共支如上數
第五節　雜費	七、〇八〇	各種零星雜費月約支五百九十元年共支如上數
第三項　購置	二三、八八〇	
第一目　器具	一五、〇〇〇	
第一節　傢具	三、〇〇〇	各種傢具等月約支二百五十元年共支如上數
第二節　器皿	一、八〇〇	各種器皿等月約支一百五十元年共支如上數
第三節　機件	五、四〇〇	各種機械機件等月約支四百五十元年共支如上數

第四節　測量用具	三、六〇〇	各種測量用具等月約支三百元年共支如上數
第五節　雜作	一、二〇〇	各種零星物件等月約支一百元年共支如上數
第二目　車輛服裝	七、二〇〇	
第一節　車輛	六、〇〇〇	汽車自行車等年共支如上數
第二節　服裝	一、二〇〇	督衛兵雨衣服裝及測夫雨衣等月約支一百元年共支如上數
第三目　圖書	一、六八〇	
第一節　圖書	一、六八〇	各種參考書籍圖表雜誌等月約支一百四十元年共支如上數
第四項　工程試驗費	一〇四、〇四〇	
第一目　模型試驗費	七〇、四四〇	
第一節　模型試驗費	七〇、四四〇	試驗場引水場及模型河模等消耗費月約支五千八百七十元年共支如上數
第二目　林墾試驗費	三三、六〇〇	
第一節　林墾試驗費	三三、六〇〇	林墾試驗消耗費月約支二千八百元年共支如上數
第五項　特別辦公費	一〇、八〇〇	
第一目　特別辦公費	一〇、八〇〇	
第一節　特別辦公費	一〇、八〇〇	委員長副委員長各一員月各支三百元總務處長總工程師各一員月各支一百五十元年共支如上數
第六項　預備費	三、六〇〇	
第一目　預備費	三、六〇〇	
第一節　預備費	三、六〇〇	

(十二)河南河務局中華民國二十三年度經費支付預算書

卷四　第十四章　修防　　四五三

支出經常門

科目	全年度預算數（元分）	每月分預算數（元分）	備考
第一款 河務局經費	六一、六〇四.〇〇	五、一三三.七〇	二十四年度預算增加為九九、三九六元局長改為薦任
第一項 俸給費	四八、七三二.〇〇	四、〇六一.〇〇	
第一目 俸薪	四五、六一二.〇〇	三、八〇一.〇〇	
第一節 薦任官俸	三、一〇八.〇〇	二五九.〇〇	局長一員薦任一級每月實支薪給如上數
第二節 委任官俸	四〇、九九二.〇〇	三、四一六.〇〇	一等祕書一員委任二級每月實支俸給一百二十六元二等祕書一員委任三級每月實支俸給一百一十二元科長三員採料專員一員視察主任一員技正一員均委任二級各每月實支俸給一百二十六元一等科員視察五員委任四級各每月實支俸給九十八元二等科員五員委任五級各每月實支俸給八十四元三等科員五員委任八級各每月實支俸給五十六元一等技術員三員委任四級各每月實支俸給九十八元技士二員委任六級各每月實支俸給七十元技佐一員委任八級每月實支俸給五十六元視察員四員一等辦事員四員均委任十級各每月實支俸給四十二元二等辦事員四員委任十一級各每月實支俸給三十五元三等辦事員二員委任十二級各每月實支俸給二十八元書記長一員委任十級每月實支俸給四十二元一等書記六員委任十二級各每月實支俸給二十八元共月支如上數
第三節 僱員薪	一、五一二.〇〇	一二六.〇〇	二等書記六員各每月實支薪水二十一元共月支如上數
第二目 餉項工資	三、一二〇.〇〇	二六〇.〇〇	
第一節 餉項	一、二四八.〇〇	一〇四.〇〇	正目一名每月實支餉洋十四元衛士九名各每月實支餉洋十元共月支如上數
第二節 工資	一、八七二.〇〇	一五六.〇〇	傳達二名一名每月實支工資十四元一名每月實支工資十二元勤務十三名各每月實支工資十元共月支如上數
第二項 辦公費	一二、八七二.〇〇	一、〇七二.七〇	
第一目 文具	二、六〇四.〇〇	二一七.〇〇	
第一節 紙張	一、六八〇.〇〇	一四〇.〇〇	呈文咨文令文公函稿紙信封信紙便條等共每月實支洋如上數

第二節 簿籍	二五二·〇〇	二一·〇〇	稿簿收支簿卷宗簿考勤簿以及預算決算各種簿册共每月實支洋如上數
第三節 筆墨	二五二·〇〇	二一·〇〇	筆墨費每月實支洋如上數
第四節 印刷	二五二·〇〇	二一·〇〇	石印河圖領款憑單收據通知章程傳單佈告及一切印刷物品共每月實支洋如上數
第五節 雜件	一六八·〇〇	一四·〇〇	印色鉛砕製圖顔料開會標語旗幟及圖釘書釘與其他一切雜件共每月實支洋如上數
第二目 郵電	七九八·〇〇	六六·五〇	
第一節 郵費	四二〇·〇〇	三五 〇〇	郵費每月實支洋如上數
第二節 電報	二五二·〇〇	二一·〇〇	電報費每月實支洋如上數
第三節 電話	一二〇·〇〇	一〇·〇〇	電話費每月實支洋如上數
第三目 購置	一、〇〇八·〇〇	八四·〇〇	
第一節 器具	三三六·〇〇	二八·〇〇	繪圖器具及桌椅床櫈舖墊門簾等件共每月實支洋如上數
第二節 機械	四二〇·〇〇	三五·〇〇	配製吸水機件及汽車等一切零件共每月實支洋如上數
第三節 圖書	一六八·〇〇	一四·〇〇	河工參考圖書等每月實支洋如上數
第四節 雜品	八四·〇〇	七·〇〇	小刀小剪茶壺茶碗時鐘痰盂墨盒及一切雜品共每月實支洋如上數
第四目 消耗	一、四二八·〇〇	一一九·〇〇	
第一節 油燭	五〇四·〇〇	四二·〇〇	油燭費每月實支洋如上數
第二節 茶水	二五二·〇〇	二一·〇〇	茶水費每月實支洋如上數
第三節 薪炭	六七二·〇〇	五六·〇〇	薪炭費每月實支洋如上數
第五目 雜費	七、〇三四·〇〇	五八六·二〇	
第一節 修繕	一六八·〇〇	一四·〇〇	土木修繕雜項修繕共每月實支洋如上數

第二節 旅費	三、三六〇·〇〇	二八〇·〇〇	局長赴工視察暨派員調查並勘估一切工程以及提解款項等旅費共每月實支洋如上數
第三節 防險費	二、五二〇·〇〇	二一〇·〇〇	防險費以備黃沁兩河各汛期內遇有險工臨時僱夫及補助不敷之用共每月實支洋如上數
第四節 雜支	九八六·〇〇	八二·二〇	慶祝黨務國事運動井窰清紀念門彩標語報費房租衛隊制服茶水盥手電洋燈各項共每月實支洋如上數
第二款 各分局經費	七四、六三六·〇〇	六、二一九·六〇	二十四年度預算增加爲一一九〇七六元
第一項 下南一等河務分局經費	一五、三七三·〇〇	一、二八一·一〇	
第一目 俸給費	一四、五三三·〇〇	一、二一一·一〇	
第一節 俸薪	四、一五八·〇〇	三四六·五〇	分局長一員委任二級每月實支俸給一百二十六元技術員一員委任八級每月實支俸給五十六元督工員二員委任十級各每月實支俸給四十二元一等事務員一員委任十一級每月實支俸給三十五元二等事務員一員委任十二級每月實支俸給二十八元書記一員每月實支薪水十七元五角共月支如上數上南一等分局同
第二節 餉項工資	一〇、三七五·〇〇	八六四·六〇	甲等汛長四員各每月實支餉洋三十二元汛目五名各每月實支餉洋十五元副目五名由一等汛兵兼任各每月加餉洋二元一等汛兵三十二名各每月實支餉洋七元二等汛兵六十八名各每月實支餉洋六元勤務四名各每月實支工資四元九角共月支如上數
第二目 辦公費	八四〇·〇〇	七〇·〇〇	
第一節 文具	一五六·〇〇	一三·〇〇	紙張筆墨簿籍各每月實支洋三元印刷雜件各每月實支洋二元共月支如上數
第二節 郵電	四八·〇〇	四·〇〇	郵費每月實支洋二元五角電報每月實支洋一元五角共月支如上數上南一等分局同
第三節 購置	四八·〇〇	四·〇〇	器具每月實支洋二元五角雜品每月實支洋一元五角共月支如上數上南一等分局同
第四節 消耗	一六八·〇〇	一四·〇〇	油燭茶水各每月實支洋四元薪炭每月實支洋六元共月支如上數
第五節 雜費	二一八·〇〇	一八·二〇	修繕每月實支洋三元旅費每月實支洋十元雜支每月實支洋五元二角共月支如上數
第六節 汛長辦公費	二〇二·〇〇	一六·八〇	中牟下汛祥河上汛祥河中汛陳橋汛共四汛各每月實支辦公費四元二角共月支如上數
第二項 上南一等河務分局經費	一七、八二一·〇〇	一、四八五·一〇	
第一目 俸給費	一六、九八一·〇〇	一、四一五·一〇	

第一節　俸薪	四、一五八.〇〇	三四六.五〇	
第二節　餉項工資	一二、八二三.〇〇	一、〇六八.六〇	甲等汛長五員各每月實支餉洋三十二元汛目七名各每月實支餉洋十五元副目七名一等汛兵兼任各每月加餉洋二元一等汛兵五十名各每月實支餉洋七元二等汛兵七十名各每月實支餉洋六元勤務四名各每月實支工資四元八角共月支如上數
第二目　辦公費	八四〇.〇〇	七〇.〇〇	
第一節　文具	一三八.〇〇	一一.五〇	紙張筆墨簿籍各每月實支洋二元五角印刷雜件各每月實支洋二元共月支如上數
第二節　郵電	四八.〇〇	四.〇〇	
第三節　購置	四八.〇〇	四.〇〇	
第四節　消耗	一四四.〇〇	一二.〇〇	油燭茶水各每月實支洋三元五角薪炭每月實支洋五元共月支如上數
第五節　雜費	二一〇.〇〇	一七.五〇	修繕每月實支洋三元旅費每月實支洋十元雜支每月實支洋四元五角共月支如上數
第六節　汛長辦公費	二五二.〇〇	二一.〇〇	榮澤汛鄭上汛鄭下汛中牟上汛中牟中汛共五汛各每月實支辦公費四元二角共月支如上數
第三項　下北二等河務分局經費	一六、四七〇.〇〇	一、〇三九.一〇	
第一目　俸給費	一一、七九七.〇〇	九三八.一〇	
第一節　俸薪	三、八二二.〇〇	三一八.五〇	分局長一員委任三級每月實支俸給一百一十二元技術員一員督工員二員均委任十級各每月實支俸給四十二元一等事務員一員委任十一級每月實支俸給三十五元二等事務員一員委任十二級每月實支俸給二十八元書記一員每月實支薪水十七元五角共月支如上數上北二等分局同
第二節　餉項工資	七、九七五.〇〇	六六四.六〇	甲等汛長二員各每月實支餉洋三十二元乙等汛長二員各每月實支餉洋三十元汛目五名各每月實支餉洋十五元副目五名由一等汛兵兼任各每月加餉洋二元一等汛兵十六名各每月實支餉洋七元二等汛兵五十四名各每月實支餉洋六元勤務四名各每月實支工資四元九角共月支如上數
第二目　辦公費	六七三.〇〇	五六.〇〇	
第一節　文具	一〇八.〇〇	九.〇〇	紙張筆墨簿籍各每月實支洋二元印刷雜件各每月實支洋一元五角共月支如上數上北二等分局同
第二節　郵電	三六.〇〇	三.〇〇	郵費每月實支洋二元電報每月實支洋一元共月支如上數上北二等分局同

卷四　第十四章　修防　四五七

第三節　購置	三六·〇〇	三·〇〇	器具每月實支洋二元雜品每月實支洋一元共月支如上數上北二等分局同
第四節　消耗	一二〇·〇〇	一〇·〇〇	油燭茶水各每月實支洋三元薪炭每月實支洋四元共月支如上數上北二等分局同
第五節　雜費	一七一·〇〇	一四·二〇	修繕每月實支洋二元旅費每月實支洋九元雜支每月實支洋三元二角共月支如上數上北二等分局同
第六節　汛長辦公費	二〇二·〇〇	一六·八〇	原陽汛陽封汛開封汛開陳北汛共四汛各每月實支辦公費四元二角共月支如上數
第四項　上北二等河務分局經費	一二、二六六·〇〇	一、〇二二·一〇	
第一目　俸給費	一一、五九三·〇〇	九六六·一〇	
第一節　俸薪	三、八二二·〇〇	三一八·五〇	
第二節　餉項工資	七、七七一·〇〇	六四七·六〇	甲等汛長二員各每月實支餉洋三十二元乙等汛長二員各每月實支餉洋三十元汛目四名各每月實支餉洋十五元副目四名由一等汛兵簽任各每月加餉洋二元一等汛兵十六名各每月實支餉洋七元二等汛兵五十四名各每月實支餉洋六元勤務四名各每月實支工資四元九角共月支如上數
第二目　辦公費	六七三·〇〇	五六·〇〇	
第一節　文具	一〇八·〇〇	九·〇〇	
第二節　郵電	三六·〇〇	三·〇〇	
第三節　購置	三六·〇〇	三·〇〇	
第四節　消耗	一二〇·〇〇	一〇·〇〇	
第五節　雜費	一七一·〇〇	一四·二〇	
第六節　汛長辦公費	二〇二·〇〇	一六·八〇	孟縣汛溫縣汛武陟汛武榮汛共四汛各每月實支辦公費四元二角共月支如上數
第五項　東沁三等河務分局經費	七、九八一·〇〇	六六五·一〇	
第一目　俸給費	七、三九三·〇〇	六一六·一〇	
第一節　俸薪	二、八九八·〇〇	二四一·五〇	分局長一員委任四級每月實支俸給九十八元督工員一員委任十級每月實支俸給四十二元技術員一員事務員二員委任十二級每月各實支俸給二十八元書記一員每月實支薪水十七元五角共月支如上數西沁三等分局同

第二節 餉項工資	四、四九五·〇〇	三七四·六〇	甲等汛長一員每月實支餉洋三十二元乙等汛長一員每月實支餉洋三十元汛目二名各每月實支餉洋十五元副目二名由一等汛兵兼任各每月加餉洋二元一等汛兵十三名各每月實支餉洋七元二等汛兵二十八名各每月實支餉洋六元勤務四名各每月實支工資四元九角共月支如上數
第二目 辦公費	五八八·〇〇	四九·〇〇	
第一節 文具	一〇八·〇〇	九·〇〇	紙張筆墨簿籍各每月實支洋二元印刷雜件各每月實支洋一元五角共月支如上數西沁三等分局同
第二節 郵電	三六·〇〇	三·〇〇	郵費每月實支洋二元電報每月實支洋一元共月支如上數西沁三等分局同
第三節 購置	三六·〇〇	三·〇〇	器具每月實支洋二元雜品每月實支洋一元共月支如上數西沁三等分局同
第四節 消耗	一二〇·〇〇	一〇·〇〇	油燭茶水各每月實支洋三元薪炭每月實支洋四元共月支如上數西沁三等分局同
第五節 雜費	一八七·〇〇	一五·六〇	修繕每月實支洋二元旅費每月實支洋十元雜支每月實支洋三元六角共月支如上數西沁三等分局同
第六節 汛長辦公費	一〇一·〇〇	八·四〇	東沁沁南汛東沁沁北汛共二汛各每月實支辦公費四元二角共月支如上數
第六項 西沁三等河務分局經費	八、七二五·〇〇	七二七·一〇	
第一目 俸給費	八、一三七·〇〇	六七八·一〇	
第一節 俸薪	二、八九八·〇〇	二四一·五〇	
第二節 餉項工資	五、二三九·〇〇	四三六·六〇	甲等汛長一員每月實支餉洋三十二元乙等汛長一員每月實支餉洋三十元汛目二名各每月實支餉洋十五元副目二名由一等汛兵兼任各每月加餉洋二元一等汛兵十五名各每月實支餉洋七元二等汛兵三十六名各每月實支餉洋六元勤務四名各每月實支工資四元九角共月支如上數
第二目 辦公費	五八八·〇〇	四九·〇〇	
第一節 文具	一〇八·〇〇	九·〇〇	
第二節 郵電	三六·〇〇	三·〇〇	
第三節 購置	三六·〇〇	三·〇〇	
第四節 消耗	一二〇·〇〇	一〇·〇〇	

第五節　雜費	一八七·〇〇	一五·六〇	
第六節　汛長辦公費	一〇一·〇〇	八·四〇	西沁沁南汛西沁沁北汛共二汛各每月貫支辦公費四元二角共月支如上數
合計	一三六、二四〇·〇〇	一一、三五三·三〇	
說明	一　書內總分各局款項目節細數均係查照二十二年度概算書內各目節填列 一　書內各分局每節備考欄有兩分局數目相同者於同等分局之備考內填以某某分局同字樣下卽不再填列以歸簡便而清眉目合併聲明		

(三)河北省黄河河務局組織員夫薪費預算表

科目	每月薪費	備考
局長一人	五〇〇元	月支俸公如上數
科長二人	二八〇元	每人月支一百四十元
科員四人	二八〇元	內二人月各支八十元二人月各支六十元
技術員三人	二四〇元	內一人月支一百元一人月支八十元一人月支六十元
辦事員四人	一四〇元	內二人月各支四十元二人月各支三十元
僱員六人	一〇五元	內三人月各支二十元三人月各支十五元
測量夫目一人	一五元	
測量夫四人	四八元	每人月支十二元
勤務二人	二〇元	每人月支十元
公役八人	七二元	內四人月各支十元四人月各支八元
工巡段長八人	六四〇元	每人月支薪公八十元

副工巡段長八人	三二〇元	每人月支四十元
事務員八人	二四〇元	每人月支三十元
保員八人	一六〇元	每人月支二十元
工巡夫目八人	八〇元	每人月支十元
工巡夫三百二十人	二、五六〇元	每人月支八元南一南二北一北二段各二十人南三段四十人南四段八十人北三段七十人北四段五十人
馬巡夫十人	一六〇元	每人月支餉乾十六元
電話司事二人	四〇元	每人月支二十元
電話機匠四人	四八元	每人月支十二元
文具	二〇元	
郵電	六〇元	
購置	二〇元	
消耗	四〇元	
修繕	二〇元	
旅費	一二〇元	
雜支	五〇元	
以上每月共支六千二百七十八元		全年共支洋七萬五千三百三十六元

(四)山東河務局二十一年度及所屬各工段紅船破船經費

科目	本年度概算數	備
河務局經費	一〇四、四四四元	

科目	金額	說明
第一項　俸給費	七八、二〇四	
第一目　俸薪	六八、一六〇	
第一節　局長俸給	六、七二〇	局長月支簡任二級俸五百六十元全年共計如上數
第二節　秘書主任俸給	二、六四〇	秘書主任一員月支二百二十元全年共計如上數
第三節　科長俸給	七、九二〇	科長三員月各支二百二十元全年共計如上數
第四節　秘書俸給	五、二八〇	秘書三員月支一百八十元者一員月支一百六十元者一員月支一百元者一員全年共計如上數
第五節　科員俸給	三〇、九六〇	科員二十三員一等科員月支一百六十元者四員月支一百四十元者四員二等科員月支一百二十元者四員月支一百元者三員三等科員月支八十元者六員月支六十元者二員全年共計如上數
第六節　視察員俸給	七、二〇〇	視察長一員月支一百六十元視察員五員月支一百二十元者一員月支一百元者一員月支八十元者二員月支六十元者一員全年共計如上數
第七節　料廠委員俸給	七二〇	料廠委員一員月支六十元全年共計如上數
第八節　事務員俸給	二、四〇〇	事務員四員月各支五十元全年共計如上數
第九節　料廠保員薪金		料廠保員本年度删除登明
第十節　錄事薪金	四、三二〇	錄事十四員月支三十五元者一員月支二十五元者十三員全年共計如上數
第二目　餉項工資	一〇、〇四四	
第一節　衛生隊餉項	三、一二〇	衛生隊長一員月支四十元衛士二十名月支十二元者二名月支十元者十八名司書一名月支十六元全年共計如上數
第二節　夫役工資	三、六〇〇	汽車夫一名月支四十元助手一名月支八元勤務二十一名月各支十二元全年共計如上數
第三節　測量隊工資	一、三〇八	測量夫正目一名月支十五元副目一名月支十四元測量夫八名月各支十元全年共計如上數
第四節　料廠巡隊工資	二、〇一六	隊長一名月支二十元正目一名月支十四元司書一名月支十六元巡隊十一名月各支十元伙夫一名月支八元全年共計如上數
第二項　辦公費	二五、二八〇	
第一目　文具	三、〇〇〇	

第一節　紙張	九六〇	紙張月需八十元全年共計如上數
第二節　筆墨	四八〇	筆墨月需四十元全年共計如上數
第三節　簿籍	一、〇八〇	簿籍月需九十元全年共計如上數
第四節　雜品	四八〇	雜品月需四十元全年共計如上數
第二目　郵電	六〇〇	
第一節　郵費	三六〇	郵費月需三十元全年共計如上數
第二節　電費	二四〇	電報電話費月需二十元全年共計如上數
第三目　消耗	八、六〇〇	
第一節　燈火	二、一六〇	燈火月需一百八十元全年共計如上數
第二節　茶水	七二〇	茶水月需六十元全年共計如上數
第三節　薪炭	三、二〇〇	茶爐等需用薪炭月需一百元年支一千二百元連同冬季爐炭費年支二千元共計如上數
第四節　油脂	二、五二〇	油脂月需二百一十元全年共計如上數
第四目　修繕	一、九八〇	
第一節　房屋	一、〇八〇	修理房屋月需七十元年支八百四十元連同夏季涼棚費約需二百四十元共計如上數
第二節　車輛	六〇〇	修理汽車自行車月需五十元全年共計如上數
第三節　器械	三〇〇	修理器械月需二十五元全年共計如上數
第五目　旅運費	一〇、八〇〇	
第一節　旅費	一〇、八〇〇	局長巡查工段視察員視察暨測勘河道調查料物勘估工程驗收土工料物各委員隨從等舟車膳宿雜費月需九百元全年共計如上數
第六目　雜支	三〇〇	

科目	金額	說明
第一節　報紙	六〇	報紙月需五元全年共計如上數
第二節　雜費	二四〇	雜費月需二十元全年共計如上數
第三項　購置費	九六〇	
第一目　器具	九〇〇	
第一節　傢具	三六〇	傢具月需三十元全年共計如上數
第二節　器皿	一八〇	器皿月需十五元全年共計如上數
第三節　機件	一八〇	機件月需十五元全年共計如上數
第四節　雜件	一八〇	雜件月需十五元全年共計如上數
第二目　圖書	六〇	
第一節　圖書	六〇	圖書月需五元全年共計如上數
三游各工段經費	一四八、七五二	
第一項　俸給費	一四六、九五二	
第一目　俸薪	五八、五六〇	
第一節　總段長俸給	七、二〇〇	總段長三員月各支二百元全年共計如上數
第二節　分段長俸給	八、四〇〇	分段長十員月各支七十元全年共計如上數
第三節　工務員俸給	四、三二〇	工務員六員月支七十元者三員月支五十元者三員全年共計如上數
第四節　汛長俸給	一五、九六〇	汛長三十八員月各支三十五元全年共計如上數
第五節　僱員薪金	一四、〇四〇	總段僱員六員月支三十元者三員月支二十元者三員分段僱員二十員月支三十元者十員月支十五元者十員各汛僱員三十八員月各支十五員全年共計如上數
第六節　汛目薪金	八、六四〇	汛目四十八名月各支十五元全年共計如上數

科目	金額	說明
第二目 餉項工資	八八、三九二	
第一節 工程防守汛餉	八五、四四〇	工程汛三百四十名每名月各支十元防守汛四百六十五名每名月各支八元全年共計如上數
第二節 夫役工資	二、九五二	橋段勤務三名月各支十元巡役二十四名月各支八元伙夫三名月各支八元全年共計如上數
第二項 辦公費	一、六五六	
第一目 文具	二八八	
第一節 紙張	七二	紙張月需六元全年共計如上數
第二節 筆墨	七二	筆墨月需六元全年共計如上數
第三節 簿籍	七二	簿籍月需六元全年共計如上數
第四節 雜品	七二	雜品月需六元全年共計如上數
第二目 郵費	一四四	
第一節 郵費	一四四	郵費月需十二元全年共計如上數
第三目 消耗	五七六	
第一節 燈火	二一六	燈火月需十八元全年共計如上數
第二節 茶水	一八〇	茶水月需十五元全年共計如上數
第三節 薪炭	一八〇	薪炭月需十五元全年共計如上數
第四目 修繕	一八〇	
第一節 房屋	七二	修理房屋月需六元全年共計如上數
第二節 器械	一〇八	修理器械月需九元全年共計如上數
第五目 旅費	三六〇	

科目	數額	說明
第一節 旅費	三六〇	旅費月需三十元全年共計如上數
第六目 雜支	一〇八	
第一節 雜費	一〇八	雜費月需九元全年共計如上數
第三項 購置費	一四四	
第一目 器具	一四四	
第一節 傢具	六〇	傢具月需五元全年共計如上數
第二節 器皿	四八	器皿月需四元全年共計如上數
第三節 雜件	三六	雜件月需三元全年共計如上數
紅嘴船經費	一〇、五〇〇	
第一項 船餉	一〇、五〇〇	
第一目 船餉		
第一節 舵長工手餉	一〇、五〇〇	大船五隻小船四隻舵長九員月支十六元者五員月支十四元者四員舵工九名月各支十元頭工九名月各支九元水手七十一名月各支八元全年共計如上數
服裝經費	一六、六七〇	
第一項 服裝費	一六、六七〇	
第一目 服裝費	一六、六七〇	
第一節 棉服裝	一二、七五八	測量隊衛士隊等五十七名總段巡隊料廠巡隊等四十五名汛目四十八名工程防汛隊暨催料查船河差等八百八十六名船隻工手等九十八名共計一千一百三十四名每名藍粗布棉大衣一件合洋五元藍粗布棉制服一套合洋五元藍粗布棉帽一頂合洋五角繡字領章一付合洋二角五分藍裹腿一付合洋五角共計如上數
第二節 單服裝	三、九一二	測量隊衛士隊等五十七名總段巡隊料廠巡隊等四十五名汛目四十八名工程防汛隊暨催料查船河差等八百八十六名船隻工手等九十八名共計一千一百三十四名每名藍斜紋布單制服一套合洋二元七角軍帽一頂合洋二角五分領章一付合洋一角裹腿一付合洋四角共計如上數

說明
一　河務局及所屬各工段紅駁船經費上年度原列二十四萬元嗣經呈請省政府核准追加三游工兵及船隻舵工水手等餉項每月一千七百八十八元全年二萬一千四百五十六元暨單棉服裝費每年一萬六千六百七十元連同歷年列入臨時之冬季煤炭費二千元夏季涼棚費二百四十元遵章移列經常項下計共二十八萬零三百六十六元本年度依照上年度原列及追加移列數目合併編列並無增減登明

（五）黃河修防自給辦法大綱

（甲）造林

（子）黃河兩岸大隄內外，各留地五十米爲造林之用，名曰護隄地帶。但本會因需整理河槽展寬隄距及設置苗圃所特留地畝面積，不在此限。

民埝亦適用前項之規定，由地方政府指導人民自行造林。

（丑）護隄地帶，如屬官有，應由該省地方政府移交河務機關接管。如屬民有，應由各該省河務機關按照土地征收法第二條第六項之規定，分年備價征收之。其征收手續，悉依同法同條之規定辦理，並報本會備案。

（寅）黃河兩岸官地大於護隄地帶，應由地方政府悉數移交河務機關接管，得處分其餘地或租與人民樹藝農產。官地小於護隄地帶，應由各該省河務機關依上項規定征收足額。

（卯）護隄地帶專爲造林之用，永遠不得處分或變更其用途。

（辰）黃河兩岸官地開闢苗圃，按照沿河土宜培植苗木，專供護隄地帶造林之用，除苗木有餘外，不得移作別用。

（巳）前項造林及設置苗圃，由本會擬定計劃辦理，或督飭各省河務機關實施，所有施肥灌溉，除蟲防護，均由河務機關負責辦理。

（午）黃河兩隄之間，經本會認為有礙洪流之地，不得植樹，以免阻礙水流，而致壅塞。

（未）隄內舊有及新漲之灘地，除人民執有紅契之區域外，俱歸該省河務機關管有及處分之。

（申）前項灘地，由本會指揮該省河務機關，對於管有者得指定其用途，以免其作業有礙河防工程。

（酉）護隄地帶造林成林後，得由原造林之機關呈請本會許可，並派員監視採伐使用或標賣。但採伐不得超過原有樹木二十分之一，並應及時補植苗木，並詳報本會備查。

（戌）護隄地帶之林木官地灘地各項收益，分別由該省河務機關保存，專為河防工程之用，報由本會統籌支配，惟不得變更用途。

（乙）放淤

（子）黃河兩岸沿隄砂鹼窪地，無論官有私有地畝，應由本會商同各省政府調查所在地面積四至，計劃放淤，改良土壤。

(丑)放淤工程，除由本會辦理外，左列機關亦得辦理之：

各省建設廳及河務機關

縣政府

人民特組團體經地方政府立案報經本會許可者

(寅)放淤工程爲機關主辦者，應先將放淤計劃，送請本會核准通知後，再行施工。爲團體主辦者，除應將計劃呈經核准外，並須籌足工程所需之經費存儲銀行，經查明後，方可施工。

(卯)放淤地段之隄埽，在放淤期內，應由放淤機關或團體負責防守，其工程完竣時，必須報請本會勘驗，認爲隄工安全，始得免除其責任。

(辰)凡放淤之地毗連大隄，五十米以內，應由放淤機關或團體無價移歸河務機關，作爲護隄地帶。

(巳)各機關主辦放淤工程，被淤地畝，如屬官地，如數收用。如係民地，得依照土地征收法，給價收用之。並於放淤後，得處分其地畝，或造林或租與人民種植，其所得收益，除抵支放淤工程經費及管理費用外，悉數專款存儲，充作河防經費之用，並詳報本會備查。

前項地畝處分時，原業主得有優先承買或承租之權。

（午）放淤規則由本會根據上開原則另行擬訂，咨請各省政府施行。

三　材料

欲求工事之進展，必人力與材料二者籌備齊全，方能得完善之效果。經費乃達此目的之媒介耳。停工待料，固有失於時機；器質劣窳，終難免於失敗。是故對於材料之運輸與選擇，不可不愼審也。

河工術語，常有正料與雜料之分，正料包括磚石，稭料，土牛等；雜料則包括繩纜，蔴袋，椿橛等物。約言之，可分材料爲以下數類（一）土，（二）石，（三）磚，（四）稭，（五）柳梢，（六）蔴，（七）鉛絲，（八）蔴袋，（九）椿橛，（十）其他。

（甲）土

黃河流域土質，沙多而淤少。是以多不適於建築之用。故每於沙土隄上以膠泥包之，名曰包淤。又沿隄背河，每多窪地，伏秋淫雨時期，隄之背河及臨河取土，皆屬不易，甚至吹土亦不易得。故大隄之上多備土牛，以濟緊急。運土之法，或抬以筐，或挑以籃，或運以小車，率由人力爲之。近土爲主土，遠土爲客土。取土價目，因距離之遠近，與農民之忙暇爲斷。平均言之，取土在三十米左右，而硪工在內者每立方米約一角五分。

沿河築隄有五宜二忌。五宜者何？地勢宜審；取土宜遠；坯頭宜薄；硪工宜密；驗收宜嚴是也。二忌者何？一忌隆冬，恐土凝結，凌塊難融，重硪未易進透也；二忌盛夏，恐水漫灘，無土可取也。故興修大工多在春秋二季也。

（乙）石

昔日以石護岸者少，近年則逐漸推行。蓋以黃河下游產石之地甚少，運輸亦感困難，故不常用也。下游產石之地則有河南偃師及鞏縣，與山東十里舖及濟南間耳。是故十里舖以上用石，皆惟河南是賴。其費用之巨，恆至每市方三十五元。而運石之船又僅約百數十隻，每隻可載四市方，卽以運至豫冀兩省交界言之，下水約四日，上水約十五日，盡其極量每二十日間僅運石八百市方耳。若有急工大險，其不足應需求也甚明。

碎石計方向分山方工方兩項，在山採辦，以山方計，運工堆儲，以工方計（市方）。每山方一方，合大秤三萬觔，每工方一方合大秤七千斤。一山方計堆工方四方二分八釐五毫七絲。其設廠採辦地點，在河南則有偃師之孫家灣，鞏縣之寇家灣、水峪村及東站街。因沿河用石頗多，故皆定有官價，茲就豫省二十四年所訂價目表列後：

河南河務局各段購石價目表（民國二十四年）

購石汛名	工方石價水脚合計數			
	孫灣石廠	寇灣石廠	水峪石廠	東站石廠
上南滎澤汛及鄭上汛	一四·六八四五元	一四·三二四五元	一四·一五七二元	一四·五九九元
上南鄭下汛及中牟上汛	一六·二〇四四	一五·八四四四	一五·六七六四	一六·一二七
上南中牟中汛及下南中牟下汛	一七·五八〇四	一七·二二〇四	一七·〇五三二	一七·五〇三
下南祥河上中下汛	一九·三二四四	一八·九六四四	一八·七九七一	一九·二三八八
下南陳蘭汛	二三·〇二〇四	二二·六六八四	二二·四九三二	二二·九三四八
上北孟縣汛及溫縣汛	一三·〇七六四	一二·七一六四	一二·五八九二	一二·九九五
上北武陟武榮原武等汛	一三·一三〇四	一二·七一六三	一二·五九四四	一二·九九八八
下北陽武汛及封邱汛	一九·一〇五四	一八·七四八四	一八·五七三二	一九·〇二八
下北開封北汛及開陳北汛	二〇·九一六四	二〇·五五六四	二〇·三八九二	二〇·八三八八

沿河而外之石廠，則有徐州及鄭州南之陘山及潞王墳等處。惟距河較遠，必藉鐵道之運輸，其

費不貲。然如遇有緊急用途，爲期運輸迅速起見，亦只有採用此法也。

石工護岸之效能甚爲顯著。其所以未及普遍者，則由於運輸不便。欲謀工事之進展者，對於交通之籌備，實爲最急之務也。

（丙）磚

自清朝栗毓美試用磚工之後，頗多效之者。近更以鉛絲籠填裝磚塊，應用河工。所以然者，蓋由於石料運輸不易，且其費昂，故以磚代之，又以其量輕，故作籠以關結之。昔日之磚有爲橢圓形，而中穿洞者，所以便棍串連之也。且沿河雖多沙田，宜於燒磚之地尙多。平均價目每千個約十元至二十元不等。

栗毓美稱磚之利曰：「護隄之方，率用稭埽，然埽能壓激水勢，俯嚙隄根，又易朽腐，至碎石坦坡，惟鞏縣濟源產石較近，而採運已艱。河工失事，多在無工處所。千里長隄，勢不能盡爲籌備，而河勢變遷不常，衝非所防，遂爲決口。甎則沿河民窰，終歲燒造，隨地取給，不誤事機。且甎及碎石皆以方計，而石多嵌空，甎則平實。每方石五六千斤，而甎重多三分之一。一方石價可購磚兩方，而拋甎一方，當石兩方之用。其質滯於石，故入水不移，堅於稭，故入水不腐。又土不能築埽水中，甎則能水中拋埽。即壘成坦坡，亦能綏受急衝，化險爲夷。」

(丁)稭

大河南北爲高粱之出產地，故稭料極夥，其價廉而集易，每於秋禾登場，擇要工地點，購儲備用。如遇大汛，水勢湍激頂衝直射坍塌不已，欲於最短時間而築成巨大體積，以資防護者，則惟稭料是賴。故以之搶險至爲得力，然性非永久，劣點亦多，曾於護岸章中言之。山東料垜以長寬高各一丈三尺爲一垜，計一萬斤。河南則以長六丈，寬一丈五尺，簷高一丈，脊高一丈五尺，計三萬五千斤；其後垜之大小亦屢變。每萬斤約價八十元。

稭料之驗收方法亦多，亦於護岸章中言之，茲不贅述。

(戊)柳梢

昔日用柳梢之處甚少，近則逐漸用之。常有預將沿河各柳樹號定，於必要時由政府斫伐給値。近來推廣沿河植樹，亦頗見成效，數年之後，卽以官柳作爲護岸搶險之用，或已足用，今日尙不足也。

(己)麻

麻分大麻及小麻兩種。大麻每斤約一角二分至一角五分。小麻每斤約二角。繩之種類亦夥，如竹纜，麻纜，綠纜，葦纜等是。葦纜價廉而質脆，防汛用之；麻纜較貴力勝於綠而不如綠之耐伸，故大工用綠爲多。繩以長短名之，如五丈繩，六丈繩，八丈繩，十丈繩，十五丈繩等是。

（庚）鉛絲

因柳梢及磚塊之應用既廣，於是鉛絲亦爲河防之主要材料。鉛絲多爲進口貨，必求諸津滬，其價目亦因成色而異。平均言之，十二號鉛絲每捆約十元。十六號鉛絲每捆約十元零五角。至於鉛絲繩則每斤約一角一分。

（辛）蔴袋

昔日多用蒲包，今則改用蔴袋。蓋以黃河土鬆，遇水即走，必裝入蔴袋方能鞏固。蔴袋價每條約二角五分至三角。蒲包則每個約二分五釐。

（壬）樁橛

黃河平時所用者多爲短樁，如五尺樁，六尺樁，八尺樁及丈樁等是。五尺以下者曰籤子。故多以柳爲之，以就地取材也。每根只價一角至二角。

（癸）其他料物

其他若草，若黃料（穀楷），皆爲常用之物料。至於堵決所用之料物及傢具，皆詳堵決章中。總之治河之料物，皆平常易見者。而所以常感供給之缺乏者，實以沿河土質多沙性鬆，樹木斫伐殆盡，以及運輸困難所致。是故欲謀料物之足用，必盡力於交通之發展，及樹木之培養也。

尤有進者，我國今日之言建設事業，以利民生者，莫不借重於外貨。如言公路，則汽車汽油；言工廠，則機器原料，莫不泊自外洋。是以利未生，而金錢已外溢；建設益多，而外貨更源源而來。惟有治河之舉，可完全以吾國之金錢，消耗於國內之人力與料物，既可興利除害，且可流動國內資產，繁榮社會經濟。故黃河之治導，實吾國之首務也。

附錄

水文記載圖表

(一)民國九年黃河陝縣水文站水位曲綫圖一張
(二)民國十年黃河陝縣水標站水位曲綫圖一張
(三)民國十一年黃河陝縣水標站水位曲綫圖一張
(四)民國十二年黃河陝縣水標站水位曲綫圖一張
(五)民國十三年黃河陝縣水標站水位曲綫圖一張
(六)民國十四年黃河陝縣水標站水位曲綫圖一張
(七)民國十五年黃河陝縣水標站水位曲綫圖一張
(八)民國十六年黃河陝縣水標站水位曲綫圖一張
(九)民國十七年黃河陝縣水標站水位曲綫圖一張
(十)民國十八年黃河陝縣水文站水位曲綫圖一張

(十一)民國十九年黃河陝縣水標站水位曲線圖一張
(十二)民國二十年黃河陝縣水文站水位曲線圖一張
(十三)民國二十一年黃河陝縣水文站水位曲線圖一張
(十四)民國二十二年黃河陝縣水文站水位曲線圖一張
(十五)民國八年黃河陝縣測站流量曲線圖一張
(十六)民國九年黃河陝縣測站流量曲線圖一張
(十七)民國十年黃河陝縣測站流量曲線圖一張
(十八)民國十八年黃河陝縣測站流量曲線圖一張
(十九)民國九年黃河陝縣測站含沙量總記載表一張
(二十)民國十年黃河陝縣測站含沙量總記載表一張
(二十一)民國十七年黃河陝縣測站含沙量總記載表一張
(二十二)民國十八年黃河陝縣測站含沙量總記載表一張
(二十三)民國二十三年黃河陝縣水文站水位流量流速含沙量輸沙量及河床斷面積變遷曲線圖一張

（二十四）民國十八年黃河開封水文站水位曲線圖一張
（二十五）民國十八年黃河開封測站流量曲線圖一張
（二十六）民國十七年黃河開封測站含沙量總記載表一張
（二十七）民國十八年黃河開封測站含沙量總記載表一張
（二十八）民國八年黃河濼口水文站水位曲線圖一張
（二十九）民國十年黃河濼口水文站水位曲線圖一張
（三十）民國十一年黃河濼口水標站水位曲線圖一張
（三十一）民國十三年黃河濼口水標站水位曲線圖一張
（三十二）民國十四年黃河濼口水標站水位曲線圖一張
（三十三）民國十五年黃河濼口水標站水位曲線圖一張
（三十四）民國十六年黃河濼口水標站水位曲線圖一張
（三十五）民國十七年黃河濼口水標站水位曲線圖一張
（三十六）民國十八年黃河濼口水文站水位曲線圖一張
（三十七）民國八年黃河濼口測站流量曲線圖一張

（三十八）民國九年黄河濼口測站流量曲線圖一張

（三十九）民國十年黄河濼口測站流量曲線圖一張

（四十）民國十八年黄河濼口測站流量曲線圖一張

（四十一）民國八年黄河濼口測站含沙量總記載表一張

（四十二）民國九年黄河濼口測站含沙量總載記表一張

（四十三）民國十年黄河濼口測站含沙量總記載表一張

（四十四）民國十八年黄河濼口測站含沙量總記載表二張

（四十五）民國二十三年黄河濼口水文站水位流量流速含沙量輸沙量及河床斷面積變遷曲線圖一張

（四十六）民國十八年黄河潼關水標站水位曲線圖一張

（四十七）民國十九年黄河潼關水標站水位曲線圖一張

（四十八）民國二十二年黄河潼關水標站水位曲線圖一張

（四十九）民國十八年黄河鞏縣水標站水位曲線圖一張

（五十）民國十八年黄河姚期營水標站水位曲線圖一張

(五十一)民國十九年黃河姚期營水標站水位曲線圖一張

(五十二)民國十八年黃河蘭封水標站水位曲線圖一張

(五十三)民國十九年黃河蘭封水標站水位曲線圖一張

(五十四)民國十八年黃河濮縣水標站水位曲線圖一張

(五十五)民國十九年黃河濮縣水標站水位曲線圖一張

(五十六)民國十八年黃河壽張水標站水位曲線圖一張

(五十七)民國十九年黃河壽張水標站水位曲線圖一張

(五十八)民國十八年潼關陝縣鞏縣間水位比較曲線圖一張

(五十九)民國二十三年黃河潼關水文站水位流量流速含沙量輸沙量及河床斷面積變遷曲線圖一張

(六十)民國二十三年黃河秦廠水文站水位流量流速含沙量輸沙量及河床斷面積變遷曲線圖一張

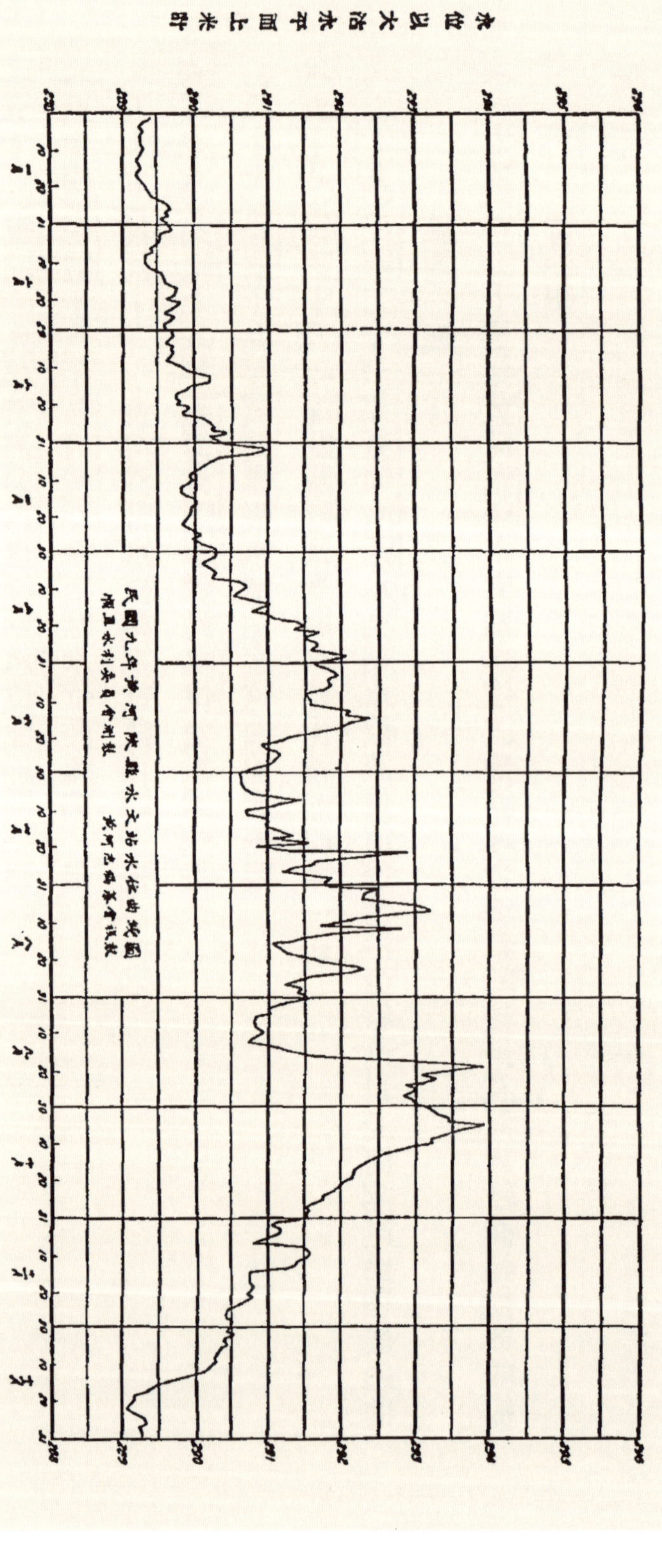
水位以大沽水平面上米計
民國九年黃河陝縣水文站水位曲線圖
順直水利委員會測驗
黃河志編纂會複製

附錄　水文記載圖表

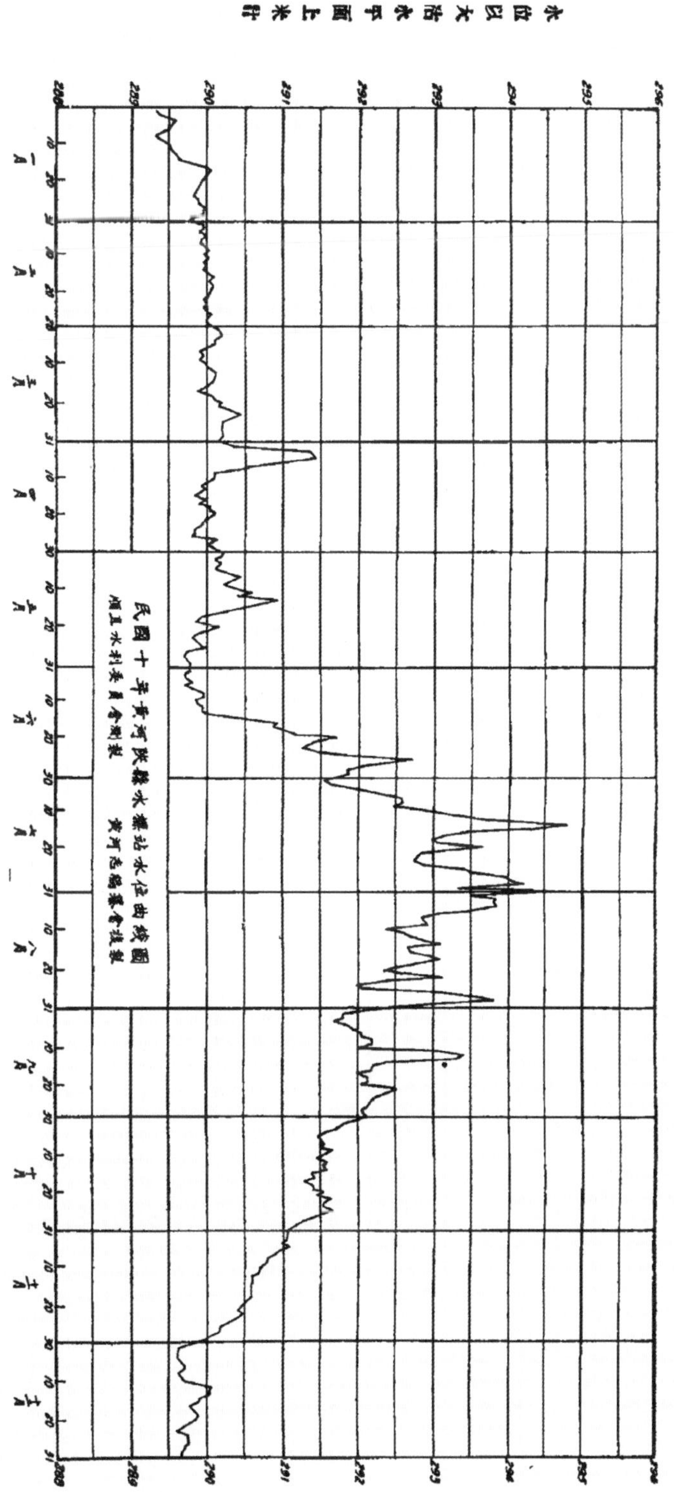

四八三

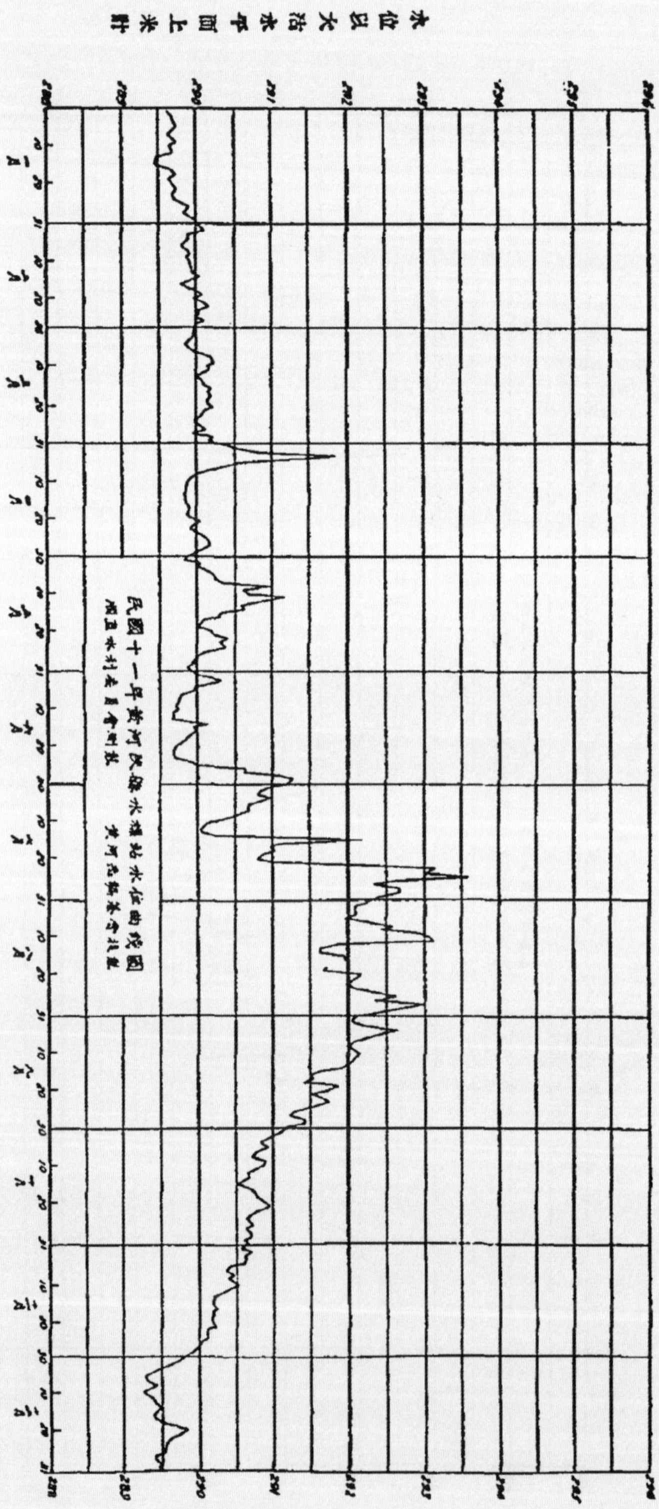
水位以大沽水平面上米計
民國十一年黃河濼口水標站水位曲綫圖

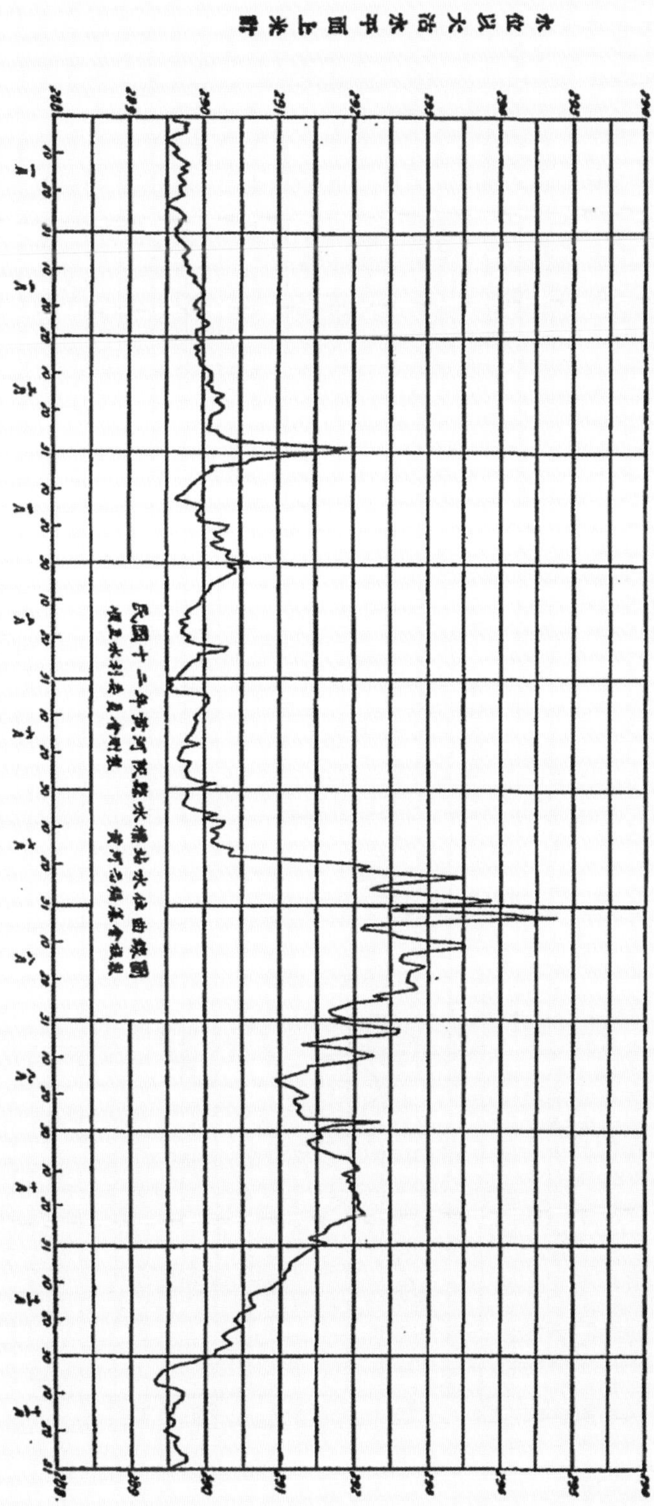
水位以大沽水平面上米計
民國十二年黃河陝縣水標站水位曲線圖
順直水利委員會測量
黃河志編纂會複製

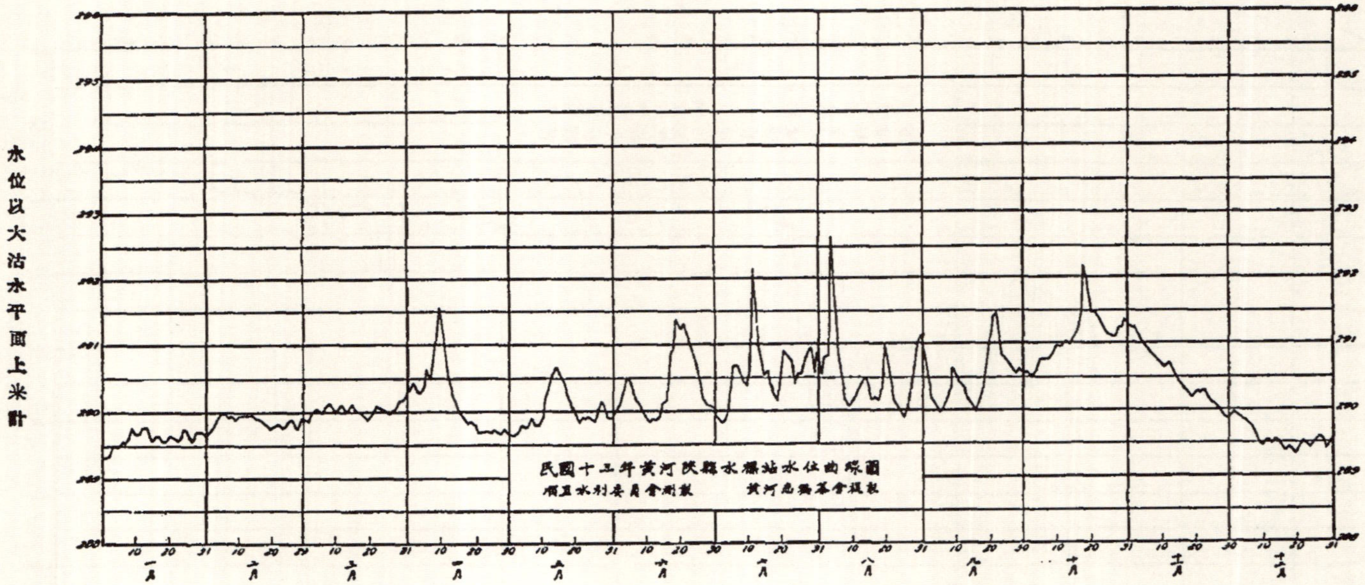
水位以大沽水平面上米計
民國十五年黃河陝縣水標站水位曲線圖
順直水利委員會測製
黃河志編纂會複製
一月
二月
三月
四月
五月
六月
七月
八月
九月
十月
十一月
十二月

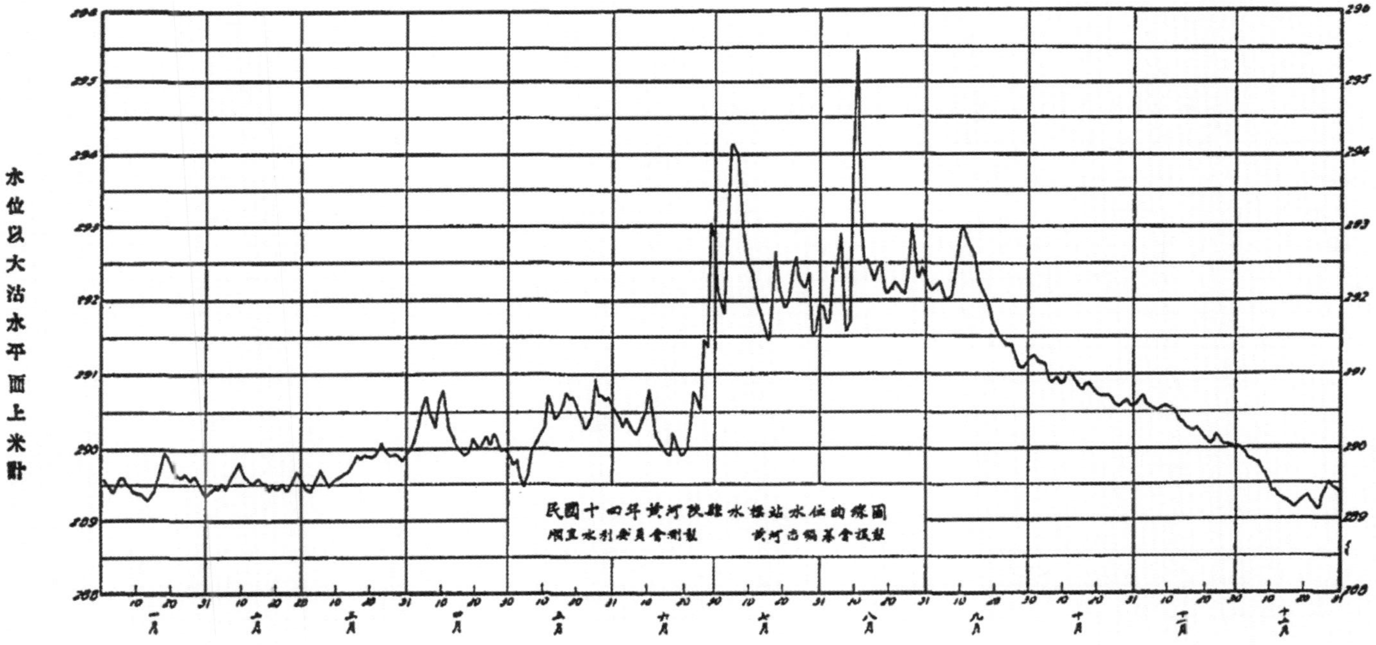
水位以大沽水平面上米計
民國十四年黃河陝縣水標站水位曲線圖
順直水利委員會測製　黃河志編纂會複製
一月
二月
三月
四月
五月
六月
七月
八月
九月
十月
十一月
十二月

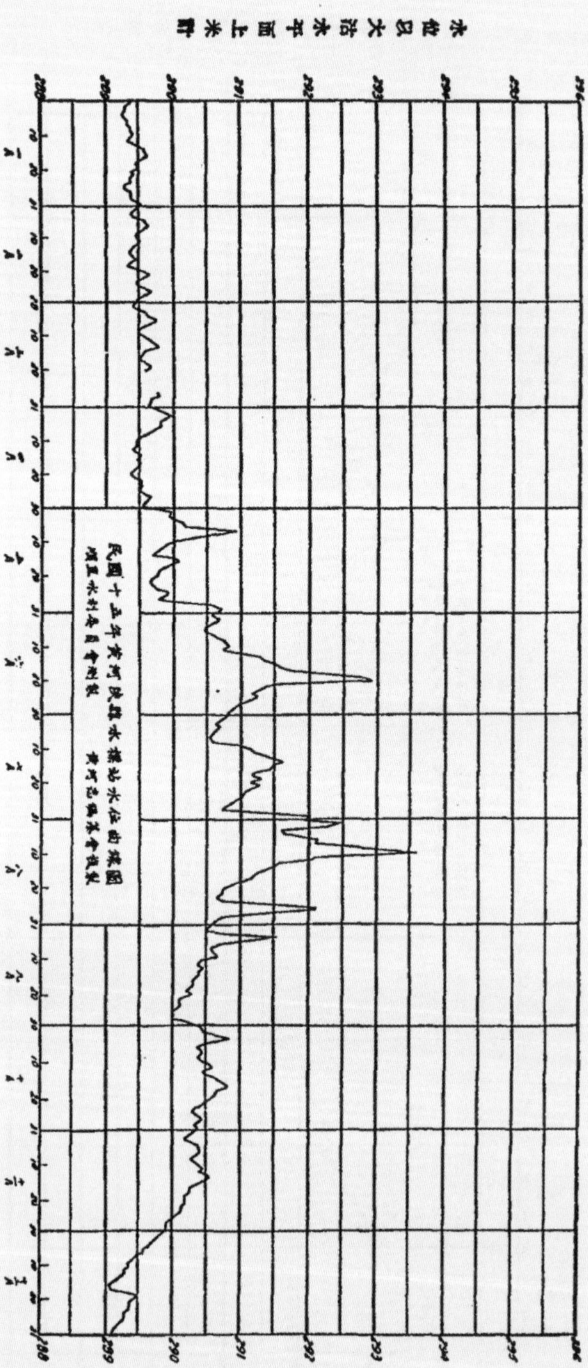
水位以大沽水平面上米計
民國十五年黄河陝縣水標站水位曲線圖
順直水利委員會制版　黄河志編纂委員會複製

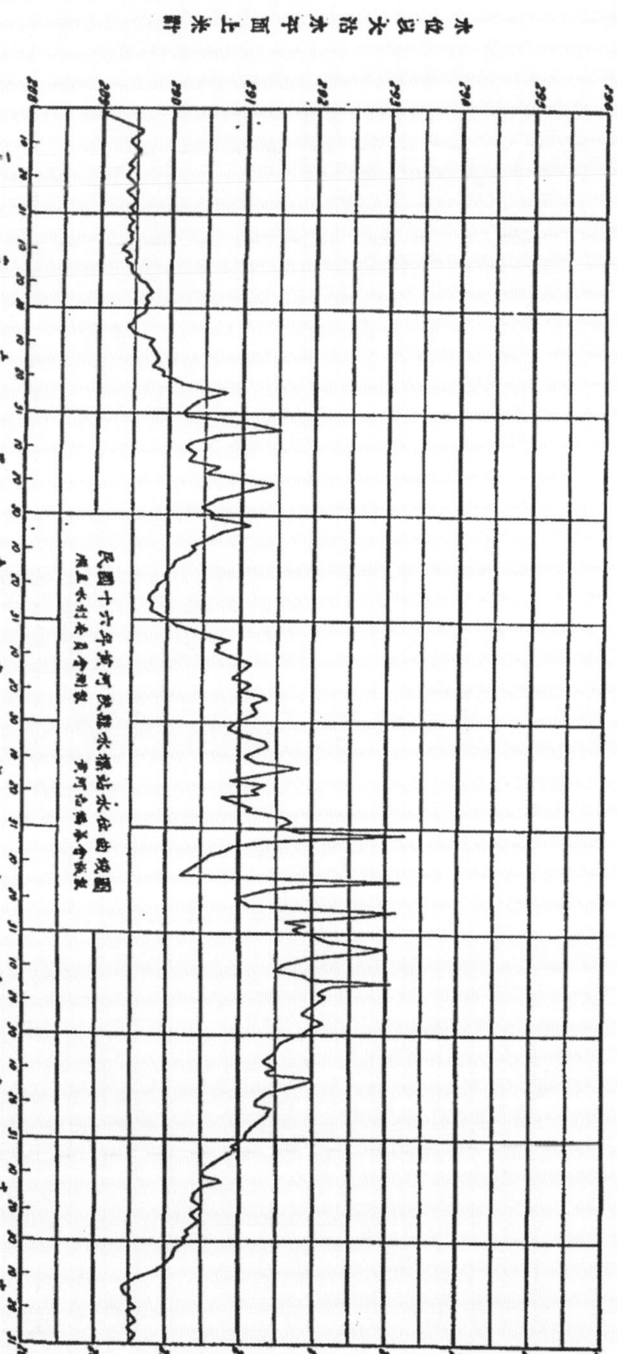
水位以大沽水平面上米計
民國十六年黃河陝縣水標站水位曲線圖
順直水利委員會測製 黃河志編纂會被製

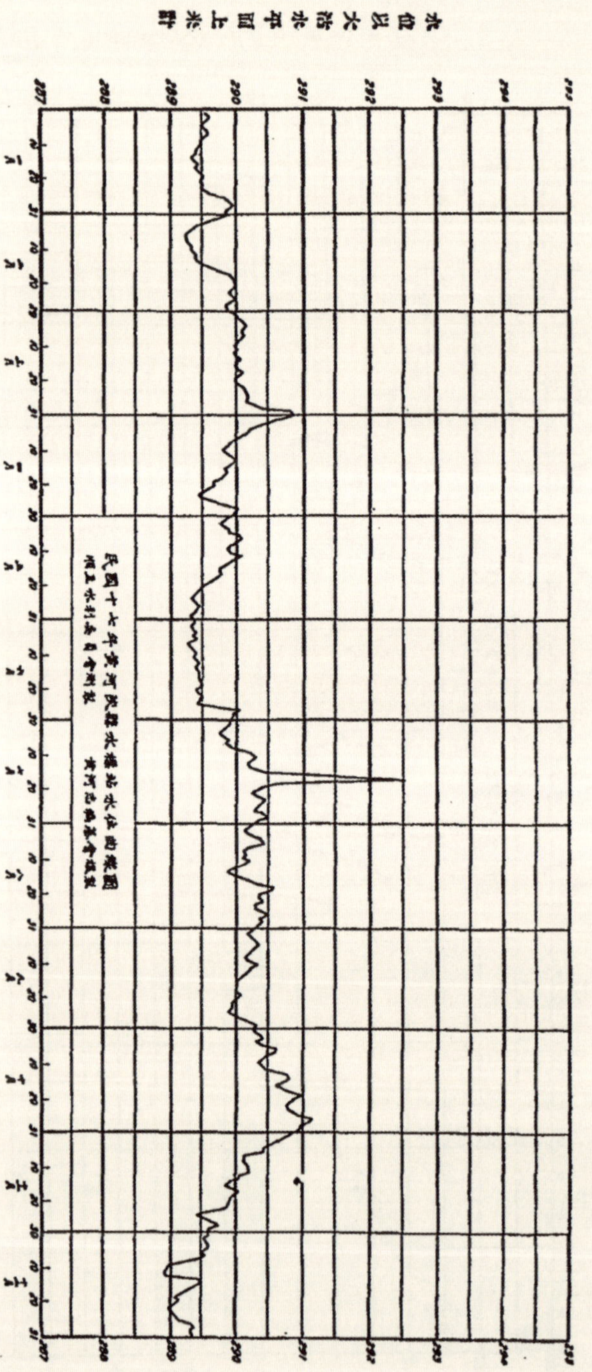
水位以大沽水平面上米計
民國十七年黃河民權水標站水位曲線圖
順直水利委員會測繪 黃河志編纂會複製

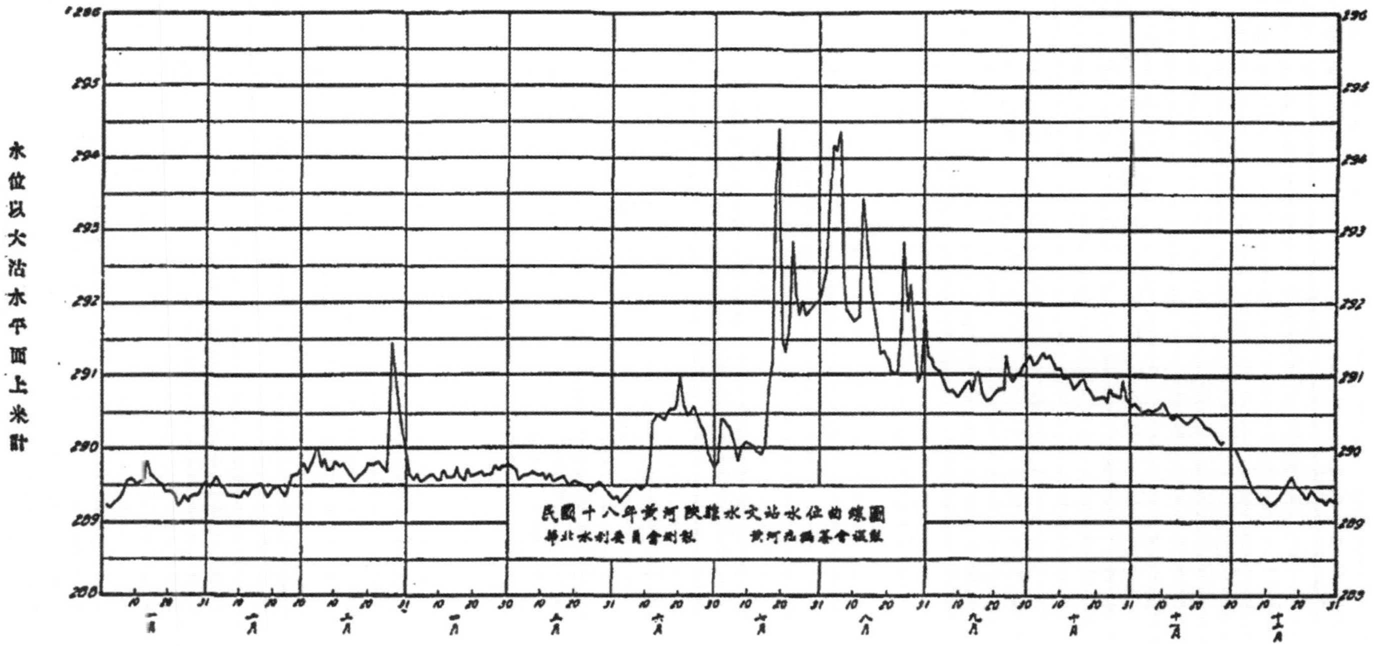
民國十八年黃河陝縣水文站水位曲線圖
華北水利委員會測製
黃河志編纂會複製
水位以大沽水平面上米計

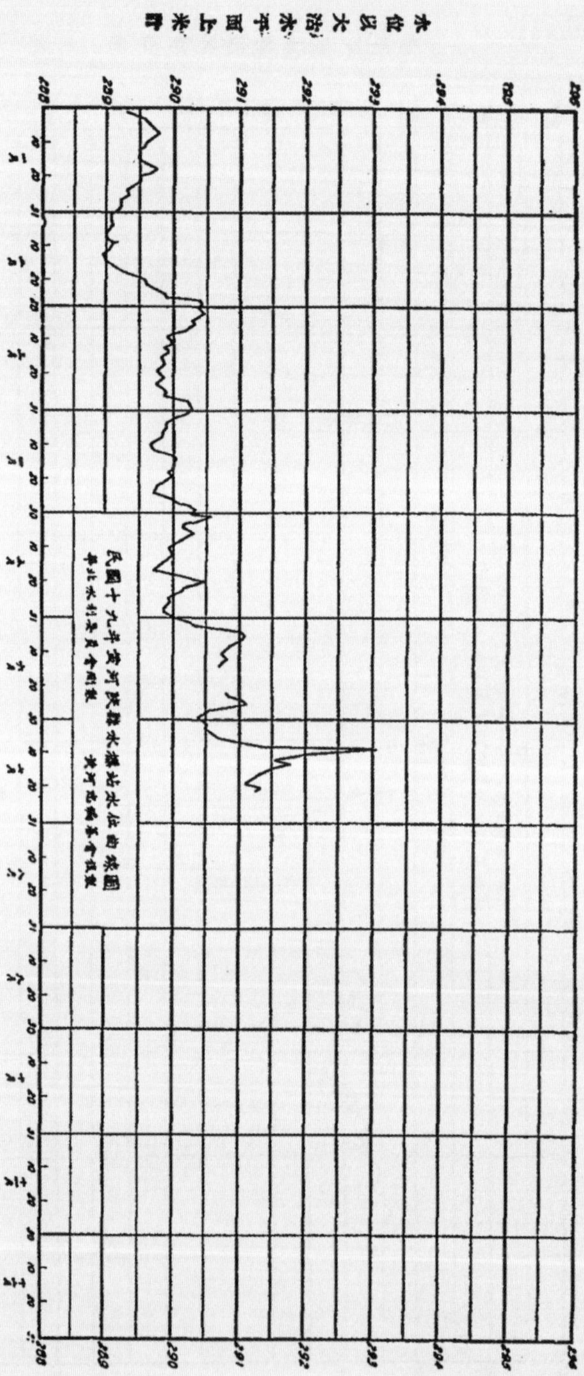
水位以大沽水平面上米計
民國十九年黃河陝縣水標站水位曲線圖
華北水利委員會測製
黃河志編纂會復製
288
289
290
291
292
293
294
295
296

附錄　水文記載圖表

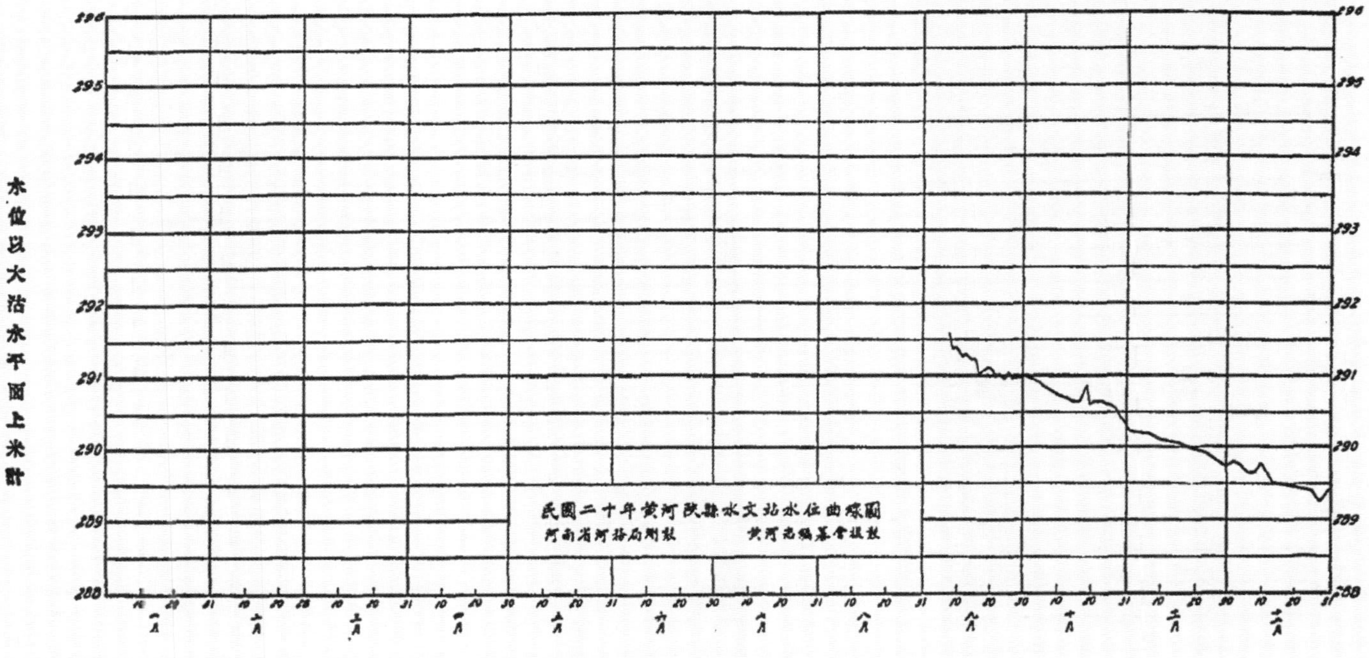

四九三

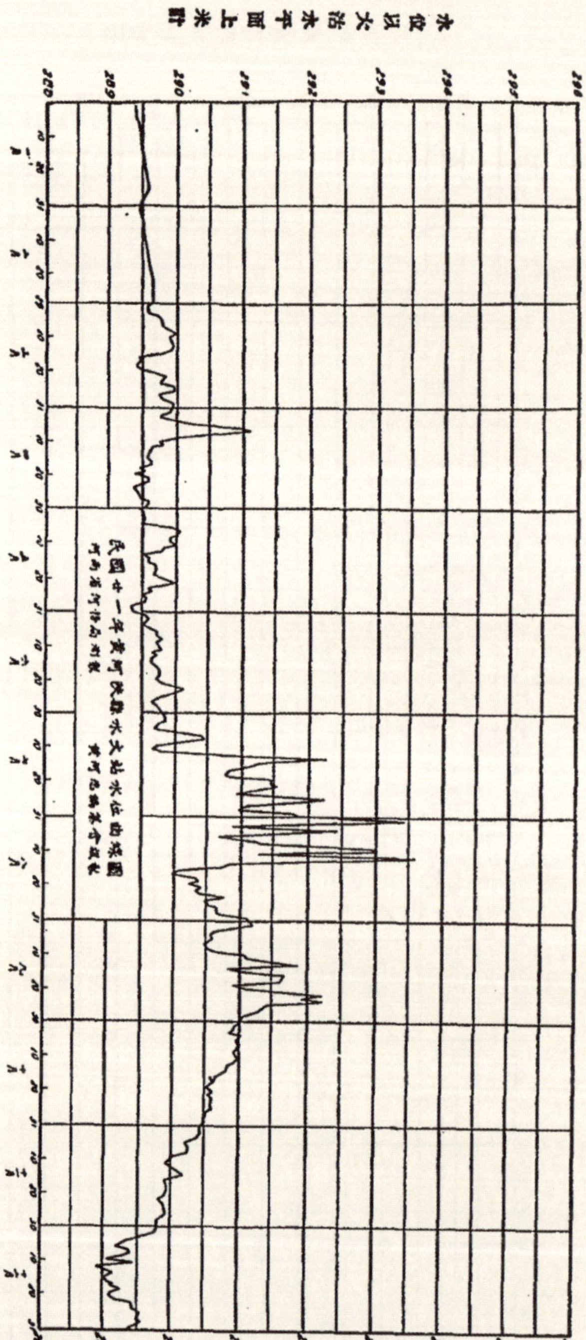
水位以大沽水平面上米計
民國廿一年黄河陝縣水文站水位曲線圖
289
290
291
292
293
294
295
296

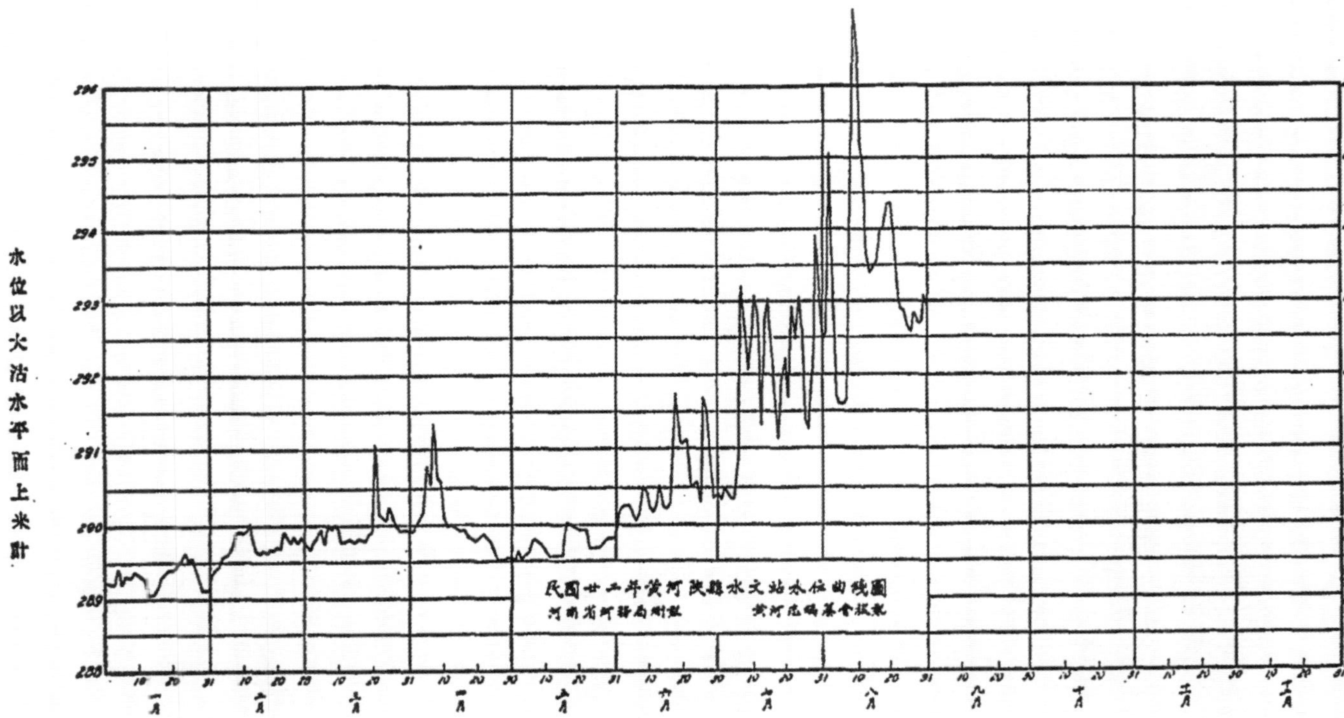
水位以大沽水平面上米計
民國廿二年黃河陝縣水文站水位曲線圖
河南省河務局刊載

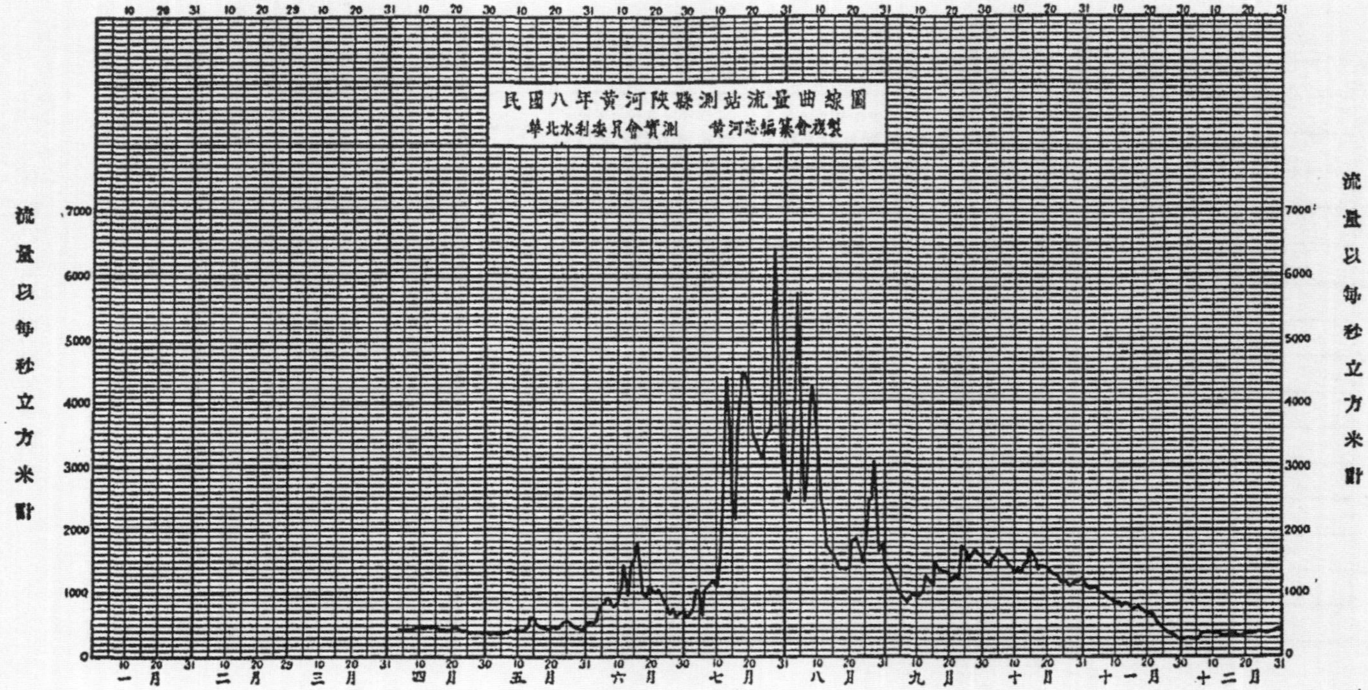
民国八年黄河陕縣測站流量曲線圖
華北水利委員會實測　黄河志編纂會複製
流量以每秒立方米計
0
1000
2000
3000
4000
5000
6000
7000
一月
二月
三月
四月
五月
六月
七月
八月
九月
十月
十一月
十二月

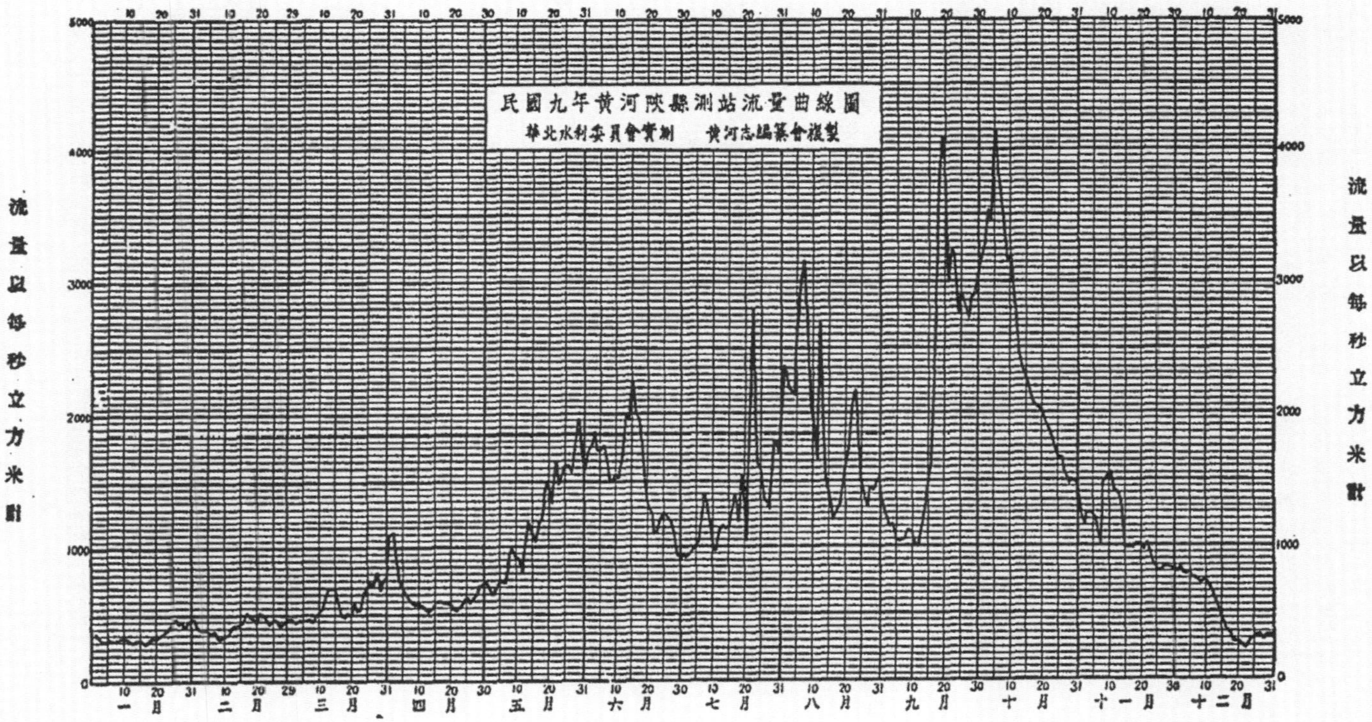

附錄　水文記載圖表　四九七

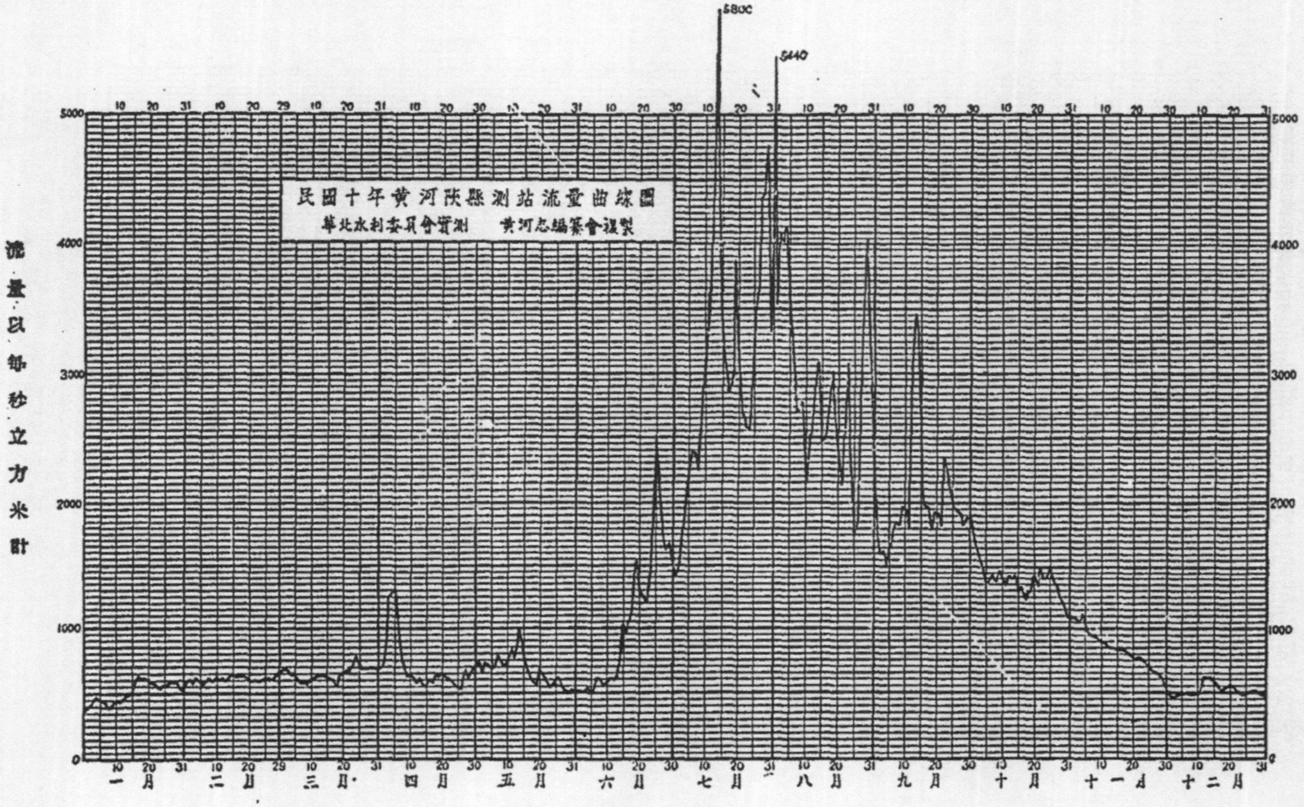
民國十年黃河陝縣測站流量曲線圖
華北水利委員會實測　黃河志編纂會複製
流量以每秒立方米計
5800
5440
0
1000
2000
3000
4000
5000
一月
二月
三月
四月
五月
六月
七月
八月
九月
十月
十一月
十二月

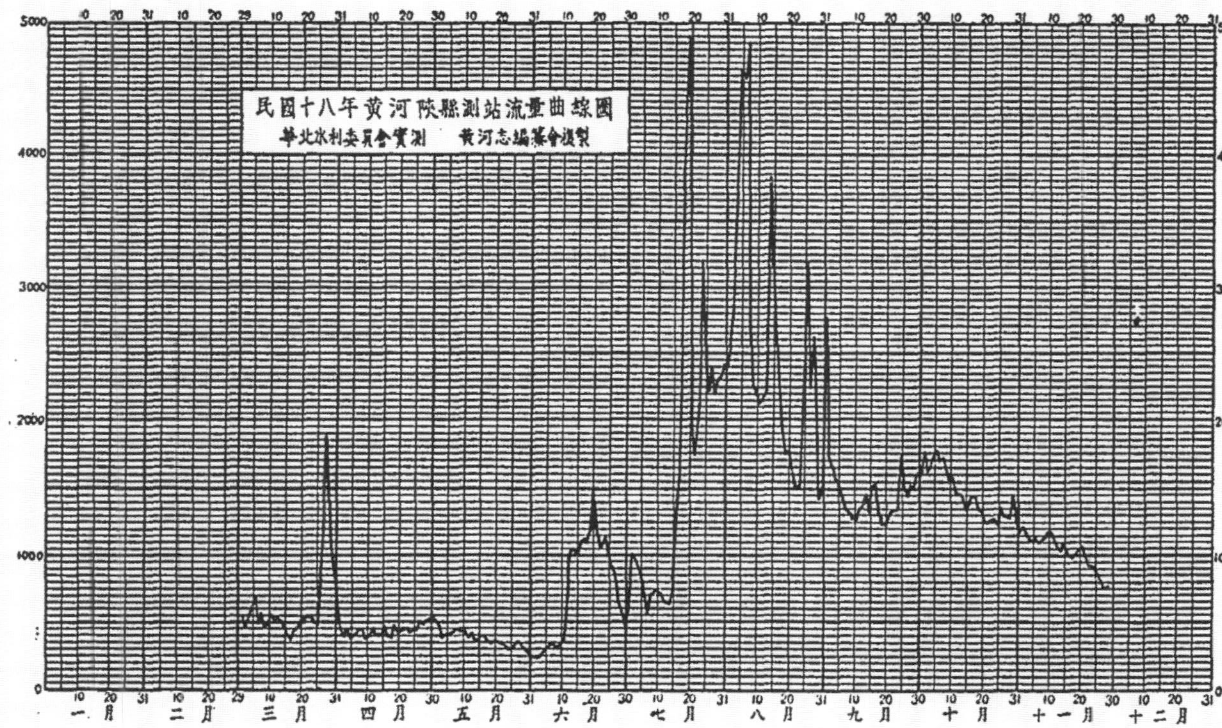

附錄　水文記載圖表

四九九

民國九年黄河陝縣測站含沙量總記載表

華北水利委員會製　黄河志編纂會複製

月　日	水位高度 以平漢路零點上米計	水樣數	每一水樣容量 以升計	含沙量 以重量之百分計	月　日	水位高度 以平漢路零點上米計	水樣數	每一水樣容量 以升計	含沙量 以重量之百分計
6－17	281.41	8	10.00	2.49	12－8	279.65	8	10.00	1.05
6－21	280.57	12	10.00	1.90	12－13	279.40	8	10.00	0.81
6－25	280.51	12	10.00	1.66	12－17	278.79	8	10.00	0.74
6－29	280.03	8	10.00	1.91	12－21	278.54	8	10.00	0.57
7－3	279.98	12	10.00	1.20	12－25	278.65	8	10.00	0.58
7－7	280.65	12	10.00	1.79					
7－11	280.09	12	10.00	3.73					
7－17	280.78	12	10.00	1.06					
7－21	280.30	12	10.00	3.08					
7－31	281.18	8	10.00	3.48					
8－6	282.25	12	10.00	4.98					
8－7	282.65	8	10.00	7.08					
8－12	282.24	8	10.00	6.06					
8－15	280.76	12	10.00	2.48					
8－20	280.97	12	10.00	2.38					
8－24	281.50	12	10.00	5.17					
8－28	280.81	8	10.00	2.38					
9－1	280.58	12	10.00	1.92					
9－5	280.18	12	10.00	1.72					
9－10	280.25	8	10.00	1.55					
9－14	280.52	8	10.00	1.65					
9－19	283.26	12	10.00	5.63					
9－23	282.52	12	10.00	4.78					
9－25	282.43	8	10.00	4.24					
9－29	282.34	12	10.00	3.83					
10－3	282.87	16	10.00	4.09					
10－5	283.33	8	10.00	5.28					
10－8	282.72	8	10.00	3.89					
10－12	282.19	12	10.00	2.88					
10－15	281.75	8	10.00	2.22					
10－19	281.55	12	10.00	1.97					
10－22	281.36	8	10.00	1.88					
10－26	281.11	12	10.00	1.71					
10－30	280.88	8	10.00	1.58					
11－3	280.97	8	40.00	1.62					
11－7	280.60	8	40.00	1.46					
11－14	280.16	12	40.00	1.50					
11－18	280.11	8	40.00	1.54					
11－23	280.05	8	40.00	1.17					
11－27	279.80	8	40.00	1.07					

大沽基面＝平漢路基面＋10.62

民國十年黄河陜縣測站含沙量總記載表

華北水利委員會製，黄河志編纂會複製

月　日	水位高度（以平漢路零點上米計）	水樣數	每一水樣容量（以升計）	含沙量（以重量之百分計）	月　日	水位高度（以平漢路零點上米計）	水樣數	每一水樣容量（以升計）	含沙量（以重量之百分計）
3－3	279.56	8	10.00	1.14	7－14	283.78	8	10.00	2.99
3－9	279.25	8	10.00	1.01	7－15	282.89	8	10.00	2.69
3－13	279.49	8	10.00	1.07	7－19	283.03	8	10.00	2.74
3－16	279.39	8	10.00	1.11	7－20	282.52	8	10.00	4.66
3－20	279.45	8	10.00	1.18	7－21	282.20	8	10.00	3.13
3－25	279.68	8	10.00	1.21	7－24	282.22	8	10.00	2.92
3－29	279.59	8	10.00	1.22	7－25	282.74	8	10.00	3.01
4－4	280.89	4	10.00	2.01	7－26	282.87	8	10.00	3.07
4－6	280.46	8	10.00	1.29	7－27	283.37	8	10.00	4.23
4－12	279.26	8	10.00	0.94	7－29	283.75	8	10.00	10.70
4－16	279.35	8	10.00	0.99	7－31	283.96	8	10.00	9.12
4－19	279.40	8	10.00	0.94	8－1	282.96	8	10.00	17.03
4－23	279.31	8	10.00	0.98	8－3	283.16	8	10.00	14.82
4－29	279.45	8	10.00	1.08	8－4	283.23	8	10.00	14.02
5－4	279.51	8	10.00	1.13	8－6	282.47	8	10.00	11.10
5－7	279.82	8	10.00	1.24	8－9	282.22	8	10.00	6.57
5－11	279.97	8	10.00	1.28	8－13	282.24	8	10.00	4.48
5－13	280.31	8	10.00	1.52					
5－18	279.28	8	10.00	0.88					
5－23	279.18	8	10.00	0.87					
5－27	279.12	8	10.00	0.66					
6－2	279.08	8	10.00	0.86					
6－7	279.33	8	10.00	0.94					
6－12	279.29	8	10.00	0.82					
6－15	280.27	8	10.00	2.28					
6－18	280.52	8	10.00	2.31					
6－19	281.12	8	10.00	3.50					
6－24	281.17	8	10.00	2.28					
6－25	281.99	8	10.00	4.15					
6－27	281.39	8	10.00	1.97					
6－30	281.04	8	10.00	1.69					
7－3	281.23	8	10.00	1.58					
7－5	281.76	8	10.00	1.88					
7－6	281.98	8	10.00	2.03					
7－8	281.84	8	10.00	1.95					
7－9	282.30	8	10.00	2.26					
7－10	282.49	8	10.00	2.39					
7－11	282.77	8	10.00	2.58					
7－12	283.29	8	10.00	2.59					
7－13	284.20	8	10.00	3.41					

大沽基面＝平漢路基面＋10.62

民國十七年黄河陝縣測站含沙量總記載表

華北水利委員會製　黄河志編纂會複製

月　日	水位高度 以平漢路零點上米計	水樣數	每一水樣容量 以升計	含沙量 以重量之百分計	月　日	水位高度 以平漢路零點上米計	水樣數	每一水樣容量 以升計	含沙量 以重量之百分計
12－7	278.95	1	49 23	0.84					
12－15	278.85	1	43.70	0.19					
12－21	278.44	1	5.00	0.21					
12－22	278.38	1	5.00	0.18					
12－28	278.79	1	5.00	0 58					
12－29	278.70	1	5.00	0 15					

大沽基面＝平漢路基面＋10.62

民國十八年黄河陝縣測站含沙量總記載表

華北水利委員會製　　黄河志編纂會複製

月　日	水位高度 以大沽水平綫上米計	水樣數	每一水樣容量 以升計	含沙量 以重量之百分計	月　日	水位高度 以大沽水平綫上米計	水樣數	每一水樣容量 以升計	含沙量 以重量之百分計
1－3	289.27	1	5.0	0.15	5－3	289.57	3	5.8	0.67
1－11	289.57	1	8.2	0.36	5－6	289.63	3	5.8	0.67
1－15	289.65	1	5.0	0.56	5－8	289.68	3	5.8	0.62
2－8	289.35	1	6.6	0.30	5－10	289.69	3	5.8	0.69
2－15	289.50	1	5.0	0.33	5－13	289.57	3	5.8	0.50
2－19	289.44	3	5.0	0.50	8－5	293.94	3	5.8	22.62
2－21	289.49	3	5.0	0.89	8－12	291.80	3	5.8	3.09
2－28	289.78	3	5.0	0.64	8－15	292.32	3	5.8	8.39
3－2	289.69	3	5.0	0.55	8－19	291.33	3	5.8	3.46
3－4	289.91	3	5.0	0.94	8－21	291.04	3	5.8	3.10
3－6	289.74	3	5.0	1.91	8－24	291.81	3	5.8	4.32
3－7	289.88	3	5.5	1.25	8－27	292.27	3	5.8	7.18
3－9	289.74	3	5.5	0.83	8－29	290.93	3	5.8	6.24
3－11	289.75	3	5.5	1.00	9－1	291.29	3	5.8	6.96
3－12	289.86	3	5.5	1.31	9－3	291.09	3	5.8	4.11
3－14	289.68	3	5.5	1.14	9－5	290.96	3	5.8	2.60
3－16	289.54	3	5.5	0.96	9－7	290.81	3	5.8	2.08
3－18	289.66	3	5.5	0.98	9－9	290.72	3	5.8	2.29
3－20	289.84	3	5.5	1.15	9－13	290.97	3	5.8	2.66
3－22	289.82	3	5.5	0.95	9－16	291.05	3	5.8	2.27
3－25	289.69	3	5.5	1.10	9－18	290.70	3	5.8	2.37
3－26	290.52	3	5.5	2.49	9－21	290.82	3	5.8	2.53
3－28	291.10	3	5.5	2.23	9－25	291.05	3	5.8	2.61
3－30	290.28	3	4.6	1.23	9－27	291.02	3	5.8	2.25
4－1	289.66	3	5.8	1.21	9－30	291.12	3	5.8	2.30
4－3	289.69	3	5.8	1.01	10－3	291.20	3	5.8	2.19
4－5	289.59	3	5.8	0.90	10－6	291.19	3	5.8	2.54
4－8	289.67	3	5.8	0.80	10－9	291.08	3	5.8	2.43
4－9	289.56	3	5.8	0.96	10－12	291.00	3	5.8	2.01
4－11	289.75	3	5.8	0.99	10－15	290.88	3	5.8	1.96
4－13	289.62	3	5.8	0.86	10－18	290.82	3	5.8	2.19
4－15	289.73	3	5.8	0.86	10－21	290.70	3	5.8	2.08
4－17	289.57	3	5.8	1.02					
4－18	289.74	3	5.8	0.80					
4－20	289.66	3	5.8	0.77					
4－22	289.73	3	5.8	0.82					
4－25	289.65	3	5.8	0.83					
4－26	289.79	3	5.8	0.75					
4－29	289.79	3	5.8	0.77					
5－1	289.75	3	5.8	0.67					

黃河水利委員會

黃河陝縣水文站水位流量流速含沙量輸沙量及河床斷面積變遷曲線圖

民國二十三年

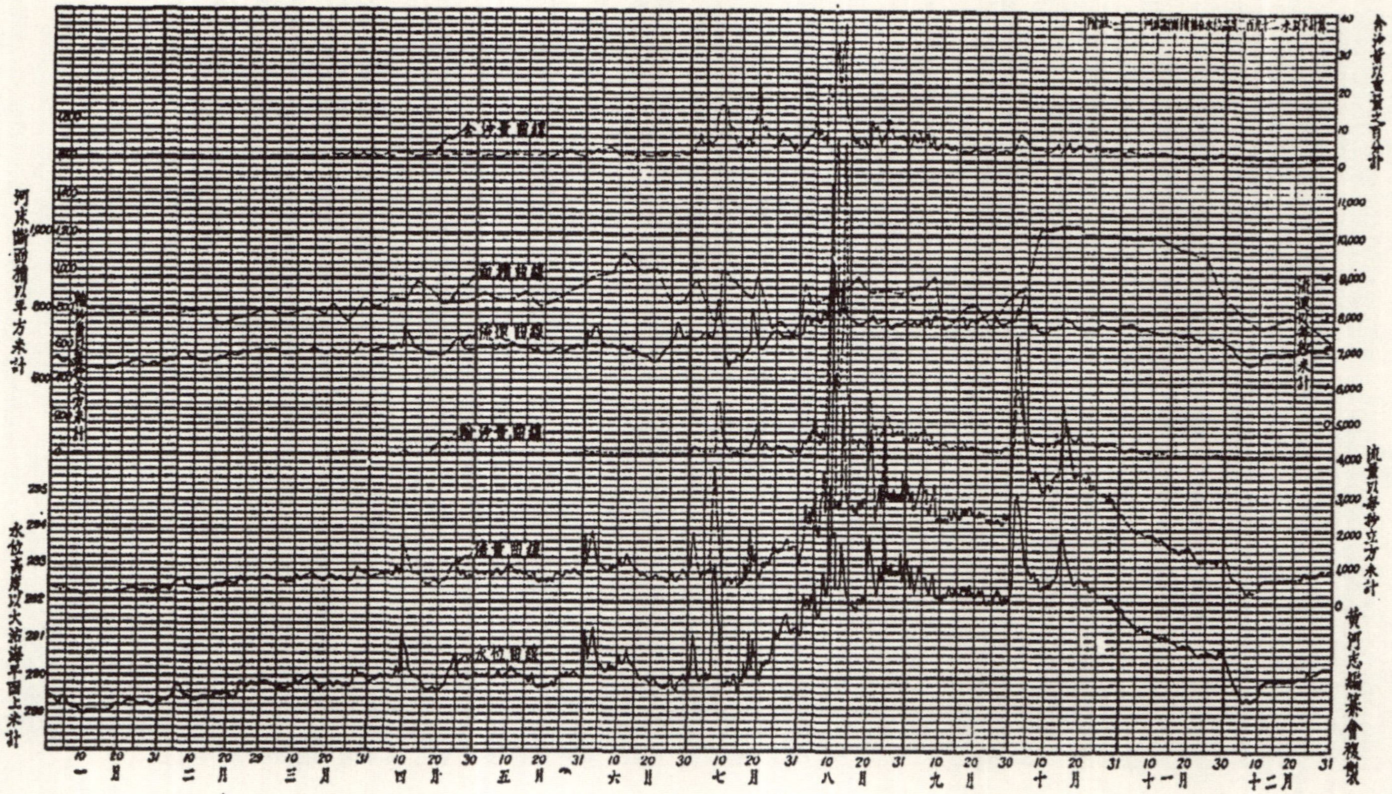

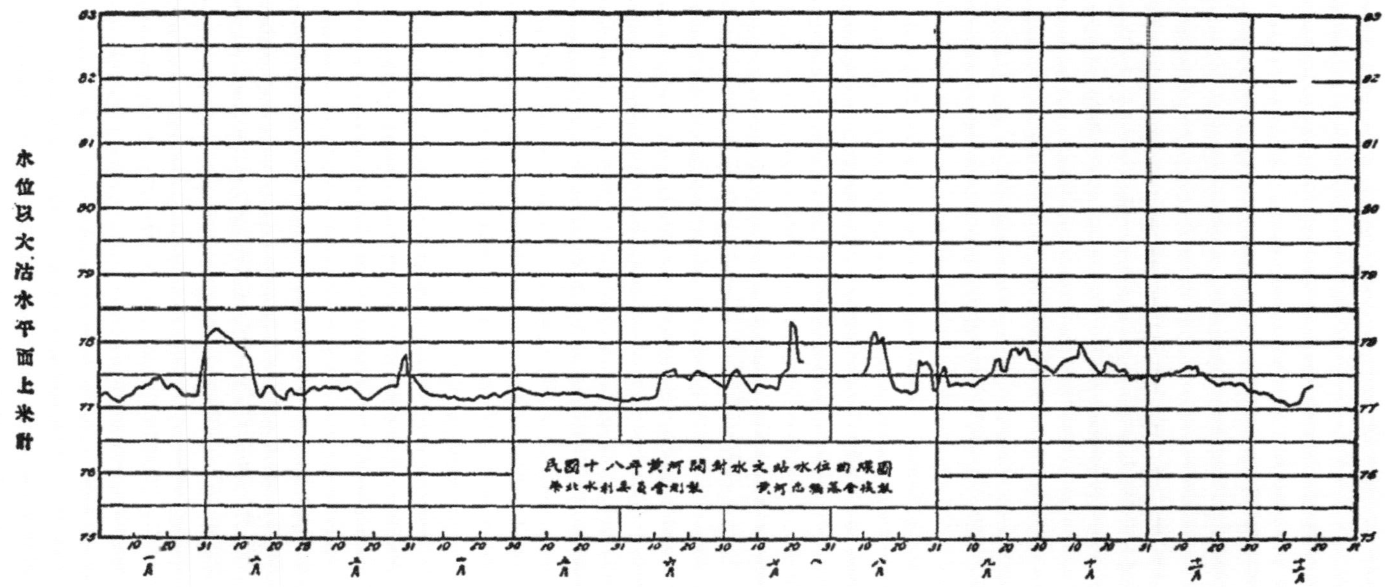
水位以大沽水平面上米計
83
82
81
80
79
78
77
76
75
民國十八年黃河開封水文站水位曲線圖
華北水利委員會測製　黃河志編纂會複製

黄河志第三篇水文工程

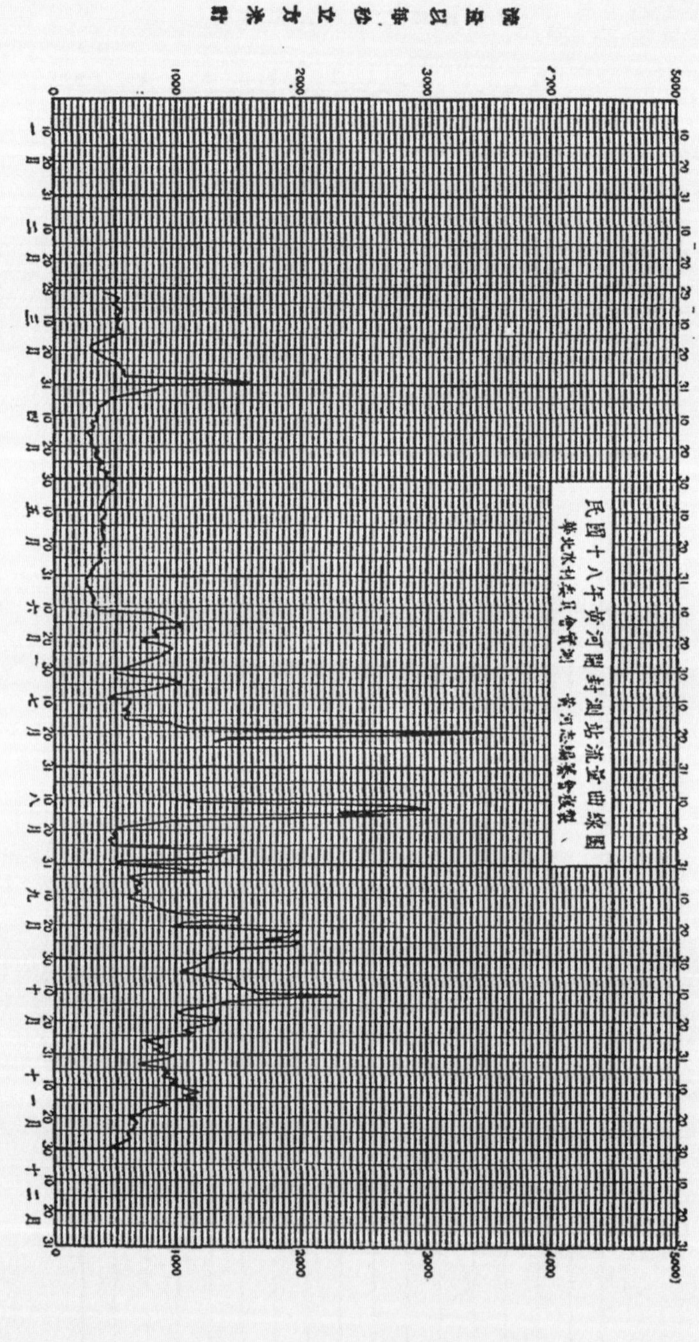

五〇六

民國十七年黃河開封測站含沙量總記載表

華北水利委員會製　　黃河志編纂會複製

月　日	水位高度 以大沽水平線上米計	水樣數	每一水樣容量 以升計	含沙量 以重量之百分計	月　日	水位高度 以大沽水平線上米計	水樣數	每一水樣容量 以升計	含沙量 以重量之百分計
12－3	77.37	1	5.0	0.42					
12－7	77.43	1	5.0	0.39					
12－8	77.38	1	5.0	0.36					
12－10	77.40	1	5.0	0.33					
12－13	77.19	1	5.0	0.18					
12－15	77.12	1	5.0	0.18					
12－19	77.28	1	5.0	0.23					
12－20	77.22	1	5.0	0.39					
12－24	77.05	1	5.0	0.18					
12－25	77.03	1	5.0	0.16					
12－29	76.96	1	5.0	0.32					

附錄　水文記載圖表　　五〇七

民國十八年黄河開封測站含沙量總記載表

華北水利委員會製　黄河志編纂會複製

月 日	水位高度（以大沽水平線上米計）	水樣數	每一水樣容量（以升計）	含沙量（以重量之百分計）	月 日	水位高度（以大沽水平線上米計）	水樣數	每一水樣容量（以升計）	含沙量（以重量之百分計）
1-4	77.15	1	5.0	0.23	4-23	77.17	2	5.0, 2.0	0.73
1-7	77.19	1	5.0	0.42	4-23	77.18	2	5.0, 2.0	0.52
1-8	77.17	1	5.0	0.35	4-25	77.22	2	5.0, 2.0	0.81
1-10	77.22	1	5.0	0.31	4-26	77.17	2	5.0, 2.0	0.80
1-11	77.29	1	5.0	0.57	4-27	77.19	2	5.0, 2.0	0.79
1-15	77.35	1	5.0	0.49	4-29	77.23	2	5.0, 2.0	0.47
1-17	77.44	1	5.0	0.40	5-1	77.30	2	5.0, 2.0	0.60
1-19	77.37	1	5.0	0.36	5-2	77.29	2	5.0, 2.0	0.47
2-7	78.06	1	5.0	0.13	5-3	77.31	2	5.0, 2.0	0.83
2-11	77.90	1	5.0	0.13	5-6	77.23	2	5.0, 2.0	0.57
2-13	77.73	1	5.0	0.18	5-7	77.24	2	5.0, 2.0	0.69
2-15	77.25	1	5.0	0.42	5-9	77.21	2	5.0, 2.0	0.39
2-18	77.34	1	5.0	0.30	5-11	77.24	2	5.0, 2.0	0.47
2-19	77.33	1	5.0	0.34	5-13	77.21	2	5.0, 2.0	0.41
2-21	77.20	1	5.0	0.30	5-15	77.23	2	5.0, 2.0	0.32
2-24	77.26	1	5.0	0.56	5-17	77.21	2	5.0, 2.0	0.29
2-27	77.22	1	5.0	0.42	5-22	77.21	2	5.0, 2.0	0.31
3-2	77.29	1	5.0	0.30	5-24	77.20	2	5.0, 2.0	0.27
3-5	77.28	1	5.0	0.70	5-27	77.17	2	5.0, 2.0	0.44
3-8	77.33	1	5.0	0.62	5-29	77.14	2	5.0, 2.0	0.32
3-11	77.29	1	5.0	1.36	5-31	77.13	2	5.0, 2.0	0.26
3-13	77.32	1	5.0	0.66	6-3	77.11	2	5.0, 2.0	0.27
3-15	77.29	1	5.0	0.42	6-5	77.14	2	5.0, 2.0	0.34
3-19	77.14	1	5.0	0.39	6-7	77.17	2	5.0, 2.0	0.33
3-20	77.16	2	5.0, 1.9	0.99	6-8	77.16	2	5.0, 2.0	0.29
3-22	77.23	2	5.0, 1.8	1.34	6-10	77.16	2	5.0, 2.0	0.25
3-26	77.33	1	5.0	1.10	6-12	77.43	2	5.0, 2.0	1.69
3-27	77.34	2	5.0, 2.3	1.22	6-14	77.53	2	5.0, 2.0	1.06
3-29	77.67	2	5.0, 1.8	3.82	6-15	77.56	2	5.0, 2.0	0.73
3-30	77.82	2	5.0, 2.3	1.77	6-17	77.52	2	5.0, 2.0	0.94
4-1	77.50	1	5.0	0.79	6-19	77.51	2	5.0, 2.0	1.08
4-2	77.45	2	5.0, 0.4	1.06	6-23	77.50	2	5.0, 2.0	0.96
4-3	77.37	2	5.0, 2.0	0.95	6-24	77.55	2	5.0, 2.0	3.06
4-5	77.25	2	5.0, 2.0	0.64	6-27	77.45	2	5.0, 2.0	2.02
4-8	77.20	2	5.0, 2.0	0.94	6-29	77.38	2	5.0, 2.0	2.33
4-10	77.18	2	5.0, 2.0	0.64					
4-12	77.14	2	5.0, 2.0	0.76					
4-15	77.12	2	5.0, 2.0	0.62					
4-17	77.16	2	5.0, 2.0	0.72					
4-21	77.21	2	5.0, 2.0	0.67					

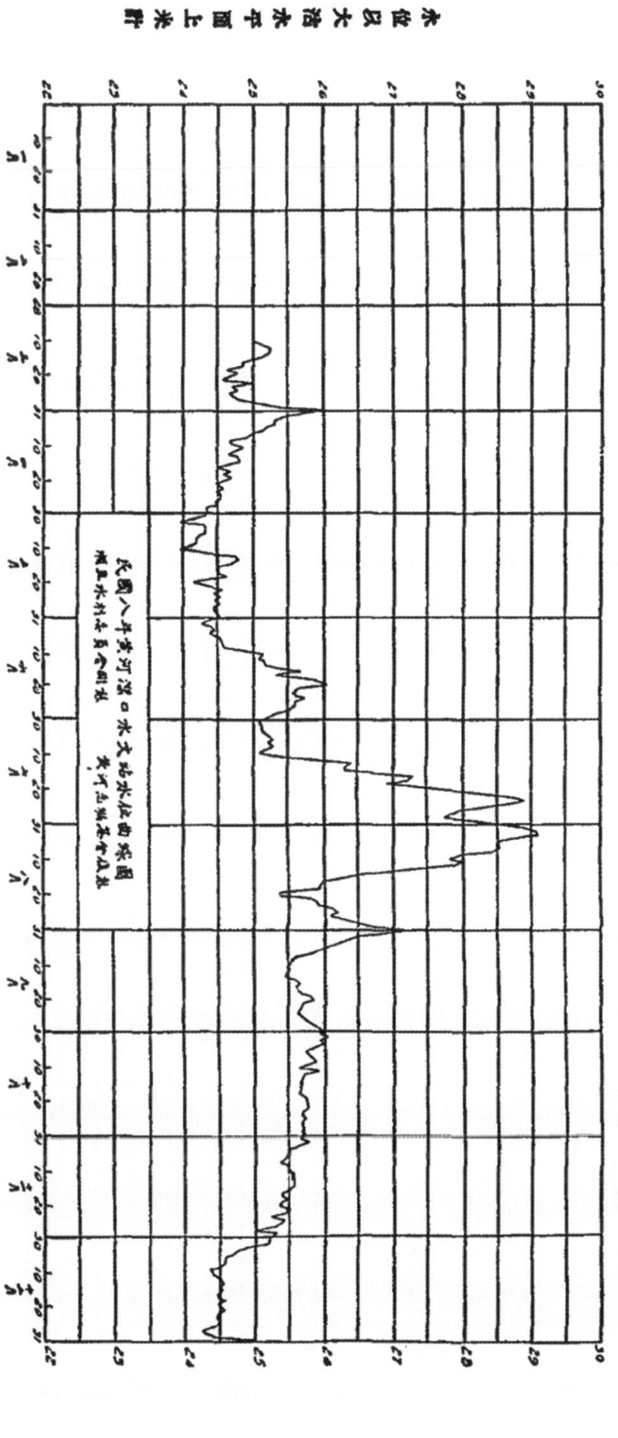
水位以大沽水平面上米計
民國八年黃河濼口水文站水位曲線圖

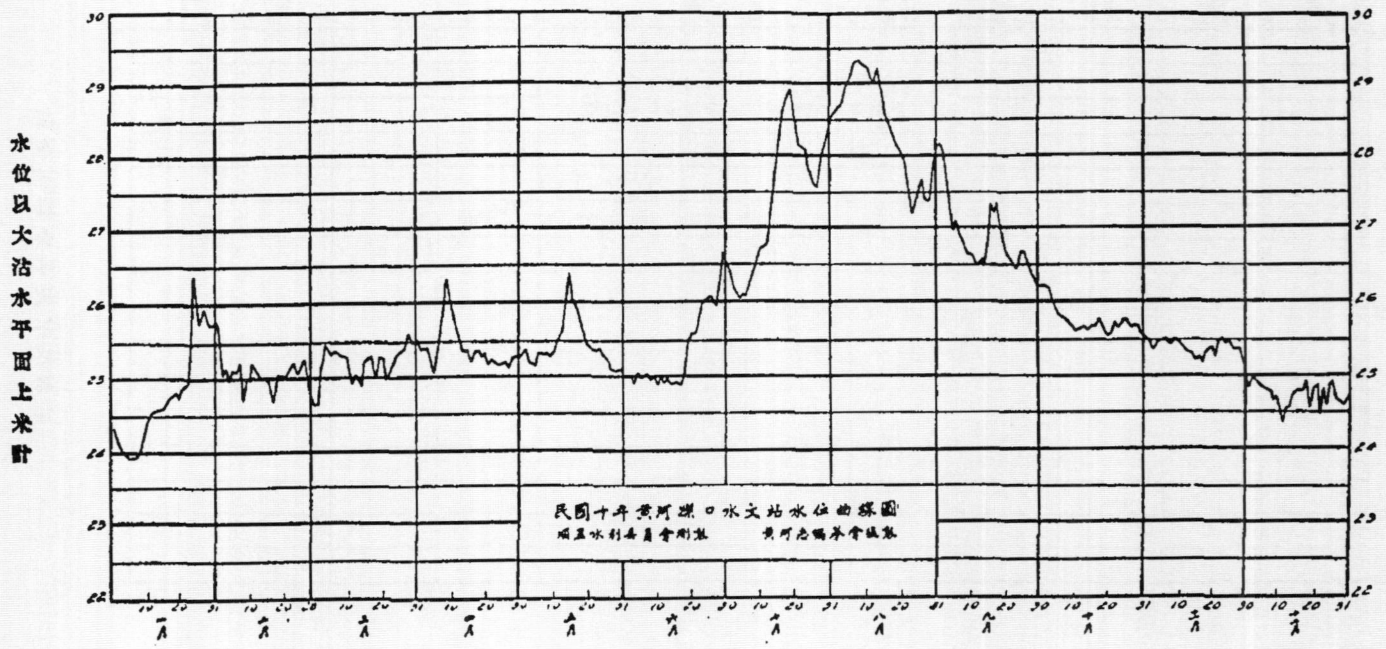
水位以大沽水平面上米計
民國十年黄河濼口水文站水位曲線圖
順直水利委員會測驗
黄河志編纂會複製
22
23
24
25
26
27
28
29
30
一月
二月
三月
四月
五月
六月
七月
八月
九月
十月
十一月
十二月

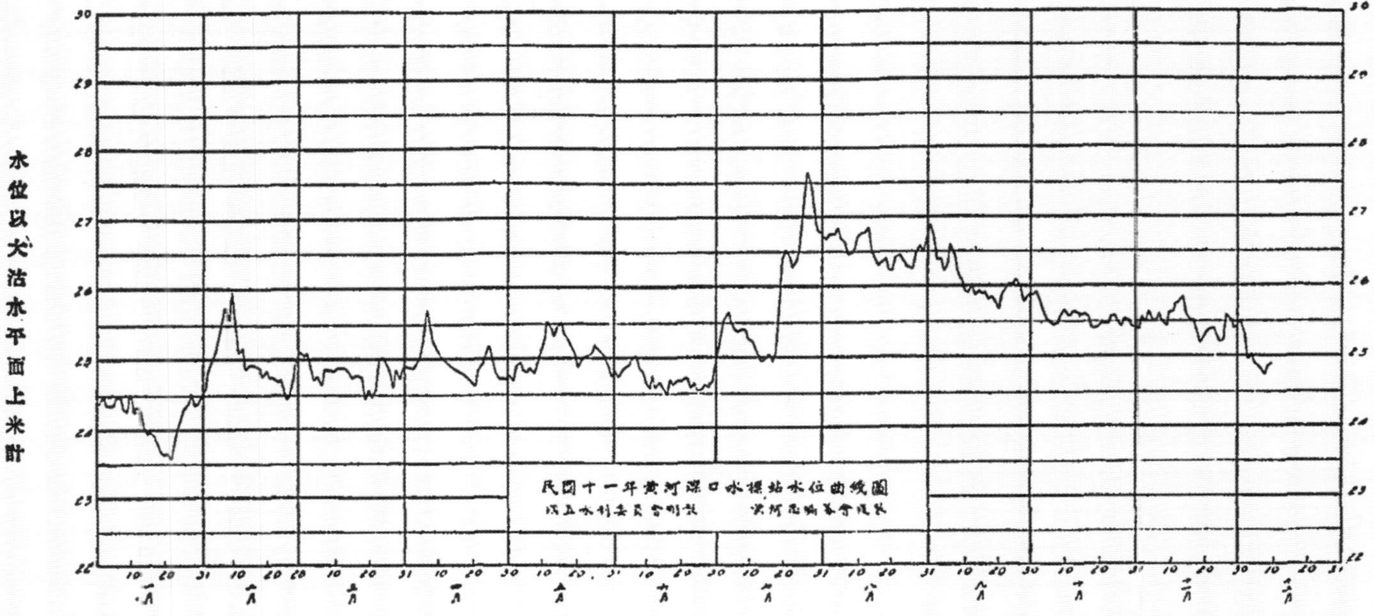
水位以大沽水平面上米計
民國十一年黄河濼口水標站水位曲綫圖
順直水利委員會測製
黄河志編纂會複製

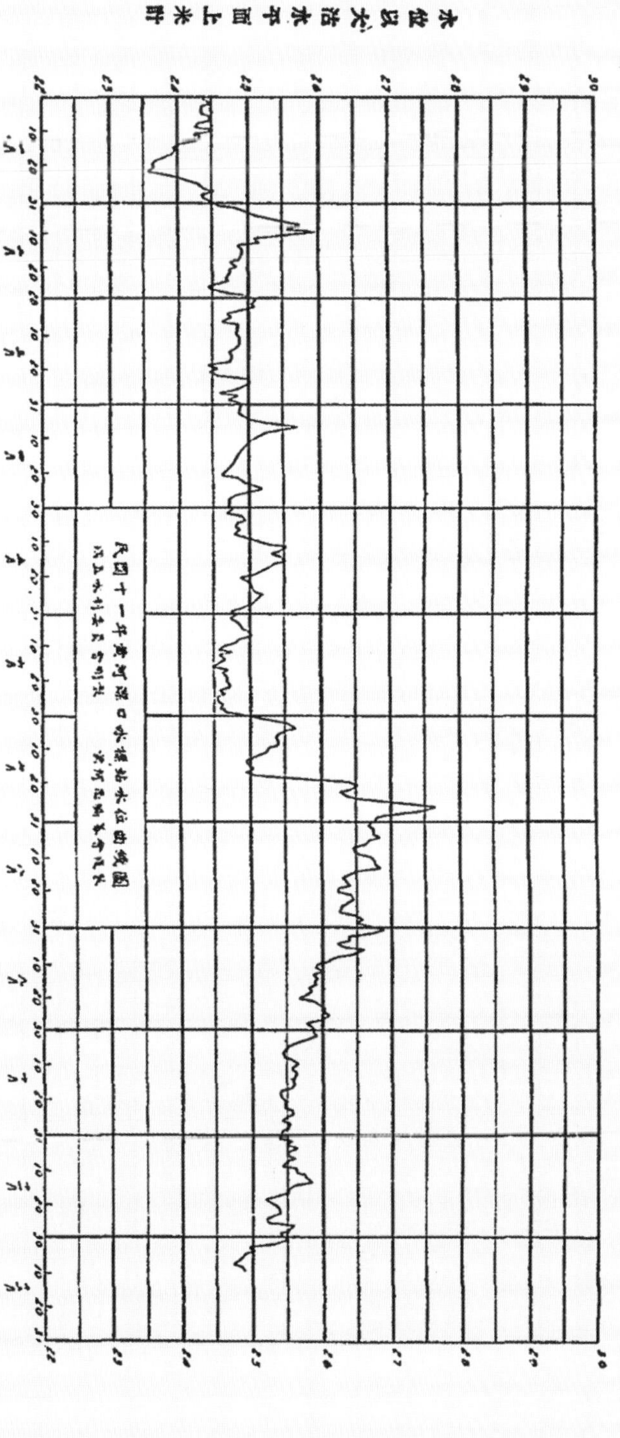

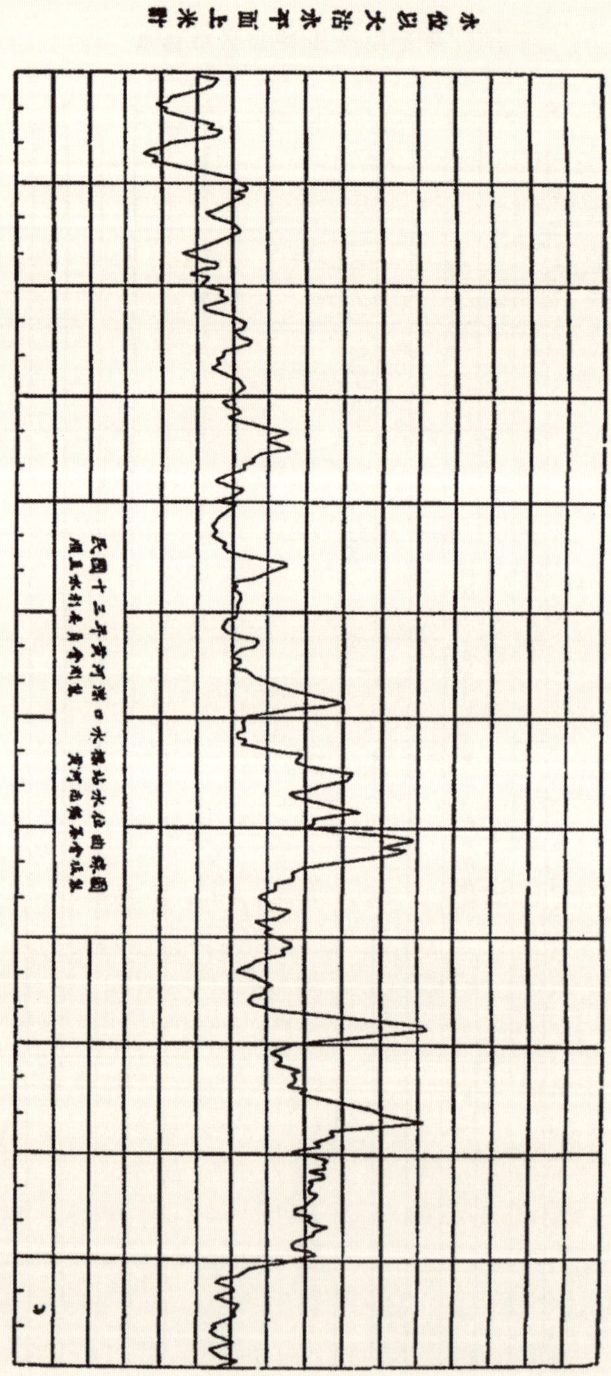
水位以大沽水平面上米計
民國十三年黄河濼口水標站水位曲線圖
順直水利委員會測製

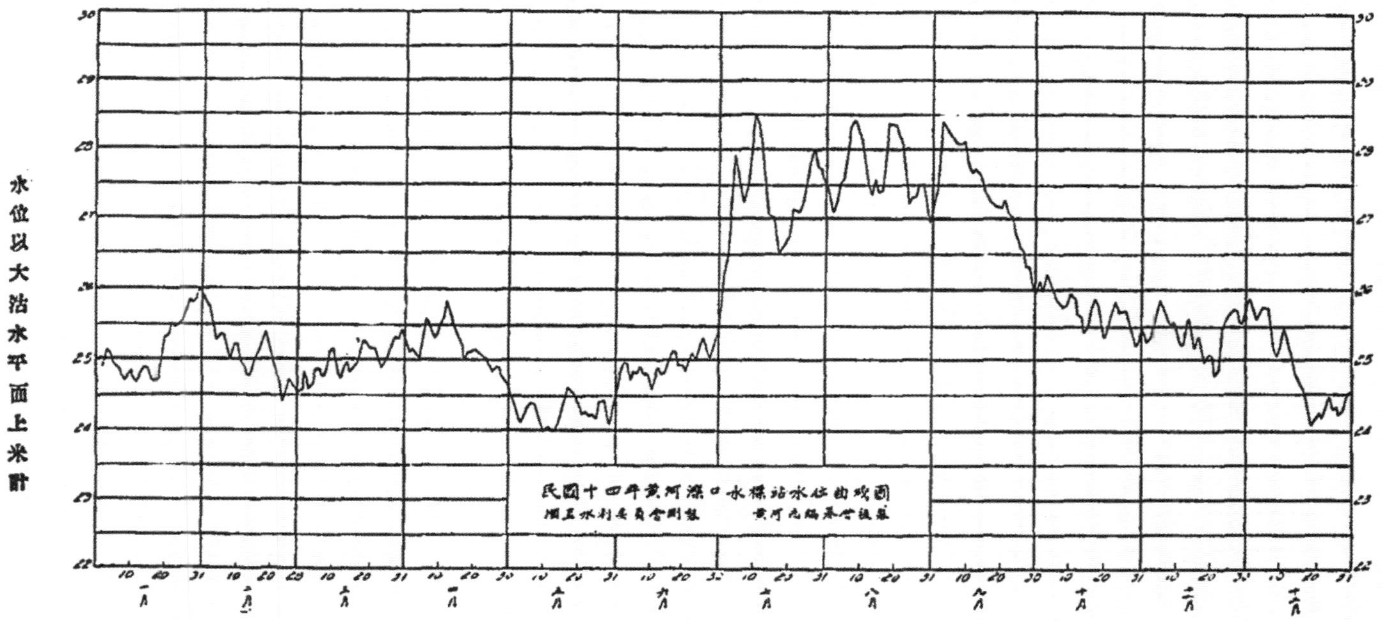
水位以大沽水平面上米計
30
29
28
27
26
25
24
23
22
民國十四年黃河濼口水標站水位曲綫圖
順直水利委員會測製
黃河志編纂會複製
一月
二月
三月
四月
五月
六月
七月
八月
九月
十月
十一月
十二月

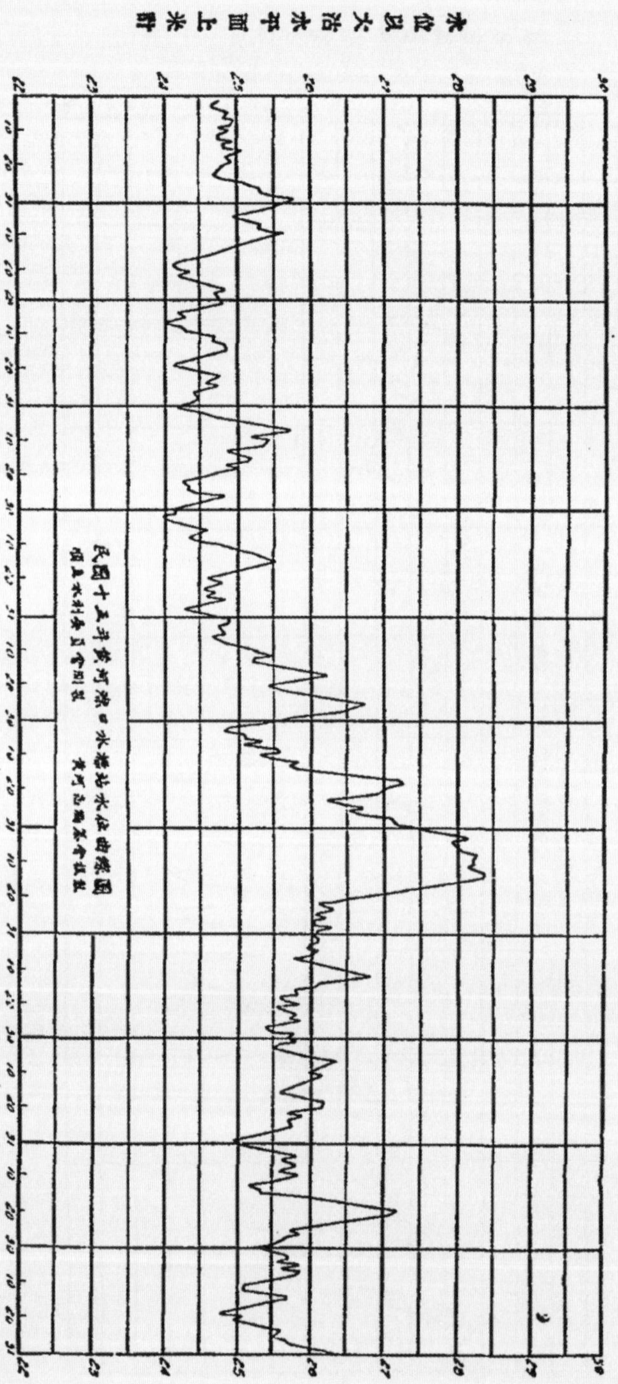
水位以大沽水平面上米計
民國十五年黄河濼口水標站水位曲線圖
順直水利委員會測製
黄河志編纂委員會複製

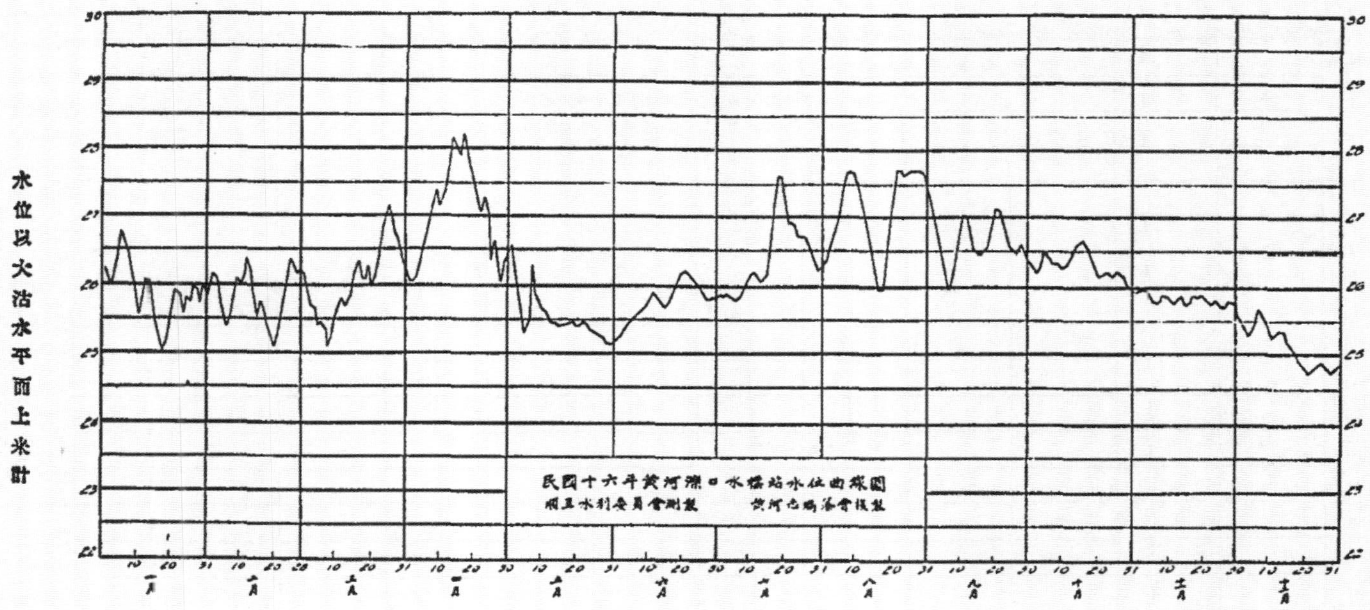
水位以大沽水平面上米計
民國十六年黃河濼口水標站水位曲線圖
順直水利委員會測製　黃河志編纂會複製

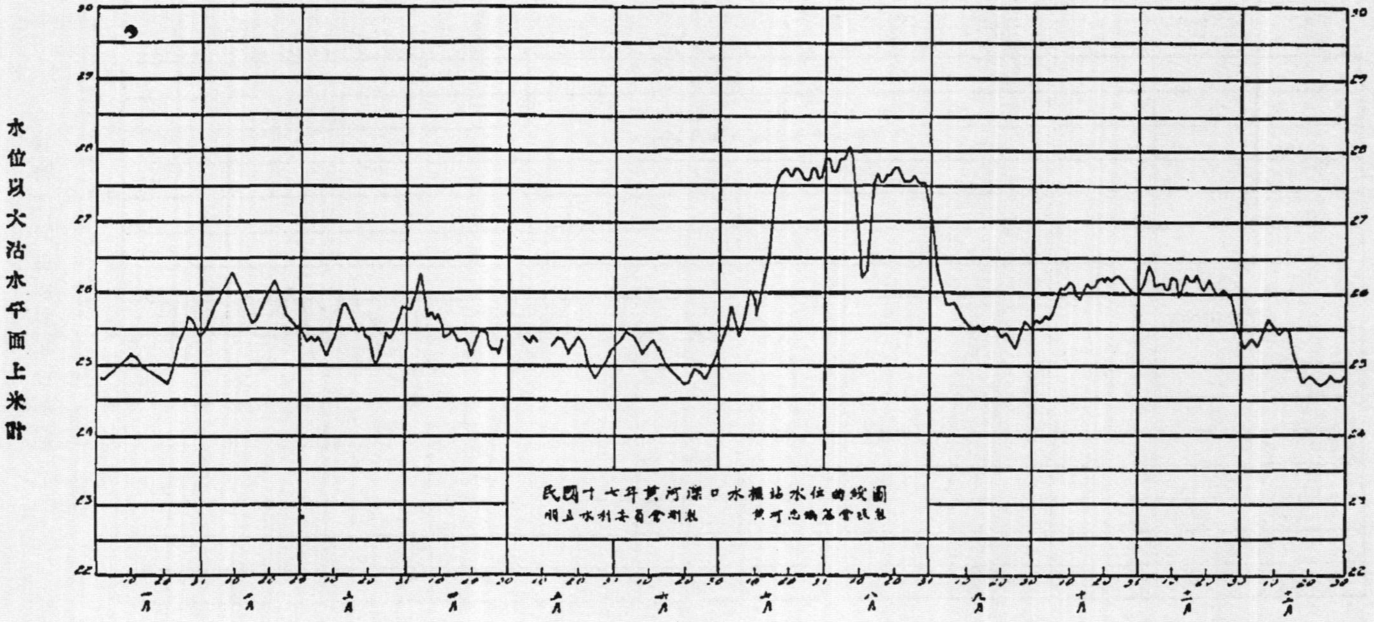
水位以大沽水平面上米計
民國十七年黄河濼口水標站水位曲綫圖
順直水利委員會測製　黄河志編纂會複製
一月
二月
三月
四月
五月
六月
七月
八月
九月
十月
十一月
十二月

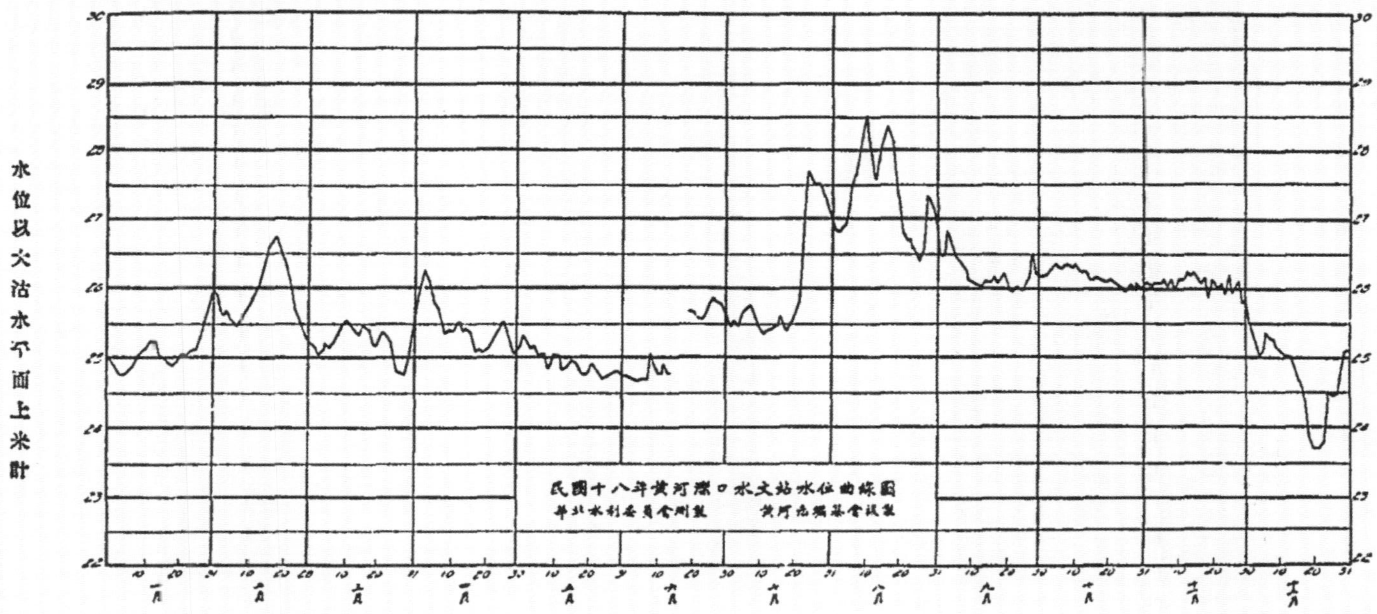

附錄　水文記載圖表

五一七

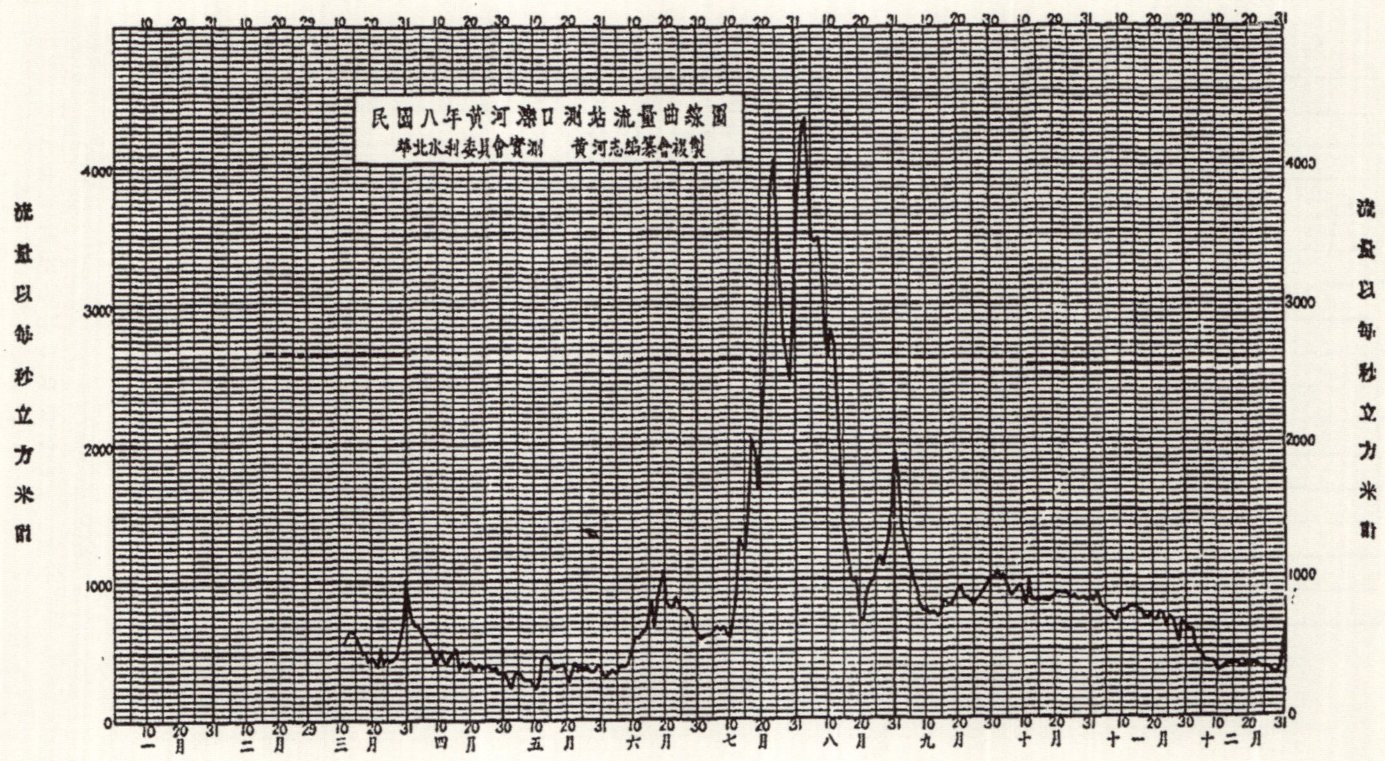
民國八年黃河濼口測站流量曲綫圖
華北水利委員會實測 黃河志編纂會複製
流量以每秒立方米計
流量以每秒立方米計
0
1000
2000
3000
4000
一月
二月
三月
四月
五月
六月
七月
八月
九月
十月
十一月
十二月

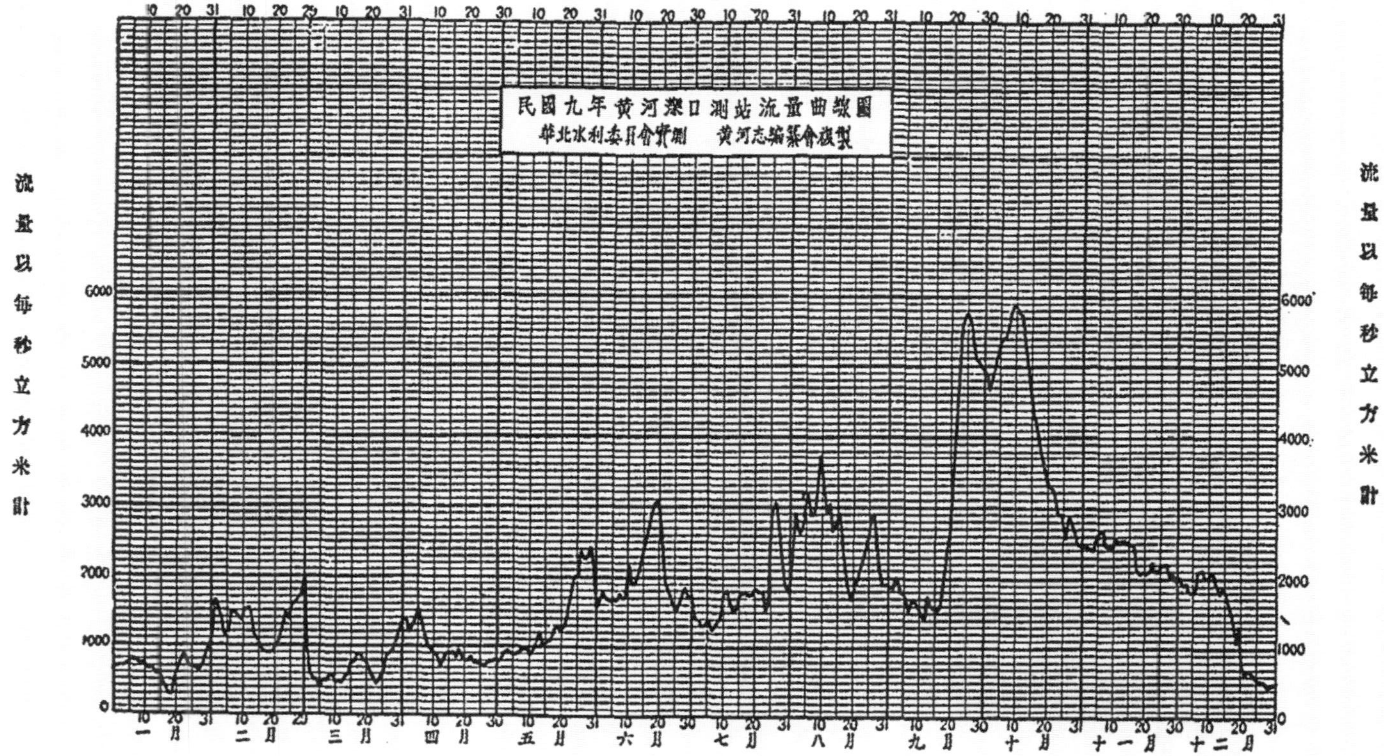

附錄　水文記載圖表

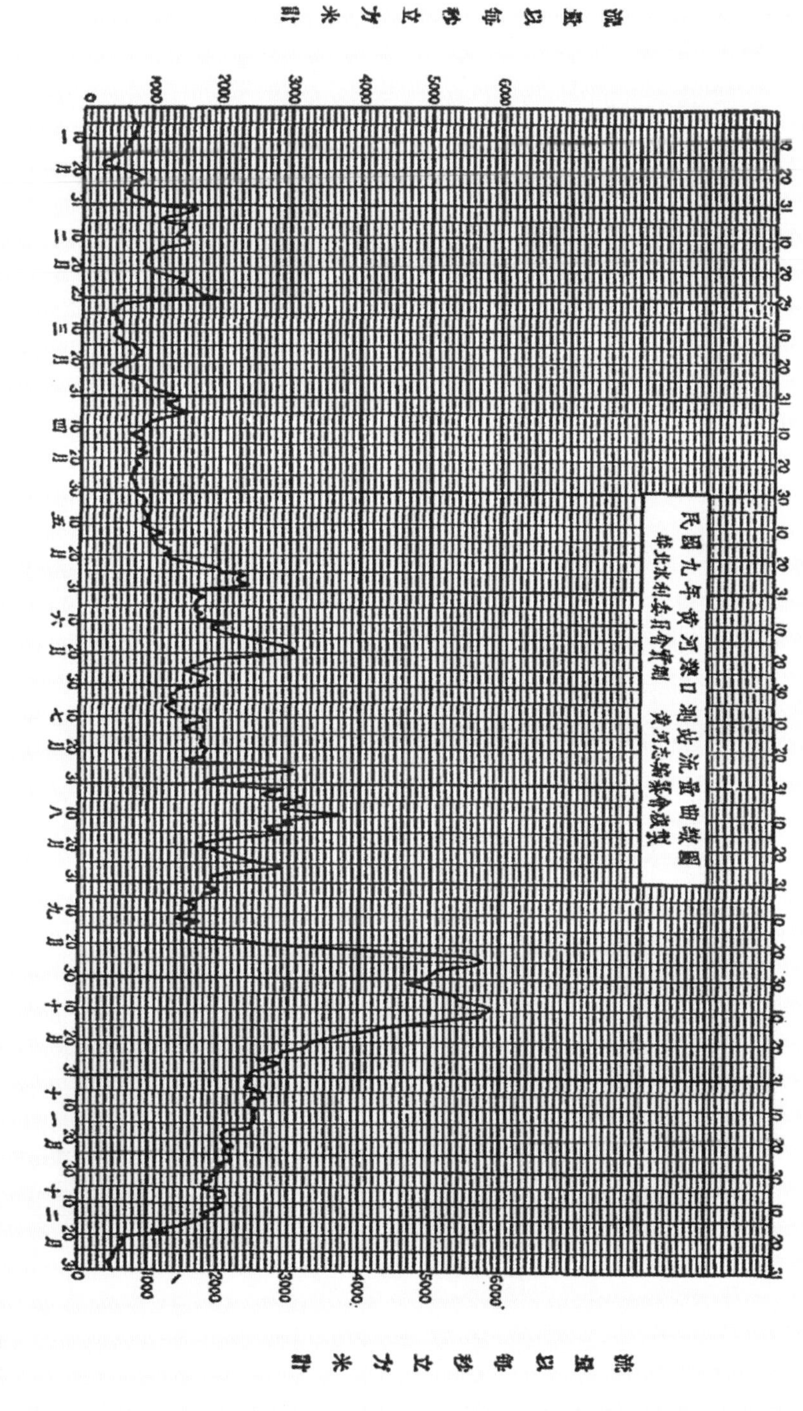

五一九

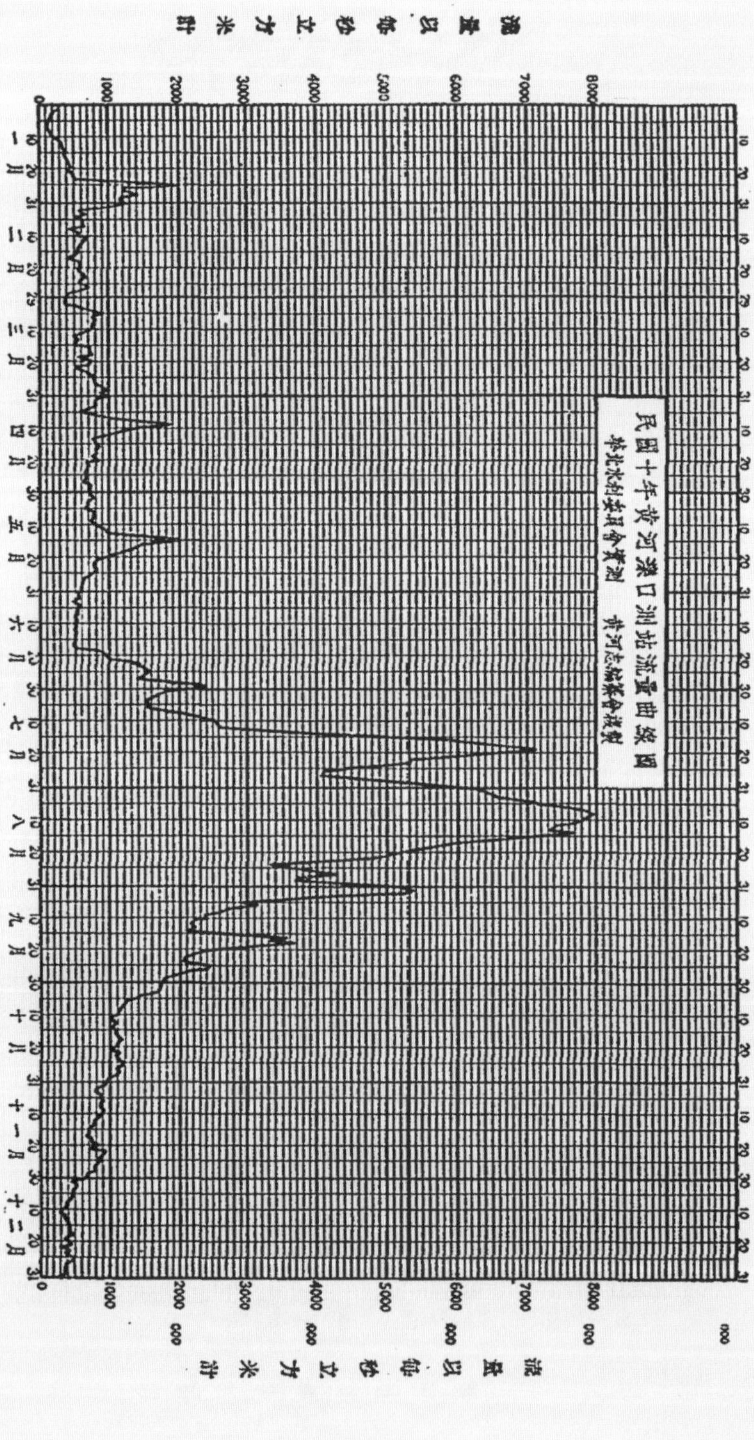
民國十年黄河濼口測站流量曲綫圖
華北水利委員會實測　黄河志編纂會複製
流量以每秒立方米計
0
1000
2000
3000
4000
5000
6000
7000
8000
一月
二月
三月
四月
五月
六月
七月
八月
九月
十月
十一月
十二月

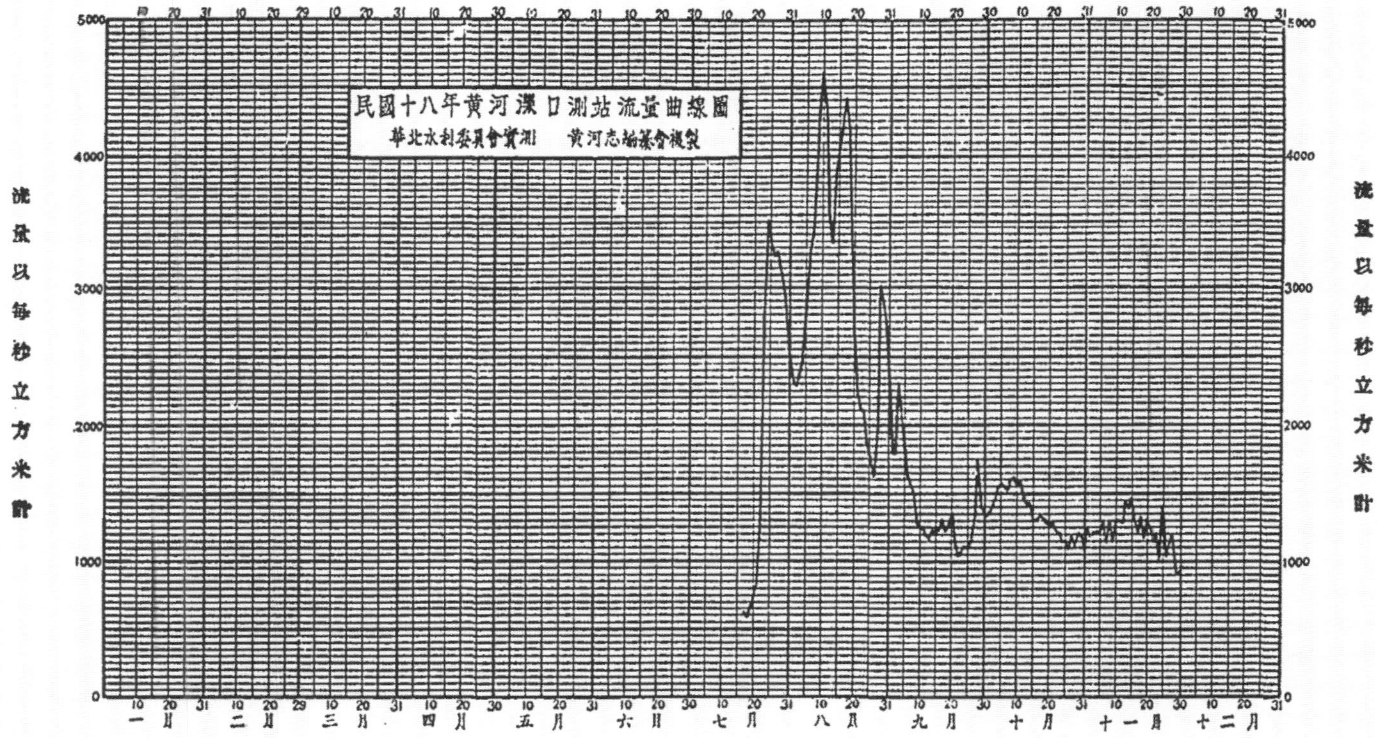
民國十八年黃河濼口測站流量曲線圖
華北水利委員會實測　黃河志編纂會複製
流量以每秒立方米計
一月
二月
三月
四月
五月
六月
七月
八月
九月
十月
十一月
十二月

民國八年黃河濼口測站含沙量總記載表

華北水利委員會製　　黃河志編纂會複製

月 日	水位高度 以大沽水平線上米計	水樣數	每一水樣容量 以升計	含沙量 以重量之百分計	月 日	水位高度 以大沽水平線上米計	水樣數	每一水樣容量 以升計	含沙量 以重量之百分計
4-17	23.97	2	18.92	0.45					
4-19	24.06	2	18.92	0.38					
4-21	24.03	2	18.92	0.39					
4-24	23.97	2	18.92	0.38					
4-27	23.92	2	18.92	0.35					
5-3	23.40	2	18.92	0.24					
5-8	24.59	2	18.92	0.21					
5-12	23.63	2	18.92	0.24					
5-15	24.21	2	18.92	0.42					
5-21	23.59	2	18.92	0.36					
6-1	23.89	2	18.92	0.40					
7-3	24.63	2	18.92	0.43					
7-8	24.75	1	18.92	0.59					
7-18	26.75	1	18.92	0.59					
7-25	28.32	1	18.92	0.73					
8-5	28.03	1	18.92	2.96					
8-13	26.91	1	18.92	3.94					
8-19	25.45	1	18.92	3.55					
8-26	25.68	1	18.92	3.55					
9-12	25.00	1	18.92	0.89					
9-18	25.11	1	18.92	0.89					
9-23	25.18	1	18.92	1.38					
10-13	25.21	1	18.92	0.59					
10-16	25.14	1	18.92	0.48					
10-20	25.26	1	18.92	0.61					
10-25	25.29	1	18.92	0.57					
10-27	25.30	1	18.92	0.59					
11-3	25.19	1	18.92	0.59					
11-7	24.92	1	18.92	0.45					
11-12	25.05	1	18.92	0.47					
11-15	25.03	1	18.92	0.47					
11-18	24.93	1	18.92	0.49					
11-22	25.02	1	18.92	0.51					
12-5	24.19	1	18.92	0.39					
12-8	24.08	1	18.92	0.30					
12-14	24.06	1	18.92	0.32					

民國九年黄河濼口測站含沙量總記載表

華北水利委員會製　　黄河志編纂會複製

日 口	水位高度 以大沽水平線上米計	水樣數	每一水樣容量 以公升計	含沙量 以重量之百分計	月 日	水位高度 以大沽水平線上米計	水樣數	每一水樣容量 以升計	含沙量 以重量之百分計
3－7	24.36	2	18.92	0.51	8－27	26.34	2	18.92	3.06
3－9	24.49	2	18.92	0.50	9－4	25.69	4	18.92	2.46
3－13	24.30	2	18.92	0.43	9－9	25.55	4	18.92	1.63
3－18	24.88	2	18.92	0.84	9－15	25.46	4	18.92	1.33
3－21	24.75	2	18.92	0.64	9－18	25.56	4	18.92	1.43
3－25	24.39	2	18.92	0.39	9－23	27.52	4	18.92	2.14
4－5	25.29	2	18.92	0.94	9－27	27.67	4	18.92	2.17
4－8	25.17	2	18.92	0.84	10－2	27.39	4	18.92	1.77
4－11	24.83	2	18.92	0.59	10－8	27.83	4	18.92	2.51
4－15	24.87	2	18.92	0.44	10－12	27.86	4	18.92	2.51
4－19	24.96	2	18.92	0.65	10－17	27.01	4	18.92	1.40
4－24	25.71	2	18.92	0.44	10－22	26.55	4	18.92	1.52
4－28	24.71	2	18.92	0.44	10－26	26.23	4	18.92	1.08
5－5	24.88	2	18.92	0.79	10－31	26.04	4	18.92	0.99
5－8	24.88	2	18.92	0.69	11－5	26.12	4	18.92	1.58
5－11	24.87	2	18.92	0.69	11－10	26.03	4	18.92	0.86
5－14	25.17	2	18.92	0.64	11－13	26.09	4	18.92	0.86
5－18	25.12	2	18.92	0.69	11－18	25.85	4	18.92	0.94
5－21	25.21	2	18.92	0.74	11－23	25.90	4	18.92	0.71
5－26	25.76	2	18.92	2.22	11－27	25.89	4	18.92	0.96
6－2	25.58	2	18.92	1.23	12－10	25.75	4	18.92	0.44
6－10	25.60	2	18.92	1.28	12－13	25.69	4	18.92	0.37
6－15	25.84	2	18.92	1.63	12－16	25.54	4	18.92	0.39
6－19	26.44	2	18.92	1.33	12－21	24.65	4	18.92	0.25
6－23	26.03	2	18.92	1.87					
6－26	25.40	2	18.92	1.48					
6－29	25.63	2	18.92	1.38					
7－3	25.30	2	18.92	0.99					
7－7	25.20	2	18.92	0.84					
7－10	25.37	1	18.92	0.99					
7－14	25.39	2	18.92	1.18					
7－18	25.57	2	18.92	1.23					
7－22	25.60	1	18.92	2.37					
7－28	26.10	2	18.92	2.86					
8－3	26.16	2	18.92	2.37					
8－6	26.50	2	18.92	2.66					
8－10	26.83	2	18.92	2.86					
8－13	26.40	2	18.92	2.86					
8－16	26.34	2	18.92	2.86					
8－22	25.71	2	18.92	2.86					

附錄　水文記載圖表　　　五二三

民國十年黄河濼口測站含沙量總記載表

華北水利委員會製　　黄河志編纂會複製

月　日	水位高度 以大沽水平線上米計	水樣數	每一水樣容量 以升計	含沙量 以重量之百分計	月　日	水位高度 以大沽水平線上米計	水樣數	每一水樣容量 以升計	含沙量 以重量之百分計
3－5	25.48	4	18.92	0.37					
3－9	25.34	4	18.92	0.59					
3－15	24.91	4	18.92	0.44					
3－20	25.29	4	18.92	0.42					
3－22	24.99	4	18.92	0.38					
3－30	25.51	4	18.92	0.44					
4－4	25.30	4	18.92	0.59					
4－11	25.74	4	18.92	0.57					
4－16	25.28	4	18.92	0.42					
4－24	25.22	4	18.92	0.76					
4－30	25.25	4	18.92	0.71					
5－6	25.40	4	18.92	0.64					
5－9	25.30	4	18.92	0.81					
5－14	25.97	4	18.92	1.07					
5－15	26.45	4	18.92	1.23					
5－23	25.38	4	18.92	0.76					
5－26	25.23	4	18.92	0.69					
5－30	25.14	4	18.92	0.64					
6－6	25.04	4	18.92	0.44					
6－8	24.94	4	18.92	0.43					
6－12	24.94	4	18.92	0.32					
6－16	24.92	4	18.92	0.25					
6－20	25.57	4	18.92	1.11					
6－24	26.07	4	18.92	1.40					
6－28	26.30	4	18.92	1.32					
7－3	26.14	4	18.92	0.97					
7－6	26.06	4	18.92	1.36					
7－11	26.79	4	18.92	1.33					
7－15	27.95	4	18.92	1.53					
7－26	27.63	4	18.92	1.26					
7－29	28.08	4	18.92	1.26					
8－9	29.32	4	18.92	1.55					

民國十八年黄河濼口測站含沙量總記載表

華北水利委員會製　　黄河志編纂分複製

月　日	水位高度（以大沽水平線上米計）	水樣數	每一水樣容量（以升計）	含沙量（以重量之百分計）	月　日	水位高度（以大沽水平線上米計）	水樣數	每一水樣容量（以升計）	含沙量（以重量之百分計）
7-17	25.54	2	2.0	1.39	9-5	26.54	3	2.0	3.96
7-19	25.48	3	2.0	1.39	9-6	26.41	3	2.0	4.48
7-20	25.61	3	2.0	1.45	9-7	26.31	3	2.0	4.88
7-22	26.40	3	0.7	3.80	9-9	26.15	3	2.0	3.02
7-23	27.29	3	1.3	6.05	9-10	26.10	3	2.0	2.54
7-24	27.77	3	2.0	6.10	9-11	26.10	3	2.0	2.36
7-25	27.55	3	0.7	6.30	9-12	26.08	3	2.0	1.81
7-26	27.51	3	2.0	5.45	9-13	26.04	3	2.0	1.92
7-27	27.54	3	2.0	5.15	9-14	26.13	3	2.0	2.03
7-29	27.35	3	2.0	4.45	9-16	26.10	3	2.0	2.60
7-30	27.21	3	1.3	5.74	9-17	26.15	3	2.0	2.11
8-1	26.86	3	2.0	3.77	9-18	26.09	3	2.0	2.80
8-2	26.84	3	2.0	3.84	9-19	26.14	3	2.0	2.61
8-3	26.89	3	2.0	3.24	9-20	26.19	3	2.0	2.57
8-5	27.24	3	2.0	4.18	9-22	25.95	3	2.0	1.66
8-6	27.51	3	1.3	3.03	9-23	26.00	3	2.0	1.59
8-7	27.69	3	2.0	3.19	9-24	26.02	3	2.0	1.82
8-8	27.79	3	2.0	4.91	9-25	25.98	3	2.0	1.74
8-9	28.12	3	2.0	6.02	9-26	26.05	3	2.0	2.26
8-10	28.52	3	1.3	5.86	9-27	26.10	3	2.0	2.77
8-12	27.75	3	2.0	5.73	9-28	26.49	3	2.0	3.34
8-14	28.04	3	1.3	4.76	9-30	26.48	3	2.0	2.42
8-15	28.15	3	2.0	5.36	10-1	26.18	3	2.0	2.14
8-16	28.26	3	2.0	3.47	10-2	26.20	3	2.0	2.63
8-17	28.33	3	2.0	3.91	10-3	26.26	3	2.0	2.39
8-19	27.69	3	2.0	4.29	10-4	26.34	3	2.0	2.99
8-20	27.03	3	2.0	4.34	10-5	26.35	3	2.0	3.05
8-21	26.80	3	2.0	4.94	10-7	26.33	3	2.0	3.06
8-22	26.70	3	2.0	4.43	10-8	26.35	3	2.0	3.01
8-23	26.70	3	2.0	3.95	10-9	26.36	3	2.0	3.62
8-24	26.54	3	2.0	3.10	10-10	26.33	3	2.0	2.77
8-26	26.36	3	2.0	2.44	10-11	26.37	3	2.0	2.73
8-27	26.48	3	2.0	2.99	10-12	26.29	3	2.0	2.85
8-28	27.42	3	2.0, 1.3	6.32	10-14	26.24	3	2.0	2.90
8-29	27.26	3	2.0	4.90	10-15	26.14	3	2.0	2.47
8-30	27.21	3	2.0	5.49	10-16	26.10	3	2.0	1.94
8-31	26.88	3	2.0	6.29	10-17	26.18	3	2.0	2.54
9-2	26.49	3	2.0	6.81	10-18	26.14	3	2.0	1.61
9-3	26.80	3	2.0	5.85	10-19	26.13	3	2.0	1.98
9-4	26.71	3	2.0	6.06	10-21	26.13	3	2.0	2.03

附錄　水文記載圖表　　　　五二五

民國十八年黃河濼口測站含沙量總記載表

華北水利委員會製　黃河志編纂會複製

月　日	水位高度（以大沽水平線上米計）	水樣數	每一水樣容量（以升計）	含沙量（以重量之百分計）	月　日	水位高度（以大沽水平線上米計）	水樣數	每一水樣容量（以升計）	含沙量（以重量之百分計）
10-22	26.09	3	2.0	1.94	12-9	25.21	3	2.0	0.36
10-23	26.08	3	2.0	1.46	12-10	25.11	3	2.0	0.33
10-24	26.04	3	2.0	1.28	12-11	25.07	3	2.0	0.35
10-25	26.03	3	2.0	1.75	12-12	25.05	3	2.0	0.34
10-26	26.01	3	2.0	1.36	12-14	24.89	3	2.0	0.28
10-28	25.98	3	2.0	1.64	12-15	24.63	3	2.0	0.29
10-29	26.07	3	2.0	2.36	12-20	23.72	3	2.0	0.07
10-30	26.04	3	2.0	2.24	12-21	23.74	3	2.0	0.05
10-31	25.98	3	2.0	1.15	12-24	24.50	3	2.0	0.07
11-1	26.09	3	2.0	1.50	12-25	24.54	3	2.0	0.06
11-2	26.03	3	2.0	1.69	12-28	24.71	3	2.0	0.05
11-4	26.08	3	2.0	1.42					
11-5	26.10	3	2.0	1.43					
11-6	26.15	3	2.0	2.16					
11-7	26.01	3	2.0	1.70					
11-8	26.14	3	2.0	1.88					
11-9	26.04	3	2.0	1.49					
11-11	26.15	3	2.0	1.61					
11-12	26.14	3	2.0	1.79					
11-13	26.22	3	2.0	1.45					
11-14	26.18	3	2.0	1.29					
11-15	26.26	3	2.0	1.18					
11-18	26.24	3	2.0	1.77					
11-19	25.80	3	2.0	1.00					
11-20	26.15	3	2.0	1.19					
11-21	26.07	3	2.0	0.89					
11-22	26.14	3	2.0	1.00					
11-23	26.08	3	2.0	1.14					
11-24	25.94	3	2.0	0.84					
11-25	26.32	3	2.0	1.40					
11-26	25.91	3	2.0	0.65					
11-27	26.03	3	2.0	0.73					
11-28	26.07	3	2.0	0.64					
11-29	25.80	3	2.0	0.56					
11-30	25.80	3	2.0	0.63					
12-3	25.21	3	2.0	0.53					
12-4	25.03	3	2.0	0.48					
12-5	25.15	3	2.0	0.53					
12-6	25.39	3	2.0	0.65					
12-7	25.30	3	2.0	0.58					

黄河水利委員會

黄河濼口水文站水位流量流速含沙量輸沙量及河床斷面積變遷曲線圖

民國二十三年

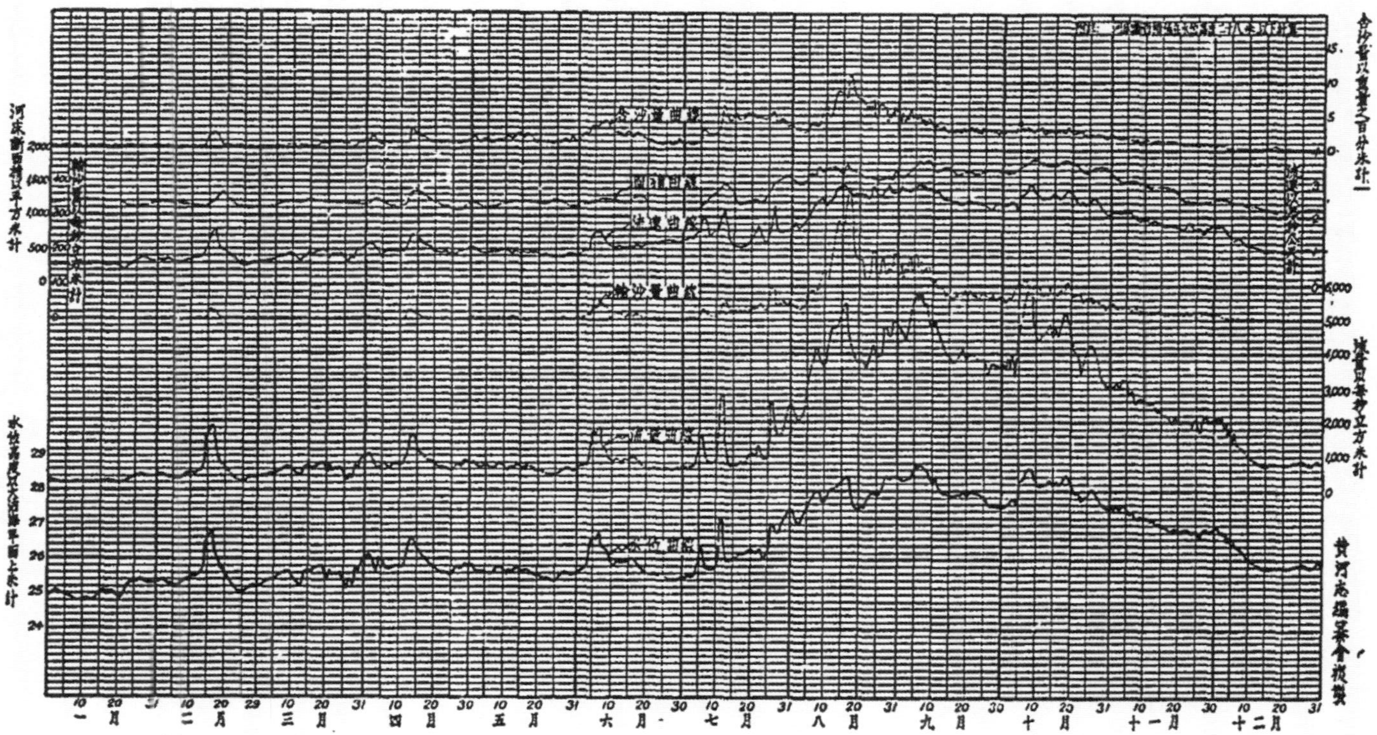

附錄 水文記載圖表

五二七

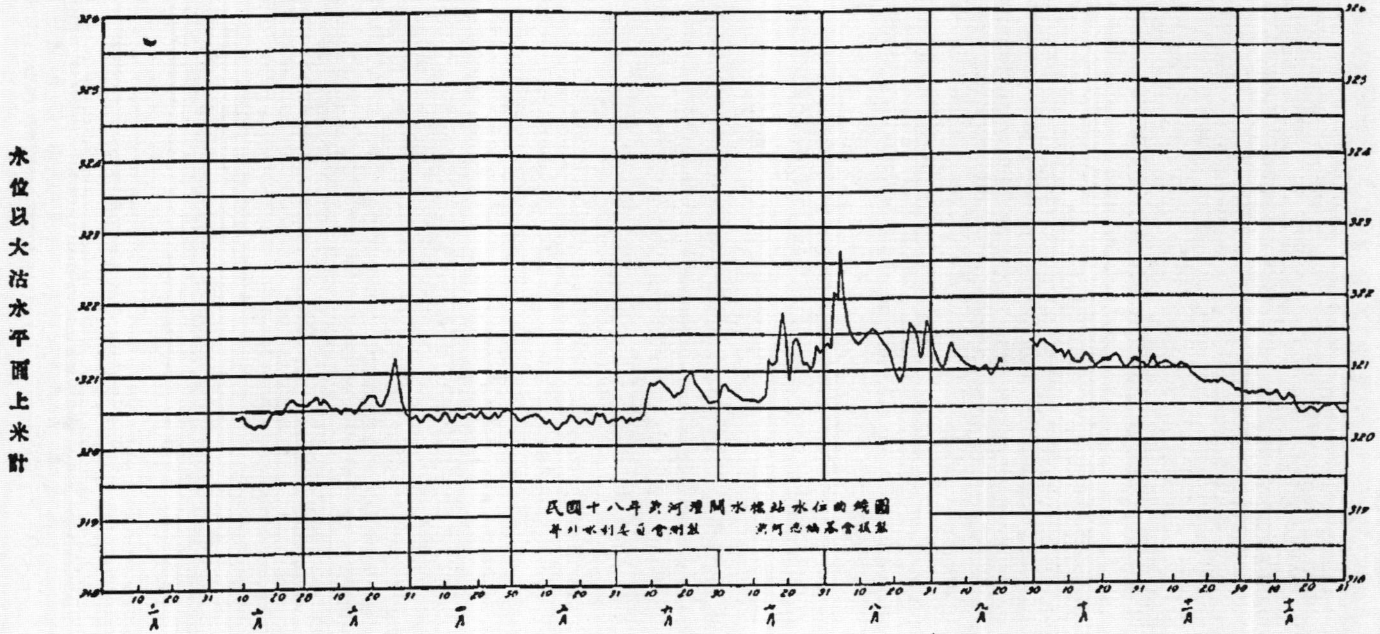
水位以大沽水平面上米計
326
325
324
323
322
321
320
319
318
民國十八年黄河潼關水標站水位曲綫圖
華北水利委員會測製
黄河志編纂會複製

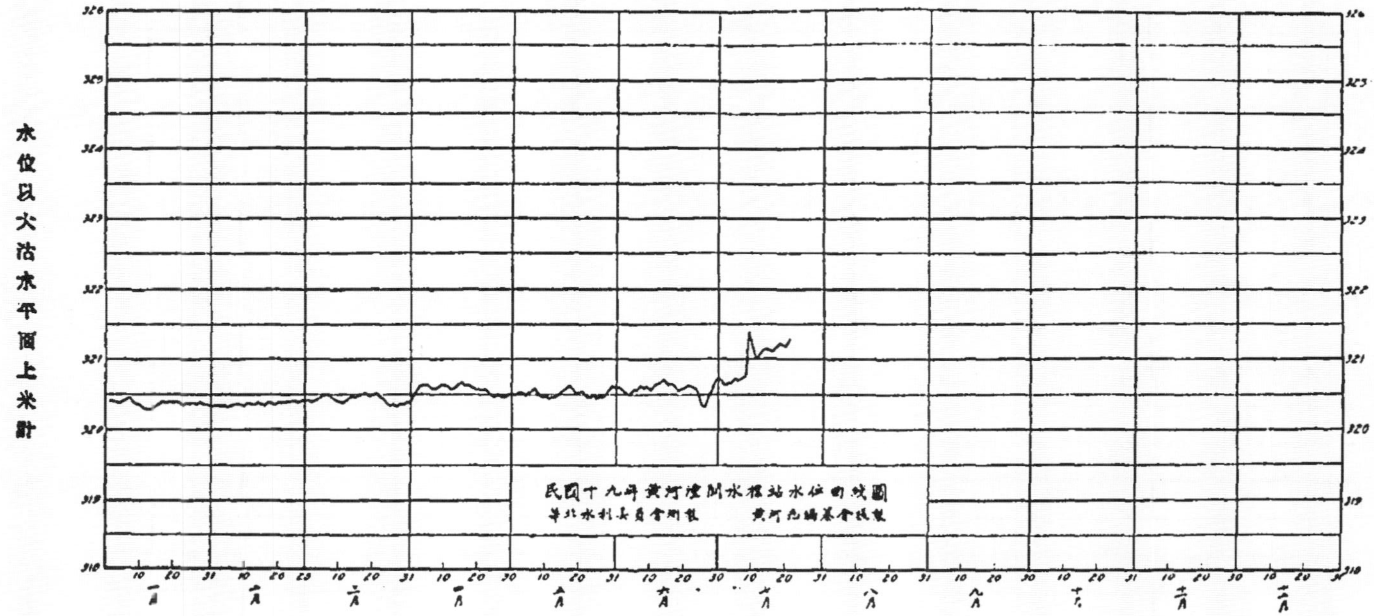
水位以大沽水平面上米計
民國十九年黃河潼關水標站水位曲線圖
華北水利委員會測製　黃河志編纂會複製
318
319
320
321
322
323
324
325
326

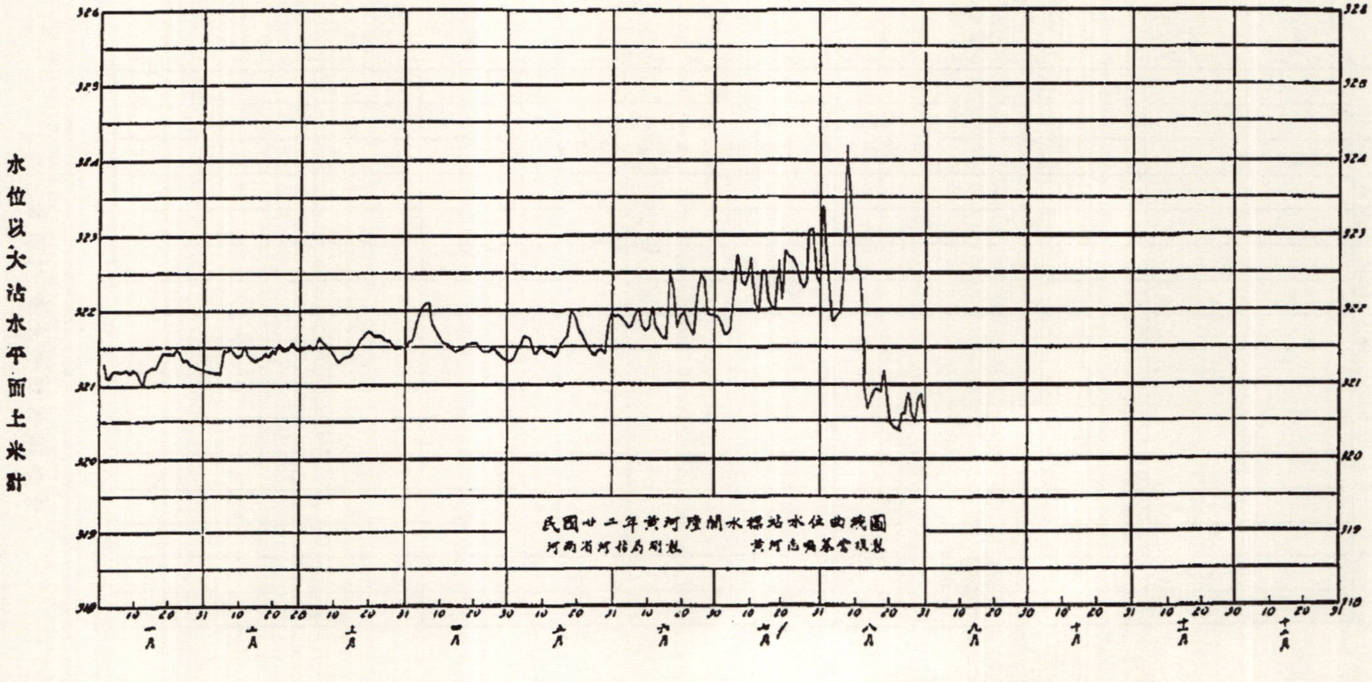
水位以大沽水平面上米計
民國廿二年黃河陝閘水標站水位曲綫圖
河南省河務局測製
黃河志編纂會複製
318
319
320
321
322
323
324
325
326

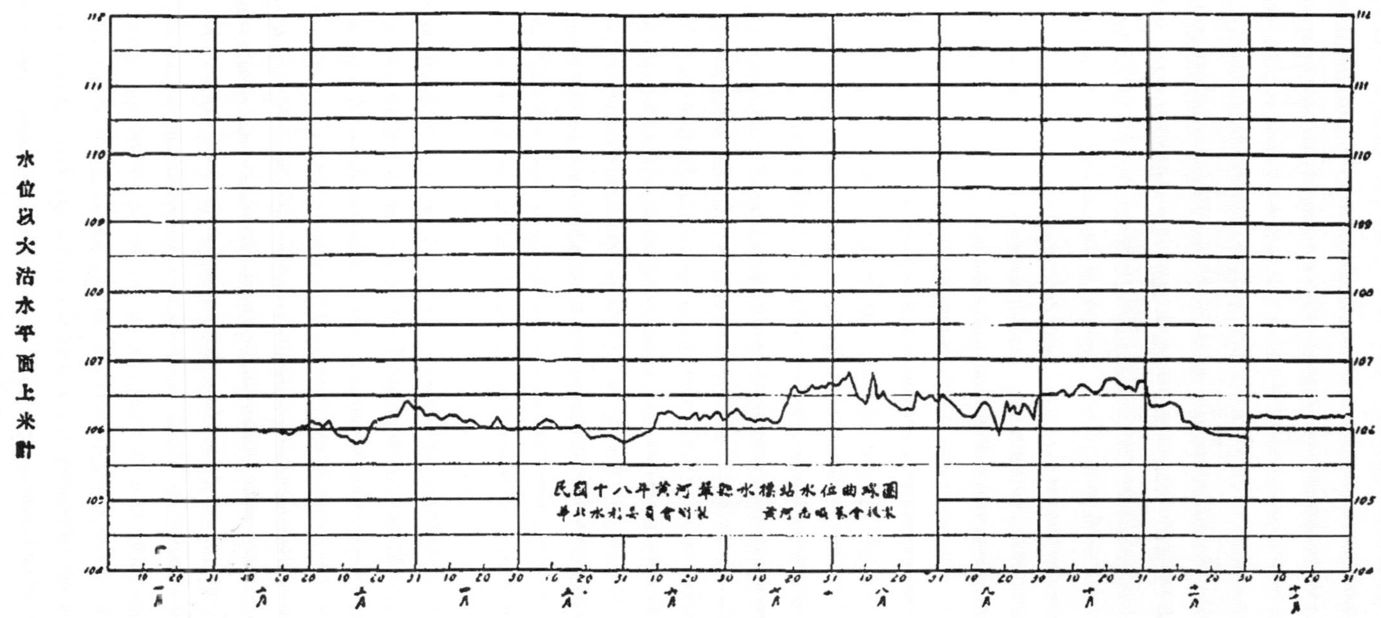
水位以大沽水平面上米計
民國十八年黃河華縣水標站水位曲線圖
華北水利委員會測製
黃河志編纂會複製

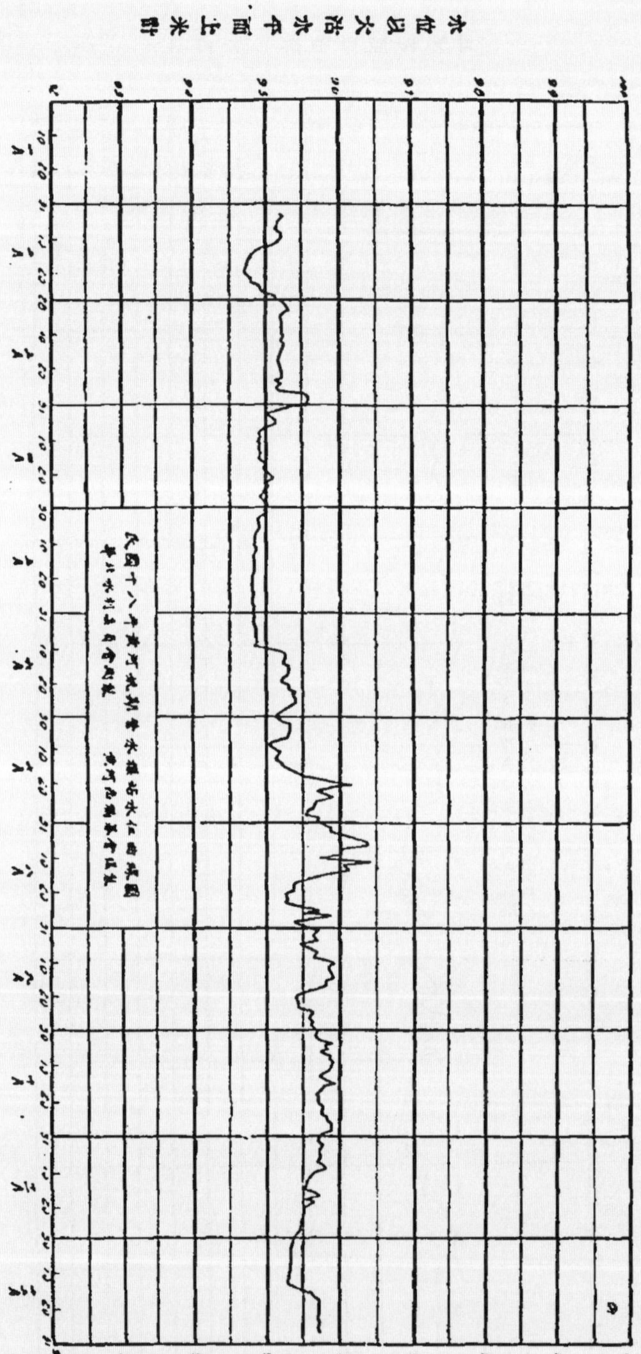
水位以大沽水平面上米計

附錄　水文記載圖表

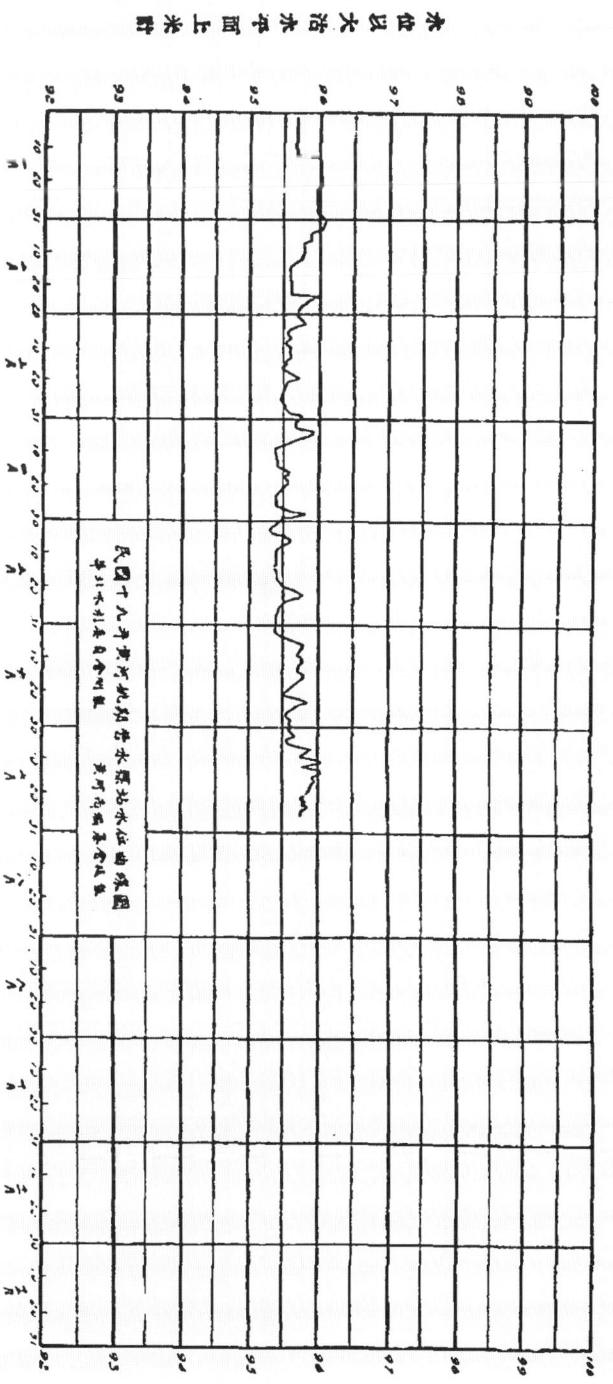

五三三

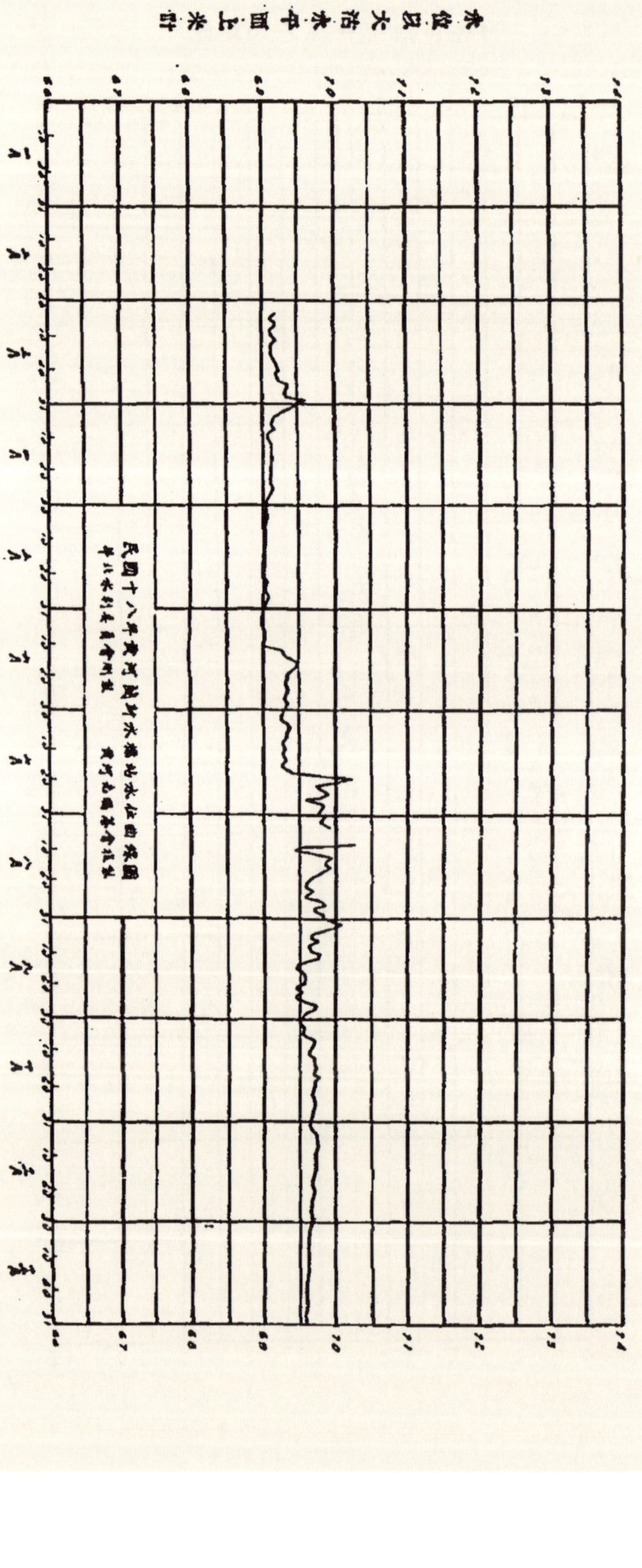
水位以大沽水平面上米計
民國十八年黄河陝州水標站水位曲線圖

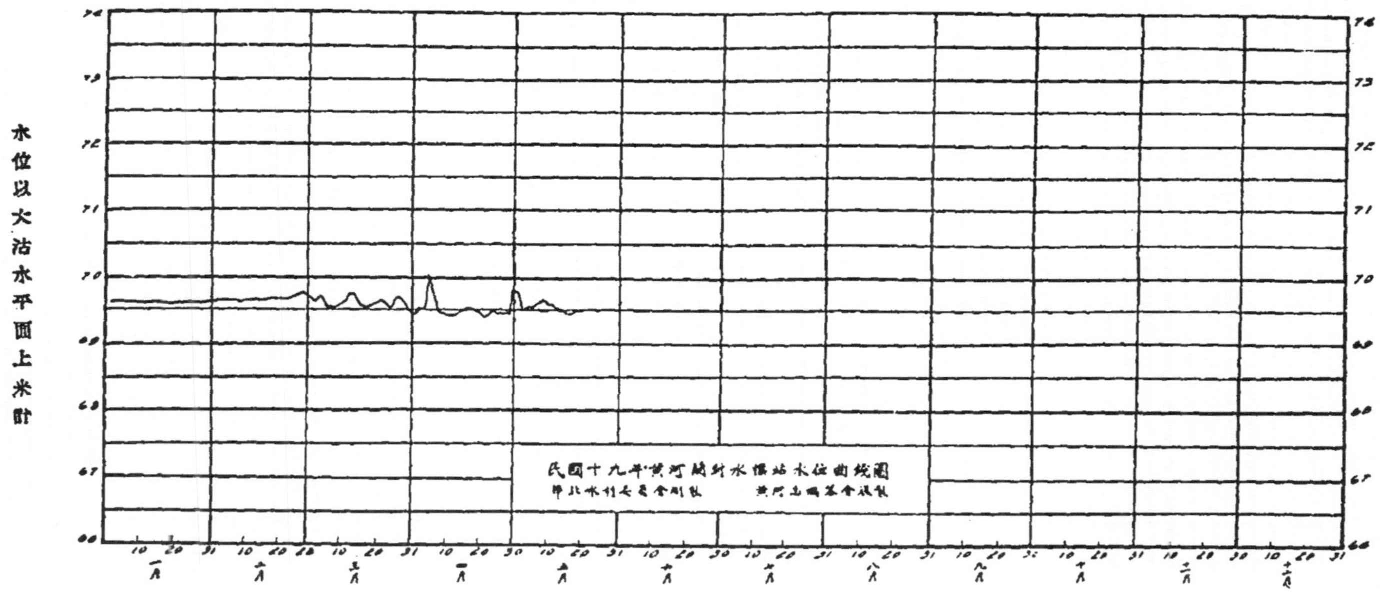

附錄　水文記載圖表

五三五

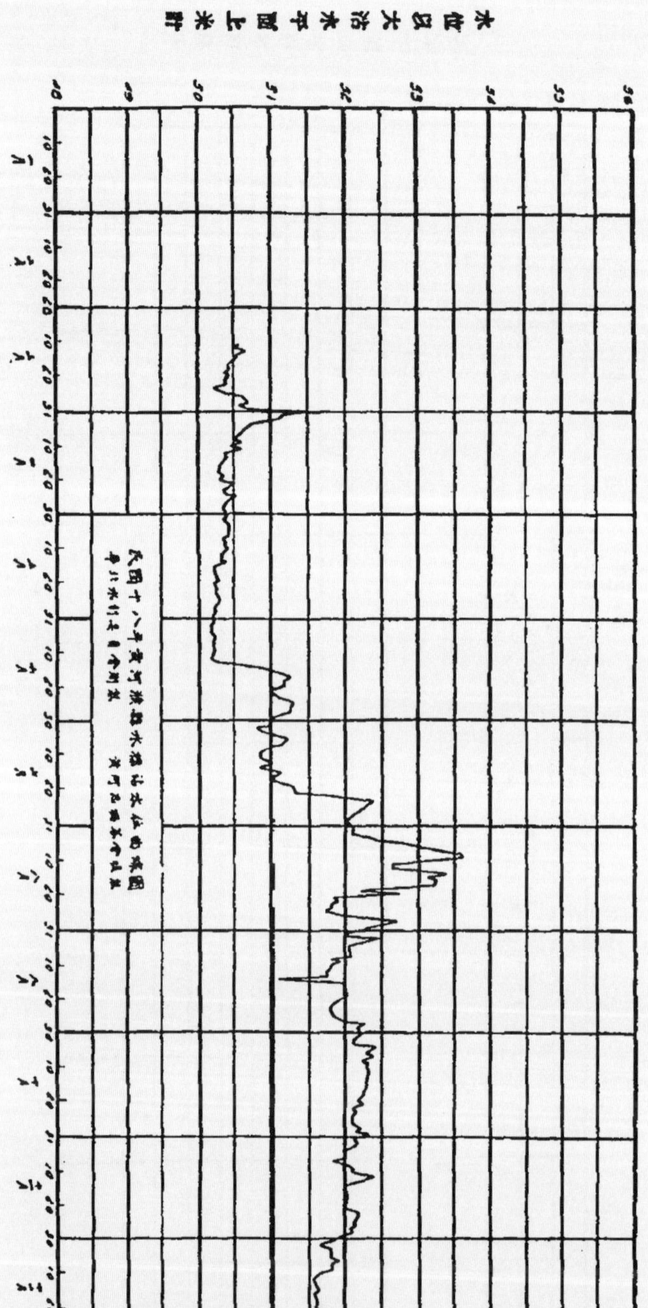
水位以大沽水平面上米計

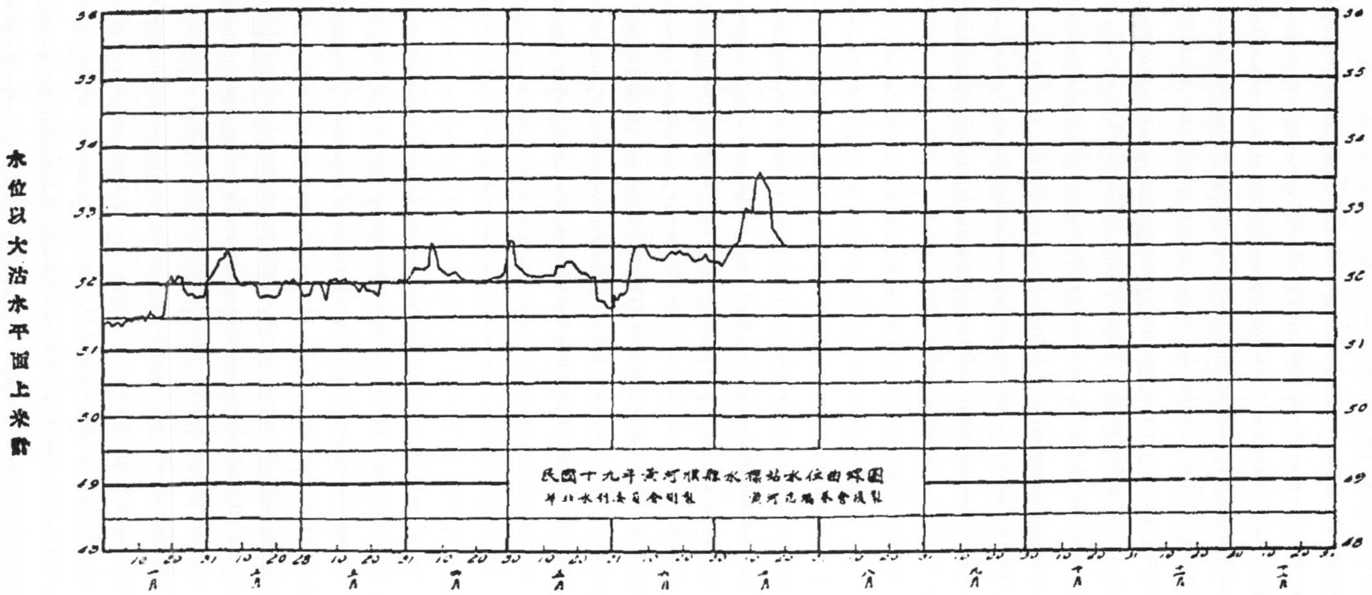
水位以大沽水平面上米計
民國十九年黄河陝縣水標站水位曲線圖
華北水利委員會測製
黄河志編纂會複製

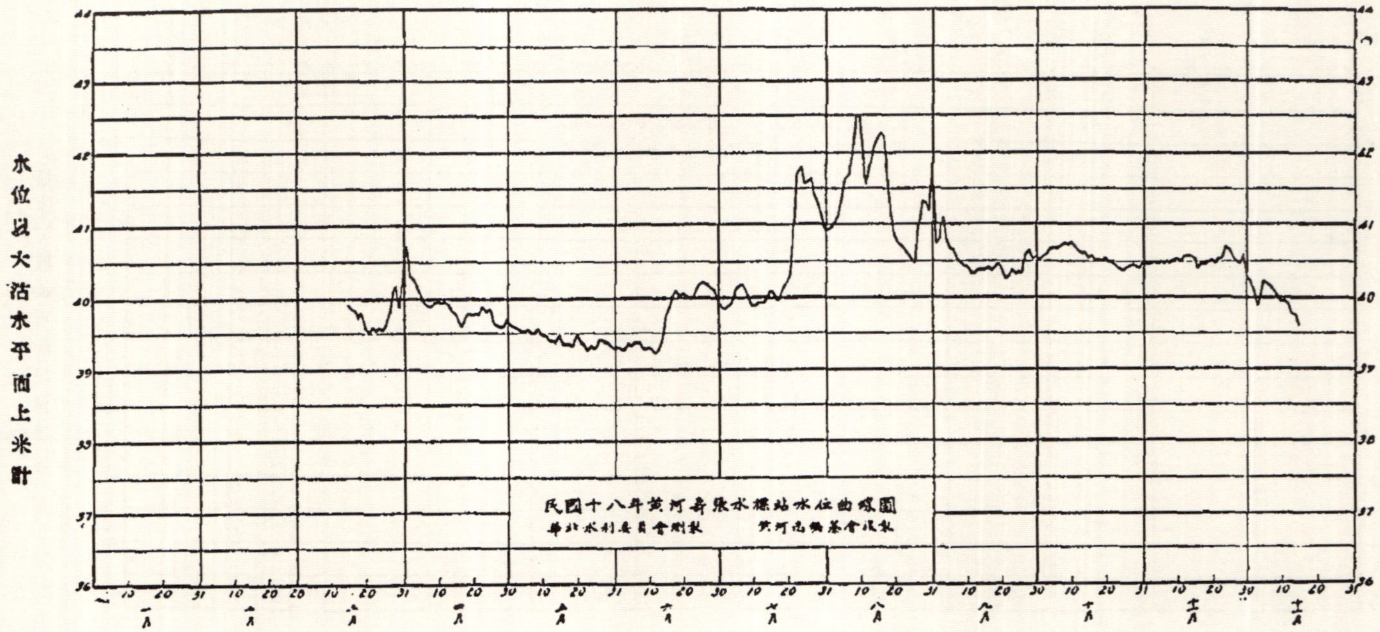
水位以大沽水平面上米計
民國十八年黃河壽張水標站水位曲線圖
華北水利委員會測製
黃河志編纂會複製

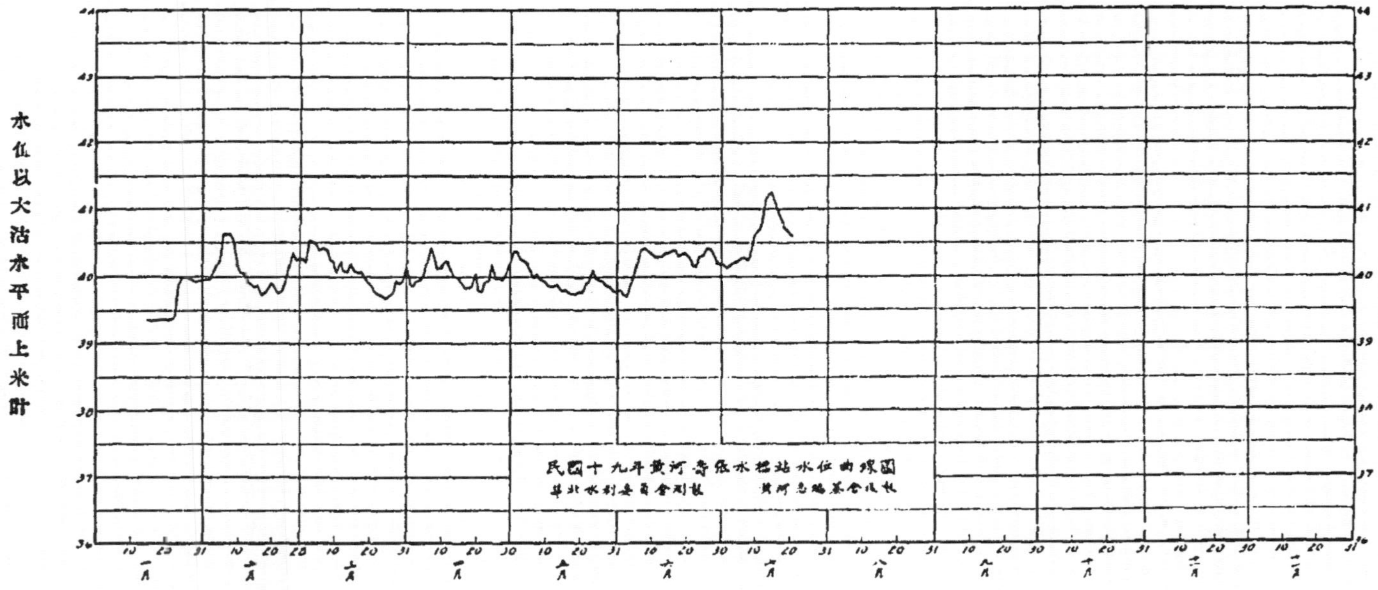
水位以大沽水平面上米計
民國十九年黃河壽張水標站水位曲線圖
華北水利委員會刊載
黃河志編纂會代製
36
37
38
39
40
41
42
43
44
10 20 31 10 20 28 10 20 31 10 20 30 10 20 31 10 20 30 10 20 31 10 20 31 10 20 30 10 20 31 10 20 30 10 20 31
一月 二月 三月 四月 五月 六月 七月 八月 九月 十月 十一月 十二月

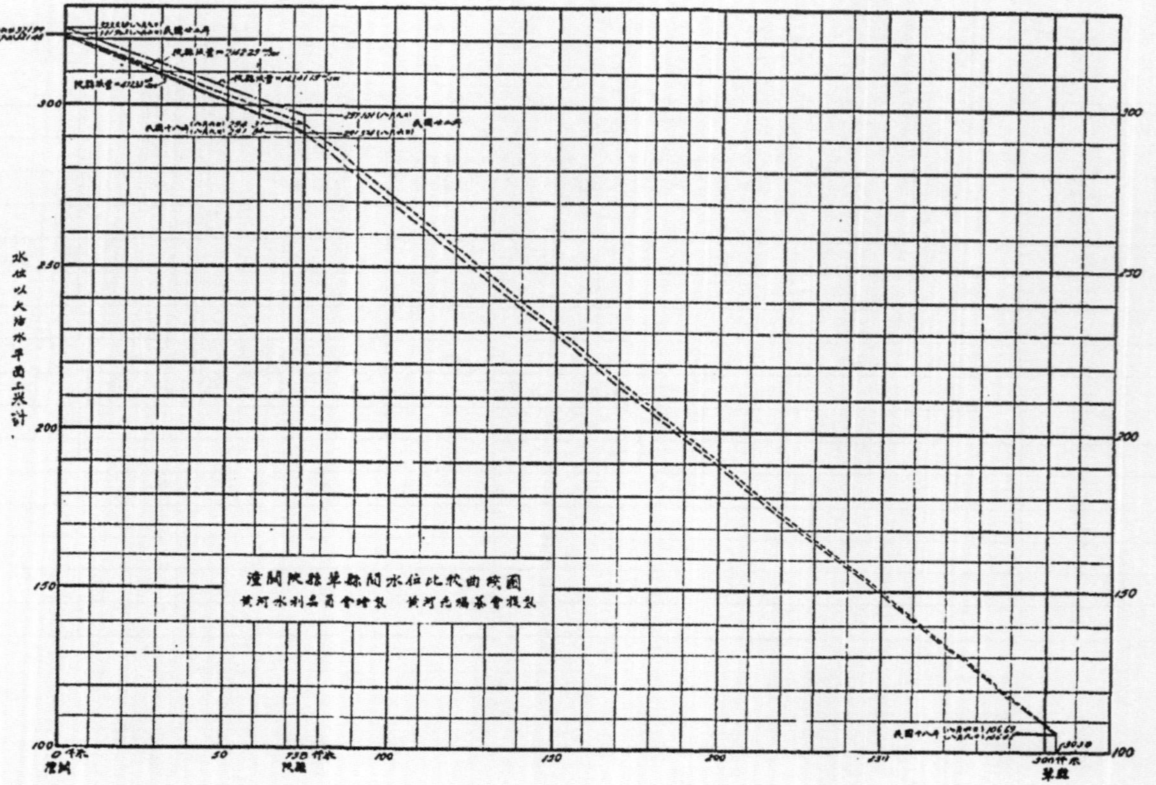

潼關陝縣鞏縣間水位比較曲線圖
黃河水利委員會繪製　黃河志編纂會複製
水位以大沽水平面上米計
0 千米
潼關
50
130 千米
陝縣
100
150
200
250
300 千米
鞏縣
100
150
200
250
300

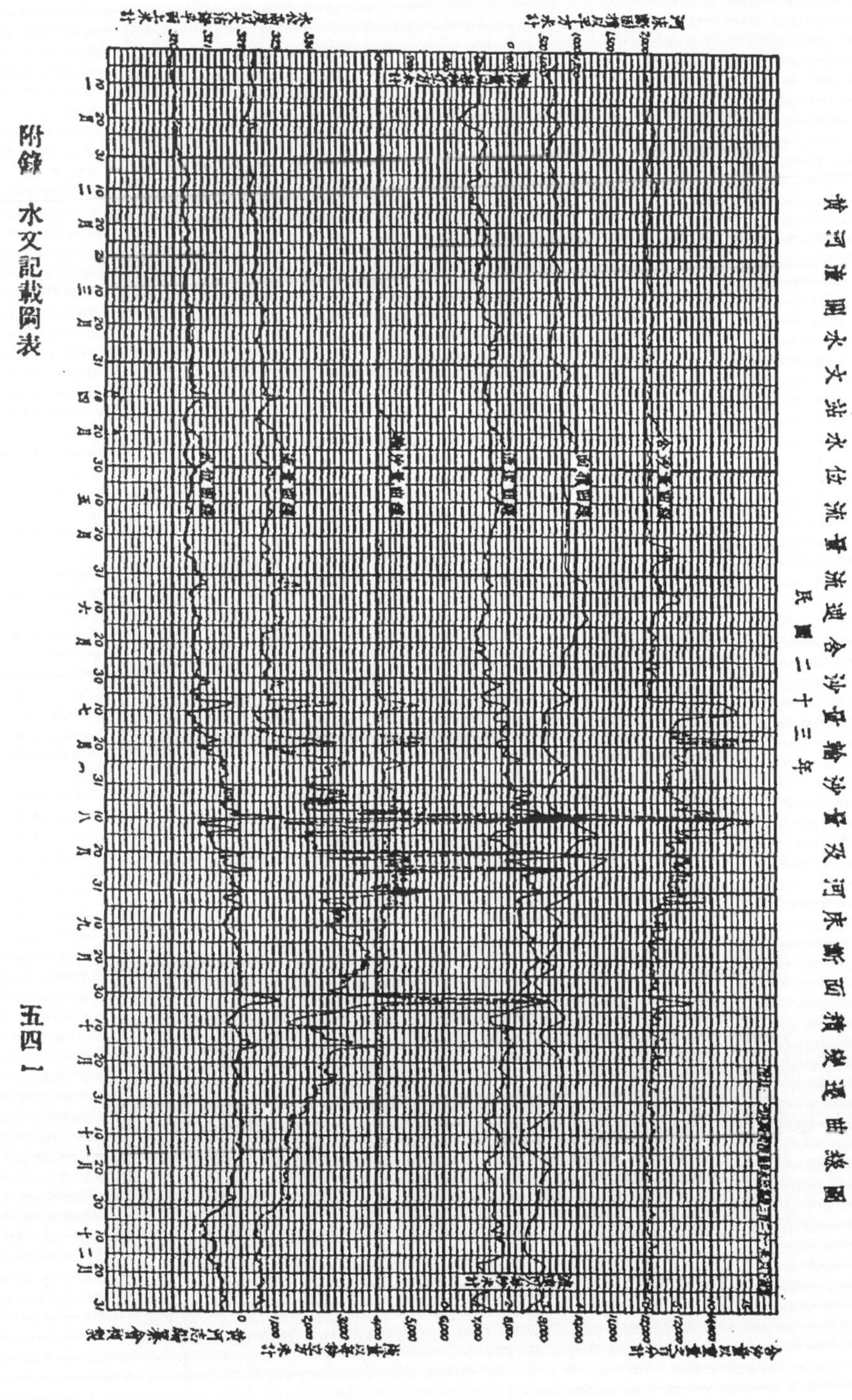
黄河水利委员会
黄河沿岸水文站水位流量流速含沙量输沙量及河床断面积变迁曲线图
民国二十三年
附录 水文记载图表
五四一

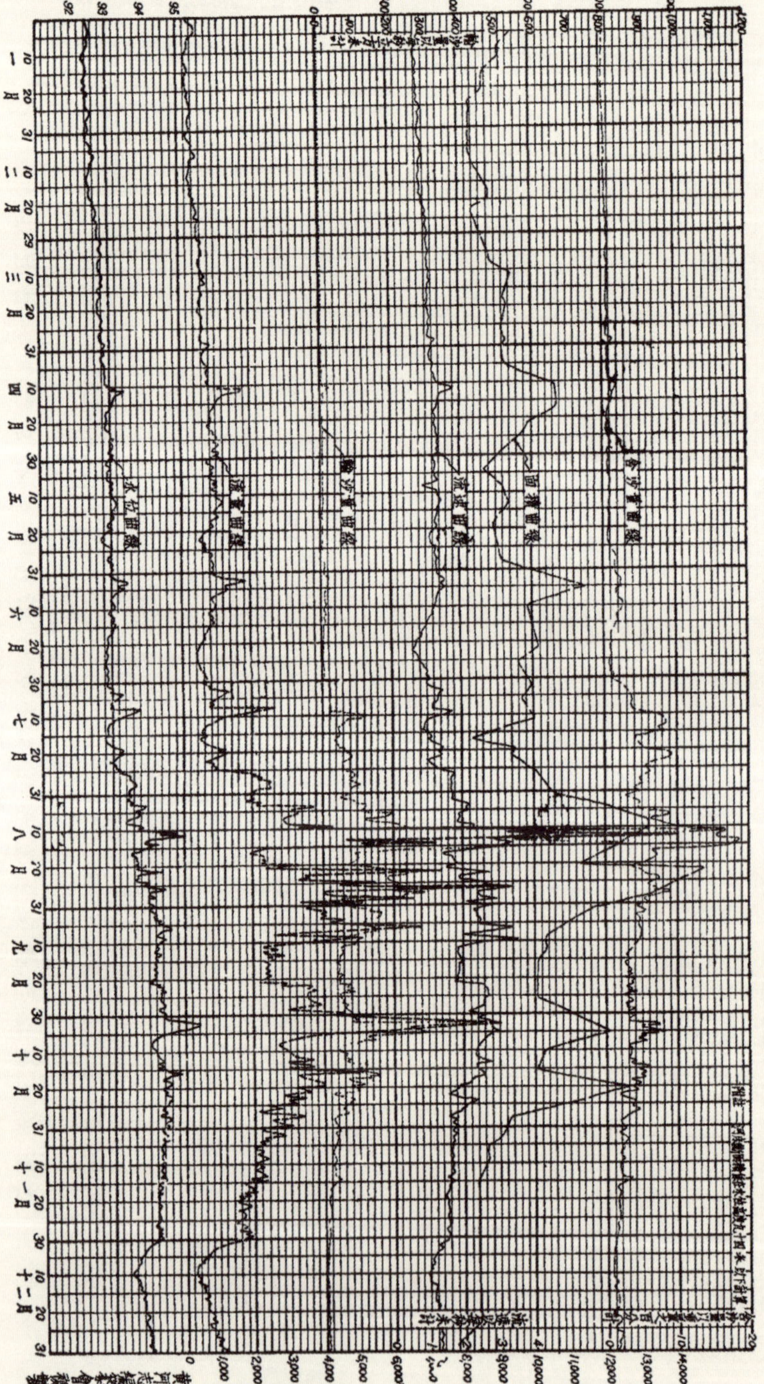

黃河水利委員會
黃河秦厰水文站水位流量流速含沙量輸沙量及河床斷面積變遷曲線圖
民國二十三年

中華民國二十五年十一月初版

94340C)

黄河志第三篇水文工程一冊

每冊實價國幣柒元
外埠酌加運費匯費

編纂者　張含英
編輯者　黄河志編纂會
出版者　國立編譯館
發行人　王雲五　上海河南路
印刷所　商務印書館　上海河南路
發行所　商務印書館　上海及各埠

五二九六上

後記

我是從數學史學習中逐步瞭解治黄史的。漢代《許商算術》的作者許商，好天文術數之事的王景、李尋善，他們既是數學家，又以治理黄河而聞名。我國現存最早的河工著作《河防通議》，將中國古典數學天元術運用到治黄工程中，創造了中國古代工程數學的一個高峰。除了數學史之外，内蒙古師範大學科學技術史研究還以少數民族科技史和地方科技史見長。李迪先生曾指出地方科技史研究的重要内容是人與自然環境變遷、科技遺迹與自然環境以及環境與生産的關係，此類研究具有明顯的現實意義和重要價值。想要通過大科學史研究，弄清變遷的原因和未來的發展趨勢，産出對于地方各方面的開發有更大、更直接價值的成果，這類研究大多離不開文獻。之後，李迪先生更是直接指出科技史研究不僅是對過去的科技工作和科技成果的回顧與總結，而且要着眼于現代，讓古人的發明創造爲今人服務，繼續在現代發揮其應有的作用。我將先生大科學史的治學理念視爲座右銘，在科研工作中更加注重讓科研成果服務于國家戰略與區域發展需求。

二〇一九年九月，習近平總書記在黄河流域生態保護和高質量發展座談會上指出，黄河流域在我國經濟社會發展和生態安全方面具有十分重要的地位。黄河流域生態保護和高質量發展是重大國家戰略。同年十月，黨的十九届四中全會提出『加强邊疆治理，推進興邊富民』，首次把邊疆治理寫入黨的文件。内蒙古師範大學組織科研力量，積極申報研究闡釋黨的十九屆四中全會精神的國家社科基金重大項目，其中『中國特色社會主義民族區域自治制度自信研究』項目獲批。我承擔其中的『鑄牢中華民族共同體意識下的民族自治地方文化自信研究』子課題，而黃河是首選文化要素。二〇二四年，該項目順利結項，我也對黃河文化所藴含的時代價值有了更深的體會。

有鑒于此，我帶領文化遺産智能應用服務中華民族共同體建設『英才興蒙』團隊，以黃河爲主題，開展了文獻、文物、傳統工藝等多模態資源庫建設和跨模態應用示範工作。這次與内蒙古人民出版社合作出版的《黃河國家治理文獻集成》，旨在梳理和總結文獻中所藴含的歷史經驗和文化信息，爲當代及未來的黃河治理和地方文旅産業發展提供參考與借鑒。

感謝内蒙古民族文化産業研究院、巴彦淖爾市圖書館等单位的傾力相助，感謝内蒙古自治區黨委宣傳部、内蒙古出版集團、内蒙古人民出版社對本項目的支持與幫助。

在此，也向致力于黃河治理和大河安瀾的歷代先賢與當代典範表達崇高的敬意：你們的不懈努力與無私奉獻，爲黃河的安寧與人民的福祉築起了堅實的防綫；你們的智慧與勇氣，將永遠銘刻在中華民族的歷史豐碑上，激勵後人不斷前行。

董杰

二〇二五年一月

北疆文化